老年服务与管理系列教材

老年服务与管理概论

主　编　孙彩霞　张春梅

副主编　尹尚菁　李永红　傅　静

参　编　（按姓氏汉语拼音排序）

傅　静　西南医科大学护理学院

洪少华　杭州师范大学护理学院

胡丹红　温州医科大学附属第二医院（育英儿童医院）

李永红　遵义医科大学附属医院

梁　赉　浙江旅游职业学院

秦　利　浙江东方职业技术学院

孙彩霞　温州医科大学附属第一医院

王亚亚　国家开放大学农林医药学院（乡村振兴学院）

尹尚菁　国家开放大学农林医药学院（乡村振兴学院）

张超南　温州医科大学附属第一医院

张春梅　温州医科大学附属第二医院（育英儿童医院）

张丽青　温州医科大学附属第一医院

科　学　出　版　社

北　京

内 容 简 介

本书从多学科角度系统阐述了老年服务与管理的专业学科知识。全书分为十二章，先后介绍了概论、老年服务与管理的目标与评估、国内外老年服务与管理、老年生活服务与管理、老年健康服务与管理、老年社会服务与管理、老年服务质量管理、老年服务人力资源管理、智慧养老服务与管理、老年社会保障服务与管理、老年服务的相关政策与法规、老年服务与管理的未来与展望。

本书可作为高等学历继续教育"老年服务与管理"专升本教材，同时也可以作为从事老年服务与管理的工作人员培训和学习的资料使用。

图书在版编目（CIP）数据

老年服务与管理概论 / 孙彩霞，张春梅主编. -- 北京：科学出版社，2025.3. -- (老年服务与管理系列教材). -- ISBN 978-7-03-081513-2

I. C913.6

中国国家版本馆 CIP 数据核字第 2025Y3T810 号

责任编辑：胡治国 / 责任校对：宁辉彩
责任印制：张 伟 / 封面设计：陈 敬

科学出版社 出版
北京东黄城根北街 16 号
邮政编码：100717
http://www.sciencep.com
三河市春园印刷有限公司印刷
科学出版社发行 各地新华书店经销
*
2025 年 3 月第 一 版 开本：787×1092 1/16
2025 年 3 月第一次印刷 印张：14 1/2
字数：428 000
定价：**69.80 元**
（如有印装质量问题，我社负责调换）

总　　序

中国是世界上最大的发展中国家，也是人口最多的国家之一。根据民政部发布的《2023 年民政事业发展统计公报》，截至 2023 年底，全国 60 岁及以上老年人口为 29 697 万人，占总人口的 21.1%，其中 65 岁及以上人口为 21 676 万人，占比已达 15.4%。随着社会的进步和人口结构的变化，人口老龄化问题已成为全球共同面临的挑战。如何为老年人提供高质量的服务，确保他们能够享有健康、安全、有尊严的晚年生活，已成为全社会迫切需要思考和解决的重大课题。

为实现"老有所养、老有所医、老有所为、老有所学、老有所教、老有所乐"的颐养目标，提高康养领域人才培养质量，教材建设是关键。本系列教材编写体现以结果为导向，贴近养老行业专业教学与社会培训需求，老年服务与管理系列教材应运而生。本系列教材由温州医科大学牵头，联合省部共建医学院校，共同编写了《老年服务与管理概论》《老年康养照护技术》《老年营养学》《老年智慧康养服务》四本教材。每本教材都力求深入浅出，既注重理论阐述，又注重实践操作，力求为读者提供指导和帮助。本系列教材旨在为广大老年服务工作者、管理人员、研究人员以及关心老年问题的社会各界人士提供一套系统、全面、实用的书籍。

本系列教材在编写过程中会聚了众多在老年服务与管理领域有丰富经验和深厚学术造诣的专家学者。他们以独特的视角和深厚的专业素养，对老年服务与管理进行全面解读。同时，我们也借鉴了国内外成功的案例，以期提供实用而有效的解决方案。各位专家均倾注了大量的心血和智慧，为本系列教材的质量和价值提供了有力保障。同时，要特别感谢为本系列教材的出版提供支持和帮助的出版社、编辑人员等。特别感谢浙江汇泉健康管理有限公司在本系列教材编写组织过程中提供资源支持，贵司的支持和肯定是我们最大的动力。正是因为有了贵司的鼎力相助，本系列教材才得以顺利问世。

我们希望借助本系列教材，传播老年服务的新理念、新方法，分享成功的实践经验，推动老年服务与管理领域的创新与发展，并持续关注老年服务与管理领域的最新动态，不断更新和完善本系列教材的内容，确保其与时俱进，满足读者的需求。

最后，衷心希望本系列教材能够为推动老年服务与管理事业的发展贡献一份力量，为老年人的幸福晚年生活增添一份保障。让我们携手努力，共创美好的老年服务未来！

温州医科大学

2024 年 11 月

前　　言

我国民政部、全国老龄办发布的《2023年度国家老龄事业发展公报》显示，截至2023年末，全国60周岁及以上老年人口29 697万人，占总人口的21.1%；全国65周岁及以上老年人口21 676万人，占总人口的15.4%。全国65周岁及以上老年人口抚养比22.5%。国家卫生健康委员会数据测算显示，预计"十四五"时期，60岁及以上老年人口总量将突破3亿，进入中度老龄化阶段；2035年左右，60岁及以上老年人口将突破4亿，进入重度老龄化阶段。随着我国人口老龄化进程的不断加快，构建尊老、敬老、爱老、孝老的相关政策和社会环境越来越重要。党的二十大报告指出，要"实施积极应对人口老龄化国家战略，发展养老事业和养老产业，优化孤寡老人服务，推动实现全体老年人享有基本养老服务"。因此，老年服务与管理专业在全国各院校逐渐设立，旨在培养老年专业服务人才，提高养老护理、养老管理和专业技术人员职业能力与素养，推动养老服务行业专业化、规范化、高质量发展。

本书是老年服务与管理系列教材的一部分，作为概论，本书系统描述了老年服务与管理的内涵和外延，清晰地勾勒出老年服务发展的轮廓，深入阐述了老年服务与管理的内容，力图对老年服务与管理专业的内容起到一个引导性作用，帮助学生更全面地理解专业内涵，建立老年服务与管理的"整体观"。本书内容与结构特点如下。

第一，融入"医养结合"理念，使知识内容与实际工作紧密结合。将老年健康服务与管理、老年服务质量管理、智慧养老服务与管理等内容融入老年健康服务，从医养结合视角丰富了养老服务与管理的内容，与当前我国养老服务建设的实际工作契合。

第二，创新性引入护理质量管理经验，为老年服务质量管理的教学提供新的视角。同时，结合当前老年照护领域的信息化、智慧化发展趋势，向学生展现老年服务与管理的发展现状与未来方向。

第三，教材编写过程中，每一章都设置"学习目标"和"思考题与实践应用"，帮助学生更好地理解各章知识内容，提高学生的综合分析能力和应用知识能力。

本书由温州医科大学附属第一医院孙彩霞老师和温州医科大学附属第二医院（育英儿童医院）张春梅老师联合主编，尹尚菁、傅静、张丽青、洪少华、李永红、胡丹红等老师参编。在编写过程中，我们参考与引用了众多同行专家学者的研究成果和观点，在此我们表示衷心感谢，同时，对所有为编写本书予以指导和帮助的领导、学者、同仁表示衷心的感谢！

本书内容涉猎广泛，能够为开设老年服务与管理专业的相关院校提供教学理论框架，为从事老年服务与管理相关的工作人员提供借鉴和参考。由于编者水平有限，难免存在疏漏和不足之处，恳请各位专家、学者和使用本书的广大读者不吝赐教！

编　者

2024年12月29日

目　　录

第一章　概　　论

【学习目标】

1. 掌握：人口老龄化和中国人口老龄化的现状及特点、老年服务与管理的定位、老年服务需求的概念与内容。

2. 熟悉：世界人口老龄化的特点、人口老龄化的变化、老年服务与管理的现存问题、老年服务与管理需求的新特征、老年服务需求的现状、老年服务与管理的地域分布。

3. 了解：发达国家对老龄化的应对及对我国的启示、家庭养老功能的弱化、社会化养老的流行、老年服务与管理的对象、老年服务的岗位及职业前景、老年服务需求的发展趋势。

第一节　全球人口老龄化

【问题与思考】

1. 请描述我国人口老龄化的现状。

2. 请举例说明我国人口老龄化的特征。

3. 请试分析我国应当如何应对人口老龄化。

人口老龄化是指人口生育率降低和人均寿命延长导致年轻人口数量减少、年长人口数量增加，从而使得老年人口在总人口中的比例相应增长的动态。老龄化社会是指社会人口结构呈现老年状态，当一个国家或地区 60 岁及以上老年人口占人口总数的 10%，或 65 岁及以上老年人口占人口总数的 7%，即意味着这个国家或地区的人口处于老龄化社会。我国通常以 60 岁及以上老年人口比例为衡量标准，国际上通常以 65 岁及以上老年人口比例为衡量标准。

一、人口老龄化概况

（一）人口老龄化现状

1. 全球人口现状　2022 年 11 月 15 日，世界人口突破 80 亿大关，从 70 亿到 80 亿，用了 11 年零半个月。预计到 2030 年，全球人口预计将增至 85 亿左右，2050 年达到 97 亿，21 世纪 80 年代达到约 104 亿的峰值，并一直持续至 2100 年。增长数量放缓的同时，结构变化成为更加主要的问题。第一是性别结构，男女人口数量持续攀升，男性的数量多于女性。第二是年龄结构，老年人口在不断增加，65 岁及以上老年人口比例在不断上升。

2. 全球人口老龄化现状　2019 年全球 65 岁及以上老年人口比例为 9.1%。分大洲和地区来看，欧洲和北美地区老龄化程度最高，达到了 18%；接下来是澳大利亚、新西兰，均为 15.9%；东亚和东南亚地区紧随其后，老龄化程度为 11.2%；撒哈拉以南非洲老龄化程度最低，为 3%。2019 年，全球有 1.25 亿 80 岁及以上高龄老年人。

3. 老龄化国家或地区排名

（1）老年人口数量：2019 年世界上老年人口最多的 5 个国家或地区依次为中国、印度、美国、日本、俄罗斯。

（2）老年人口系数：2019 年已经跨越老龄化门槛的国家和地区有 102 个，占总数的比例已超过半数。排在前5位的国家或地区依次为日本、意大利、葡萄牙、芬兰、希腊。

（3）年龄中位数：2019年，中位年龄排在世界前5位的国家或地区分别是日本、意大利、马提尼克、葡萄牙、德国。

（4）高龄老人系数：2019年，在196个国家或地区中，高龄老人系数排在前5位的依次为日本、意大利、德国、希腊、西班牙。

（5）平均预期寿命：按2015~2020年世界出生人口的平均预期寿命排序，如果不分性别，前5位依次是中国香港、日本、中国澳门、瑞士、新加坡。

具体情况如表1-1、表1-2所示。

表1-1 老龄化程度国家或地区排名

排序	国家或地区	老年人口数量/万人	国家或地区	老年人口系数/%	国家或地区	年龄中位数/岁	国家或地区	高龄老人系数/%
1	中国	16 449	日本	28.0	日本	48.4	日本	9.3
2	印度	8 715	意大利	23.0	意大利	47.3	意大利	7.3
3	美国	5 334	葡萄牙	22.4	马提尼克	47.0	德国	7.3
4	日本	3 552	芬兰	22.1	葡萄牙	46.2	希腊	6.7
5	俄罗斯	2 202	希腊	21.9	德国	45.7	西班牙	6.1

表1-2 2015~2020年世界出生人口平均预期寿命排名前5的国家或地区

排序	国家或地区	2015~2020年出生人口的平均预期寿命/岁		
		不分性别	男性	女性
1	中国香港	84.6	81.1	87.5
2	日本	84.4	81.3	87.5
3	中国澳门	84.0	81.1	87.0
4	瑞士	83.6	81.6	85.4
5	新加坡	83.4	81.3	85.5

4. 全球最年轻的国家 联合国经济和社会事务部发布的《世界人口展望》报告显示，截至2019年全球人口结构最年轻的国家排名前10的国家或地区全部集中在非洲，其中15岁以下人口占总人口比例最高的国家是尼日尔共和国，达49.8%，接下来依次是马里共和国（47.3%）、乍得共和国（46.8%）、安哥拉共和国（46.6%）、乌干达共和国（46.5%）、索马里联邦共和国（46.4%）、刚果民主共和国（46.0%）、布隆迪共和国（45.4%）、布基纳法索（44.7%）、赞比亚共和国（44.5%）。

5. 中国人口老龄化现状 截至2023年底，我国60岁及以上人口达到2.97亿人，占全国人口的21.1%，其中65岁及以上人口达2.17亿，占比15.4%。

2019年，世界196个国家或地区老年人口系数平均水平是9.1%（以65岁及以上人口比重为标准），中国是11.9%，超出世界平均水平2.8个百分点，世界排名是第67位；196个国家或地区高龄老人系数是1.32%，中国是1.83%，排在世界第79位。世界人口的中位年龄是30.9岁，中国的中位年龄是38.4岁，排在世界第53位。

我国31个省（自治区、直辖市）老龄化进程不一，如图1-1所示。

（二）人口老龄化的变化

1. 全球人口老龄化的发展趋势 从全世界范围看，2000年60岁及以上老年人口由6.1亿增至2020年的10.5亿；2000年60岁及以上老年人口比重为9.9%，2020年增至13.5%，20年间增长了

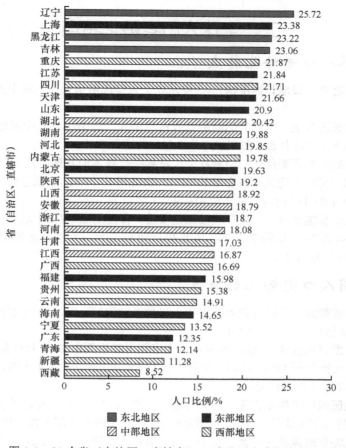

图 1-1　31 个省（自治区、直辖市）60 岁及以上老年人口比例

3.6 个百分点。同一时期,发达国家 60 岁及以上老年人口从 2.3 亿增至 3.3 亿,占总人口比重从 19.5% 增至 25.7%,人口老龄化程度较深且超出世界总体水平。发展中国家(不含中国)60 岁及以上老年人口数量从 2.5 亿增至 4.7 亿,占总人口比重从 6.8% 增至 9.2%,人口老龄化程度较轻且进程显著低于世界水平,还未进入人口老龄化社会。

2. 中国人口老龄化的发展趋势　如图 1-2 所示,2011~2020 年我国 65 岁以上人口数量逐年增长,从 12 288 万人增加到 2020 年的 19 064 万人;2011~2020 年中国 65 岁以上人口占总人口的比例也逐年增长,增长到 2020 年的 13.5%。据预测,未来我国 65 岁以上人口总量将稳步上升,2033 年总数将超过 3 亿,2050 年将达到峰值 4.87 亿。

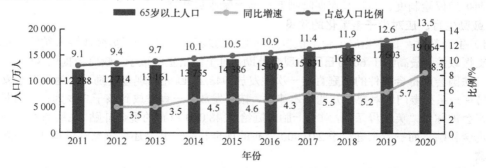

图 1-2　2011~2020 年的老年人口发展状况

二、全球人口老龄化特点

（一）世界人口老龄化特点

1. 发展中国家老年人口增长速度快　65 岁及以上人口比例增长在发展中国家日益显著且占据绝大多数。

2. 高龄老人增长速度快　全世界的高龄老人占老年人口的 16%，其中发达国家占 22%，发展中国家占 12%。我国百岁以上老人每年以平均 3.62% 的速度增长。

3. 人口平均预期寿命不断延长　随着社会经济和医疗技术的发展，从 20 世纪初到 1990 年的 90 年时间，发达国家男性平均预期寿命增长 66%，女性增长 71%；而东亚地区人口平均预期寿命增长较快，从 1950 年的 45 岁提高到 21 世纪初的 71 岁以上。

4. 女性老年人增长速度快　无论是男性还是女性，存活到 65 岁以上的比例都在提高，且越来越高。男性比例提高到 2019 年的 73.89%，女性提高到 81.51%。女性存活到 65 岁以上的比例一直比男性高，但差距在逐渐缩小。

（二）中国人口老龄化的特点

1. 老年人口的规模大　我国是世界上老年人口最多的国家，2005 年占据世界老年人口的 1/5，预计到 2050 年占据世界老年人口的 1/4。

2. 我国老龄化发展速度快　我国 65 岁及以上老年人口比例在 2000 年达到了 7%，进入老龄化社会。2022 年这一比例升至 14%，迈进老龄社会的行列，我国仅用 18 年的时间，就完成了发达国家几十年甚至上百年才完成的转变。

3. 老龄化在地区间的发展不平衡　我国东部发达地区和中西部欠发达地区的差异大，基本上呈现了由东向西阶梯发展的态势，东部沿海地区的发展明显快于西部欠发达地区。

4. 人口老龄化城乡差异快速扩大　我国农村老龄化进程快于城镇 1.24 个百分点，而且这种倒置的状况一直要延迟到 2040 年。

5. 未富先老　发达国家进入老龄化时，人均国内生产总值（GDP）约为 5000～10 000 美元，而我国 2000 年进入老龄化时，人均 GDP 800 多美元，经济实力薄弱，老龄化要超前于现代化。

三、全球人口老龄化的应对策略

（一）发达国家应对人口老龄化

世界各国应对人口老龄化的政策可分为两大类：第一类是针对改善人口年龄结构的，包括鼓励生育、应对少子老龄化政策等；第二类是应对人口老龄化带来的问题的，主要包括养老金制度、老年人长期护理保险制度、高龄医疗保险制度、高龄就业制度等。

1. 鼓励生育、应对少子老龄化的政策

（1）生育补贴：日本当局出台了很多鼓励生育的政策，比如为了鼓励年轻人结婚，实施结婚新生活支援政策，最高给予 60 万日元的现金补助。对于新出生的孩子，政府会提供 42 万日元的生育补贴。法国会向符合条件的家庭直接一次性发放 948.27 欧元的现金奖励，作为生育子女的直接补贴。另有一系列专门针对婴幼儿的基本津贴，按月发放，一直发放到孩子 3 岁为止。俄罗斯生育多的母亲会被称作"英雄母亲"，对于一胎家庭给予 48 000 卢布的现金补贴，二胎家庭给予 63 000 卢布的现金补贴，而三胎家庭给予 210 000 卢布的现金补贴，并且还为该家庭承担 450 000 卢布的房屋贷款。

（2）带薪假期：日本规定男性可在孩子出生后的 8 周内申请最长 4 周的育儿假，可分成两次来休，以更好地支持和帮助妻子顺利度过产后期。而且在休假期间，男性可以领取育儿休业补助金，相当于停业前工资 67%的金额。从 2023 年 4 月起，日本的大型企业（员工超过 1000 人）需要公开产假的落实率。法国女性生第一胎或第二胎时，可以休 16 周全薪产假，在预产期前 6 周就可以开始放假，生产后还有 10 周假期。此外，如果生到第三胎，就可以享受 26 周的全薪产假。如果生育双胞胎或多胞胎，其全薪产假也会相应增加至 34 周和 46 周。法国男性的全薪陪产假为单胞胎 14 天，多胞胎 18 天。德国的人口一直呈现明显的下降趋势，为了促进人口增长，德国将提高生育率列为国策。政府规定，凡是生育的妇女，最多可以享受长达 3 年的产假，同时法律规定，除了规定的 8 周带薪产假外，夫妻双方还有 14 个月的额外产假。瑞典父母一起可以获得 480 天的带薪育儿假，在此期间，父母双方各享有 90 天不能转让给对方的育儿假。这主要是为了保障公平，并促使父母共同承担育儿责任。

（3）育儿福利：日本在养育方面，政府也会支付 0～15 岁孩子每月 1 万～1.5 万日元的经济补贴，其他像是升学、看病等可能的经济开销免费。法国政府推行了一种成本较低且模式灵活多样的托幼服务供给模式。2 个月的婴儿就可以送到托儿所，3 岁以上进入幼儿园，以方便父母复工。德国政府规定，停职在家照顾孩子的父母全年每月可得到相当于税后月收入 2/3 的补贴，每月最高可达 1800 欧元。如果父母中的一方继续停职 2 个月，则可享受 14 个月的补贴，即最高为 2.52 万欧元的生育福利津贴。政府还提出要建立 23 万个托儿所，并延长学校的授课时数，以帮助有工作的母亲。德国为了减少育儿成本，实行从小学到大学全部免费的教育制度。

2. 应对人口老龄化的问题

（1）建立多样化的养老金保障体系：美国政府推出"整合企业年金计划"，以协调公共养老金，目前美国企业年金的规模已经超过了国家管理的社会养老金规模；英国把国家养老金与个人缴纳的国民保险挂钩，达到养老金领取年龄的个人需要至少十年的国民保险缴纳记录方可领取养老金；日本在不同的行业实行不同的养老金支付方式和资金分配比例，从而使得养老保障体系具有"多层次"的特点；德国养老金产品形式多样，涵盖基金、银行存款、商业保险产品等不同风险、不同收益的产品，有利于满足不同群体的差异化需求。

（2）建立完善的长期护理保险体系：德国实施普遍的、强制性的、全民覆盖的长期护理保险体系，筹资来源于政府、企业、个人和医疗保险机构四方；英国实施长期护理津贴计划，长期护理保险制度主要由国家主办、政府通过财政税收买单，充分体现了福利国家的理念；美国实施商业长期护理保险制度，服务发展的起步主要源自建立医疗保险计划和医疗救助计划制度，针对的主要是特殊人群，如残疾人、中低收入老年人的长期照护问题；新加坡政府实施"乐龄健保计划"，购买护理保险的资金来源于全国医疗储蓄计划中个人医疗储蓄账户，并且委托商业保险公司具体运作，规定个人在 40 岁时自动注册加入该计划。

（3）延长退休年龄，开发老年劳动力：日本政府在 2006 年把领取养老金的最低年龄从 60 岁提高到 65 岁，法国在 2011 年将最低退休年龄从 60 岁提高到 62 岁，德国从 2012 年开始，将退休年龄从 65 岁逐步提高到 67 岁，这一过渡将在 2029 年完成。美国的退休年龄一般集中在 62～70 岁，越推迟退休领取的养老金越多。

日本出台鼓励老年人就业的政策，规定企业有义务保证老年人就业，废除对招聘年龄的限制。美国通过退休返聘政策来吸引退休老人继续工作，老年人可以回到原岗位，也可以重新选择新行业。

（4）发展老年教育：日本于 2006 年将终身学习的理念列入《教育基本法》，中央教育审议会也为老年人提供各种指导老年人安心、充实生活的学习内容；法国早在 1973 年成立了世界上第一所老年大学，此后形成由政府主导建立、依托高等教育和机构办学的法国老年教育体系；美国早在 20 世纪 50 年代就开始在社区开展包括老年教育在内的成年教育活动；德国几乎在每一个州都建立了推进成人教育的法律保障机构。除了依托高校开展面向老年人的"大学向老年人开放"项目以外，大多数老年教育以非正式教育形式开展。

（二）对我国的启示

1. 健全多支柱的养老保险体系 参考发达国家经验，建立多元化的养老保险体系是未来发展的重点。对我国来说，在实现基础养老保险全国统筹目标的过程中，应该鼓励探索和发展企业退休年金制度，制定落实个人养老金的税收优惠政策，实现个人养老金账户资金保值增值，建立多支柱的养老保险体系，提高养老保障的可持续性。

2. 扩大长期护理保险试点 长期护理保险制度的设计和实施需要从积极应对人口老龄化的国家战略出发，统筹全局，系统规划。未来的长期护理保险制度需要在以下几个方面进一步细化：在扩大长期护理保险覆盖人群的过程中需要注意实施路径以及弱势群体的参保问题；完善长期护理保险的筹资问题；推进失能（含失智，下同）评估向照护需求评估转化，提高服务的个性化、精准化水平等。

保障老年人再就业与灵活就业 首先，政府应制定和实施税收减免政策，鼓励企业雇佣老年员工；其次，开展针对性的职业培训项目，帮助老年人更新技能，适应现代工作环境；再次，为企业和老年人搭建桥梁，促进双方的有效匹配；最后，通过宣传教育，提高社会对老年人再就业重要性的认识，消除年龄歧视，营造尊重和支持老年人再就业的社会氛围。

第二节 老年服务与管理的兴起

【问题与思考】

1. 请简述老年服务与管理兴起的背景。
2. 请说明老年服务与管理的定位。
3. 请试论老年服务与管理的发展前景。

在社会竞争日趋激烈、家庭养老功能日渐弱化的今天，依靠社会大力发展养老服务业已经成为大众的共识。2022 年党的二十大报告从"增进民生福祉，提高人民生活品质"的角度阐述了养老事业和养老产业的发展方向，即"实施积极应对人口老龄化国家战略，发展养老事业和养老产业，优化孤寡老人服务，推动实现全体老年人享有基本养老服务"。为了适应人口老龄化对养老护理、老年心理等专业化服务的迫切需求，必须加快老年专业人才的培养。近年来我国相继有一些职业院校开设了养老服务与管理专业，以期为老龄行业培养人才。专业点数量、学生规模也在逐步递增和扩大，但每年培养的人才数量仍有限，现有的人才供应远远满足不了老龄事业的发展需求。因此，老年服务与管理专业的前景广阔。

一、社会背景

（一）家庭养老功能的弱化和社会养老服务的兴起

1. 家庭养老功能的弱化 养老包含两个服务供给者，一是家庭，二是社会。2000～2020 年，我国家庭平均人口数从 2000 年的 3.44 人减少至 2010 年的 3.1 人，又减少至 2020 年的 2.6 人。从养老的角度，家庭规模的缩减预示着空巢率的上涨。特别是当老人出现一定程度的失能之后，需要大量的生活辅助和照料，一般情况下，在家庭内部也是低龄老人照顾高龄老人，年轻子女由于工作等原因是没有时间和精力的。低龄老人本身也处于衰老期，体力精力有限，因此家庭照护的压力也很大。在这种情况下，居家养老的可持续性就很差，依赖于家庭的养老服务势必会越来越弱化。

2. 社会养老服务的兴起 家庭养老指子女、孙辈代际照护和夫妻、亲属间的代内照护，这种以血缘为纽带的亲代照护不需要支付报酬就可以获得，内容多为基本生活服务，包括基本日常起居、饮食排泄、生活陪伴等。社会养老是对家庭养老的补充，涵盖来自社区、养老机构、社会公益组织等的医生、护士、护工、技工、志愿者等专业人员的照护服务，养老对象主要是失能程度偏高、与子女分开居住、子女困于其他原因不能亲自照护的老人，家庭养老功能的弱化导致社会养老服务的兴起与不断进步。

（二）社会养老服务的现状与趋势

1. 社会养老服务的现状

（1）社会养老服务的组成：社会养老，由社区养老与机构养老组成（图1-3）。社区养老服务是以社区为载体，通过对各方资源的合理调配为老年群体提供帮助，对其实施养老服务，是对于养老机构数量不足的弥补，也是对于家庭养老内容的丰富。机构养老服务是指以机构为依托，由专门人员为老年人提供饮食起居、清洁卫生、生活照料、医疗护理、文体娱乐和精神慰藉等综合性服务，其费用由老年人和其家庭自费承担或者由政府补助、购买服务的一种养老模式，主要包括社会福利院、敬老院、老年公寓、养老院、老年康复机构等形式。

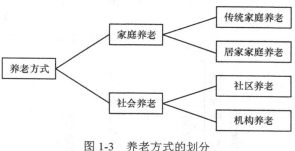

图 1-3　养老方式的划分

（2）社区养老服务的现状

第一，社区养老服务体系初步建立。

在社区建设持续发展的背景下，社区养老的机制构架基本形成，养老功能纳入社会治理的范畴并逐步规范化。另外，随着政府对于社区养老不断放权，越来越多的社会力量开始参与社区养老服务，为社区养老的发展提供了更多保障。基于此，我国社区养老体系已实现初步建立。

第二，社区养老形式呈现多样化特点。

社区养老在缓解社会养老压力方面发挥着重要作用，属于新型养老模式，不仅可以有效满足老年人的精神文化需求，还能够在一定程度上满足其物质需求，为其提供多样化的服务。近年来，我国老龄化进程不断加快，各级政府开始在区域发展现实的基础上探索符合实际需求的养老模式，呈现出模式多变与服务方式多元的特点。

第三，社区养老功能更加完备。

一是社区服务设施更加完善。截至2020年底，全国共有社区养老机构和设施29.1万个，比上年增长12.6万个；共有社区养老机构和设施床位332.8万张，比上年减少3.4万张。

二是服务内容愈发丰富多样。社区服务在社会发展背景下覆盖面逐渐扩大，社区养老服务已实现了与互联网的深度融合，差异化、个性化的养老服务模式逐步得到推广。

三是服务人群逐步扩大。养老服务的需求逐步从满足基本养老服务扩展到满足个性化服务；服务的对象从特困老年人逐步扩展到全部老年人；养老服务业的从业人员也从农民工逐步转为专业工作者；服务的提供者从政府为主逐步扩展到社会组织参与，养老服务的质量明显提升。

（3）机构养老服务的现状

第一，养老机构和服务床位数量有所提升。

如图1-4所示，2011～2020年全国养老机构和设施的数量整体呈增长趋势，2020年全国养老机构和设施总量为22万个；2011～2014年我国养老机构和设施增长率逐年递增，但2014年之后呈现明显的下降趋势，2019年养老机构和设施数量增长率为20.0%，其增速为近4年来峰值。

如图1-5所示，2011～2013年，全国养老机构床位数稳步增加，到2014年床位数有所减少，但之后连续6年，全国养老机构床位数不断攀升，年平均增长率高达6.75%。2020年全国养老机构床位总数为483.1万张，同比增长12.6%，增速达到近年新高。

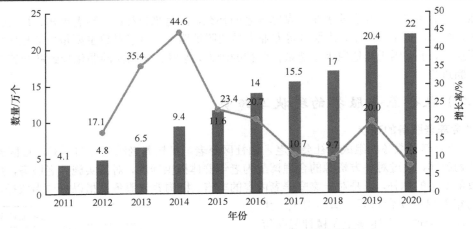

图1-4　2011～2020年全国养老机构和设施的数量变化

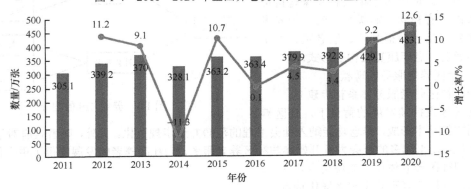

图1-5　2011～2020年全国养老机构床位数的变化

第二，养老机构人才面临结构性缺口。

从我国老年群体总数和占比均居世界首位的现状来看，我国养老服务专业性人才数量理应稳居世界首位。有数据显示，2016年养护人员较为集中的养老机构中，在院老人已达到219万，而在岗的专业技能人员不足22万，与庞大的养老服务专业性人才需求相比简直是杯水车薪。年轻、高学历的专业性人才和男性服务人才的缺失，是当下养老机构实际面临的结构性缺口问题。由对全国132家养老服务企业人才需求情况调查的结果可知，从性别结构来看，从业人员女性占比47%左右，男性从业人员稍多于女性。从年龄结构来看，分35岁及以下、36～45岁、46～55岁、56岁及以上四个年龄阶段，35岁及以下人员占比不到25%，行业从业人员整体年龄偏高。从受教育程度来看，行业从业人员整体学历偏低，大专学历以下（不含大专）占比78%左右，大专学历占比在14%左右，本科及以上学历占比8%左右。

第三，养老机构并非传说中的"一床难求"。

民政部数据显示，截至2020年7月，全国共有各类养老机构4.23万个，床位429.1万张，收住老年人214.6万人。由此可以估算得出，养老机构平均入住率约为50%。北京大学教授乔晓春的一项调查研究也证明，在人口老龄化严重的北京市，"近20%的养老机构入住率不到20%，有50%的养老机构入住率不到50%，真正一床难求、入住率100%的养老机构只有49家，只占10%"。现实中的入住率低与媒体宣传的"一床难求"情况有所不同。

很多因素影响老年人对养老服务的选择，比如经济能力、养老观念、消费习惯以及子女的情况等，但起决定性作用的因素还是经济能力。消费端牵引着市场的供给链条，购买方的支付能力直接影响着从业人员的待遇，进而影响其求职意愿。现阶段，我国的养老保障主要来自老人自身、配偶和其他家庭成员的经济支持。支付能力直接影响着对养老服务选择的意愿。收入越高的老年人，选择养老服务的意愿越强；反之，就会越弱。就目前我国老年人收入水平来看，配套齐全、较为规范的养老机构的收费，对于大部分老年人及其家庭来说都偏高。由此所导致的入住率低的问题，归根到底是支付问题而非老年人的真实意愿。

2. 社会养老服务的趋势 主要体现为养老服务供给的多元化、服务内容的精细化，以及养老资源的智能化管理。当前的社会养老服务正在朝着以下几个方向发展：

（1）服务供给多元化：社会养老服务不再仅限于传统的养老机构，而是向社区养老、居家养老、旅居养老等多种形式拓展。通过公共部门、民间组织、企业等多方合作，构建更丰富的养老服务体系，让老年人可以根据自身的健康状况和生活偏好选择最适合的养老服务。

（2）服务内容精细化：随着老年人需求的多样化，社会养老服务正在变得更加个性化和精细化。例如，康复护理、心理辅导、文娱活动、智能健康管理等都在养老服务内容中逐步完善，确保每一位老人都能得到更贴合自身需求的服务，从而提升老年生活质量。

（3）智能化养老：利用物联网、大数据、人工智能等技术，社会养老服务正向智能化方向发展。例如，智能家居设备帮助老年人监测健康状况、远程呼叫系统连接紧急援助服务、养老机构的智能管理系统提高了服务效率。这种智能化转型，既减轻了护理人员的工作负担，也增强了老年人生活的独立性和安全性。

（4）资源配置优化：社会养老服务正在通过政策引导和市场机制，逐步实现养老资源的合理配置和有效利用。政府加大对养老服务的支持力度，通过提供补贴、制定标准等方式，推动养老服务行业的规范化发展，确保资源能够更高效地满足老年群体的多层次需求。

二、老年服务与管理的内涵

（一）老年服务与管理的职业定位

老年服务与管理是为了满足老年人群的需求，从生命历程的视角来看，人在增龄过程中会发生一系列的退行性变化，包括生理的、心理的、社会适应方面的，服务提供主要是为了满足因变化而产生的各种需求；从老龄社会视角来看，随着老龄化程度的不断深入，服务管理的发展是全社会的，不是各自独立的，因此也催生出一系列与之对应的岗位类别。

（二）老年服务与管理的相关岗位

老年服务与管理工作，大多分布在社会福利院、养老院、敬老院、社区托老所、老年公寓、康复保健中心、老年产品生产及营销产业、社区服务与管理组织、非政府组织（NGO）等。岗位可以分为四大类，即行政管理岗、专业技术岗、生活服务岗及工勤技能岗（图1-6）。

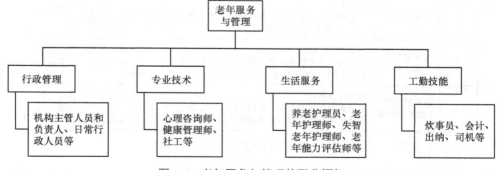

图 1-6　老年服务与管理的职业框架

三、老年服务与管理的问题与前景

（一）老年服务与管理的现存问题

1. 支撑度有限 2019年养老服务与管理类中职在校生规模约为3万人，高职为2.1万人，对于养老行业的高品质发展起到引领示范作用。但是，和养老服务与管理行业面临的巨大的人员缺口相比，职业院校培养的人才队伍数量远远不足。

2. 招生困难 尽管社会对养老服务人才有大量需求，但招生难一直是很多学校养老服务专业面临的老难题。如北京社会管理职业学院，2022年仅招收35人。一方面是职业的社会认可度不高，尚未被社会接纳；另一方面是政府对养老专业的扶持力度不足。

3. 办学层次低 20世纪末以后开设养老专业的院校中，绝大多数是高职或高专院校。近年来也有技师学校设置老年服务与管理专业。本科层次的老年学、养老服务管理均为2019年增设，截至2022年底只有少量院校开设。总体来说，养老行业缺乏高端人才的培养层次，制约了养老专业人才培养质量的提升和高层次师资队伍的建设。

4. 培养质量不齐 一是培养定位不清，培养院校一直没有权威的人才培养标准可供遵循，培养过程存在"摸着石头过河"的现象；二是培养师资不精，由于缺少高层次的培养定位，该专业的大多数教师是由本校相近专业（如护理学等）转聘而来的，对行业的把握度有限，影响了专业的教学效果。

（二）老年服务与管理的职业前景

养老服务从业人员无论是服务人员、专业技术人员，还是管理人员，目前都处于匮乏的局面，因此老年服务与管理行业未来的前景比较广阔。

1. 养老护理员与老年X证书职业需求巨大 随着老龄化进程不断加快，养老服务人员队伍的缺口巨大，越来越供不应求。养老护理员本身是一个就业前景好、职业发展空间较大的新兴职业。在17年前国家设有养老护理员的职业标准，2017年后取消了职业资格，不是说养老护理员不被需要，而是不再由政府或其授权的单位认定发证；同时推行职业技能等级制度，制定发布国家职业标准或评价规范，由相关社会组织或用人单位按标准依规范开展职业技能等级评价、颁发证书。2019年起教育部推出"学历证书+若干职业技能等级证书"（简称"1+X"证书）制度试点，和老年服务与管理专业相关的，是陆续推出的老年护理师、失智老年人照护师、老年能力评估师的证书，对应养老护理岗位，包括养老护理员、养老护理主管、养老护理部主任等。新职业技能等级证书是学生职业技能水平的凭证，也能反映从事养老护理服务人员所需的综合能力。拥有证书有利于学生个人职业发展，也有利于企业选人用人，将人力配置到最合适的岗位（图1-7）。

序号	证书名称	证书主要面向专业领域及岗位（群）	典型工作任务
1	老年照护师	老年护理。 主要面向《中华人民共和国职业分类大典》（2015年版）的养老护理员职业	生活照料、老年人基础护理、康乐活动、心理护理等
2	失智老年人照护师	失智老年人照护。 主要面向《中华人民共和国职业分类大典》（2015年版）的失智老人照护员工种	严重失能、失智照护、康复护理、心理护理、安宁照护、健康教育等
3	老年护理服务需求评估师	老年能力评估。 主要面向各级各类养老机构、社区居家养老服务设施与机构的老年能力评估员等岗位	对老年人日常生活活动、精神状态、感知觉与沟通、社会参与能力的评估

图1-7 X证书设计的职业岗位和工作任务

2. 社会工作者和心理咨询师前景可期 在发达国家和地区，社会工作者体系已经非常完善和专业，社会工作者是维系社会健康运转的重要力量。在养老领域，社会工作者开展个性化服务，在老年人的角色转换和提高社会适应性方面发挥了重要作用。由于年龄大、生活缺乏充足的物质保障、各种慢性疾病以及"空巢"现象等带来的心理危机，老年人中抑郁症患者的数量不断上升。这部分人群很容易出现悲观、郁闷等不良情绪，其心理健康状况不容忽视。心理咨询师在养老领域是一个拥有广阔前景的职业。

3. 营养师和健康管理师供不应求 我国营养师的现状不容乐观。老年人的新陈代谢随增龄逐渐减慢，身体的分解代谢慢慢地会超过合成代谢，从而导致体重下降、食欲不振和精力减退，同时中老年人因为不良的饮食和体质，常常患有慢性疾病，如高血压、高血糖、高血脂，也会出现易怒、失眠等现象。所以合理的膳食对老年人来讲至关重要，营养师对养老行业是一个很热门的职业。随着人口老龄化进程的加快，平均期望寿命的延长，慢性非传染病的增加，老年人维护和改善健康需求的日益增长，现有的医疗卫生服务模式不能满足老年人的健康需求，新兴的健康管理服务将有非常广阔的前景。

4. 其他新职业未来可期 传统的职业发展趋势良好，技术的革新也呼唤养老新职业，如智能家居、智能可穿戴设备、物联网、远程医疗以及电商、送餐服务的发展在未来将会改变老年人的生活以及养老的概念和现状，也对老年人服务与管理岗位提出新的要求和挑战并将提供新的机遇。2020 年，人社部等三部门发布两批新职业，其中包括健康照护师、康复辅助技术咨询师及老年能力评估师。新职业的诞生，为满足社区居家老年人健康预防、健康教育、社区治疗、社区护理、社区康复、心理支持、文旅康养等个性化、多样性的服务需求提供了很好的支撑。

第三节 老年服务与管理的领域

【问题与思考】

1. 请陈述养老服务的地域分布。
2. 请试述老年服务与管理专业毕业生的工作状况。

2019 年中共中央、国务院印发《国家积极应对人口老龄化中长期规划》，标志着积极应对人口老龄化上升为国家战略。居家、机构和社区相协调、医养康养相结合的养老服务体系正逐步构建和完善，养老企业类型和业态逐渐丰富。本节通过地域和对象两个维度，分析了养老服务、养老人才与养老企业的分布，以及老年服务与管理对应的学生、从业人员与老年人的特征，以期梳理老年服务与管理所属的领域。

一、从地域的角度划分

（一）养老服务的地域分布

1. 养老机构 中国民政年鉴显示，2021 年我国的养老机构主要集中在发达地区，同专业发展水平和老龄化程度相一致。养老机构的数量也与人口数密切相关，如河南、四川、山东等人口大省，建设的养老机构数量也相应较多（表 1-3）。

2. 社区服务 2021 年，在社区养老机构及设施设置的数量上，河北第一，其次是湖南和浙江，这说明其在老龄事业发展方面走在前列。西藏的社区养老机构与设施最少，数量为 27 个。这与养老机构的设置相同，数量为 276 个的是海南省，这也与养老机构的排名相一致。东北三省的养老机构数量较多，但开设在社区的实在有限，说明东北三省的养老服务发展不均衡（表 1-4）。

3. 居家服务 无论是上海提出的 9073 养老模式，还是北京的 9064 模式，绝大多数的老年人都生活在家庭中，在最熟悉的环境中老化。各地在为老年人提供养老服务方面纷纷做出了有益尝试，比如北京市西城区等 42 个地区在 2022 年面向经济困难的失能、部分失能老年人建设了 10 万张家庭养老床位、提供了 20 万人次居家养老上门服务（表 1-5）。

表1-3　2021年养老机构的地区分布（个）

地区	北京	天津	河北	山西	内蒙古	辽宁	吉林	黑龙江	上海	江苏	浙江	安徽	福建	江西	山东	河南
数量	578	409	1782	774	665	2190	1520	2073	684	2094	1677	2593	759	1584	2271	3397

地区	湖北	湖南	广东	广西	海南	重庆	四川	贵州	云南	西藏	陕西	甘肃	青海	宁夏	新疆
数量	1967	2417	1954	583	59	1145	2504	1002	903	59	765	283	68	131	401

表1-4　2021年社区服务的地区分布（个）

地区	北京	天津	河北	山西	内蒙古	辽宁	吉林	黑龙江	上海	江苏	浙江	安徽	福建	江西	山东	河南
数量	1261	1244	29696	6849	2587	8133	3927	1622	11616	18308	23543	5711	16477	21637	16969	10764

地区	湖北	湖南	广东	广西	海南	重庆	四川	贵州	云南	西藏	陕西	甘肃	青海	宁夏	新疆
数量	19711	29314	21450	12308	276	515	12277	10113	3249	27	9513	9538	1311	1432	1245

表1-5　2022年居家和社区基本养老服务提升行动项目地区名单

序号	地区
1	北京市西城区
2	天津市河东区
3	河北省唐山市
4	山西省阳泉市
5	内蒙古自治区呼和浩特市、包头市
6	辽宁省锦州市
7	吉林省白山市
8	黑龙江省齐齐哈尔市、佳木斯市
9	江苏省无锡市、扬州市
10	浙江省杭州市、衢州市
11	安徽省安庆市
12	福建省厦门市、三明市
13	江西省新余市、赣州市、抚州市
14	山东省青岛市、威海市
15	河南省鹤壁市
16	湖北省襄阳市、咸宁市
17	湖南省邵阳市、常德市
18	广东省江门市
19	广西壮族自治区南宁市、北海市
20	海南省三亚市
21	重庆市沙坪坝区
22	四川省广安市
23	贵州省遵义市
24	云南省红河哈尼族彝族自治州
25	西藏自治区山南市
26	陕西省铜川市
27	甘肃省张掖市
28	青海省海北藏族自治州
29	宁夏回族自治区石嘴山市
30	新疆维吾尔自治区巴音郭楞蒙古自治州
31	新疆生产建设兵团第一师阿拉尔市

（1）家庭养老床位：指在对老年人进行综合能力评估的基础上，综合考虑其身体健康状况、居家环境条件等因素，满足适宜老年人的安全便利生活条件、及时响应紧急异常情况的基本要求，对居家环境关键区域或部位进行适老化、智能化改造，安装网络连接、紧急呼叫、活动监测等智能化设备，并视情况配备助行、助餐、助穿、如厕、助浴、感知类老年用品。

（2）居家养老上门服务：指根据老年人评估结果，为有相关需求但未建立家庭养老床位的老年人提供包括但不限于出行、清洁、起居、卧床、饮食等生活照护以及基础照护、健康管理、康复辅助、心理支持、委托代办等上门服务。1人次的居家养老上门服务是指项目执行时间内须为同一位服务对象累计提供30次以上居家养老上门服务。

（二）养老人才的地域分布

1. 专业培养

（1）专业设置：高职院校的老年服务与管理专业在我国经过了20多年的发展，实现了从无到有，由少到多，进入蓬勃发展的时期。1999年世纪之交我国迈入老龄化社会的行列，9月，大连职业技术学院、长沙民政职业技术学院分别建成高职学校的第一个老年服务与管理专业，标志着我国养老服务专业教育与专业人才培养工作的开始。到2004年，开设老年服务与管理专业的院校发展到3所，2007年5所，2008年8所，2009年10所，2010年16所，2011年18所，2012年24所，2013年31所，2014年64所，2015年112所，2016年145所，2017年173所，2018年185所，2019年221所，2020年达到278所，覆盖全国除西藏外的30个省（自治区、直辖市）。各个地区的分布不平衡，总体来说，老年专业的发展，同地区的人口老龄化息息相关。如山东、江苏等沿海地区，老年人口数量众多，特别是山东最为突出，老年人口数量占据全国第一，超过两千万，开设老年服务与管理专业的院校达到26所，占全国职业院校总数的近10%。东北三省由于老龄化程度处于持续高位，老年服务与管理专业的发展也较快，京津沪渝作为直辖市，属于养老人才培养的高地，开设老年服务与管理专业的高职院校数量也不少。西北西南地区的老龄化进程相对较慢，除了四川、陕西和甘肃之外，其他都在后十名，特别是西藏，2020 年 60 岁及以上老年人口占比只有8.52%，是第七次人口普查中国内唯一没有进入老龄化社会的地区，西藏亦是全国唯一没有开设老年服务与管理专业院校的地区。专业的开设情况从一定程度上可以代表当地的老龄化水平，以期了解老年服务与管理事业的发展（表 1-6）。总体来说，老龄化水平高的地区，老年人口规模大，对老年服务与管理的需求越高，相应开设专业培养人才的院校数量也就越多。

表 1-6　各地区开设老年服务与管理专业院校的不完全统计

序号	省（自治区、直辖市）	院校名称
1	北京	民政职业大学、北京劳动保障职业学院、中国青年政治学院、北京汇佳职业学院等
2	天津	天津职业大学、天津城市职业学院等
3	河北	邢台医学高等专科学校、河北工程技术学院等
4	辽宁	辽宁医药职业学院、鞍山师范学院高等职业技术学院等
5	吉林	长春东方职业学院、吉林水利电力职业学院等
6	黑龙江	黑龙江幼儿师范高等专科学校、哈尔滨科学技术职业学院等
7	内蒙古	内蒙古北方职业技术学院、包头职业技术学院等
8	青海	青海畜牧兽医职业技术学院等
9	甘肃	陇南市卫生学校、兰州职业技术学院等
10	宁夏	宁夏职业技术学院等
11	新疆	新疆职业大学、乌鲁木齐职业大学等
12	陕西	西安汽车科技职业学院、陕西工运学院、陕西国防工业职业技术学院等

续表

序号	省（自治区、直辖市）	院校名称
13	山东	山东商贸职业学院、山东英才学院、潍坊护理职业学院、青岛恒星科技学院、菏泽家政职业学院等
14	山西	山西旅游职业学院、陕西青年职业学院等
15	河南	河南职业技术学院、河南护理职业学院等
16	安徽	安徽人口职业学院、皖北卫生职业学院等
17	湖北	武汉商贸职业学院、武汉民政职业学院等
18	湖南	湖南劳动人事职业学院、湖南中医药高等专科学校
19	上海	上海邦德职业技术学院、上海思博职业技术学院
20	浙江	浙江东方职业技术学院、浙江旅游职业学院等
21	江苏	徐州幼儿师范高等专科学校、江苏经贸职业技术学院、江苏省南通卫生高等职业技术学校等
22	江西	江西冶金职业技术学院等
23	重庆	重庆城市管理职业学院、重庆传媒职业学院等
24	四川	川北幼儿师范高等专科学校、成都医学院等
25	云南	昆山登云科技职业学院、云南经济管理学院等
26	贵州	贵阳幼儿师范高等专科学校等
27	广东	广东理工职业学院、钟山职业技术学院等
28	广西	广西经济职业学院、广西幼儿师范高等专科学校等
29	福建	福建生物工程职业技术学院、泉州华光职业学院
30	海南	海南工商职业学院等

（2）学习者的来源及去向：虽然开设老年服务与管理专业的院校数量在逐年递增，但专业的学习者数量却很有限。根据蒋玉芝等对 32 所开设老年服务与管理专业的高职院校进行的调查，现有在校生人数最多的为长沙民政职业技术学院，共有 430 人，最少的院校只有 12 人。研究显示，学生大多来自专业的开设省份，大部分也留在本地工作。

屠其雷等对全国 51 所高职院校进行调查，结果也能证明开设老年服务与管理专业的院校与地区的老龄化水平基本保持一致。在专业教学点中，在校生最多的是东部地区，其次是中部地区，西部地区最少（表 1-7）。可以看到，东部地区的教学点多，招生数与毕业生数同样相对较多。对于三年间的增量，东部地区也是占据主要地位。分城市来看就业情况，老年服务与管理专业就业率排名前 10 的城市只有成都属于西南地区，长沙属于中南地区，位于前 3 名的上海、北京、广州，均是东部的发达城市，这说明东部老龄事业的发展好过中西部地区。表 1-8 中这 10 个城市的 GDP 全部排在全国前列，经济水平越好的地区，对老龄事业的关注度越高，老年领域的发展越快。我们也可以看到，这 10 个城市的老年专业占据了全国就业占比的九成以上。

表 1-7　高职 2017～2019 年的老年服务与管理专业招生情况

区域	调研专业点/个	2017 年			2018 年			2019 年		
		毕业生数/人	招生数/人	在校生数/人	毕业生数/人	招生数/人	在校生数/人	毕业生数/人	招生数/人	在校生数/人
东部	31	638	1 476	3 276	846	2 118	3 785	1 062	2 573	5 707
中部	10	286	450	1 426	334	860	1 968	311	869	2 377
西部	10	197	516	865	217	639	1 016	309	611	1 380
合计	51	1 121	2 442	5 567	1 397	3 617	6 769	1 682	4 053	9 464

表 1-8 老年服务与管理专业就业率排名前 10 的地区

地区	上海	北京	广州	南京	成都	杭州	深圳	青岛	长沙	厦门
排名	1	2	3	4	5	6	7	8	9	10
占比/%	36	16	12	6	5	5	4	4	3	3

2. 人员培训 老年服务与管理专业一直处于叫好不叫座的局面,并不是老龄产业对人才的需求不高,恰恰相反,行业的人才缺口巨大。多数的老年服务与管理人员,并没有经过专业的教育,往往是采取对从业人员进行职前或职后培训的形式,加强其业务能力。例如,从事养老服务的人员通常会接受养老护理员的培训,取得相应的职业资格证书。2019 年,人力资源社会保障部、民政部修订养老护理员国家职业技能标准,明确行政部门不再发放证书,从业人员可通过考核获取中国社会福利与养老服务协会发放的职业技能等级证书。各地面向技能证书均开展了一系列的培训,民政部社会福利中心也有一些面向全国的项目,如 2021 年开展了 25 期养老服务人才公益培训,触角遍布新疆、西藏、甘肃、青海、宁夏、广西、江西、黑龙江等 10 个省(自治区),取得培训 1.4 万人次的喜人成绩,为一线养老服务人员搭建起了快速成长的阶梯。

3. 激励政策 国务院办公厅印发了《关于推进养老服务发展的意见》(国办发〔2019〕5 号),明确提出建立完善养老护理员职业技能等级认定和教育培训制度、建立养老服务褒扬机制等工作任务。各地纷纷在文件中有所体现,鼓励更多人才进入养老领域,包括发放入职补贴、给予岗位津贴、建立与职业技能等级挂钩的薪酬制度等,用"钱"吸引和留住高学历、高素质人才,向养老行业"输血"。截至 2019 年底,北京、河北、内蒙古、浙江、广东、广西、四川、甘肃、宁夏等 13 个省(自治区、直辖市)出台了省级层面养老护理员奖补激励方面的政策。可以说,地方出台的养老激励政策各有特色,经济越发达的地区给出的政策优惠程度越高,比如北京对本科及以上应届毕业生入职养老服务行业发放 6 万元入职奖励,湖北宜昌市公布的奖励标准为本科及以上 3 万元。

(三)养老企业的地域分布

养老企业是养老服务的提供方,涵盖了家政、旅游、房地产、医疗保健、金融保险以及包括智能硬件在内的老年生活用品等多个细分种类。近年来,我国养老企业数量增长迅猛,截至 2022 年 5 月,我国共有 367 083 家养老企业,其中 3 个省份超过 30 000 家,江苏以 36 128 家排名第一,其次是山东省 32 453 家,广东省 30 837 家(图 1-8)。

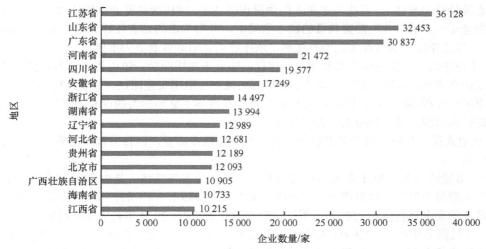

图 1-8 养老企业的地区分布

二、从对象的角度划分

（一）老年服务与管理对应的人员

1. 学生　老年服务与管理专业的学生，是养老产业输入的宝贵人力资源。通过对现有学生的调查可以得知养老服务与管理专业的人才供给现状。

（1）毕业生的工作状况

1）养老人才流失严重：迟玉芳对 145 名老年服务与管理专业的学生围绕就业状况进行调查，结果得知其中有 102 名学生从事养老相关工作，不足 1 年的学生占 66%，1～3 年的学生占 22%，5～10 年的学生占 7%，其他是工作 10 年及以上的学生。老年服务与管理专业毕业生毕业 1 年内绝大多数从事养老相关工作，而工作 3 年左右的时间后人才大量流失，工作 10 年的仅有 2 名。由调查不难发现，随着毕业时间的拉长，毕业生离开养老行业的人数逐渐增加。有研究显示，流失的养老服务从业人员首选的是教育行业，其认为教育行业稳定、社会地位高、晋升通道明确。

2）毕业生职位变动：145 名学生中有 44% 发生职位变动，其中企业内升迁占 33.85%，企业内同层级岗位调动占 43.08%，而大多数学生在工作前 3 年进行了同级别岗位调动，尤其是在第 1 年内发生岗位调动的次数最多，这表明用人单位在 3 年之内安排学生进行轮岗，使其熟悉各岗位的工作内容，从而全面地了解企业工作内容。由于多数养老机构（尤其是民办机构）刚刚起步，其业务能力、服务水平、管理能力都在社会服务业中处于较低水平，人员整体素质一般。多数机构在职业岗位的提供上明显不足，只能提供初级护理员岗位，并且缺少细致的职业成长规划和明确的岗位晋升途径，使不少毕业生在职业发展方面十分困惑。

3）毕业生就业岗位：老年服务与管理专业的毕业生在毕业一年内，认为从事养老设施运营管理、老年照护及管理、养老服务顾问（秘书）岗位最好，一年后认为从事养老设施运营管理、老年照护及管理、老年社会工作岗位最好，随着工作时间的增加，学生对岗位的认识有所改变，如老年社会工作、老年产品营销岗位选择率提高，但养老设施运营管理、老年照护及管理岗位依然是优先选择的前两位。

（2）毕业生的专业要求

1）毕业生应具备的能力：学生在毕业后的一年时间对专业知识的需求量远远高于后期，其中尤为突出的科目为老年基础医学、生活照护与心理护理知识。学生最为重视的技术为老年人的护理技术与心理疏导沟通技术，其次为老年人的康复训练技术、群体活动策划组织技术、综合照护技术。学生认为老年专业的毕业生需要具备的核心素质中，尤为突出的为责任感、道德诚信、团队精神，拥有 1～3 年工作经历的毕业生认为责任感、承压能力、敬老爱老更为重要。

2）毕业生认为在校期间有必要学习的课程：毕业生在毕业后一年内认为尤为重要的课程包含老年基础护理课程、老年沟通技巧课程、老年活动策划与组织实施课程、老年康复护理课程、老年心理健康护理课程，随工作年限的增长，毕业生认为在校学生必须学习的课程为老年沟通技巧课程、老年基础护理课程、老年社会工作者课程等。

2. 从业人员　在职人员是养老服务与管理的重要组成部分，但目前我国的养老人才队伍面临极大的困境。

（1）数量缺口大：2021 年我国约有 1.9 亿老年人患有慢性病，其中失能失智人数约为 4500 万，这类人群对于健康护理的需求不言而喻。如果按照国际上 3∶1 的护理配置标准来推算，我国养老护理员的需求量将达到 1500 万。根据民政部发布的数据，2019 年我国养老机构仅有 45.2 万在职员工，社区服务中心有 42.9 万在职员工，加起来不到 90 万，远不能满足失能失智老人的照护需求，市场缺口超千万。加上管理人员的巨大需求，整个养老领域相对还是一片蓝海。

（2）文化程度不高：养老人员以进城务工人员、城市失业人员为主，大多是"4050"，受教育水平有限，缺少养老服务技能培训和职业标准，有的甚至在 60 岁以上，本身就是老年人。

（3）社会地位低：社会对养老行业的认知存在偏见，认为该行业缺乏社会地位，从业者可能因此感到不受尊重。而且这一行业的待遇不高，很难引进高素质人员，队伍持续不稳定，从业者混杂，影响行业的声誉和效益，陷入恶性循环。

（二）老年服务与管理对应的老年人

老年服务与管理专业培养的是养老从业人员，旨在为老龄行业服务，根本目的是提高老年人群的生活福祉，因此它的服务对象可以归结为老年人群，这里分为两类：失能与半失能老人、自理老人。

1. 失能与半失能老人

（1）照护：首先，开展预防和干预行动，尽量减少失能的发生，这是最重要的；其次，提供从家庭到社区到机构的全链条的长期照护服务，同时开展老年护理需求评估，精准服务；再次，大力推进"互联网+照护服务"，发挥智能技术的作用；最后，推进长期护理保险制度试点，尽早建立符合我国国情的长期护理保险制度。

（2）医养结合：第一，推进医疗卫生资源和养老服务资源的衔接和整合，特别是在基层要加强资源整合；同时社区层面增加服务供给，实施社区医养结合能力提升行动。第二，鼓励基层探索养老床位和医疗床位的融合，根据老年人的需求进行制度创新。第三，推动医疗机构的转型，开展康复、护理和医养结合服务。第四，开展医养结合质量提升行动和医养结合示范创建活动，通过示范引领促进医养结合的高质量发展。

2. 自理老人

（1）健康管理：一是老年人的预防保健。通过开展预防保健，让老年人少得病、晚得病、不得大病；二是要尽力方便老年人看病就医。大力建设康复医院、护理院，还要开展老年友善医疗机构建设活动，目的就是方便老年人看病就医。

（2）社会参与：第一，发展多样化的老年教育。帮助老年人掌握智能化和辅助化技术设备的使用方法，提升其生活品质；举办多样文体活动，满足老年人社交活动参与的需要，排解其内心孤独感；针对低龄老年人口提供就业技能再培训服务，满足健康低龄老年人口的就业和延迟退休意愿，助力其参与正式的经济活动。第二，搭建共享性的信息平台。为老年人社会参与搭建信息平台，引导低龄老年人口参与正式的经济活动和创造经济发展价值。第三，营造友好型的社会环境。积极营造年龄平等和价值认可的社会环境，家庭参与是社会参与的重要构成。

第四节 老年服务需求发展的概况

【问题与思考】

1. 请简述老年服务需求的内容。
2. 请举例说明老年服务需求的新特征。
3. 请试述老年服务需求的现状。

老年服务行业，"服务"是基础，是一种手段、一个过程，"服务"本身是要消耗企业的资源的。真正让养老企业的"服务"产生价值的，是通过"服务"来满足老人的需求。"满足需求"才是一个养老企业创造价值的开端。因此，探求老年群体的养老服务需求，才是养老服务从业者入行的"第一步"。

一、老年服务需求的概念与内容

（一）老年服务需求的概念

老年服务，是为老年人提供必要的生活服务，满足其物质生活和精神生活的基本需求。

"需求"常用于表述消费者对于某种商品的使用程度，包括是否会购买、购买数量、使用频率、使用时长等。

老年服务需求，是指老年人愿意并且能够购买的必要的生活服务。

（二）老年服务需求的内容

1. 老年人的基本需求　以马斯洛的需求层次论为基础，将老年人的需求从低到高列为五个层次，即生理需求、安全需求、社交需求、尊重需求和自我实现需求，这较为直观地反映了当下老年人的需求。

（1）生理需求：对于老年人而言，拥有健康的身体是老年人从事一切活动的基础，因此既要关注老年人最基本的日常饮食方面的需求，也要关注其在居住、交通等方面的需求。

（2）安全需求：与生理需求一样，在老年人的安全需求没有达到理想状态时，其所关注的焦点必然是安全需求。

（3）社交需求：对于老年人来说，社会性具有同等重要的地位，而由社交带来的愉悦对其晚年生活具有不可替代的作用。

（4）尊重需求：不论老年人处于社区还是家庭之中，他们都期望自己仍是一个有尊严的个体，能拥有自己的生活和自主能力，内心不希望自己被当作完全的依赖者、失能者，即使当其认识到自身会受到生理等因素的限制而在行动上有所局限时，也宁愿相信自己仍然可以为家庭或社会作出贡献，可以找到自身存在的价值及生命的意义。

（5）自我实现需求：从某种意义上讲，追求自我实现需求的人可能过分关注这种最高层次需求的满足，从而忽视低层次的需求。进步与希望具有正向能量，老年人希望自身仍具有与社会相关的适应能力，并且希望这种正向能量对晚年生活起到调节作用。

2. 老年服务需求的具体体现　一是老年服务的"普需"。首先是生活照料。老年人因增龄机体会发生退行性变化，自理能力越来越差，过去能够轻松应对的日常生活现在变得力不从心，遇到一些较为复杂的家务常常感到束手无策。因此，许多老年人对生活照料的愿望愈加强烈，希望入户得到全方位照顾的需求呈逐年上升趋势。其次是医疗保健。随着年事渐高，体弱多病是不可回避的现实，一些患有老年常见病、慢性病的老年人迫切需要建立健康档案、开展健康指导、进行健康检查、疾病防治、康复护理、陪诊就医、健康教育、家庭病床、应急救护、临终关怀等医疗保健服务成为一些患有重病、急病、绝症的老年人关心的主要问题。最后是家政代理。随着个人生活自理能力逐年减弱，加之有的子女不常在身边，一些行动不便、生活起居较困难的独居、空巢老年人，遇到家电安装、家具维修、管道疏通等生活琐事常常陷入困境，外出购物、办证、缴费等日常事务也成为现实生活的大问题，他们对专业清洗、取送物件、搬运货物、外出接送等家政代理服务的需求越来越强烈。

二是老年服务的"特需"。首先是学习教育。在社会变化日新月异的新时代，有知识、有文化的老年人十分关心时事热点，对充实文化知识、搞好政治学习、加强思想建设等的教育学习需求日益强烈。其次是文体娱乐。随着生活水平的提高，许多低龄老年人身体素质较好、文化程度较高、兴趣爱好较广，对精神文化的需求日趋多样，对以载歌载舞、琴棋书画、体育健身等文体娱乐为主导的文化养老需求越来越大。最后是发挥作用。随着"银色海啸"的到来，在家庭条件、身体状况允许的前提下，许多拥有专长、思想活跃、期望实现晚年价值、得到他人认可、获得社会尊重的老年人，更多地向老有所为等高品质的养老生活发展。

三是老年人的现实养老"刚需"。首先是失能照护。失能老年人因身体机能衰退、健康状况下降、意外等造成身体功能受损，吃饭、穿衣、洗澡等日常活动能力缺失，不仅需要日常照顾，甚至需要借助专业仪器及医务治疗，专业的护理需求仅靠家庭很难完成，迫切需要得到社会支持。其次是权益维护。现实生活中，老年人的赡养、财产、婚姻等合法权益受到侵害的现象多见，他们所需要的法律服务与日俱增，迫切希望正确使用法律武器，让自己的正当权利得到最好的尊重和保护。

二、老年服务需求的特征分析

（一）老年服务需求新特征

一是健康观念更积极主动，维护老年健康不是治疗已病，而是积极主动预防未病，因此，开展老年健康管理和健康教育更为重要。

二是财富观念更独立多元，老年人规划养老既不是仅依赖退休金，也不是依靠子女，而是多元配置保险、基金等金融产品，甚至以房养老。

三是价值观念更注重贡献，老年人不再是家庭与社会的负担，而是家庭的好帮手，为社会的发展贡献力量。

四是家庭观念更青睐有距离的亲情，越来越多的老人不与子女住在一起，但又要近距离居住，方便于养老和照护。

五是生活观念更注重培养兴趣爱好以融入社会，老年人主动走出去加入兴趣班、参加公益活动等，确保与社会不脱节。

（二）对应特征的改进策略

老年服务涵盖种类广泛，包括医疗、饮食、住宿、行动、文化、娱乐、健身、养生等方面，传统简单的日常照料服务已远远不能满足实际需要。社会和企业应在老年人养老服务需求方面多做思考，提供多样、细致、专业的养老服务类型和项目，采取有针对性的措施以提高老年人的满意度。另外，院校等可以进行合作，一方面，使老年人感受到青年人的活力，使其更有朝气，避免产生年老力衰的恐惧感；另一方面，促进老年人与社会的融合，使其感受到温暖并实现自我价值。

在服务项目上，根据老年人可支配的收入情况、个人需求和身体状况，优先提供保洁、做饭等家政服务，开展日常陪护、健康档案、健康体检、棋牌娱乐、定期看望、电话问候、电话专线、紧急救助等项目，并对其他服务提供方式进行有益的尝试和探索。

此外，要充分利用项目周边的医疗资源，切实满足老年人的医疗护理服务需求。逐步发展壮大社会工作者队伍，组建志愿者队伍来开展老年人专项活动。同时，也可充分发挥相对年轻、健康的老年人的主观能动性，采取各种鼓励或激励方式，让其加入到社区居家养老服务的志愿者队伍中，既能节约经济成本，又能更好发挥老年人余热。

三、老年服务需求的现状及趋势

（一）老年服务需求的现状

以老年人日常生活照料需求情况来衡量老年服务需求状况。由全国老年人第五次抽样调查可知，2021年我国13.2%的老年人自报日常生活需要别人照料。分城乡看，11.9%的城镇老年人、14.7%的农村老年人自报日常生活需要别人照料。分性别看，11.7%的男性老年人、14.7%的女性老年人自报日常生活需要别人照料。具体来看，老年人需求比例最高的五类社区（村）养老服务依次是：上门看病服务（29.1%）、助餐服务（22.1%）、文化娱乐服务（22.1%）、健康教育服务（17.2%）、上门做家务服务（15.8%）。自报日常生活需要别人照料的老年人中，有83.0%得到照料。在实际有人照料的老年人中，配偶作为主要照料者的占45.5%，子女（包括儿子、儿媳妇、女儿、女婿）作为主要照料者的占 47.6%，家政服务人员、医疗护理机构人员或养老机构人员作为主要照料者的占 3.4%，其他人员作为主要照料者的占 3.5%。

（二）老年服务需求的发展趋势

老年服务，一方面是民生，它是国家治理体系和治理结构的一个重要方面。同时它也是经济增长的一个点。不仅仅是要政府采购，同时也应该采取市场化的方式以满足多层次的老人需求。

随着老龄化程度加深，传统的养老模式无法全面适应当前的养老需求，寻求新型的多元复合治理手段以解决老年人的多层次需求成为趋势。目前，养老行业市场分析中提到智慧养老成为养老产业的发展方向。在智能养老的时代更需要切实解决人才短缺的问题。建设一支结构合理的高水平的专业队伍，是老年服务行业进步的方向，也是发展智慧养老的重要内容。

思考题与实践应用

1. 什么是人口老龄化？

【参考答案】

人口老龄化是指人口生育率降低和人均寿命延长导致年轻人口数量减少、年长人口数量增加，从而使得老年人口在总人口中的比例相应增长的动态。

2. 中国人口老龄化的特点有哪些？

【参考答案】

第一，老年人口的规模大。我国是世界上老年人口最多的国家，2005 年占据世界老年人口的 1/5，预计到 2050 年占据世界老年人口的 1/4。

第二，我国老龄化发展速度快。我国 65 岁及以上老年人口比例在 2000 年达到了 7%，进入老龄化社会。2022 年这一比例升至 14%，迈进老龄社会的行列，我国仅用 18 年的时间，就完成了发达国家几十年甚至上百年才完成的转变。

第三，老龄化在地区间的发展非常不平衡。我国东部发达地区和中西部欠发达地区的差异很大，基本上呈现了由东向西阶梯发展的态势，东部沿海地区的发展明显快于西部欠发达地区。

第四，人口老龄化城乡差异快速扩大。我国农村老龄化进程快于城镇 1.24 个百分点，而且这种倒置的状况一直要延迟到 2040 年。

第五，未富先老。发达国家进入老龄化的时候，人均 GDP 约为 5000～10 000 美元，而我国 2000 年进入老龄化时，人均 GDP800 多美元，经济实力薄弱，老龄化要超前于现代化。

3. 论述老年服务与管理的现存问题。

【参考答案】

第一，支撑度有限。2019 年养老服务与管理类中职在校生规模约为 3 万人，高职为 2.1 万人，对于养老行业的高品质发展起到引领示范作用。但是，和养老服务与管理行业面临的人员巨大缺口相比，职业院校培养的人才队伍数量远远不足。

第二，招生困难。尽管社会对养老服务人才有大量需求，但招生难一直是很多学校养老服务专业面临的老难题。如北京社会管理职业学院，2022 年 5 地仅招收 35 人。一方面是职业的社会认可度不高，尚未被社会接纳；另一方面是政府对养老专业的扶持力度不足。

第三，办学层次低。20 世纪末以后开设养老专业的院校中，绝大多数是高职或高专院校。近年来也有技师学校设置老年服务与管理专业。本科层次的老年学、养老服务管理均为 2019 年增设，截至 2022 年底只有少量院校开设。总体来说，养老行业缺乏高端人才的培养层次，制约了养老专业人才培养质量的提升和高层次师资队伍的建设。

第四，培养质量不齐。一是培养定位不清，培养院校一直没有权威的人才培养标准可供遵循，培养过程存在"摸着石头过河"的现象；二是培养师资不精，由于缺少高层次的培养定位，该专业的大多数教师是由本校相近专业（如护理学等）转聘而来的，对行业的把握度有限，影响了专业的教学效果。

4. 名词解释：老年服务需求。

【参考答案】

老年服务需求，是指老年人愿意并且能够购买的必要的生活服务。

参 考 文 献

曹雅娟, 冯景明, 杨光. 2020. 老年服务与管理专业毕业生就业现状分析——以北京社会管理职业学院为例[J]. 中共郑州市委党校学报, (4): 77-79.

国家统计局. 2024. 中国统计年鉴 2024[M]. 北京: 中国统计出版社.

刘芳铭. 2019. 老年服务与管理专业人才培养的困境及破解对策[J]. 太原城市职业技术学院学报, (9): 102-105.

屠其雷, 李晶, 赵红岗. 2022. 养老服务与管理行业人才需求与职业院校专业设置匹配分析研究[J]. 中国职业技术教育, (19): 46-54.

杨根来, 曹雅娟, 扬扬. 2020. 历史发展视域下中国养老服务专业发展和人才培育工作研究[J]. 社会福利（理论版）, (4): 12-19, 33.

中华人民共和国民政部. 2022. 中国民政统计年鉴 2022[M]. 北京: 中国社会出版社.

第二章　老年服务与管理的目标与评估

1. 掌握：老年服务与管理的成长目标和发展目标。
2. 熟悉：老年服务与管理的机构和社区评估。
3. 了解：老年服务与管理的伦理要求。

第一节　老年服务与管理的目标

【问题与思考】

1. 老年服务与管理工作如何更好地满足日益增长的需求？
2. 如何借助孝亲文化推进老年服务工作？

我国在 2022 年《"十四五"国家老龄事业发展和养老服务体系规划》文件中提出，老年人口规模大，老龄化速度快，老年人需求结构正在从生存型向发展型转变，老龄事业和养老服务还存在发展不平衡不充分等问题，建设与人口老龄化进程相适应的老龄事业和养老服务体系的重要性和紧迫性日益凸显，任务更加艰巨繁重。因此，在政府的主导下，如何平衡和分配与老年服务相关的人力、物力、财力，提高老年服务质量的组织模式，如何更高效地提供老年服务，构建出符合社会实际与老年人日益增长的多元化需求的养老服务体系，是我国现阶段面临的艰巨任务。老年服务与管理的目标包含成长目标、发展目标。

一、老年服务与管理的成长目标

完善养老服务政策体系，加强养老服务业的评估管理，使市场监管体制能够有效运行。拓宽人才培养途径，使老年服务质量得以提高，是老年服务与管理的又一个进阶目标。

（一）提高养老服务质量

提高养老服务的社会贡献能力，提高老年服务质量水平，就需要养老机构在管理和人才培养使用方面更加合理，从而实现多样化的养老服务。

制定养老机构管理办法。支持社会力量兴办的养老机构，支持建设专业化养老机构。支持社会力量建设专业化、规模化、医养结合能力突出的养老机构，推动其在长期照护服务标准规范完善、专业人才培养储备、信息化智能化管理服务、康复辅助器具推广应用等方面发挥示范引领作用。引导养老机构立足自身定位，合理延伸服务范围，依法依规开展医疗卫生服务，为老年人提供一体化的健康和养老服务。

对于公办养老机构，首先要保证老年人的入住需要。完善公办养老机构委托经营机制，改革以价格为主的筛选标准，综合考虑从业信誉、服务水平、可持续性等质量指标。引进养老服务领域专业能力较强的运营机构早期介入、全程参与委托经营的养老机构项目工程建设，支持规模化、连锁化运营。探索将具备条件的公办养老机构改制为国有养老服务企业或拓展为连锁服务机构。探索建立城市养老服务联合体，"以上带下"提升基层服务能力。

设立养老机构服务标准，明确老年人的需求和相应的服务内容，为老年人提供个性化的服务。国家建立全国统一的服务质量标准和体系，通过一系列质量评估，从质量和数量上来评估养老机构提供的服务是否符合老年人的需求，提供的服务方式是否有效，服务对象是否满意，从而进一步改进服务。同时，也可借助社会公示、第三方评估平台等方式，监督养老机构的自我质量监控意识。

《养老机构服务安全基本规范》中提出以下几个方面对服务防护的要求。

1. 防噎食　应为有噎食风险的老年人提供适合其身体状况的食物。有噎食风险的老年人进食时应在工作人员视线范围内，或由工作人员帮助其进食。

2. 防食品药品误食　应定期检查，防止老年人误食过期或变质的食品。发现老年人或相关第三方带入不适合老年人食用的食品，应与老年人或相关第三方沟通后处理。提供服药管理服务的机构，应与老年人或相关第三方签订服药管理协议，准确核对发放药品。发生误食情况时应及时通知专业人员。

3. 防压疮　应对有压疮风险的老年人进行检查：皮肤是否干燥、颜色有无改变、有无破损，尿布、衣被等是否干燥平整。预防压疮的措施应包括：变换体位、清洁皮肤、器具保护、整理床铺并清除碎屑。应对检查情况予以记录。

4. 防烫伤　倾倒热水时应避开老年人。洗漱、沐浴前应调节好水温，盆浴时先放冷水再放热水。应避免老年人饮用、进食高温饮食。应避免老年人接触高温设施设备与物品。使用取暖物时，应观察老年人的皮肤。应有安全警示标识。

5. 防坠床　应对有坠床风险的老年人重点观察与巡视。应帮助有坠床风险的老年人上下床。睡眠时应拉好床护栏。应检查床单元安全。

6. 防跌倒　老年人居室、厕所、走廊、楼梯、电梯、室内活动场所应保持地面干燥，无障碍物。应观察老年人服用药物后的反应。有跌倒风险的老年人起床、行走、如厕等应配备助行器具或由工作人员协助。地面保洁等清洁服务实施前及过程中应放置安全标志。

7. 防他伤和自伤　发现老年人有他伤和自伤风险时应进行干预疏导，并告知相关第三方。应专人管理易燃易爆、有毒有害、尖锐物品以及吸烟火种。发生他伤和自伤情况时，应及时制止并视情况报警、呼叫医疗急救，同时及时告知相关第三方。

8. 防走失　有走失风险的老年人应重点观察、巡查，交接班核查。有走失风险的老年人外出应办理手续。

9. 防文娱活动意外　应观察文娱活动中老年人的身体和精神状态。应对活动场所进行地面防滑、墙壁边角和家具防护处理。

（二）培养老年服务优秀人才

建设一支专业化的人才队伍是老年服务与管理的重要保障，培养专业型人才，吸纳社会各界力量，不断壮大老年服务的人才队伍，最终实现老年服务质量水平的提升。

1. 人才培养　开设老年服务与管理的专业教育。开设老年服务与管理专业，国家鼓励有兴趣的社会人士从事老年服务工作，开设专门的培训班。养老服务人才培养的主体涉及政府、高校和社会三方责任主体，在人才培养过程中，政府始终占据主导地位，例如出台养老服务人才培养规划，制定养老服务人才培养细则，利用政策杠杆的优势，给予其政策和资金等方面的支持。高校则是养老服务人才培养的主要阵地，要充分发挥其服务社会的功能，落实国家政策，创新人才培养模式，根据养老服务业的需求，加强养老服务人员继续教育培训。此外，涉老机构、企业、社会组织和公民个人要充分发挥其在养老服务人才培养中的作用。按照国家相关规定，通过建立职业培训机构及相关教育集团，为养老服务人才提供专业化的技能培训。养老服务人才培养问题是战略问题，决定着我国养老服务业的命运，因此加强养老服务人才培养是当前我国养老服务业发展的首要任务。

2. 总体规划　制定老年服务人才的激励机制，鼓励社会各界参与到老年服务当中。加强老年服务建设，对专业人才实施有效奖励方法，提高他们的生活待遇和职业自豪感。建立专业化的队伍。老年服务与管理专业人才培养方案的制定，应契合市场岗位需求，要深入行业企业调研，加强国际交流及校企合作，在人才培养方面多加商讨。教育部、国家发展和改革委员会等4部门联合印发《关于在院校实施"学历证书+若干职业技能等级证书"制度试点方案》，部署启动"1+X"证书制度试点。老年服务与管理被纳入首批启动的5个职业技能领域试点。

3. 支持社会各界志愿者加入老年服务与管理体系　鼓励社会各界人士主动申请成为志愿者，一方面用专业知识指导老年服务管理者，另一方面开阔老年服务行业的视野。鼓励志愿者参与，引发全社会的关注，吸引更多人的参与，形成人才引入的良性循环。

（三）健全养老机构体制机制

顺应时代要求，在工作中主动应对转变，以老年人需求为导向。完善规章制度，适应创新思路，推出个性化服务以增强养老机构活力。增强医疗卫生机构为老年人服务的能力。加强国家老年医学中心建设，布局若干区域老年医疗中心。加强综合性医院老年医学科建设。支持医疗资源丰富地区将部分公办医疗机构转型为护理院、康复医院。推动医疗卫生机构开展老年综合征管理，促进老年医疗服务从单病种模式向多病共治模式转变。加建老年友善医疗机构，方便老年人看病就医。推动医疗服务向居家社区延伸。支持有条件的医疗卫生机构为失能、慢性病、高龄、残疾等行动不便或确有困难的老年人提供家庭病床、上门巡诊等居家医疗服务。公办医疗机构为老年人提供上门医疗服务，采取"医疗服务价格+上门服务费"的方式收费。提供的医疗服务、药品和医用耗材适用本医疗机构执行的医药价格政策，上门服务费可由公办医疗机构自主确定。鼓励社会力量开办社区护理站。积极开展社区和居家中医药健康服务。开展安宁疗护服务。推动医疗卫生机构按照"充分知情、自愿选择"的原则开展安宁疗护服务。稳步扩大安宁疗护试点，推动安宁疗护机构标准化、规范化建设。支持社区和居家安宁疗护服务发展，建立机构、社区和居家相衔接的安宁疗护服务机制。加强对社会公众的生命教育。

二、老年服务与管理的发展目标

"十四五"时期，积极应对人口老龄化国家战略的制度框架基本建立，老龄事业和产业有效协同、高质量发展，居家社区机构相协调、医养康养相结合的养老服务体系和健康支撑体系加快健全，全社会积极应对人口老龄化格局初步形成，老年人获得感、幸福感、安全感显著提升。

（一）从政策保障上发展老龄事业和产业

第一，养老服务供给不断扩大。覆盖城乡、惠及全民、均衡合理、优质高效的养老服务供给进一步扩大，家庭养老照护能力有效增强，兜底养老服务更加健全，普惠养老服务资源持续扩大，多层次多样化养老服务优质规范发展。

第二，老年健康支撑体系更加健全。老年健康服务资源供给不断增加，配置更加合理，人才队伍不断扩大。家庭病床、上门巡诊等居家医疗服务积极开展。老年人健康水平不断提升，健康需求得到更好满足。

第三，为老服务多业态创新融合发展。老年人教育培训、文化旅游、健身休闲、金融支持等服务不断丰富，围绕老年人衣食住行、康复护理的老年用品产业不断壮大，科技创新能力明显增强，智能化产品和服务惠及更多老年人。

第四，要素保障能力持续增强。行业营商环境持续优化，规划、土地、住房、财政、投资、融资、人才等支持政策更加有力，从业人员规模和能力不断提升，养老服务综合监管、长期护理保险等制度更加健全。

第五，社会环境更加适老宜居。全国示范性老年友好型社区建设全面推进，敬老爱老助老的社会氛围日益浓厚，老年人社会参与程度不断提高。老年人在运用智能技术方面遇到的困难得到有效解决，广大老年人更好地适应并融入智慧社会。

（二）提升老龄发展内涵

第一，老有所为是很多老年人晚年生活不可缺少的组成部分，他们用自己掌握的知识和技能，继续为我国现代化建设做出新的贡献。全社会都应为老年人发挥积极作用创造条件，鼓励老年人发挥自身潜能，使其保持老当益壮的心态，引导他们为我国现代化建设做出新的贡献，如志愿者、科普员等。

第二，老有所学也是许多老年人生活的组成部分，他们根据自己的爱好，学习掌握一些新知识和新技能，既能陶冶情操，又能丰富生活。国家应建设优质丰富的数字化学习资源，建设智慧学习体验中心，为老人的便携学习提供大数据服务。

第三，老有所教是通过思想政治教育，使广大老年人做到政治坚定、思想常新、理想永存。让老年人受到适合年龄时代特点的教育，其实老年教育的内容是多方面的，如法律法规、文化知识、艺术、养老保健，还有退休后老人"角色"的转变等等，能者为师，教与学是互动的。而老有所教与老有所学具有交集关系，前者属于有组织、有计划的系统性老年教育，后者则更宽泛和随意。

第四，老有所乐内容极其丰富，通过开展各种各样适合老年人特点的文体活动，为老年人增添欢乐，使其幸福安度晚年。组织开展的文体活动要有持续性和周期性，调动老年人的兴趣爱好。

第二节 老年服务与管理的评估

【问题与思考】

1. 请简述老年人能力评估的指标构成。
2. 请简述老年人能力评估的分级。

我国人口老龄化程度日益加深，为更有效地配置养老资源，提高老年人健康水平，提高老年人生活质量，实现健康老龄化，迫切需要构建一套更具实用性和操作性的老年人服务能力评估体系。

一、老年人能力评估

2022 年《老年人能力评估规范》国家标准发布。

指标内容：一级指标共 4 个，包括自理能力、基础运动能力、精神状态、感知觉与社会参与。二级指标共 26 个。自理能力包括 8 个二级指标、基础运动能力包括 4 个二级指标、精神状态包括9 个二级指标、感知觉与社会参与包括 5 个二级指标（表 2-1）。

表 2-1 老年人能力评估指标

一级指标	二级指标
自理能力	进食、洗澡、修饰、穿/脱上衣、穿/脱裤子和鞋袜、大便控制、小便控制、如厕
基础运动能力	床上体位转移、床椅转移、平地行走、上下楼梯
精神状态	时间定向、空间定向、人物定向、记忆、理解能力、表达能力、攻击行为、抑郁症状、意识水平
感知觉与社会参与	视力、听力、执行日常事务、使用交通工具外出、社会交往能力

指标得分：自理能力包括 8 个二级指标的评定，将其得分相加得到分量表总分。基础运动能力包括 4 个二级指标的评定，将其得分相加得到分量表总分。精神状态包括 9 个二级指标的评定，将其得分相加得到分量表总分。感知觉与社会参与包括 5 个二级指标的评定，将其得分相加得到分量表总分。将上述 4 个分量表得分相加得到老年人能力评估的总分。

综合自理能力、基础运动能力、精神状态、感知觉与社会参与 4 个一级指标的总分，能力分级标准见表 2-2。

表 2-2　老年人能力等级评分

能力等级	等级名称	等级标准
0	能力完好	总分 90
1	能力轻度受损（轻度失能）	总分 66~89
2	能力中度受损（中度失能）	总分 46~65
3	能力重度受损（重度失能）	总分 30~45
4	能力完全丧失（完全失能）	总分 0~29

注 1：处于昏迷状态者，直接评定为重度失能。若意识转为清醒，需重新进行评估。

注 2：有以下情况之一者，在原有能力级别上提高一个级别：①确诊为认知障碍/痴呆；②精神科专科医生诊断的精神类疾病；③近 30 天内发生过 2 次及以上照护风险事件（如跌倒、噎食、自杀、自伤、走失等）。

二、养老机构评估

随着人口老龄化不断加剧，养老服务需求快速增长，养老机构成为老年人社会化养老的重要方式。《"健康中国 2030"规划纲要》中强调要推动医疗卫生服务延伸至社区、家庭，健全医疗卫生机构与养老机构合作机制，支持养老机构开展医疗服务。标准化的评估是开展评估、提供优质服务的基础。

我国养老机构服务质量评价工具在不断完善与发展，2017 年中国国家标准化管理委员会发布的《养老机构服务质量基本规范》，至此填补了养老机构服务质量国家标准的空白，明确了全国养老机构服务质量的基准线与起跑线，并且为建立全国统一的养老机构等级标准打下了坚实基础。

（一）评估管理制度及设施设备质量

主要评估管理制度完善及执行率、硬件设施完好备用率等。养老机构设施设备完好备用保证了患者的安全，特别是抢救设备的完好备用，及时对老年人进行急救处理，减少了意外的发生，能有效提升老年人的满意度，提升服务质量。建立健全养老机构管理制度是对服务质量不断提升的保障，对从业人员的标准化管理有利于评价指标的统一，实现规范化养老，提升入住老年人满意度，更能使养老机构长久健康发展，这与《养老机构服务质量基本规范》中建立服务管理制度、安全管理制度、环境及设施设备管理制度一致。可从组织设置、业务管理、服务内容、运营管理等维度进行评估。

（二）评估基础服务质量

主要评估居住环境、日常饮食等内容。餐饮、生活护理、康乐保健是贫困地区养老机构老年人生活满意度的主要影响因素。基于马斯洛的需求层次论，提高老年人基础服务质量不仅有助于提高养老机构入住满意度，并且能够提高入住老年人的生活质量，减少并发症的发生。提升基础服务质量主要取决于养老机构从业人员的技能及人文关怀，而加大对养老事业的投入，增强对养老机构从业人员的培训及考核，可为老年人提供更好的养老服务技术保障，同时《养老机构服务质量基本规范》中将养老机构工作人员应掌握相应的知识和技能作为一项基本要求。关于基础服务质量，可从员工状况、机构的照顾计划、服务使用者的生活质量、职员与服务使用者的关系、服务使用者的评价和意见等方面进行评估。

（三）评估护理服务质量

老年人健康相关的医疗护理活动是养老机构的核心内容，是养老机构服务质量评价的重要组成部分，主要有跌倒、坠床、压力性损伤等不良事件发生率、医疗保健完成率等。目前养老机构不仅承担养老服务，同时越来越多的癌症终末期和脑卒中功能恢复期的老年人入住到养老机构，对养老机构的医疗服务活动的依赖性越来越强。影响养老机构内老年人生活质量的主要因素有自理能力、患病情况等。因此养老机构的评估应加强对入住老年人健康管理质量的考核。增进老年人健康是养老机构服务质量评价的主要目的，从增进老年人健康的视角来确定服务质量极其必要。养老机构服务质量评价工具的创建能有效推进养老事业的发展及养老机构服务质量的提高。标准化的监管能保证有限的养老资源高效和规范利用。

三、社 区 评 估

（一）社区的含义

社会学家尽管对社区下的定义各不相同，但在构成社区的基本要素上的认识还是基本一致的，其普遍认为一个社区应该包括一定数量的人口、一定范围的地域、一定规模的设施、一定特征的文化、一定类型的组织。社区就是这样一个"聚居在一定地域范围内的人们所组成的社会生活共同体"。

（二）老年社区

老年社区是一种市场化与商业化的产物，老年人的需求特点如下：老年人生活的要求和其他年龄的人不一样，他们需要物质保障基础之上更高的精神追求，即多数老年人都童心未泯，喜欢安静的同时又喜欢热闹。老年人具有以下几个活动特征：群聚性、类聚性、时域性、地域性、交往性、私密性等。

1. 优化老年人的居住环境　支持对老年人住房的空间布局、地面、扶手、厨房设备、如厕洗浴设备、紧急呼叫设备等进行适老化改造、维修和配备，降低老年人生活风险。建立社区防火和紧急救援网络，完善老年人住宅防火和紧急救援救助功能。定期开展独居、空巢、留守、失能、重残、计划生育特殊家庭老年人家庭用水、用电和用气等设施安全检查，对老化或损坏的设施及时进行改造维修，排除安全隐患。加强社区生态环境建设，大力绿化和美化社区，营造卫生清洁、空气清新的社区环境。

2. 方便老年人的日常出行　加强老年人住宅公共设施无障碍改造，重点对坡道、楼梯、电梯、扶手等进行改造，保障老年人出行安全。加强社区道路设施、休憩设施、信息化设施、服务设施等与老年人日常生活密切相关的设施和场所的无障碍建设。新建城乡社区提倡人车分流模式，加强步行系统安全设计和空间节点标志性设计。

3. 提升为老年人服务的质量　利用社区卫生服务中心（站）、乡镇卫生院等定期为老年人提供生活方式和健康状况评估、体格检查、辅助检查和健康指导等健康管理服务，为患病老年人提供基本医疗、康复护理、长期照护、安宁疗护等服务。开展老年人群营养状况监测和评价，制定满足不同老年人群营养需求的改善措施。深入推进医养结合，支持社区卫生服务机构、乡镇卫生院内部建设医养结合中心，为老年人提供多种形式的健康养老服务。利用社区日间照料中心及社会化资源为老年人提供生活照料、助餐助浴助洁、紧急救援、康复辅具租赁、精神慰藉、康复指导等多样化养老服务。广泛开展以老年人识骗、防骗为主要内容的宣传教育活动。建立定期巡访独居、空巢、留守、失能、重残、计划生育特殊家庭老年人等的工作机制。

4. 扩大老年人的社会参与　引导和组织老年人参与社区建设和管理活动，参与社区公益慈善、教科文卫等事业，支持社区老年人广泛开展自助、互助和志愿活动，充分发挥老年人的积极作用。因地制宜改造或修建综合性活动场所，配建有利于各年龄群体共同活动的健身和文化设施，为老年人和老年社会组织参与社区活动提供必要的场地、设施和经费保障，满足老年人社会参与需求。

（三）丰富老年人的精神文化生活

鼓励社区自设老年教育学习点或与老年大学、教育机构和社会组织等合作，在社区设立老年教育学习点，方便老年人就近学习。有效整合乡村教育文化资源，发展农村社区的老年教育，以村民喜爱的形式开展适应老年人需求的教育活动。丰富老年教育内容和手段，积极开展老年人思想道德、科学普及、休闲娱乐、健康知识、艺术审美、智能生活、法律法规、家庭理财、代际沟通、生命尊严等方面的教育。鼓励老年人自主学习，支持建立不同类型的学习团队。组织多种形式的社区敬老爱老助老主题教育活动，加大对"敬老文明号"和"敬老爱老助老模范人物"的宣传。开展有利于促进代际互动、邻里互助的社区活动，增强不同代际的文化融合和社会认同。

（四）提高为老服务的科技化水平

提高社区为老服务信息化水平，利用社区综合服务平台，有效对接服务供给与需求信息，加强健康养老终端设备的适老化设计与开发，为老年人提供方便的智慧健康养老服务。依托智慧网络平台和相关智能设备，为老年人的居家照护、医疗诊断、健康管理等提供远程服务及辅助技术服务。开展"智慧助老"行动，依托社区加大对老年人智能技术使用的宣教和培训，并为老年人在其高频活动场所保留必要的传统服务方式。

第三节　老年服务与管理的伦理

【问题与思考】
1. 请简述伦理的概念。
2. 请简述养老服务伦理的要求。

一、老年服务伦理的思想基础

伦理（ethics），汉语词汇，意思是人伦道德之理，指人与人相处的各种道德准则。该词在汉语中指的就是人与人的关系和处理这些关系的规则。从学术角度来看，人们往往把伦理看作是对道德标准的寻求。

（一）孝亲文化的精神

孝是中华民族的美德，是宝贵的精神财富。孝顺，自古就是衡量一个人最重要的标准，也是我们心中不能忘却的使命。习近平总书记曾指出，敬老爱老是中华民族的传统美德，要把弘扬孝亲敬老纳入社会主义核心价值观宣传教育。

1. 孝亲文化的变迁　孝亲文化起源于原始社会末期的父系氏族时代，最初的含义即报本返初和延续血脉，具有浓厚的宗族色彩。至先秦时期，经儒家文化濡染，更加注重纯粹的伦理道德，将宗族色彩转化为家族美德，通过《孝经》诠释了孝的行为规范，逐渐形成体系。汉代推行"以孝治天下"，"孝"与"廉"成为选官制度的主要依据。西汉推行的《王杖诏书令册》和《王杖十简》是我国历史上最早的敬老法案，第一次以法律的形式明确了尊敬老人、赡养老人的责任。此后的几千年里，经道教、佛教、玄学、理学等思想的冲击，孝亲文化的内涵与教化功能不断发生改变。近代中国对儒家思想的作用存在批判与鼓吹两种解读，随着两种对立观念的广泛流传，孝亲文化如同双重变奏，在批判怀疑和徘徊复古中演进，在批判中发扬与继承，其嬗变原因被学者总结为冲击论、教育论、工具论和均衡论四个方面。在当代，孝亲文化作为传统儒家文化的首要观念，虽不再是整个社会的精神基础和伦理体系的"全德"，但依旧是现代社会无以复加的价值资源，并且被赋予了新的时代内涵，如何对其进行扬弃以及如何继承和发扬孝亲文化是构建当代伦理道德体系的一个时代性议题，也是实现中华民族伟大复兴的中国梦的德育灵魂。孝亲文化经过几千年的发展，其内容也随时代的发展不断变迁。以舜孝感动天等故事为代表的《二十四孝》是传统孝亲文化的集中体现。传统孝亲文化受儒家文化和传统伦理的影响，主要表现出以下几个特点：第一，主张家庭中心主义的福利观，强调子女对父母的供养与照顾。在这一时期，孝亲文化表现为以氏族、家族为单位的聚居模式，子女必须和父母居住在一起，躬亲侍奉，不仅要求子女承担赡养父母的责任，还要求家庭、宗族的晚辈要给予长辈相当程度的尊重。第二，孝亲标准在性别方面存在异质性。由于在传统社会中，男女社会地位和社会分工的差异，传统的孝亲观念要求男性承担起作为"一家之主"的责任，不仅要负担家庭的生计，还应在事业方面有所作为；而女性则应作为"贤妻良母"，负责处理家庭的日常琐事。因此，在传统社会中，女性所承担的侍奉父母的责任比男性更为直接。第三，以物质供养为主。一方面，传统孝亲文化的核心观点是子女需要赡养父母，即满足老年父母的物质需求；另一方面，受时代、社会等客观条件的局限，孝亲文化也衍生出"养儿防老""传宗接代"的重男轻女思想和"郭巨埋儿"等愚孝事例。随着时代的发展和社会的变迁，现代孝亲文化逐渐摆脱了传统中的"愚孝"观念，不再一味崇尚权威，而是更加注重代际关系的融洽与灵活，崇尚追求弘扬人性之美、伦理道德的本质，追求一种代际地位平等、双向互动的理想状态。在这一时期，孝亲文化的内容和形式发生了一定的变化，不仅通过《中华人民共和国老年人权益保障法》得到了立法保障，还根据时代衍生出了"新二十四孝"标准。

2. 现代孝亲文化　与传统孝亲文化相比，现代孝亲文化具有以下特点：第一，家庭中心主义思想式微。现代家庭结构摆脱了传统观念的束缚，涌现出了多种家庭类型，核心家庭逐渐增多，成年已婚子女是否与父母居住在一起已经不再是衡量"孝"的必要标准，社会化的养老模式也逐渐被越来越多的人所接受。第二，不同性别之间的孝亲责任趋同。在现代社会中，虽然根据性别不同，男女的社会分工依旧不同，但是女性社会地位逐渐上升，更多的女性选择走出家庭进入劳动力市场，从"家庭主妇"变为"职场女性"。因此，在承担同等社会责任和家庭责任的条件下，男性和女性也必须承担同等的孝亲义务。第三，物质保障和精神慰藉并进，理性尽孝。现代孝亲文化在要求子女给予父母物质养育的同时，更加强调精神上的关怀和慰藉。"常回家看看"作为孝老敬亲的一项重要要求，已经被写入《中华人民共和国老年人权益保障法》，这不仅仅是指子女需要多多陪伴父母，其深层含义是要求子女给予父母更多的关爱，经常与父母沟通，给予父母必要的精神慰藉。就内容而言，现代孝亲文化是对传统孝亲文化的传承与丰富，儒家学派"老吾老以及人之老"的构想在现代依然具有重要的指导意义，不单单要求孝顺以血缘和伦理维系着的家族长辈，还要求对全社会的老人予以必要的尊敬和照顾，在满足基本物质生活要求的同时更加注重生理健康和情感支持。就表现形式而言，孝亲文化不仅仅局限于传统伦理道德，还被置于社会主义精神文明建设以及宪法和法律的范畴。我国《中华人民共和国宪法》和《中华人民共和国民法典》明确规定了成年子女赡养扶助父母的义务，以法律的形式将"孝"明确为子女必须履行的责任。此外，不断完善的养老保障制度、日渐多样的老年社会组织也在现代孝亲文化建设的道路上逐步推进，成为孝亲文化重建与现代老年福利体系建构的中坚力量。

（二）孝亲文化的福利功能及其价值

1. 文化对社会福利的影响　任何一种文化都是服务于一定的经济基础和政治制度的。一定时期的精神文明成果必然与该时期的物质生产方式有所关联。随着时代的进步与文明的变迁，物质基础的变革与发展推动着文化形式与文化内容的演进。文化不仅是人的存在方式，更是人类改造自然和自我改造的结果。制度经济学认为，制度反映着对个人与共同体其他人之间关系的主观理解，对制度的认可和执行完全依赖于社会所主张的文化观念。因此，文化作为一个重要因素，在制度的形成和制定方面发挥着重要作用，每一种制度的产生、发展和落实，无一不折射出某些文化的发展脉络、表现形式和价值诉求。任何一种制度的产生都不是孤立的，更不可能脱离其他因素而单独存在和发展。社会福利制度作为近现代世界范围内一项重要的社会制度，其产生和发展必然受到所处社会文化环境和本国历史文化传统的影响，体现人民群众的价值取向和文化理念。在某种程度上，文化甚至能够决定社会福利的模式，不同国家的福利文化的差异决定了各国社会福利制度及其模式的差异。我国传统的家庭伦理道德将家庭作为养老的第一责任主体，家庭养老是孝亲文化在善事父母方面的重要体现，政府对老年人的帮扶则仅仅停留在道义支持的层面，并未以法律的形式确定下来。现代孝亲文化将孝老敬亲的责任上升至法律的高度，在挖掘家庭福利的基础上，积极倡导国家和社会为老年人提供福利，丰富老年人的物质生活和精神生活。而西方受人文主义思潮影响，弱化了家庭的养老责任，将老年福利视为政府的固有责任和公民的法定权利，并视其为衡量人道和人权全面发展的社会文明程度的重要标准。

2. 孝亲文化的福利功能　孝亲文化在传统的道德体系、社会秩序、养老方式等方面发挥着不可替代的作用。文化与社会福利二者的发展相辅相成，任何福利制度的制定和福利体系的形成都应考虑到其所处的文化环境的影响。在中国文化的特定背景下，具有中国特色的社会福利萌芽应运而生，不仅在增进福利方面发挥了重要的功能，还反作用于文化，在文化和福利的交融中催生了具有鲜明的中国特色的福利文化。孝亲文化作为儒家文化秉要执本的构成部分，无不体现着中华民族传统美德的要义。儒家文化认为，孝亲文化反映在孝亲行为的具体实践中，通过内容取向的实践研究孝亲文化，可以更加深刻地表达和传递孝的内涵。具体而言，孝亲文化的福利功能大致体现在以下几个方面。

（1）调节代际关系：孝老敬亲是中华民族一脉相承的精神文化，要求社会成员对老年人进行赡养并予以尊敬，从细节之处提出了和谐代际关系的基本设想。子代的孝亲行为是对亲代养育之恩的回馈与报答，而不是简单的代际资源流动与等价交换，无论是在经济支持、生活照料还是情感维系方面，都体现着代际交换的互惠原则，增进家庭福利。

（2）我国传统的养老模式：是以"养儿防老"观念为中心的家庭养老，是一种双向互动的反馈模式，体现了传统家庭的福利功能。这种传统的家庭福利与家庭伦理相对应，以家庭成员的角色、地位和义务关系为基准，不仅致力于促进家庭的繁荣与昌盛，还承担着抵御外部侵袭和守护家庭成员的责任。

（3）维护社会稳定：和谐的代际关系是家庭生存发展的必要基础，家庭的幸福是社会稳定的基本要素。孝亲文化以传统伦理为价值导向，其内涵和形式也在时代的发展中与时俱进，主张立身行道和报效社会的"泛孝思想"历经点染延续至今，仍然能够自觉能动地发挥推进社会关系和谐、维护社会稳定的作用。

二、养老服务伦理的要求

（一）树立正确的老年人观

老年人观就是对老年人的基本看法和基本观点。

1. 宏观层面的老年人观　在老龄化的社会大环境下，老年人无疑是社会的重要组成部分。习近平总书记强调要着力增强全社会积极应对人口老龄化的思想观念。要积极看待老龄社会，积极看待老年人和老年生活。对于老年群体所共有的特殊性要予以理解，无论是其身体上还是心理上的问题都要学会设身处地、换位思考。对于老年群体共有的需求要予以满足，无论是想得到照顾还是学习新知识都应该尽量帮助。

2. 微观层面的老年人观　不能将老年人一概而论，用统一的标准去对待他们。每一位老年人的感受、心理、需求各有不同，我们的理解方式、做事方法也应该有所不同。

首先，要了解老年人的特点、性格。通过老年人的健康、社会地位、受教育的程度及当时的环境等客观指标，结合与老年人交谈的内容，充分认识、理解老年人的性格特点以及形成的原因。

其次，要了解老年人的需要。针对不同类型的老年群体，他们的需求不尽相同。对于健康型老年人，侧重于保持健康的生理状况的需求，工作内容包括养生保健、营养膳食等；对于康复型老年人，侧重于恢复健康的生理状况的需求，工作内容包括康复保健、医疗护理等；对于照料型老年人，侧重于能适应正常的老年生活的需求，工作内容包括生活照料等；对于护理型老年人，侧重于过上正常的老年生活的需求，工作内容包括疾病护理、康复护理和心理护理。

最后，要将态度落实到行动，积极的老年人观，反映到老年服务与管理人员的具体工作中就是对老年人无微不至地照顾。运用多种方法和技术预防和矫治各种心理障碍与心理疾病。为了维护和促进积极的老年人观，提高他们对社会生活的适应与改造能力，工作内容具体说来包括三方面内容：初级预防，即向人们提供心理健康知识，以防止和减少心理疾病的发生；二级预防，即尽早发现心理疾患并提供心理与医学的干预；三级预防，即设法减轻慢性精神病患者的残疾程度，提高其社会适应能力。

（二）加强服务的专业性

1. 明确专业态度　专业的态度会让老年人对服务人员产生信任感，会让服务质量的标准提高，也会加强服务人员本人的职业自觉意识。如何提高专业人员的专业态度？

（1）以统筹、创新和产业思维建设老年服务与管理专业。习近平总书记以统筹、辩证、创新的新思维引领我国老龄工作新航向，他强调要统筹民生和发展，他在党的十八届三中全会第二次全体会议上指出，要"既尽力而为，又量力而行，努力使全体人民在学有所教、劳有所得、病有所医、老有所养、住有所居上持续取得新进展"。养老服务是一种特殊的老年公共服务，直接关系到老年人身体健康、生命财产安全。多学科视角下，老年服务与管理专业要走科技化道路，培养学生具有创新各类老年用品的能力、开设各类老年服务平台的能力。以老年产业作为专业发展的动能，丰富老年服务与管理专业建设。养老产品、养老家居、养老公寓、养老医疗等形成成熟的产业链，促进专业建设可持续发展。真正做好养老的物资储备、健康储备、精神准备和能力准备，全方位提高老年人生活质量，满足老年人物质需求、服务需求、精神文化需求。

（2）改革老年服务与管理专业的学科建设，提高老年服务与管理专业学生的专业认同感。专业认同是价值观内化的过程，指个体对某专业及其日后所从事行业的价值认可，对某专业的整体社会学习环境能够做出积极感知和正面评价。目前养老人才供给和后备人才储备都严重不足。多学科视角下，利用中国传统文化、孙中山的博爱思想、孝道文化等提高学生对老年服务与管理专业的认同感，积极引导学生投身于老年事业，提升学生对专业的热爱程度，对于改善养老机构内人才短缺的现状，有着非常重要的实际意义。

2. 善用专业方法 要有广泛的知识储备。老年服务管理人员除了要有基本的护理知识、沟通技巧外，还要熟知一些其他的专业技能。具备养老护理员、保健康复师、老年饮食营养员、社区慢性病管理者、养老机构管理者等多岗位能力，注重医学、心理学、公共事业管理、营养学、康复保健等多学科健康养老知识的融合，运用这些专业知识及方法，提升自己的专业形象，更好地服务于养老服务行业。

3. 培养养老护理专业人才

（1）做好人才培养发展规划：人才发展规划能够明确人才培养的目标和发展方向，因此养老护理服务人才培养亟须制定发展规划，助推养老护理服务人才培养的快速发展。

（2）强化制度保障：我国制定了与养老相关的《中华人民共和国老年人权益保障法》和《中华人民共和国劳动法》两部法律。

（3）加大政府财政投入，助推养老护理服务人才培养：政府要加大对养老服务行业的财政投入，给予院校专业建设和养老机构足够的财政支持，对其进行资金支持和政策引导，加强人才培养力度。

（4）发挥院校主导作用，加快养老护理服务人才分层分类培养：健全人才培养体系，提升培养层次。合理调整专业方向，扩大专业覆盖范围。加强校企合作，增强培养实效性。创新培训体系，提高人才培养质量。优化师资力量，提升教师团队的整体素质。

4. 培育敬老爱老助老社会风尚

（1）营造良好社会氛围：健全老年人权益保障机制，加强老龄法治建设，加大普法宣传教育力度。鼓励各地积极争创老年友好城市，开展全国示范性老年友好型社区创建活动，将老年友好型社会建设情况纳入文明城市评选的重要内容。加强老年人优待工作，鼓励各地推广与当地文化风俗、经济社会发展水平相适应的敬老爱老优待服务和活动。

（2）积极发挥多方合力：建立健全为老志愿服务项目库，鼓励机构开发志愿服务项目，支持公益慈善类社会组织参与，引导在校生志愿服务和暑期实践相关专业学生社会实习、社会爱心人士志愿服务等与老年人生活服务、健康服务、精神慰藉、法律援助等需求有效对接。围绕关爱老年人的主题开展慈善募捐、慈善信托等慈善活动，依法加强对慈善组织和慈善活动的扶持和监管。

5. 传承弘扬家庭孝亲敬老传统美德 巩固和增强家庭养老功能。在全社会开展人口老龄化国情教育，积极践行社会主义核心价值观，传承弘扬"百善孝为先"的中华民族传统美德。建设常态化指导监督机制，督促赡养人履行赡养义务，防止欺老、虐老和弃老问题的发生，将有能力赡养而拒不赡养老年人的违法行为纳入个人社会信用记录。支持地方制定具体措施，推动解决无监护人的特殊困难老年人监护保障问题。

思考题与实践应用

1. 老年服务与管理的成长目标是什么？

【参考答案】

提高养老服务质量；培养老年服务优秀人才；健全养老机构体制机制。

2. 老年服务与管理的发展目标是什么？

【参考答案】

1. 从政策保障上发展老龄事业和产业：养老服务供给不断扩大；老年健康支撑体系更加健全；为老服务多业态创新融合发展；要素保障能力持续增强；社会环境更加适老宜居。

2. 提升老龄发展内涵：老有所为是很多老年人晚年生活不可缺少的组成部分，他们用自己掌握的知识和技能，继续为我国现代化建设做出新的贡献；老有所学也是许多老年人生活的组成部分，他们根据自己的爱好，学习掌握一些新知识和新技能，既能陶冶情操，又能丰富生活；老有所教是通过思想政治教育，使广大老年人做到政治坚定、思想常新、理想永存；老有所乐内容极其丰富，通过开展各种各样适合老年人特点的文体活动，为老年人增添欢乐，使其幸福安度晚年。

参 考 文 献

国家卫生健康委，全国老龄办. 2020. 关于开展示范性全国老年友好型社区创建工作的通知[EB/OL].www.gov.cn/zhengce/zhengceku/2020-12/14/content_5569385.htm[2020-12-09].

李莉. 2018. 老年服务与管理概论[M]. 北京：机械工业出版社.

第三章 国内外老年服务与管理

【学习目标】

1. 掌握：国外相关国家养老服务管理体制；我国老年人口组织管理存在的问题；我国老年服务与管理的改革深化方向。

2. 熟悉：发达国家养老服务管理体制对我国的启示；典型老龄化国家的老年服务与管理特色经验；国际老年服务与管理经验对我国的启示；我国退休服务组织管理的类型；我国老龄服务与管理的发展趋势。

3. 了解：我国老年服务与管理制度的历史变迁；离退休老年人口组织管理；国际老龄服务与管理的发展趋势。

第一节 国内外养老服务管理体制

【问题与思考】

1. 请简要概述国外养老服务管理体制的特点。
2. 请简要叙述发达国家养老服务管理体制对我国的启示。

在国际社会，老龄化已经成为许多国家早已面临的趋势和问题。一些国家在规划和建设之初就考虑到了老龄化问题。联合国于1982年在维也纳举行了第一届老龄问题世界大会，在以后的历届大会上都涉及了老龄化问题。由此可见，应对人口老龄化问题已成为一个世界性的课题，部分发达国家组建了一些较为完善的老年科研组织和机构，建立了较为完善的老年服务与管理体系，在这方面已走在世界前列。随着老龄化的不断推进，我国应了解发达国家对于老年服务与管理的做法，学习其先进经验，正视我国目前存在的问题，并探索出一条符合中国国情的老年服务与管理道路。

一、国外相关国家养老服务管理体制

养老服务管理体制是指"管理机构养老服务、社区养老服务和居家养老服务的政府机关、企事业单位的机构设置、管理权限划分及其相应关系的制度"。目前，发达国家的养老服务管理体制较为完善，对这些国家的养老服务管理机构设置、管理权限划分及其相应关系进行梳理，可以为完善我国养老服务管理体制提供借鉴。

（一）日本：养老服务是一项独立的社会辅助事业

日本政府为应对快速发展的老龄化进程，从20世纪50年代末起便开始通过立法来解决养老问题，之后不断进行修改和补充，逐步完善老年服务保障体系。1959年，日本颁布《国民年金法》，采取国家、行业、个人共同分担的办法，强制20～60岁的日本人都参加国民年金体系；1963年，日本政府推出了倡导保障老年人整体生活利益的《老人福利法》，推行社会化养老；1982年又出台了全面推广老人保健设施的《老人保健法》，使日本老人福利政策的重心开始转移到居家养老看护上来。同时，政府又采取了一系列行之有效的措施，支撑起日本的老年人服务与福利保障体系，包括培训家庭护理员，专门从事老年人看护与家务处理工作；普及暂托所、护理员和老人院，提供短期入住、看护、治疗等服务。

在日本，国家层面的养老服务管理机构是厚生劳动省，主要从事老年社会福利的组织管理工作。厚生劳动省的工作基本方针有三条。

1）不仅要把老年人作为弱者来保障，而且对如何促使其提高晚年的兴趣，要有前进性的对策。

2）要从养老金、医疗、护理、福利服务、生存价值等广泛的领域中，探索综合性的对策。

3）必须由个人、家庭、社区、企业、团体及政府各自就其本身范围作积极而持久的努力。

厚生劳动省下设保险局、老健局、基金局、健康政策局等，其职能是制定日本的养老服务事业规划，促进规划的顺利实施，同时，为省级政府（都、道、府、县）及地方政府（市、町、村）提供政策建议和咨询服务。省级主管养老服务的行政主管部门为健康福利部，负责制定本级和下级规划，为市、町、村提供政策咨询和建议，它的直接责任部门分别是长寿社会科和保健卫生科。地方政府主管养老服务的行政机构部门是健康福利局，具体负责养老服务的组织实施，并管理相关养老服务社会组织。

在日本，老年人想要申请照护服务，必须由本人向当地政府提出"照护认定"申请，经过医生书面意见和认证访问调查等审核程序后，获得当地政府批准的长期照护认定等级，之后由"介护支援专门员"根据照护等级制定服务规划。

（二）美国：拥有完善的养老服务网络体系

美国国家层面的养老服务管理机构是美国卫生与公众服务部（Department of Health and Human Service），其下设老年管理局（Administration on Aging，AoA），其后被健康与人类服务部下的社区生活署（Administration for Community Living，ACL）合并，成为社区生活署的一个部门并把更多的权力授予州政府，执行州计划的责任也因此落在区域性老龄机构，由这些机构对当地服务提供者进行计划、协调和宣传，并向老年人直接提供养老服务（如信息咨询和援助服务等）。《美国老年人法案》作为美国养老服务管理体制的法律依据，其明确提出要建立老年管理局。依据该法案，国家构建了老年人的养老服务网络，使得服务计划从制定到执行分不同体系推进，由成人保护服务（Adult Protective Service，APS）等机构对其进行监督。

在美国的养老服务网络中，与美国卫生与公众服务部相关的联邦层面的行政机构有老年管理局、医疗保险和医疗补助服务中心（Centers for Medicare and Medicaid Services，CMS）和儿童及家庭署（Administration for Children and Family，ACF），这三个组织交叉负责养老服务相关项目，如社区居家长期照护服务。之后，这些养老服务项目下达到美国的州机构和地区机构，使服务计划能够从制定到执行快速落实，保证老年人享受到高质量的健康生活。

老年人可以向服务机构提出申请，符合要求的老年人可以从服务提供者处获得服务，由成人保护服务等组织对服务提供者进行监督，利用"医疗保险"、"医疗补助"和国家拨款等方式对服务供应商进行资金支持。

（三）英国：社会服务和健康护理在养老服务体系中并行

成人社会服务体系（Adult Social Care，ASC）和国民医疗服务体系（National Health Service，NHS）共同组成了英国的养老服务体系。在成人社会服务体系中，管理机构是地方委员会联盟、地方质量管理委员会等地方养老服务管理部门，主要负责养老社会化服务。

英国的养老服务责任在地方，社会服务部门成立之后，逐渐地从中央转移到地方。在国民医疗服务体系中，英国关于老年人健康护理的相关政策制定、管理和监督等主要由卫生部门负责，经济监管部门和质量管理委员会对养老服务提供者进行授权，国民医疗服务体系董事会管理地方委员会联盟。在成人社会体系中，地方委员会联盟、地方服务机构和地方服务供给方承担着具体的社会化服务供给工作，地方委员会联盟与服务供给者签订服务合同，为服务供给者提供资金补贴，同时双方负责供给服务的质量,另外作为地方监督部门的质量管理委员会与其下派的健康监视人员负责对地方服务机构进行第三方调查评估。英国的《健康和社会照护法案》使得健康服务和社会服务从不同的路径进行传递,地方质量管理委员会一方面监督养老机构,另一方面也会管理居家养老服务的运行质量。

成人社会服务体系主要满足老年人的日常生活照料需求,老年人可以向地方服务机构申请服务,符合条件的老年人可以选择现金给付或者经纪人代理服务方案,之后相关机构会向老年人提供可选择的养老服务。

二、我国养老服务管理体制

(一)我国的养老服务管理体制

目前,我国国家层面与养老服务相关的主管部门主要有民政部下设的养老服务司和国家卫生健康委员会下设的老龄健康司。养老服务司负责老年福利工作的开展及相关政策制定,而老龄健康司负责老年健康服务相关政策的制定和健康服务体系的完善。区域和地方层面主管社会福利机构的部门是县级以上地方民政部门,此外,各地卫生健康委员会负责老年健康工作。在经过新一轮机构改革后,尽管在国家层面对养老服务管理机构进行了划归,但地方层面上养老服务管理仍有所差别,一种是民政局联合卫生健康委员会对养老服务统一进行管理,另一种则是二者分别对养老服务进行管理,两种模式使得我国的健康和社会化服务也相对分离。

(二)发达国家养老服务管理体制对我国的启示

"老有所养,老有所依"是我国人民定义幸福的一大重要标准,而我国是世界上老龄化程度比较高的国家之一,老年人口数量庞大,老龄化的速度较快,由于我国"未富先老"现象的出现,我国养老服务体系目前正处在从快速发展前期向中期迈进的阶段,存在法律法规不完备、养老服务责任主体不明和养老服务整合度低等问题,导致我国管理体制的不完善,使得老龄事业和养老服务体系的可持续发展受到了一定程度的制约。以上三个典型发达国家的养老服务管理体制基本上都是依靠政府的健康卫生体系和社会服务体系,且形成了较为完善的法律依据。这些经验为完善我国养老服务管理体制提供了借鉴。

1. 完善养老服务管理体制的法律依据　在养老服务管理体制构建方面,发达国家具备了较为完善的养老服务法律依据,对养老服务各方面做了比较全面的规定,以法律形式支持养老服务的开展,为完善我国养老服务管理体制提供了借鉴。我国进入老龄化社会以来也制定了一系列的法律法规和相关政策,但都是解决老年服务问题的方针、原则和对策,目前尚缺乏涉及老年人具体服务的法律法规,以及老年服务相关单位执行规范的法律法规等,因此建议通过立法的手段,从法律层面规定各老年主管单位之间的协作关系,明确养老服务的传递路径,引导我国养老服务的发展拥有更加充分的法律依据和体制规范并推动我国养老服务管理体制规范化、法治化。

2. 进一步加快养老服务和健康服务的整合　发达国家在老年人养老服务和健康服务的整合上均进行了有益的探索。因此,在养老服务和健康服务整合方面,我国可适当借鉴其经验克服行政组织、政策、资金等要素的原有限制,将健康和社会养老服务整合在以国家卫生健康委员会为中心的行政系统下,赋予老龄健康司统一调配资源的实权,由地方层面的照护管理者对需要服务的老年人进行评估、分类和协调,以期提升养老服务的行政效率,逐步促进养老服务的纵向整合,引导我国医养结合服务体系进一步完善,医疗健康服务和养老服务资源有序共享,居家护理、安宁疗护服务有效开展,老年医疗、护理和康复人才队伍得到保障,医养结合服务能力进一步提升,推动覆盖城乡、规模适宜、功能合理、综合连续的医养结合服务网络全面建立。

第二节　国内外老年服务与管理的现状

【问题与思考】

1. 请简要描述典型老龄化国家的老年服务与管理特色。
2. 请简述如何建立和完善科学的老年服务与管理体系。

一、老年服务与管理的国际经验

（一）世界各国老年服务与管理机构及其运行

1. 政府主管部门对退休老年人的管理　国外对于退休老年人的管理待遇一般由专门的政府部门主管，不同国家的退休人员管理部门及其待遇不同。

美国联邦政府人员的退休事宜，由联邦政府人事管理机构管理。

英国由文官部（现已并入财政部）负责实施有关文职人员退休总规划的条款，保证执行"年金增长法规"。有 10 个政府部门接受文官部的委托，按照文官部的详细指令，计算并发放大多数文职人员退休金。对于未被授权的部门，由文官部负责发放计算和批准书。文职人员退休年金的发放和增长，由主计长办公室负责，助理主计长负责对文职人员退休金及拨款等进行清算。

德国由内政部负责拟定退休政策及方针，由财政部负责财务的筹划与支付。公务员服务机关的上级机关负责退休金数额的决定、受领人的审定、年资的计算及直接实施的相关事宜。

日本《国家公务员法》规定，人事院有权调查研究养老补助金制度。《国家公务员互助会法》规定：公务员退休等年金保险的管理工作，由公务员互助会经办。各省（厅）设互助会，各省（厅）的公务员自动成为会员。互助会是保险者，会员为被保险者。众议院议长、参议院议长、各省大臣代表各省（厅）工作人员的互助会，执行保险业务。互助会在各省（厅）长官指定的地点设立办事机构。各互助会设经营审议会，经营审议会须讨论章程、经营规则的制定与变更，年度事业计划和预算决算，重要财产处理和重大债务。该会的委员由各省（厅）长官从互助会的会员中任命。互助会还成立互助会联合会，负责决定和支付年金；管理公积金以及年金余额、福利事业。

泰国规定，公务员退休，须经所在机关附属的文官委员会同意。如该委员会不同意，须送中央主管机关附属的文官委员会决定。对不同职等人员退休，分别由部会首长、次长与监察大臣和地方政府首长及省府首长核准。

墨西哥《国家雇员社会保险服务法》规定，国家公务员的退休，由国家雇员社会保险服务委员会负责经办。该委员会是一个拥有法人地位的组织，是经过联邦政府财政和公共信贷部批准建立的。委员会的领导机构为领导委员会。领导委员会由 7 人组成，主任 1 人由共和国总统任命（同时担任保险服务委员会主任），委员 6 人，其中 3 人由财政部任命，另外 3 人由国家雇员工人工会联合会任命。领导委员会计划安排保险服务委员会的工作，决定保险服务委员会的投资，决定各种福利津贴的发放，任命和撤换保险服务机构的官员，审查保险服务委员会的财政收支，建议联邦政府修订社会保险服务法等。

新西兰是世界上第三个建立全国强制性养老金制度的国家，养老金规定由社会发展部管理发放。《社会保障法》《老龄养老金法案》规定：新西兰建立运行"双层"养老金体系，一是发放给所有符合年龄和居住要求的老年人非缴费的、统一标准的"国家超级年金"，被称为新西兰超级年金；二是 2007 年建立的 DC 型补充养老金——KiwiSaver。

赞比亚由国家养老金计划管理局对养老金进行管理。《2023 年国家养老金计划修正案》规定，国家养老金计划受益人可在退休前支取部分养老金。

澳大利亚是全球最早设立养老服务专职部门的国家之一，政府不直接参与养老护理工作，在整个体系中起计划、融资和监管的作用。

2. 老年人自我管理的民间组织　部分国家的老年人口管理组织除由政府负责主管的以外，还有很多老年人自己组织起来的民间组织。这些组织具有老年人自我管理和自我服务的作用，很受老年人欢迎，因而发展很快。

（1）美国退休人员协会（The American Association of Retired Persons）：美国退休人员协会是美国最大的老年人民间团体。1958 年成立于华盛顿，为非党派、非营利性的老年人组织。会员超过 1200 万人。协会的目的与任务是：①确认老年乃是以"工作"为中心的社会转变，以"休闲"为中心的社会现象；②强调致力于维护和培养老年人的健康与能力，以及探索延年益寿的方法；③协助老年人在各方面获得均等机会；④出版刊物《现代老年》（*Modern Maturity*）组织老年医学研究；⑤促进老年人团体之间的合作；⑥奖励对老年人福利事业有重大贡献的个人与团体。

该协会提供以下几个方面的服务：供应老年人所需物品、介绍人寿保险、组织低费旅游、辅导和介绍老年人就业、举办终身学院、提供法律咨询、促进立法、组织老年学研究。

（2）美国老年公民全国委员会（Council of Senior Citizens）：该组织是在美国名列第二的老年人群众团体，成立于 1961 年，为支持建立政府医疗保险计划做出了贡献。现在的主要任务是向老年人提供药方配药服务、旅游服务和法律咨询服务。类似的其他组织还有专业人员退休者协会、退休联邦雇员全国协会、都市老年联盟等。

（3）美国老年中心：美国老年中心为美国老年人提供的活动类型是创造性的活动（工艺、戏剧、音乐等）、消遣活动及学习。中心提供的服务包括信息、患者治疗指导、膳食、法律咨询、健康及就业服务。活动中心的经费来源是地方政府、联合基金委员会、宗教组织及私人基金会。据"全国老年中心协会"统计，这种遍布全国各地的老年中心已达 18 000 多个。

（4）日本中老年同盟：日本中老年同盟成立于 1979 年 3 月，被誉为中老年自主运动组织的先驱。随着老年人口的增多，日本各地先后建立了多种形式的老年人自助与自我管理的群众组织。有 20 多年建团历史的富士福利事业团是日本最早的志愿团体，它们利用老年人掌握的知识与技能为社会服务。现在，以东京为中心，各地蓬勃发展的老人事业团的活动，提高了老年人在社会上的地位，满足了老年人"自我实现"的需求，增进了健康，改善了代际关系，促进了老年事业的发展，增强了老年人自我管理的意识和信心。

（二）典型老龄化国家的老年服务与管理经验

1. 日本　按照国际标准，日本从 1996 年起就已经进入了老龄社会。随着人口高龄化进程的加快，日本政府为保障老年人的生活水平，建立了养老金制度。它由厚生年金、共济年金、国民年金三部分组成，国民年金是日本养老金保险制度的基础，20 岁以上 60 岁以下在日本拥有居住权的所有居民都必须加入；企业职工和公务员则分别加入包含国民年金在内的厚生年金和共济年金，缴纳金额为收入的 17.5%，由职工和雇主各负担一半。这种"全民皆年金"的强制性保险措施，保证了所有连续 25 年以上参加保险的日本人，都能在 65 岁后领取养老年金，从而使基本的生活得到保障。

为解决老年人生活不能自理这个问题，日本政府从 2000 年 4 月开始实行"看护保险制度"。它规定市町村及特别区、国家、都道府县和医疗保险机构等为保险人，40 岁以上的人为被保险人，被保险人在缴纳 10%的保险费用后，在需要看护时提出申请，经看护认定审查会确认后就可享受看护保险制度所提供的不同等级的看护服务。针对高龄化现象，日本政府还通过修改雇佣保险法推动高龄雇佣，修改案加强了对大量雇佣高龄者的企业进行奖励的力度，增设了"高龄者继续就业补助制度"，对工资低于退休时工资的高龄受雇者给予一定的补助。与此同时，日本政府还采取鼓励延长企业职工退休年龄等措施，引导老年人由"老有所养"转变为"老有所为"。

随着人口老龄化进程的加快，日本的老年服务与管理体系目前也面临着许多挑战。预计到 2025 年，日本 65 岁及以上老年人将占总人口的 27%，而养老金体系却有可能在未来 10 年出现数万亿美元的缺口,如果没有后续资金的持续注入,养老金制度将会遭遇严重的资金短缺;同时,日本还面临着老年人逐年增加、养老院与养老保健基础设施滞后等一系列问题。

2. 英国 英国是世界上最早实行社会保障制度的国家,其社会福利体系经历了从逐步完善、迅速发展到陷入困境而又不断改革调整的曲折过程。英国在老年服务与管理方面取得的成就,最明显体现在社区服务方面,它为老年人提供适当的照顾与支援,从而使得这些人能够过上独立和正常的生活。英国的社区服务受到了其本国和国际社会的赞赏,世界上许多国家和地区纷纷效仿。

英国的社区服务分为"社区内服务"和"由社区服务"两种方式。"社区内服务"是指政府直接干预且由法律和制度进行规范的养老服务,一般由政府、公益机构等正式组织提供,服务者都是经过相关机构培训的专业服务人员。服务范围包括老人日间护理服务中心、养老院、老人福利院、老人护理院等,它的服务对象主要是生活基本不能自理的老人。而"由社区服务",是指通过血缘关系或道德维系的,没有政府直接干预的非正式性养老服务。它包括三种情况:第一,由家庭成员,主要是子女对父母的赡养;第二,由亲属,即兄弟姐妹及远亲等对老年人的照顾;第三,由非亲属,包括朋友、邻居、慈善机构、非营利组织对老年人的照料,它的服务对象通常是有一定自我生活照顾能力的老年人。虽然两种服务模式的方式、对象、服务人员、服务地点等不尽相同,但是它们都能够满足老年人从低龄到高龄直到生命最后阶段的不同层面的不同需要,而且"由社区服务"是从预防性、发展性的角度为老年人提供照料服务,而"社区内服务"则是从补救性的角度为老年人提供照料服务。

英国的社区服务主要包括以下几个方面的内容:

社区服务主要包括生活照料、物质支援、心理支持以及整体关怀。其目标是使老年人在他们自己的家或"像家似的"环境中得到帮助。生活照料是指对饮食起居的照顾、打扫卫生等服务,可分为居家服务、家庭服务、老年公寓、托老所、老年社区活动中心等形式。

(1)居家服务:居家服务是对居住在自己家中,尚有部分生活能力但不能完全自理的老年人所提供的服务。具体包括做饭、理发、洗澡、清洁卫生、陪同购物及就医等。这些周到、全面的服务,可使行动不便、年老体弱、家中无人照顾的老年人的生活问题在自己熟悉的环境中得到解决。从事居家服务的人员有政府雇员、志愿者等,这些护理服务免费或收费较低,费用由地方政府承担一部分,得到服务的老年人自己承担一部分。

(2)家庭服务:家庭服务是对生活不能自理、卧病在床的老人接受子女全面照顾的养老方式。为了鼓励子女全方位照顾老人,政府规定对在家居住、接受子女照顾的老人发放和在专业机构养老的老人相同的补助,予以一定的经济保障。这样就可以保证子女在不影响家人生活水平的情况下,有充足的经济实力照顾老年人。

(3)老年公寓:老年公寓主要提供给无人照顾、有生活自理能力的老人。老年公寓通常为二居室,生活设施较齐全,电视、洗衣机、厨房、卫生间等应有尽有。老年公寓内设有紧急呼救装置,与社区的控制中心相连,一旦老人身体不舒服,只要求助紧急呼救装置,社区可派人迅速赶到老人家里提供救援。这类老年公寓收费较低、数量有限,申请入住的老年人较多,必须经过政府的严格审查确认为低收入者老年人后才能居住。

(4)托老所:托老所主要包括暂托处和老人院。暂托处是一种短期护理服务机构,专门针对子女有事外出或子女长年累月护理老人而身心不堪重负,需要放松休息而设置的。需要时可将需要照顾的老人暂时送到暂托处,由服务人员代为照顾,时间可以是几小时或者几天,一般最长不超过一个月。照顾时间较短的不收费,超过两周就需要支付相应的费用。老人院则是针对生活不能自理又无人照顾的老年人而设置的专门机构。当老年人尚有自理能力时,可在家或老年公寓接受护理服务,一旦完全丧失自理能力,只能入住老人院,接受集中照顾服务。

(5)老年社区活动中心:老年社区活动中心是指由地方政府兴办,具有综合性功能的社区服务机构,按照社区居民的人数多少而设置。它的主要服务对象为60岁以上的老年人,为居住在本社区的老人提供社交、娱乐场所等。

英国是发达的市场经济国家，除了上述这些服务设施机构外，还有大量私营的、以营利为目的的养老机构，老年消费者可根据自己的经济能力和需要自由购买。对入住老年服务机构的老年人，其所签约的全科医生每周定期进行巡检，进行健康评估和个案监督管理。在监督管理方面，保健质量委员会（Care Quality Commission，CQC）全面负责社会健康与照护的监督与管理。

物质支援是指为老年人提供食物、安装设施及减免税收等。如：地方政府或志愿者组织专车供应热饭；地方政府为独居老人安装浴室、厕所扶手，暖气设备等设施，为老年人设置无障碍通道等；政府对超过 65 岁的纳税人给予纳税补贴，并适当减少住房税。

心理支持是指通过治病、护理、健康教育等手段，为患者提供情感安慰和心理疏导，帮助其缓解心理压力，提升心理健康水平的措施。例如，保健医生上门为老年人看病，免除处方费；保健医生或志愿者上门为老年人进行营养、疾病预防、疾病管理等方面的健康教育；还有家庭护士为老年人提供护理、换药、洗澡等服务。另外，政府还为老年人提供视力、听力、精神等方面的特殊服务。

整体关怀是指改善生活环境，为老年人提供资源支持。例如，政府出资兴办具有综合服务功能的社区活动中心，为老年人提供休闲娱乐场所，促进老年人身体健康，心情愉悦。各个社区也经常举办联谊会，组织老年人活动，鼓励交友，让老年人摆脱孤独。

英国通过一系列政策措施，把原本由国家包揽的社会福利服务转移到家庭和社区，各级政府也根据地区实际情况设立了相关部门，从设施建设、机构管理、服务质量、人员培训及认证等方面协助监管，从而合理高效地推进社区医养体系的建设；建立起了多元化的社会福利服务体系，以更好地为老年人服务。

3. 新加坡 新加坡是一个年轻的国家，有数据显示，预计到 2030 年老龄人口比例将超过全国总人口的 1/5。面对老龄化的挑战，新加坡政府倡导"乐龄"养老，逐步建立由政府引导、制度保障、社会参与、居家为主的养老模式。

（1）制度设计具有前瞻性：新加坡是亚洲人口老龄化速度较快的国家之一，政府从 20 世纪 50 年代起便开始着手解决老年人问题。1955 年中央公积金制度的建立，标志着新加坡制度性老年服务与管理的开始。此后公积金制度不断完善，各项老年救助措施相继出台，为老年人提供了养老、医疗、住房等全方位的服务与保障。新加坡公积金制度是政府立法强制个人储蓄、采取完全积累模式和集中管理模式的社会保障制度。在这种机制下，所有人都要为自己的养老负责，年轻时就必须努力工作，为自己的老年生活进行储蓄和准备。该制度不仅比较有效地解决了新加坡的养老难题，而且对新加坡的社会经济稳定发展提供了重要的保障。面对日益严峻的人口老龄化形势，新加坡政府还及时对人口政策进行了调整，不仅取消了过去严格控制人口增长的规定，还制定了一系列鼓励生育的政策，以提高新加坡的生育率，逐步改变人口结构。

（2）工作理念推陈出新：在人口老龄化速度日益加快的严峻形势下，新加坡政府转变传统管制思维，树立服务理念，通过创造良好的投资环境、完善的基础设施以及人性化的奖励计划，吸引社会力量投资新加坡，投资老龄产业。尤其是对社会力量投资养老事业的，政府提供资金支持和政策优待。对养老机构的扶持，新加坡政府采取了一系列措施：政府是养老设施建设的投资主体；对养老机构各项服务的运作成本提供津贴；实行"双倍退税"的鼓励政策，允许国家福利理事会认可的养老机构面向社会募捐。新加坡政府周到的服务和配套优惠，每年都吸引近百亿美元的投资，既保证了新加坡经济的稳健增长，也极大地缓解了人口老龄化对公共财政的压力。

（3）体制机制设计科学：新加坡政府为了保证工作效率不断提高，在具体实践中建设了电子政府，即在网上进行政务活动。这需要对老年服务与管理部门和其他相关部门之间进行整合重组，从而为民众提供完善的政府服务。为此，新加坡政府专门制定出台了相关政策和措施，并拨出专款。例如，某项公共服务会涉及 8 个部门，首先看这 8 个部门中哪个部门对这项服务起到了关键和主导性的作用，就由这个部门牵头领导。政府给予财政和政策上的支持，把这个部门的工作流程同另外 7 个部门的业务流程协调起来，提供整合的服务。从管理学角度来看，这属于"行政流程重组"。在没有实施电子政府之前，为了达到解决问题的目的，各部门之间需要不断沟通，甚至需要不同程度的妥协。而实施电子政府以后，则快捷得多。与此同时，新加坡还建立了严格的工作考评监督制度。其考评项目形成了体系化，对每项指标都有十分具体的评分标准，这就减少了考评中的人为主观评判程度，通过考评，实施严格的责任追究制度，督促各项工作措施的落实。

（三）典型老龄化国家的老年服务与管理特色

日本从 20 世纪 70 年代开始，养老的重点从社会养老转移到了居家养老与社区养老，政府帮助建立并不断完善社区养老服务设施，并且制定了各种为家庭提供相关福利服务的政策法规。充分利用养老院的现有设施为周围居家老人提供相关服务，到 2000 年，服务人员数量已达 10 万人，日间照料中心的床位数增加到 5 万张。通过充分利用和发挥社区已有的福利设施、专职的社区养老服务人员、相关的行政机构、各种志愿者团体以及社会团体的作用，大力支撑着社区养老服务的发展。由此可见，完善的社区养老服务是居家养老得以实现的重要保障。在为老年人服务的过程中，要充分了解老年人的实际需求，合理整合和利用各项资源。

英国是最早实施社区养老服务的福利国家，英国养老服务的最大特点就是"社区内服务"和"由社区服务"两种方式。"社区内服务"可以利用社区内的资源，由专门的服务人员为老年人提供照看服务，充分利用社区中已有的服务设施，为孤寡老人或者是生活不能自理的老年人在开放式的庭院中进行集中照料，老年人也可以随时回到自己生活的环境当中。而"由社区服务"主要是由家人、朋友、邻居以及社区志愿者来共同提供服务和照料。英国的社区养老服务的资金来源于政府的财政支出，大部分养老服务设施都是由政府出资建设的，其他社会团体，如社区、家庭等方面的支出只占很小一部分。从事社区养老服务的工作人员构成主要包括以下两个方面：一方面是由志愿者组成的服务团队，另一方面是由政府出资雇用的专职服务人员。社区养老服务的价格相对较低，还有很大一部分免费项目，而养老服务的收费标准一般由地方政府来决定，一般价格都制定在老年人能够承担的范围之内，不足的部分由政府来补贴。

新加坡的老年服务与管理的最大特色就是将养老问题作为一个系统化的工程来处理，这有利于充分调动各个方面的积极性以共同解决这一难题。在制定政策的思路上，将构建包含个人、家庭、社区、国家这 4 个层面的老年人服务体系。要求个人必须对规划自己的晚年生活负责，家庭是为老年人提供服务的基础，社区要协助和支持家庭担负为老年人服务的责任，国家提供基本框架和为制定政策措施创造有利环境，从而使得个人、家庭和社区各尽其责，协调配合。

（四）国际老年服务与管理经验对我国的启示

我国养老保险制度历经了从长期的试验性改革走向稳定发展的道路，虽取得部分成绩，然而老年福利制度的建立也面临着诸多困难。因此，解决我国养老问题的一个重要方面就是要完善老年服务与管理体系。发达国家的先进经验值得我们进一步深入思考和研究，这对我国的老年服务与管理建设将起到良好的指导和推动作用。

1. 经济发展是老年服务与管理的良好基础　我国是在"未富先老"的社会经济背景下步入老龄化社会的，一些发达国家在人口进入老龄化时，人均收入远远超过我国。因此，只有大力发展生产力，提高劳动生产率，创造雄厚的物质基础，才能满足国家建设、人民生活及老年服务与管理等多方面的经济需求。

2. 大力培养老年服务与管理的专业人才　培养各类管理人才，包括社区老年管理人员、老年产业管理人才、标准化管理人才、经营管理人才、养老机构管理人才等。专业的养老服务人员能够比较好地满足老年人在心理、情绪和人际关系的互动等方面的需要，同时协助老年人维持身心健康、适应新的环境、维护老年人的权利与尊严、提升老年人的自尊与自信，让老年人有更多的热情、更高的积极性来参与社会活动。这不仅可以提升老年人的自我认知价值，同时也可以让老年人有一个健康幸福的晚年生活。

3. 提高社会公众在养老服务中的参与度　在社区养老服务的建设当中，除了培养专业的服务人员以外，还要调动公众参与的积极性，如志愿者团体，要吸纳退休人员发挥余热，可以借鉴日本和我国的一些大城市试行的一种老年人服务的"时间储备"的做法，就是让低龄老人在身体状况尚好的时候为社区中的高龄老人提供一定的义务照料，所花费的劳动用时间单位记入个人"账户"，等到自己高龄或生病时，可以从社区其他低龄老人处得到同样时间的免费照顾。这一服务模式如能运行正常，将使社区养老服务进入良性循环的状态。

4. 建立健全基本养老保险制度　当前社会养老保险制度内部存在多维度差异：城乡差异、区域差异、体制内外的差异、体制内部的差异。与一些发达国家相比，我国企业职工养老保险水平比较适度，机关事业单位养老保险水平相对偏高，城乡居民养老保险待遇水平总体偏低。因此，政府要逐步推进城乡居民基本养老保险制度变革，应当适度提高城乡居民基本养老保险与基本医疗保险水平，逐步缩小不同社会群体基本保障水平的差距。

5. 借助现代科技助力养老服务　现代科技是积极应对老龄化挑战的重要抓手。我国地域辽阔、人口众多，为优化资源配置、更好地实现供需匹配，政府可运用智能手段搭建智慧社区养老服务平台，促进市场资源整合，推动信息共享，从而为老年人提供更便捷的养老服务。政府通过运用信息化手段，在技术、服务、组织层面上实现数据驱动管理、供需精准匹配、智慧可视决策等功能，实现智慧养老。

二、我国老年服务与管理的现状

（一）我国老年服务与管理制度的历史变迁

我国是一个历史悠久的文明古国，中华民族具有敬老、爱老、养老的传统美德。不但历代思想家对尊老敬贤有诸多论述，而且各朝政府都制定了保护老年人的法令和保障老年人经济地位和社会地位的措施。

我国在秦汉以前就建立了养老礼仪制度，且对养老地点作了明确的规定。一般个人不能自由选择，要严格按照礼仪制度归养。《礼记·王制》中记载："五十养于乡，六十养于国，七十养于学，达于诸侯。"意思是说，50 岁时尊养于士大夫管辖的乡，60 岁时尊养于诸侯管辖的国，70 岁时尊养于天子管辖的学堂。并且这个养老的方法不仅是天子的法规，而且普遍施行于诸侯。秦汉各朝沿袭了这一制度，各自规定了养老之地，后来除了京师需要最高统治者获准外，其他养老之地一般可由个人选择。自中华人民共和国成立之后，我国高度重视养老问题，加强养老保障制度建设，实现养老保障全覆盖，现代养老保障制度从此开始。

1. 我国现代养老保障制度的建立

（1）开创时期（1949 年 10 月至 1957 年）：1951 年 2 月，政务院颁布了《中华人民共和国劳动保险条例》。该条例规定：综合性社会保险费全部由企业承担，企业根据其工资总额的 3%缴费，费用由企业的工会控制，各地政府工会再将各地企业上缴养老金的 30%交给当时全国的社会保险事业最高领导机关——中华全国总工会管理，用于全国的调剂，70%留存于企业工会基层委员会。这一措施首先在部分企业实施，截至 1956 年，全国国营、公私合营、私有企业中超过 90%的职工实行了劳动保险。1955 年，政府颁布了《关于国家机关工作人员退休暂行办法》，明确了男、女职工的退休年龄为 60 岁、55 岁，同时对国家机关、事业单位工作人员的养老保险作了专门规定。这个时期的社会保障制度是在计划经济体制下实施的，重点突出保障的互济性，完全体现社会的"公平"原则，调动了职工的积极性，但是覆盖范围有限，同时保障制度的统一性还没有完全建立。

（2）调整时期（1958～1966 年）：中华人民共和国成立以后实施的是企业职工社会保险和政府机关、事业单位的社会保险，保险对象仅仅局限在城镇劳动者。为了适应经济的发展需求，中国在 1958 年和 1966 年对社会保障制度进行了初步的调整。中华人民共和国成立以后创立的各项基本制度，对社会保障制度的项目、管理和标准等进行了逐步完善。1958 年，国务院颁布了《关于工人、职员退职处理的暂行规定（草案）》，把企业、事业单位职工和国家机关工作人员的退休制度统一起来。这一时期，社会保障制度在调整中得到了一定的发展。到 1966 年，全国享受社会保险的职工人数已经达到 4000 万，支付保险的费用达到 30.5 亿元。但是由于受当时社会影响，这一时期的社会保障出现了过热的现象，随后又因"文化大革命"而出现了停滞。

（3）停滞时期（1966~1978 年）："文化大革命"使得中国的政治、经济、文化等各方面受到了严重破坏与损失，社会养老保险政策也不例外。面对严峻的政治和经济形势，1969 年初，财政部发布了《关于国营企业财务工作中几项制度的改革意见（草案）》，规定由国家机关、企事业单位自行支付养老金，国家不再进行企业、行业、地区间的调剂，社会养老保险由此变成了各单位的养老保险，中国的社会保障制度出现停滞现象。社会养老保险政策手段与目标脱节后带来了许多不利的后果：

1）社会养老保险的保障性功能受到影响。政策手段的改变使养老金由各单位自行支付，社会养老保险失去了互济性，养老金不再在各企业、各行业、各地区之间进行调剂，降低了养老保险抵御风险的能力。

2）企业负担严重不均，影响了经济的发展。养老金由各企业自行支付，使各企业间、行业间、地区间养老保险费用负担严重失衡。各企业由于成立的时间不同，职工年龄结构不同，养老保险费用的负担存在很大差异。新成立的企业、年轻职工多的企业养老金支付数额少，成立时间长、离退休人员多的企业养老金支付数额多。

2. 我国养老保障制度的改革与发展

（1）养老保障制度在部分地区试行（1984~1986 年）：从 1984 年起，国有企业职工退休费用社会统筹在广东江门、广东东莞、四川自贡、江苏泰州及辽宁黑山县开始试点，建立合同制工人养老保险基金，并实行个人缴费，从而揭开了中国社会保险制度改革的序幕。1986 年开始，中国实行劳动合同制度，同年，国务院颁布《国有企业职工退休费用实行社会统筹的暂行规定》，建立劳动合同制工人的养老保险制度，规定劳动合同制工人按照本人标准工资的 3%缴费，在国家之外加入企业和个人，实行全国县市一级的养老保险费社会统筹，改变了过去完全由国家和企业出资的情况，明确养老制度向社会化方面进行改革。

（2）养老保障制度在全国的推广（1987~1990 年）：在少数地区改革试点的基础上，中国养老保障的社会统筹工作开始在全国范围内推广，同时也带动了工伤、医疗等社会保险制度的改革。由于县、市一级的统筹管理和决策层次不高，无法保证养老金的完整与安全。1986 年底到 1987 年上半年，北京、上海、天津 3 个直辖市开始建立直辖市级的统筹制度。1989~1992 年，福建、江西、山西等省实行省级统筹。截至 1994 年，全国有 13 个省（自治区、直辖市）先后实现了省级统筹。

（3）养老保障制度框架的建立（1991~1995 年）：在对社会统筹政策手段、"效率"目标及与之相配套的个人缴费政策手段试行的基础上，政府开始了对社会养老保险政策手段改革的进一步探索。1991 年，国家颁布了《关于企业职工养老保险制度改革的决定》，改变了养老金完全由国家、企业包揽的办法，首次提出在中国建立基本养老保险、企业补充养老保险和个人养老储蓄的多层次养老保障制度；实行企业、职工和国家三方筹集资金的原则，实施"部分积累"的模式，实现社会统筹管理，从县级开始统筹。养老金的计发办法是"职工退休后的养老金基本计发办法目前不作变动，今后可结合工资制度改革，通过增加标准工资在工资总额中的比重，逐步提高养老金的数额"。这样就建立了以国家基本养老保险为核心、企业养老保险为补充，与职工个人储蓄性养老保险相结合的中国企业职工养老保险制度的基本框架。

（4）养老保障制度的全面改革（1996 年至今）：1995 年，《国务院关于深化企业职工养老保险制度改革的通知》颁布，这标志着社会养老保险政策全面改革的开始。该通知提出了改革的 4 个原则："保障水平要与国家的生产力发展水平及各方面的承受能力相适应；社会互济与自我保障相结合，公平与效率相结合；政策统一，管理法制化；行政管理与基金管理分开。"这次改革扩大了企业覆盖面，包括了国有、集体、私营、合资、股份制和个体各类城镇企业，建立了城镇企业一体化的养老保险制度，建立了养老金的计发和调节机制。这一改革设置了 3 个方案，可供全国各地根据自己的特点和时机选择实施。为了解决 3 个方案在全国不同地方实施出现的问题，1997 年 7 月，国务院发布了《关于建立统一的企业职工基本养老保险制度的决定》，规定个人支付额逐年上升至个人缴费工资的 8%，8 年内完成。规定从 1998 年开始，我国建立全国统一的企业职工基本养老保险制度，以"社会统筹和个人账户相结合"为养老金制度的模式，实现了全国养老保险制度及标准的统一。我国于同年成立专门的管理机构——劳动和社会保障部，推进全国社会保障制度的统一管理。

（二）我国老年人口组织管理的发展

农业社会时期，我国老年人的衣、食、住都在家庭中解决，基本上不存在老年人口的组织管理问题。中华人民共和国成立后，随着工业化和人口老龄化的发展，离退休人员的数量不断增加，多种经济成分的养老保险制度互有差异，老年人口的组织管理需要适应体制改革和发展经济的需要，并加以改进和完善。

1. 离退休老年人口组织管理　由于我国农村仍以家庭养老为主，我国的老年人口组织管理工作目前还是以离退休职工为主要对象，管理范围有很大的局限性。中华人民共和国成立以后，我国建立了劳动保险制度，退休人员的组织管理是使退休人员安度晚年的组织保证。这种组织管理是随着退休养老制度的贯彻执行和退休人数的不断增加，由基层单位根据自己的情况逐渐发展起来的。

20 世纪 50 年代初期，国家机关和企业中的退休人员很少，全国也不过 2 万人。在这种情况下，一般采取单位自管的形式。按照《中华人民共和国劳动保险条例》的规定，企业设有"劳动保险委员会"。这是企业中管理社会保险工作的群众组织。委员会的经常任务之一，是为退休人员服务。活动的方式一般是定期或不定期地对退休人员进行家访和慰问，帮助他们解决生活中的实际困难。到 50 年代后期，一些老企业的退休人数开始有较大幅度的增长，为了做好管理服务工作，一些部门建立了退休人员管理服务的专门机构。铁路、邮电、航运等产业，由于退休人员较多，就在企业内部成立了退休职工管理委员会。这时，国家机关的离退休人员由各单位的人事部门兼管。"文化大革命"期间，工会组织停止活动，劳动部门也受到削弱，企业职工的退休和养老工作一度处于无人管理的局面。

1978 年以后，随着新老职工的自然交替，离退休人数急剧增加。原来由各单位自管的形式，不能适应客观形势发展的需要，各地区各部门开始研究如何改进对离退休人员的服务管理工作。1978 年 6 月以后，对离退休干部、退休工人以及军队转业干部的安置，分别做出了规定。

《国务院关于安置老弱病残干部的暂行办法》（国发〔1978〕104 号文件）了以下内容：离休、退休和退职的干部的安置，要面向农村和中小城镇。在大城市工作的，应当尽量安置到中小城镇和农村，也可以根据具体情况，到本人或爱人的原籍安置；在中小城镇和农村工作的，可以就地或回原籍中小城镇和农村安置。易地安置有实际困难的，也可以就地安置。跨省安置的，各有关省、市、自治区应当积极做好安置工作。

《国务院关于老干部离职休养的暂行规定》（国发〔1980〕253 号文件）指出：对离休干部的管理，就地安置的，由原单位负责；易地安置的，由接受地区的干部、人事部门负责，必要时可建立小型干部休养所。县以上的干部、人事部门和其他有离休干部的单位，应根据情况，配备专职或兼职干部。

为提升城镇企业职工基本养老保险服务体系的社会化水平，劳动和社会保障部办公厅于 2002 年正式确定 100 个城市作为社会化管理服务重点联系城市，明确社会化管理服务工作的基本内容、原则、目标、任务、步骤和措施，以进一步推动企业退休人员社会化管理服务工作的开展。2003 年退休人员社会化管理工作取得明显成效，全国社会化管理率达到 84.5%，其中北京、天津、辽宁、上海的社会化管理率已达 90% 以上，全国共有 2932 万名退休人员实行了社会化管理服务。

《中共中央办公厅　国务院办公厅　中央军委办公厅关于进一步做好军队离休退休干部移交

政府安置管理工作的意见》（中办发〔2004〕2 号）规定：各级民政部门积极推进军队离休退休干部（以下简称军休干部）服务管理方式改革，着力拓展服务管理内容，不断提高服务管理水平，全面落实军休干部政治和生活待遇，军休工作成绩显著。

2012 年，中共中央办公厅和国务院颁发进一步通知，随着经济的进步和军队各项改革的加快，为进一步做好军休干部服务管理工作，切实提高军休干部服务管理工作责任意识，推进军休干部服务管理工作高效运行，提升军休干部服务管理工作质量和水平。

2014 年我国民政部通过《军队离休退休干部服务管理办法》，2015 年我国退役军人事务部印发《军队离休退休干部服务管理机构工作指引》的通知，进一步推进军休干部的待遇有效落实，维护军休干部的合法权益。

2. 我国退休服务组织管理的类型　在退休工人的服务管理方面，全国各地根据实际情况，因地制宜地采取了各种组织形式的改进工作。已建立的服务管理组织的类型，主要有以下 5 种。

（1）按系统建立的退休人员服务管理组织：有些产业根据自己的特点，在本系统建立退休人员服务管理组织。例如，哈尔滨铁路局 1979 年的退休人数增加到 3 万多人以后，铁路局党政领导、工会、团委共同拟定和颁布了《哈尔滨铁路局退休职工管理委员会的管理办法》，从局、分局到基层组织，相继建立健全了各级"退休职工管理委员会"。管理委员会的业务机构为办公室，设专职专人，平均每百名退休人员配专职干部 1 人。这些专职干部，大都选聘离休、退休工人担任，管理委员会的办公用房及开支，均由行政提供。

（2）按市、县、区、街道建立的退休人员服务管理组织：很多省、市，以地区为界线，在一些市、县、区和街道组建了本地区的"退休职工管理委员会""退休职工联谊会""老年人协会"等不同形式的退休服务管理组织，在地方一级的统一领导下，条块结合，合理分工，形成了退休职工社会服务网。从市区到农村，对离休、退休人员实行统一综合管理。并采取条块结合方式，成立了市、县两级管理领导小组，由党政主要负责人任组长，吸收组织、人事、劳动、工会、民政、教育、卫生、财政、粮食、商业、供销等部门的领导参加。

北京市东城区 1982 年住有退休工人近 4000 人，来自 1600 多个单位。为了加强服务管理，成立以退休工人居住区管理为主的管理服务组织，并制定了《退休职工管理委员会暂行条例》和《退休职工守则》，委员会成员由退休工人代表大会选举产生。

（3）厂街结合的退休工人服务管理组织：厂街结合办法，是指退休工人在生活上以企业管理为主，活动上以街道管理为主，互相配合、互相支持。鞍山钢铁公司中型厂就采取了这种方式。该厂同有关街道建立了 4 项制度，即互通情况、汇报工作、征求意见、定期考核。该厂有 2 处退休工人活动站，从建站到管理，都是根据厂街结合的原则进行的。

（4）按专业组建的离退休职工服务管理组织：在一些大中型城市，以专业为单位组建离退休服务管理组织，如青海省离退休科技工作者协会、重庆市退休工程师协会、上海市退（离）休高级专家协会等。这种专业协会的主要宗旨是为本专业的离退休人员牵线搭桥，提供参与社会发展的途径，满足他们继续做贡献的愿望。与此同时，这些协会又是成员之间进行交流与合作的场所，彼此关照，相互服务，有利于身心健康。

（5）退休人员自我服务管理组织：这种服务管理形式，通常在远离城市的工矿企业中采用。抚顺矿务局西露天矿是个已开采 70 多年的老矿，离退休人员近 8000 人，相当于在职职工总数的40%以上。1980 年曾建立两级管理制，结果不仅增加了生产第一线的压力，而且退休人员的困难也得不到及时解决。1984 年 4 月，该矿因地制宜成立了离休退休一起管、干部工人一起管的"离退休人员管理服务委员会"，委员会负责人和大部分成员，都由离退休人员担任。委员会一手抓服务管理，一手带领青年组织工副业生产，所得赢利用于发展老年福利事业。这种自我管理、自我服务的方针和为离退休人员服务、为矿山服务和为社会服务的方向，赢得了矿党委、离退休人员、在职职工和待业青年的"四满意"。

（三）我国老年人口组织管理存在的问题

我国老年人口的组织管理工作在过去的 40 年中有了很大的发展，但我国现行的老年人口组织管理还是存在一些不足之处，需要加以改革和完善。主要包括以下几个方面的问题。

1. 组织管理的覆盖面有限，不适应人口老龄化的需要　我国第七次人口普查数据显示，60 岁及以上人口为 26 402 万人，占 18.70%，其中 65 岁及以上人口为 19 064 万人，占 13.50%。与第六次全国人口普查相比，60 岁及以上人口的比重上升 5.44 个百分点，65 岁及以上人口的比重上升 4.63 个百分点，老年人失能化、高龄化及空巢化现象严峻，人口老龄化的趋势十分严峻。我国大部分老年人仍旧生活在农村，而现行的老年人口组织管理按地区划分，集中在城市，农村享受养老保险的退休人员和孤寡老人所占农村老年人口的比重低，大部分农村老人被置于老年人口组织管理之外，易被忽视。随着农村核心家庭的增多，农村家庭的养老功能在弱化，已不适应人口老龄化需求和商品经济发展的要求。

另外，我国的老年人口组织管理工作主要表现为对退休人员的组织管理。随着人口老龄化的发展和人口平均寿命的延长以及高龄老人的增多，老年人口对社会服务的需求将逐年增加，老年人口组织管理的覆盖面小，同样也不能满足社会经济发展的需要。如社区是企业退休人员社会化管理服务的载体，老年人口社区化管理的稳定程度和推进速度与社区建设水平的高低和服务质量的好坏有关，但目前其建设的范围和水平参差不齐，影响其规范化管理。

2. 管理体制方面存在着部门之间的职能交叉的现象　近年来，随着我国人口老龄化问题的日益严重，政府在老龄事业方面逐渐进行改革。例如，国家老龄办已经逐步成为跨部门协调的主要平台，负责统筹老龄社会的相关政策。然而，各部门之间的职能交叉和协作仍然存在，尤其是在资源整合和政策执行层面，依旧存在不统一、重复建设、沟通不畅的问题。因此，尽管已有进展，老龄事务的管理体制和机制仍面临优化和改进的空间。

3. 条块分割不利于就地开展适合于老年人的组织管理工作　根据规定，离退休干部就地安置的，由原单位管理，原单位一般并没有专门机构或专职干部主管此事，离退休干部的活动经费由各单位管理使用，而这种条块分割的管理模式在现实生活中并不能满足离退休老人的组织服务与管理需求。以离退休干部活动中心为例，本单位所建造的离退休干部活动场所，与机关所在地区和离退休人员居住的地区之间往往距离较远。在这种情况下，远离原单位的离退休人员参加原单位的活动不方便，就地参加本地区的活动又受经费使用的限制，原单位和住地的服务管理机构，都难于为他们提供服务和对其进行管理。

（四）我国老年服务与管理的改革深化方向

尽管我国的养老保障制度建设已经取得了令人瞩目的成就，但鉴于我国人口众多、经济相对落后特别是老龄化程度日益加剧等一系列现实问题的存在，今后的老年服务与管理还需进一步深化。

1. 构建多样化的老年服务与管理保障体系　根据养老保障责任承担的主体以及承担的方式，我国的养老保障可以分为自我保障、政府保障、差别化职业养老保险、劳动单位负责以及市场提供五个层次。

（1）自我保障层次：自我保障层次是养老保障的基础和第一层次，包括家庭保障和个人保障，即养老的经费来源于家庭和个人的储蓄、养老的方式和服务由家庭提供两层含义。截至 2022 年底，全国有超过 10 亿人参加了基本养老保险，而领取养老金的离退休人员约为 1.3 亿人。这对于有着约 2.8 亿老年人的中国来说，仍然有很大一部分的老年人依赖以家庭和个人为主的自我保障。自我保障不仅符合中国数千年来的历史文化传统，也是目前中国社会现实格局和法治规范的必然选择，故应继续发扬光大。另外，政府要更新观念，承认这一保障层次存在的合理性和必要性，同时要制定相应的福利政策和扶持措施，实施家庭补贴等措施来支持和帮助家庭养老和自我养老保障，与社会化养老形成互补。

（2）政府保障层次：纵观世界各国的养老保障制度，除实行福利性保障制度的少数国家外，目前大多数国家实行的是满足居民基本生活需要的养老保障，也就是由政府负责的普惠式国民养老保障制度，即政府保障层次。这就是养老保障的第二层次。在这一层次中，政府是保障制度的直接责任主体，其目的是向所有老年人提供最基本的收入保障，包括满足最低生活需要的贫困救济。保障的经费来源于国家税收，待遇标准与工资脱钩，但是与物价水平挂钩，并且随着整个社会平均水平的提高而提高。政府的普惠式养老保障可以让老年人分享社会发展的成果，体现了社会保障的公平性原则，这个保障层次的优点是覆盖面大，不足之处是保障的水平比较低，不能充分保障老年人的生活质量。

（3）市场提供层次：市场提供层次的养老保障主要有各种商业保险公司提供的商业人寿保险服务。这一层次是完全的市场行为，通过市场提供的产品，以市场交易的方式来完成，政府只在商业保险的法律框架内监管，具体不负任何责任。从本质上讲，这一层次的保障也可以理解为自我保障或者家庭的保障，只不过这种保障方式比我们第一层次的保障更加社会化和市场化，是一种高度社会化的自我保障。

在这三个保障层次中，包括家庭保障的自我保障层次在我国仍将发挥重要的作用。三个保障层次的分布特点是：目前处在第一保障层次的人口占大多数，越向高级层次发展，保障水平越高，劳动力的价值也越高，个人和雇主（单位）支付的费用越高。在这三个保障层次中，我国要大力鼓励和发展第三层次的保障，同时还要努力做好第一和第二层次的基本保障工作，使每一个保障层次能在不同的发展阶段发挥各自的作用。

2. 建立和完善科学的老年服务与管理体系 老年服务与管理体系指的是由服务主体（政府部门、社会团体、养老机构等）、服务对象（居家老年人、机构养老者、残疾老年人等）、服务内容（养老金服务、法律权益服务、医疗保健服务、生活护理服务、心理健康服务、老年消费服务等）及服务方式（居家养老服务、社区养老护理服务、养老机构服务、社区服务等）等多种要素构成的体系。服务体系的形成意味着服务理念的提升、服务内容的丰富、服务品质的提高以及对服务管理与监督更加便利，其宗旨就是确保老年人保障水平与老年人生活质量的提升。

（1）加强对养老设施建设和运营的政策扶持：发展社会福利事业，寄希望于以营利为目的的企业或投资者可行性不大，要完全靠商业运行模式来大力发展养老事业还有许多困难，因此，政府要成为这项事业的带头人与推动者。以北京市为例，其出台的《关于加快实现社会福利社会化的意见》中公布的一些优惠政策对社会化福利起到了良好的推动作用，其提出可以通过两个方面的途径来解决养老设施的建设和运营问题。第一，融资和投资扶持。目前福利机构拥有或运营的养老设施是以入住老人的月租金收入来支撑运营的，前期投入大，且投资收益时间长。如果贷款和还贷没有政策方面的优惠，不可能建设较现代化的养老设施。国家可考虑由有关部门研究出养老院建设贷款优惠政策，从资金来源上扶持养老机构的建设。第二，机构运行政策扶持。在养老机构的日常运营中，政府可以考虑对水、电、气等费用给予一定的优惠。同时也可以考虑在一定的年限内对养老机构的老年人实行补贴，帮助他们购买服务，另外对机构的经营实行一定年限的税收减免政策。对于目前已经实行的一些社会福利政策，一些地方并未遵照执行。因此，政府要加大各部门的协作，督促各地将政策落到实处。与此同时，国家或当地政府每年可以拿出一部分资金对老年管理与服务优良的养老机构或者个人进行奖励，以提升养老机构的服务质量和管理水平，从而解决养老机构中存在的一些实际问题。

（2）丰富养老设施的形式和内容：一些发达国家养老机构的养老设施具有多种多样的特点。这些养老机构包括养老福利院、特别养老福利院以及低费老人福利院等。它们为不同年龄段、不同身体状况和不同经济状况的老年人提供了不同的设备、服务内容等。鉴于传统的养老设施在保护个人隐私和维护个人尊严方面存在缺陷，近年来老年人集体居住设施以及老年公寓迅速发展起来，这种住宅表面上与普通住宅并无不同，但在楼梯、走廊、居室、浴室、厨房、厕所等内部设计上都充分考虑了老年人的生活习惯，并且按比例配备生活管理员，提供全天候值班服务。另外，更高生活水准的老年公寓也发展较快，如日本，按地理环境不同，建设了都市型、近郊型、风景地疗养型、田园型等多种形式的老年公寓。我国的老年公寓在服务内容与质量上与发达国家相比还存在较大差距。因此我国的养老设施在形式多样化方面应有所发展，以此来满足具有不同生活负担和经济负担的老年人的需求。

（3）因地制宜做好养老机构的合理规划：养老设施的发展不仅要考虑老年人的需求和特点，还应当因地制宜，充分发挥不同地理环境的优势。对于市区的养老设施来说，应当考虑老年人的情感需求，满足他们与后代、朋友、邻居等保持情感交流的需求，因而，市区的养老设施应当尽量设置在居住区内。而对于郊区或农村地区来说，则应当充分发挥其环境优美、空气清新、地价便宜、远离城市喧嚣等优势。这样不仅可以吸引郊区的老年人，还可以吸引市区的老年人。以日本为例，都市型养老院位于市区，可以使老年人保持以往生活的规律及各种人际交往关系，有生活便利的优点。而近郊型和田园型老年公寓，虽然不如都市型方便，但价格都比都市型便宜，而且可以享受到良好的环境质量。另外，在田园型的老年公寓中，老年人还可以自己种植蔬菜和花卉，既自娱自乐，又可降低日常生活费用。

3. 加强养老服务与管理人员的教育和培训　人是养老服务与管理的主要因素。养老服务与管理人员包括普通的服务员和管理人员，即包括从事养老保障服务行业的所有人员。要提供高质量、人性化、专业化的养老服务，做好对养老机构的人员培训十分重要。这个培训的目的不仅要让管理人员和服务人员树立良好的为老年人服务的意识和"服务出效益"的思想，熟悉并掌握基本的医疗救护、日常生活照料、房间环境布置等本职工作内容，还要做到能认真与老年人谈心、聆听老年人的倾诉、排遣老年人心中的苦闷以及对老年人进行正确的心理疏导等。

（1）开设专业课程加强人员的教育和培训：做好养老服务与管理工作，培养合格的人才是关键。劳动和社会保障部门、民政部门等应加强与有关高等院校和科研机构的合作，研究开设"老年保障学""老年心理学""老年护理学""老年文化学""老年经济学"等课程和其他与之有关的专业课程，为我国的养老保障服务与管理培养一大批高质量的管理人员和专业人才，从而在根本上提高我国的养老保障及服务的质量。老年社会保障的专业教育和服务在我国一直是一个空白，由于福利社会化和老年服务行业刚刚兴起，这个领域的专业人才和职业人员极为短缺。老年服务是一个需要专业技术和热情、耐心、爱心的行业，所有从事老年服务工作的人都需要接受专业培训。目前，劳动和社会保障部已经将养老护理员规定为一个技术工种，需要经过培训持证上岗。然而，目前从事养老服务的人员大部分没有接受过严格的、专业的教育和培训。为此，我们要开展相关工作，重视养老服务与管理人员的技能培训与提升。

（2）建立老年保障服务与管理教育的长期机制：对老年人的服务与管理是各个国家都必须认真对待和从事的一项长期工作和任务，这在全球老龄化的形势下更显得紧迫和必要。但是，要真正做好这项长效的工作，首先要建立科学的教育机制，把养老保障的理论和科学知识的教育与专业化的培训结合起来，让政府和社会共同参与实施。做好养老保障服务与管理的理论研究和教育、人员培训及完善各环节的规划和实施工作。

（3）做好教育和培训的考核认证工作：劳动和社会保障部规定养老护理员作为一个技术工种，需要通过培训持证上岗。这说明国家开始重视对养老保障管理与服务教育和培训的规范化建设。要实现规范化，提高养老保障的管理和服务质量，做好养老机构专业人员资格的培训和认证是一个重要环节。我们可以参考旅游宾馆与饭店的管理模式，在对养老保障管理与服务机构的从业人员进行必要的教育和培训后，对其颁发相应的培训合格证书及资格证书，然后根据人员的实际情况，决定机构的开业和运营资格。这样就保证了养老机构的从业人员资格符合养老保障与服务的要求，从而保证了养老机构的服务与管理水平，也保证了老年人的权益和养老生活质量。

第三节　老年服务与管理的发展趋势

【问题与思考】

1. 请简要叙述数字化时代的老龄发展机遇。
2. 请简述如何打造多元化的老年服务内容。

一、国际老龄服务与管理的发展趋势

得益于健康和医疗条件的改善、受教育机会增加及生育率降低，人们的寿命不断延长。从全球来看，2021 年出生的婴儿有望平均活到 71 岁，与 1950 年出生的婴儿相比，寿命延长了近 25 年；全球的平均预期寿命持续增加，2019 年，全球平均预期寿命为 72.8 岁，比 1990 年时增加了 9 岁；到 2050 年，预计平均预期寿命将达到 77.2 岁，且女性比男性长寿，全球预期寿命的增加反映了整体健康状况的改善。从区域来看，北非、西亚和撒哈拉以南非洲地区有望在未来 30 年经历最快的老年人数量增长。当前，欧洲和北美洲加起来，拥有最高比例的老年人口。

但是持续增加的预期寿命与下降的生育率叠加，将加剧人口老龄化，65 岁以上人口占总人口比例，2022 年为 10%，到 2050 年将升至 16%。虽然越来越多的老年人身体健康，但也有一些老年人患有疾病或生活贫困，从而影响其预期寿命。预期寿命受到收入、教育、性别、种族和居住地等因素的强烈影响，这些因素的交叉作用往往会导致一些人在人生早期就处于系统性弱势状态。如果没有一些预防政策，这些系统性的不利因素会在人们的一生中累积强化，导致老年人的寿命出现巨大差距，这将对实现可持续发展目标的进展产生严重的后果。在较为发达的地区，养老金和其他公共转移系统提供了老年人超过 2/3 的消费。在欠发达的地区，老年人往往工作时间更长，会更加依靠积累的资产或家庭援助。此外，全球人口老龄化也意味着对长期护理的需求增加，然而目前全球大多数国家的公共开支不足以支撑老年人日益增长的需求。

应对人口老龄化挑战的同时也可以很好地利用其带来的机遇。现如今，国际上大多数政府已经开始提供终身学习的机会，并加强和充分利用代际工作队伍。他们还引入了灵活的退休年龄，以适应不同的个人情况和偏好。同时，为了确保非正规就业人员等所有老年人收入保障，保持公共养老金系统的财政可持续性是政府面临的一大挑战，因此还应重新考虑社会保障体系，包括提供养老金。保障更大的老年群体在年老时的福利，并扩大经济的生产能力。扩大妇女和传统上被排除在正规劳动力市场之外的其他群体体面工作的机会，同时认识到非正式照护在促进正式经济的发展中的贡献，是确保在老龄化世界中可持续性和包容性经济增长的其他关键因素。除这些外，应推动信息和通信技术的创新与应用，并确保这些服务能够保障和满足老年人的权益和需要。技术的发展为实现性别平等提供了新的可能，使其能够在更健康和更充分实现福祉的情况下迈入老年；力求让老年人充分融入和参与社会；使老年人能够更有效地为社区和社会发展作出贡献；在老年人需要时稳步改善对他们的照顾和支持。在相互关联的全球危机背景下，全球老龄化对社会的经济发展产生了影响，因此应按照《我们的共同议程》的呼吁，采取紧急行动更新政府与公民之间以及社会内部的社会契约。老年人必须充分参与这一进程。这一呼吁旨在切实改变人们的生活，在这个世界上，数字转型过程高度动态发展而且复杂，需要进行公共政策辩论，以确保实施体制、政策和监管框架，及时并能够重新利用数字化推动可持续发展，并解决老年人在获得数字技术方面面临的障碍，同时确保数字产品、政策和做法符合人权标准和对老年人的保护。

二、我国老龄服务与管理的发展趋势

积极应对人口老龄化是党中央作出的重大决策部署，在党和国家全局工作中占有重要地位。在《中华人民共和国国民经济和社会发展第十四个五年规划和2035年远景目标纲要》中将"实施积极应对人口老龄化国家战略"单独列出；党的二十大报告也提出，实施积极应对人口老龄化国家战略，发展养老事业和养老产业，优化孤寡老人服务，推动实现全体老年人享有基本养老服务。新时代我国老龄服务与管理的发展趋势主要表现为以下几个特征。

（一）数字化时代的老龄科技化发展

在国家内部，数字鸿沟决定了哪些人口群体将从技术进步中受益。现有数据表明，年龄是影响数字鸿沟的一个关键因素。在有数据可查的高收入国家，90%以上的年轻人使用互联网，75岁或以上的人中使用互联网者不到一半。在中等收入经济体的现有数据范围内比较两个年龄组时，数字鸿沟明显更大。显然，数字技术给老年人带来了经济和社会机会，也带来了挑战。

随着我国老龄化进程进一步加快，预计2050年我国老龄人口的规模和比重、老年抚养比、社会抚养比将相继达到高峰，给公共服务的供给以及社会保障制度的可持续发展带来挑战。伴随科技赋能养老保险、养老产业等越来越多的应用场景，科技和数字化有望极大助力我国多层次养老保险和数字化创新智慧升级。

目前，部分发达国家已开始在养老金管理方面大量应用数字化科技。澳大利亚、比利时、丹麦等国家已经开始把三支柱的养老金账户整合在信息平台上，平台背后是中央数据库，个人可以在网站上方便地查询自己的三支柱养老金情况。养老科技是一个综合的新兴方向，未来将会有更多与养老有关的科技赋能场景。它可以包含的内容涉及养老的方方面面：健康科技包括药物研发、健康管理、远程医疗、看护技术等；保险科技聚焦保险产品创新、"管理+支付"；财富科技包括养老金投资产品的创新、长期资产管理；地产科技则包括养老地产、养老社区的数字化建设等。未来依托建立数字平台等科技工具，助力我国养老体系的建设，建立统一平台来集成数据及服务，方便信息查询、管理，提高各方效率，是我国政府的一项重要内容。

（二）老年服务与管理的多元化发展

1. 老年服务内容的多元化　老年人的物质生活要有保障，精神生活也不能缺乏。因此，原有的老年服务业由原来的老年医疗、康复保健、生活照料、紧急救援等基本物质服务，不断扩展到除物质服务之外的精神服务，如老年大学、老年培训、老年心理咨询、老年法律援助等。马斯洛将人的需求分为五大类，人们根据自己所处的地位不同，对于需求层次的追求也就有所差异。有专家学者研究发现，随着年龄的增长，老年群体对精神需求也就越高。很多老年人更倾向与年轻人在一起，他们认为该方式能够使自己感到快乐。因此，现在的一些大城市专门为一些老年人提供聊天的服务。事实上，诸如此类的需求很多，只是没有被挖掘出来。

2. 老龄政策的多元化　老年人需求的不断增多、需求水平的不断提升给老年服务与管理带来了机遇和挑战，相应地，政府将顺应该领域的发展需求出台相关政策措施，推动老年服务与管理进一步发展，为老龄化的应对指明方向。现将我国近几年养老主要政策文件梳理如下。

一是老龄政策法规体系不断完善。涉老相关法律法规、规章制度和政策措施不断完善，老年人权益保障机制、优待政策等不断细化，养老服务体系建设、运营、发展的标准和监管制度更加健全。

二是多元社会保障不断加强。基本社会保险进一步扩大覆盖范围，企业退休人员养老保险待遇和城乡居民基础养老金水平得到提升。稳步推进长期护理保险试点工作，明确了两批共49个试点城市，在制度框架、政策标准、运行机制、管理办法等方面作出探索。商业养老保险、商业健康保险快速发展。

三是养老服务体系不断完善，对经济困难的高龄、失能老年人给予补贴，初步建立农村留守老年人关爱服务体系。

四是健康支撑体系不断健全，医养结合服务有序发展，照护服务能力明显提高。

五是老龄事业和产业加快发展。老年教育机构持续增加，老年人精神文化生活不断丰富，更多老年人积极参与社区治理、文教卫生等活动。

（三）老年服务与管理的专业化发展

1. 老年服务的专业化　专业化服务是未来老年服务发展的目标。随着老年人数量的增加，老年服务的需求和种类也在随之增加。老年人对物质和精神的追求都在增加，不能把非专业化的服务充当专业化的服务。老年服务市场是未来市场经济发展的又一方向，越来越多的企业看到了该市场的商机，并将投身进来。因此，老年服务市场并不属于某一家公司专属所有，而是由多家企业共同支撑。服务的专业化是取得老年人信任的手段，也是在这个市场中立于不败之地的制胜法宝。

2. 人才的专业化　专业化人才队伍是发展老年服务业的基础。养老机构中的工作人员年龄大都在 40 岁以上，且文化层次较低。从事老年服务的专业化人才缺乏是由近年来人口老龄化不断加剧引起的，因此，未来的工作重点之一就是培养老年服务的专业人才。大学是人才培养的摇篮，但是唯独与老年服务相关的专业少之甚少。所以，才会出现从事老年服务行业的人员缺乏、素质不高等现象。然而，随着时间的推移和老龄化的加剧，养老服务人员不仅面临数量不足、素质不高的问题，更严重的是从业意愿的下降。因此，现在就要从大学培养专业化人才，从思想上、生活上、工作上等各方面接受老年人，真心地为他们服务。老年服务是一项特殊的服务，不仅要从物质上给他们提供优质服务，而且要从心理上给予他们安抚和慰藉。很多老年人的病其实并不是生理上的不适，而是由心理上的孤独感、恐惧感而引起的。由此可见，专业人员的照料和关爱显得尤为重要，应鼓励更多的年轻人报考相关专业，投身到老年服务的工作当中。

（四）老年管理的科学化

老年服务业涉及面广，服务群体特殊，这对老年服务的提供方提出更高的要求。西方国家由于进入老龄化社会时间较长，老年服务行业与国内相比较完善，无论是居家养老还是机构养老，政府及相关机构都对老年人进行分类、科学化管理。根据老年人的年龄、身体条件、家庭状况、自身需求等因素，对其进行分类管理。该科学化管理模式的实施不仅有利于老年人身心健康而且对于老年服务规范化发展有着积极的推动作用。科学化管理不仅将研究对象指向老年人，还将老年服务业所涉及的企业纳入其中。老年服务包括食品、服装、旅游、房地产等多方面，对员工进行科学的管理，从思想上进行教育，使其形成尊老、爱老的思想。同时，将科学化的理念、科学化的饮食、科学化的锻炼等融入其中，真正实现老年服务的科学化发展道路。此外，科学化管理还应准确及时，将现代化科技成果运用于管理方法中，统筹养老服务资源，将管理工作条理化、系统化。当前深度老龄化与大数据时代到来，大数据与老年服务之间的关系变得密切，以大数据等为主的技术创新已成为老年管理科学化的深层内驱力，养老服务资源通过智能设备、线上服务平台和线下服务圈构成的"互联网+养老"得到优化配置和整合，满足了老年人多层次、多样化和个性化需求，基于大数据构建的养老服务扩展为需求的精准把握和全周期服务并以此推动老年管理的科学化进程。

思考题与实践应用

1. 我国退休服务组织管理的类型？

【参考答案】

按系统建立的退休人员服务管理组织；按市、县、区、街道建立的退休人员服务管理组织；厂街结合的退休工人服务管理组织；按专业组建的离退休职工服务管理组织；退休人员自我服务管理组织。

2. 我国老年人口组织管理存在的问题？

【参考答案】

组织管理的覆盖面有限，不适应人口老龄化的需要；管理体制方面存在着部门之间的职能交叉的现象；条块分割不利于就地开展适合于老年人的组织管理工作。

3. 请简述我国养老保障可以分为哪些层次？

【参考答案】

我国养老保障分为自我保障层次、政府保障层次、差别化职业养老保险层次和市场提供层次。

4. 我国老年服务与管理的改革深化方向？

【参考答案】

①构建多样化的老年服务与管理保障体系。②建立和完善科学的老年服务与管理体系：加强对养老设施建设和运营的政策扶持；丰富养老设施的形式和内容；因地制宜做好养老机构的合理规划。③加强养老服务与管理人员的教育和培训：开设专业课程加强人员的教育和培训；建立老年保障服务与管理教育的长期机制；做好教育和培训的考核认证工作。

5. 我国老龄服务与管理的发展趋势？

【参考答案】

数字化时代的老龄科技化发展；老年服务与管理的多元化发展；老年服务与管理的专业化发展；老年管理的科学化。

参 考 文 献

陈禹. 2009. 民间组织参与城市社区居家养老服务研究——以天津市社区老年日间照料服务为例[D]. 天津: 南开大学.

李娜, 马丽平, 孙佳璐, 等. 2019. 英国老年人养老与护理概况及对我国的启示与借鉴[J]. 护理研究, 33(12): 2151-2154.

李羽. 2022. 老龄化背景下老年服务与管理专业就业现状及对策探究[J]. 就业与保障, (4): 87-89.

罗丽娅. 2017. 欧洲典型国家老年长期照护服务模式研究[D]. 武汉: 华中科技大学.

俞会新, 吕龙凤. 2022. 新加坡提升老年人就业机会的政策及其对中国的启示[J]. 老龄科学研究, 10(6): 65-78.

第四章 老年生活服务与管理

【学习目标】

1. 掌握： 文化、娱乐、生活质量、生活质量评估与老年生活质量评估的概念；我国老年人婚姻和家庭现状及重要意义；营造老年人和睦婚姻及和谐家庭的方法；我国老年人文化娱乐活动的不足与对策；老年生活质量评估的意义与评估方法。

2. 熟悉： 老年人婚姻关系的影响因素；老年人再婚的意义、阻力与应对方法；丰富老年人文化娱乐生活的重要意义；老年人参与文化娱乐活动的影响因素；老年经济状况评估及居住环境评估的意义。

3. 了解： 老年人离婚的影响因素及应对方法；我国老年人文化娱乐现状；老年文化娱乐活动的内容和形式；老年生活质量评估的难易性；老年生活质量评估的分类；老年经济状况的评估方法；老年居住环境评估的内容及方法。

第一节 老年婚姻与家庭

【问题与思考】

1. 请描述我国老年人婚姻和家庭现状。
2. 请论述老年人婚姻关系的影响因素。
3. 请归纳应对老年人离婚问题的方法。

婚姻是一种男与女两性结合关系的社会形式，为当时社会制度所认可。家庭是社会的重要组成部分，是建立在婚姻、血缘或领养关系基础上的个体间的组合。2020年第七次人口普查数据显示，我国 60 岁及以上的老年人口已超过 2.64 亿，约占我国总人口的 18.70%。由于我国当前人口老龄化问题日益严重，大部分养老机构不能满足老年人多层次和多元化的养老需求，因而多数老年人选择在家中安度晚年，居家养老已成为我国目前最重要的养老方式。因此，老年人的婚姻和家庭在其晚年生活中发挥着至关重要的作用，不仅为老年人提供经济上的支持，还帮助其获得精神上的慰藉，同时在子女照料、养老问题等方面也扮演着重要角色。

一、老年婚姻与家庭概述

（一）我国老年人的婚姻状况

老年人的婚姻状况指老年人在婚姻方面所处的状态，大致可分为未婚、有配偶、离婚和丧偶四种类型。在我国快速发展的背景下，人民生活水平不断提高，人口平均预期寿命不断延长，使得人口老龄化问题日趋严重。同时，老年人的思想观念也随着现代化进程的加快而不断改变，其婚姻状况呈现出以下特点。

1. 整体婚姻状况呈现"一高三低" 我国老年人的整体婚姻状况主要表现为有偶率高且丧偶率、未婚率及离婚率低的特征。第七次全国人口普查数据显示，我国 60 岁及以上的老年人中，有配偶者占 75.21%，超过老年人总人口数的 3/4；而丧偶、离婚和未婚的比例相对较低，分别为

21.81%、1.32%和1.66%。自20世纪80年代以来，我国有偶老年人数量稳步增加，其比重在老年人婚姻状况中不断提高。这一情况从侧面说明了我国老年人生命质量在持续提高，婚姻关系也较为稳定。

2. 男性老年人有偶率、未婚率及离婚率高于女性，丧偶率低于女性　老年人婚姻状况存在着性别差异。男性老年人有偶率为83.23%，未婚率为3.09%，离婚率为1.53%，丧偶率为12.15%；而女性老年人有偶率为67.74%，未婚率为0.31%，离婚率为1.14%，丧偶率为30.81%。可以发现，男性老年人有配偶的比例显著高于女性，未婚率和离婚率也均高于女性，而丧偶率不足女性老年人的1/2。男女老年人有偶率的差异主要是因为男女两性平均期望寿命的差异，大部分女性生活方式相较于男性更健康，其平均预期寿命也更长。因此，老年妇女的丧偶风险明显高于同龄的男性老年人，且在高龄女性老年人中尤为突出。

3. 城市老年人有偶率和离婚率高于乡镇老年人，丧偶率和未婚率低于乡镇　老年人婚姻状况存在地域差异。城市老年人有偶率为78.32%，高于乡镇老年人，但离婚率也明显较高，为2.36%，且其丧偶率和未婚率均低于乡镇老年人。老年人婚姻状况的地域差异主要源于不同地域的经济、医疗发展等方面的差异。城市老年人生活水平普遍高于乡镇老年人，能够接触和得到更多、更全面的社会支持及资源，因而其丧偶率和未婚率较低。同样，城市老年人的婚姻观更易受到冲击，离婚现象较为常见。

4. 有偶老年人中初婚比例高于再婚比例　目前，我国老年人有偶率超过老年人口总数的3/4。其中，初婚有配偶的老年人占绝大部分。有偶老年人中初婚的比例高与我国家庭关系的总体和谐稳定保持一致，而再婚有配偶的比例低则反映出老年人再婚所面对的各方面阻力较多。

（二）我国老年人的家庭状况

家庭是组成社会的基本单位。受内外部因素的共同影响，老年人家庭结构不断发生着变动，影响着老年人的晚年生活。我国老年人家庭状况具有以下特点。

1. 老年人总体家庭户数量庞大，面临小型化趋势　我国家庭成员中包含60岁及以上老年人的家庭户数量十分庞大，约有1.74亿个。其中，家庭成员中包含一个老年人的家庭户占54.81%，包含两个老年人的家庭户占44.07%，包含三个老年人的家庭户占1.12%。与第六次全国人口普查结果相比，家庭中有不同数量老年人的家庭户的比例均有增长。这表明，老年人生活品质的改善和预期寿命的延长，使家庭中的老年人数量逐年增多。此外，由于国家计划生育政策的推行和实施，老年人家庭中的后代以独生子女为主，同时家庭人口的迁移和流动，使得老年人家庭规模逐渐缩小。

2. 空巢化问题日趋严重　我国老年人家庭状况中空巢老人的比重在持续上升。当前，由只有一个老年人和只有一对老年夫妇组成的家庭户占有老年人的家庭户的44.83%。与2015年全国1%人口抽样调查结果相比，这一数值上升超过10个百分点。此外，对于低龄老年人和身体健康状况良好的老年人而言，他们更倾向于单独居住，原因在于其生活基本能够自理，不愿为子女或其他家庭成员增添额外负担。有研究表明，到2030年，我国空巢老年人数量将高达90%。

3. 与子代共同居住为主要形式　在有老年人的家庭户中，除老年人独居或老年人与未成年亲属共同居住的情况外，还有其他类型的居住情况，约占51.25%。由此可见，我国大部分老年人都生活在有子女和其他成员的家庭中，与子代共同居住和生活依然是有老年人的家庭户中最主要的类型。但这一比例与2015年全国1%人口抽样调查结果相比正在不断下降。

4. 隔代家庭问题不容忽视　老年人家庭状况中，由一个老年人或一对老年夫妇与未成年亲属组成的家庭户的比例正在不断上升，比例为2.80%。由于父母长期在外工作，其未成年子女多与家庭中的老年人共同生活，形成特殊的隔代家庭。老年人在抚育后代方面经验丰富、时间充裕，但其教育理念可能相对滞后，因而可能会在一定程度上限制孩子的发展。因此，隔代家庭问题值得重视。

（三）老年婚姻关系的影响因素

1. 老年人身心健康因素 随年龄的增长，老年人面临着正常器官组织老化、抵抗力和整体机能不断退化等问题，易产生疾病。一方面，疾病是老年人婚姻关系中的一种压力源，易导致夫妻感情和关系失调。另一方面，严重的疾病或慢性疾病伴随的症状和治疗支出会使老年人产生负性心理，主要表现为生命无意义感、自卑、抑郁、敏感和内疚等。部分老年人心理调适能力较差，易对与其关系亲密的人抱怨或发泄负性情绪。配偶往往是老年人彼此的主要照顾者，因而也通常是承受这种负性情绪的对象。长此以往，易导致老年夫妻间婚姻关系的恶化。

2. 老年夫妻性别和人格特质的差异 社会发展历程赋予男女两性的社会责任不同，因而导致男女两性在人性发展过程中的侧重面不同。在传统观念里，男性多被赋予"顶天立地"和"高大英勇"的形象，因而其主要是发展人性中阳刚、理性及勇敢的一面。女性则主要被赋予"温婉大方"和"贤惠善良"的形象，因而其多注重发展人性中温柔、宽容及和谐的一面。这种性别差异带来的人性发展过程中的差异通常是导致老年夫妻间性格不同的原因，同时也造成了老年夫妻间互动方式的不同。通常，若双方对彼此的性格、表达风格不甚了解，往往会导致老年夫妻在沟通过程中丢失重要信息或产生误会，进而对其婚姻的满意度产生极大影响。

3. 老年夫妻彼此理解、尊重和包容的程度 老年夫妻在日常生活中面对同一问题时出现意见分歧十分普遍，尽管分歧的起因可能是一些琐碎小事。此时夫妻双方应学会沟通和理解，正确地直面问题核心，站在对方的立场看待问题，并尊重对方的想法。同样，当配偶出现过失时，不要一味指责和埋怨，要学会理解和包容。老年夫妻彼此理解、尊重和包容的程度越高，婚姻关系越融洽。

4. 老年夫妻兴趣、爱好的差异 步入退休阶段，老年人社会角色的骤然转变使其生活重心发生变化，许多老年人开始对自我继续成长和发展产生浓厚兴趣。退休后老年夫妻间的接触和互动更加频繁，双方间的兴趣爱好差异是影响其婚姻关系的重要因素。有些老年人渴望延续自身价值，投身老年大学继续学习；有些老人通过跳舞、下围棋等日常休闲活动来充实自己的晚年生活；还有些老年人将照顾孙辈作为自己退休后最大的乐趣。志趣相同或志趣相似的老年夫妻，通过其配偶的支持，可以增进夫妻间的亲密感，婚姻关系会更加稳固。

5. 财务经济矛盾 财务经济矛盾是影响老年人婚姻关系的重要因素之一。若没有提前妥善规划老年生活，老年夫妻可能在储蓄和日常生活支出安排等方面产生经济矛盾，容易造成婚姻生活气氛紧张。部分老年夫妻双方消费失衡，若不能协调一种可以互相接受的消费模式，他们的婚姻将经历严重压力。此外，老年夫妻对财产分配或继承意见是否统一，也是影响其婚姻关系的关键。

6. 性心理的变化和性生活的和谐 受传统观念束缚，多数老年夫妻对性话题缄口不言，将性视为一种传宗接代的方式，而非一种向爱人表达内心爱意的形式。随着老年人身体机能的不断衰退，性能力也在不断削弱，因而社会关注的焦点主要集中于老年人的性功能障碍问题。但实际上，大多数老年人对性的需求仍然存在，仍有能力继续进行性活动。许多老年人对性生活存在疑虑，心理压力较大，尤其是老年男性易产生不良的性心理。性是加深夫妻间亲密感的一种方式，良好的性心理和和谐的性生活对维持老年夫妻间良好的互动和稳定其婚姻关系具有十分重要的意义。

7. 建立婚姻时的背景 中国传统婚姻理念中，"男大当婚，女大当嫁"以及"门当户对"等婚配观念在部分老年人婚姻关系的建立中发挥了重要作用。因此，许多老年人年轻时在择偶方面表现出了相似性或同类联姻倾向，即更偏向从相同或相似的阶层群体内挑选配偶，如具有相同或相似的文化背景、经济水平、风俗信仰等。此外，父母包办婚姻导致部分老年人不能自主选择配偶，功利性目的或其他外部条件成为婚配成功与否的重要考量因素。这种婚姻关系将婚姻、生育、抚育和教育子女视为延续血脉的一种任务，夫妻双方没有深厚的感情基础。当年老之后，夫妻双方脱离这种婚姻职责，各种矛盾将逐渐凸显，甚至出现婚外情，最终导致晚年婚姻关系的破裂。

（四）老年婚姻与家庭的意义

1. 老年婚姻是老年家庭关系的基础　老年婚姻和家庭存在密切联系，家庭形成的先决条件是婚姻的产生。当个人建立起了一段被社会所认可的婚姻关系，并完成了生命的延续和传承时，家庭才可能在真正意义上得到了组建。老年人已步入家庭生命周期的最后阶段，虽然此时老年夫妻双方的教育、社会交往等功能不断衰退，但其家庭情感功能却较为突出，维系着两性婚姻关系。同时，良好的婚姻关系又可促进家庭整体的和谐与安定。

2. 老年婚姻与家庭的和谐有益于老年人身心健康和提升生活质量　婚姻关系及家庭是否和谐美满是人类寿命的重要影响因素。研究表明，感情亲密和谐的老年夫妻通常在遇到问题时会相互鼓励和帮助，共享快乐和痛苦。即使他们退出社会生活的主流，也能在婚姻和家庭里感到温暖，得到相应的情感支持，身体各器官也能处于最佳状态，有利于身心健康，从而显著提升其晚年生活质量。

3. 老年婚姻关系和家庭的和谐有利于社会发展的稳定　爱情观的变化和爱情本身的演化规律，决定了两性间的爱情不会一成不变。老年夫妻爱情的新鲜感会随着时间的流逝而逐渐淡去，和谐的婚姻关系可为夫妻间的爱情创造一个长期稳定的环境，从而使得夫妻在漫长的生命周期中相濡以沫，并自觉约束自身行为，促使爱情的发展和升华。此外，老年人家庭和谐可以减少家庭纠纷和老年人犯罪的发生率，从而减少对社会的负面影响，有利于社会的稳定发展。

二、老年和睦婚姻关系的营造

（一）老年婚姻关系的应对和处理

1. 思想上相互尊重、理解和信任　首先，老年夫妻要学会相互尊重。老年夫妻无论职位、能力、健康状况如何，都享有平等的地位和权利，在他人面前更要注意给予对方足够的尊重。其次，老年人应认识到夫妻间在性格和习惯等方面与自身存在差异或与年轻时不同是正常现象，学会理解和尊重对方的兴趣爱好和性格。老年人的婚姻关系虽经历了漫长考验和诸多磨砺，但仍然需要依靠彼此的信赖来巩固，凡事以诚相待，对配偶要给予足够的信任。

2. 生活上相互照应、关心和包容　老年夫妻在生活中相互依靠，精神相互依托，尤其是只有老年夫妻双方独自居住的这一类老年人，婚姻对他们具有更加深刻的意义。老年人生活存在诸多不便之处，或多或少需要亲人的照顾，而老伴提供的照护往往最为周到和贴心。当一方患病时，配偶也通常是发现和处理异常的第一人，身体健康状况较好的一方要耐心照顾和关心对方，并给予心理上的安慰。此外，对于配偶的一些过失或小脾气要学会包容，多从对方的角度思考问题，以夫妻情义为重，学会并善于"以情动人"。

3. 经济上相互公开和商量　经济问题历来是老年婚姻关系中诸多矛盾的根源，财产管理与债务负担事关一个家庭的稳定性。老年夫妻的收入与支出如何处置，取决于夫妻双方共同协议商讨。对于正常的基本生活和医疗保障等方面的经济支出要共同商量、合理安排；对金钱或债务要透明公开；对于不合理、不理智的消费行为要坚决抵制。

（二）老年离婚问题

1. 老年人离婚的原因　从老年人自身来看，导致老年人离婚的主要原因包括人格特质和兴趣爱好的差异、经济利益冲突、性生活问题等。老年夫妻性格和爱好未经磨合，易发生矛盾和冲突，长此以往易积怨成仇，最终导致矛盾爆发而离婚。缺乏感情基础的老年人的婚姻关系在完成抚育后代的任务时常面临破裂的风险。家庭经济利益问题如财产及债务的处理和分配也是离婚的焦点问题之一。此外，老年人仍存在性需求和性能力，性生活的不和谐极易导致老年人产生婚外恋情，最终导致婚姻关系破裂。

从家庭层面来看，老年人家庭功能的变化是影响老年人离婚的因素之一。人到老年时儿女各自成家立业，离开原来的家庭独自生活，家庭的情感功能被削弱，许多老年人会在心理上感到孤独、寂寞。此时，若老年人无法从配偶身上找到情感寄托，会极度缺乏安全感，感情极易破裂。

从宏观层面来看，老年人离婚的根源在于受到现代婚姻价值观的冲击，导致传统婚姻观念对老年人的制约逐渐减弱，不再认为离婚有损名誉。老年人开始摒弃思想中一些传统的婚姻观念，追求婚姻自由、幸福和更高质量。

2. 老年离婚问题的应对

（1）正确看待老年离婚问题：若老年夫妻间感情确已破裂，则应将离婚这一事件视为必然事件和最佳结局，学会成全自己与他人。部分老年人仍受传统封建观念的影响，认为人到老年离婚有损名誉。因此，在已经不可挽回的情况下仍不愿放手，最终造成夫妻间反目成仇的局面。

（2）反对老年轻率离婚：若老年人长期感情不和，无法调节和磨合，离婚确实是最佳选择。但老年人面对离婚问题时，也应慎重考虑。首先，人到老年，离婚所带来的后续问题并非仅限于老年夫妻双方，还牵涉到子女和整个家庭。其次，婚姻生活关系到老年人的身心健康。离婚后，老年人将独自承受生活中的各种压力源。同时，老年人的脾气秉性早已无法轻易改变，在离婚后是否能够再找到性格互补并令人满意的伴侣，还是一个未知的问题。

（三）老年再婚问题

1. 老年人再婚的意义

（1）便于老年人相互照料和支持，有益于身体健康：根据马斯洛需求层次论，人类的一切活动都以满足自我生理需求为首要目标。当人进入晚年，身体健康情况骤然下降，许多老年人在生活上并不能很好地照顾自己，自我保护意识较差，而配偶是直接提供帮助和支持的第一人。因此，再婚后老年夫妻在生活起居上可以相互照顾和支持，有利于身体健康。农村老人虽年事已高，通常仍会承担农活，再婚配偶可以与其共同从事生产和生活劳动，分担劳动压力。

（2）可缓解老年人孤独感，提高心理健康水平：目前老年人与子代共同居住为我国的主要家庭类型，但时代的发展和变化必然会使几代人之间产生代沟，许多子女无法理解老年人，因此无法给予老年人真正的支持和帮助。还有许多老年人独自居住，日常生活中常缺乏可供其倾诉和分享事物的对象，心理需求无法得到满足。此时，选择一位合适的老年伴侣不失为一种最佳方式。老年人精神需求得到满足，心情愉悦，可减少负性情绪的发生率。

（3）缓解子女养老压力，有助于发挥老年人主观能动性：老年人因种种原因失去配偶后，他们不但会遭受巨大的心理创伤，生活上也会遇到很大的困难。因此，单身状态的老年人再婚后，可以充分发挥自身力量和利用自身资源，解决日常生活中的基本需求及心理需求，有助于减轻子女为老年人养老担负的压力。研究显示，有配偶的老年人相较于无配偶的老年人而言，在家庭生活上显示出更高的独立性。

2. 老年人再婚的阻力

（1）传统封建思想的束缚：我国老年人受传统观念的影响较大，较为推崇"从一而终"的婚姻观念，面对再婚问题时顾虑重重。在他们看来，一把年纪再次结婚是背叛曾经的伴侣的一种行为，不仅自身难以接受，也害怕被人耻笑，遭受他人非议。农村老年人文化程度较低，部分老年人思想中掺杂封建迷信色彩，认为丧偶老人"克命"，再婚之后影响"风水"等。因此，许多老年人自身并不赞成再婚。

（2）身心健康状况不允许：许多老年人患有多种慢性疾病，需常年服用药物治疗，身体健康状况较差；一些老年人丧失部分或全部自理能力，常年需要他人照顾。另外，人到老年，脾气多古怪和固执，内心更为脆弱，有些老年人经历老年丧偶这一应激事件后易出现心理问题。因此，这一类老年人囿于身体和心理健康状况，担心自己会成为新配偶或家庭的负担，即使内心有再婚的愿望，也不敢轻易再婚。

（3）子女反对：子女反对是目前老年人再婚的重要阻力来源。研究显示，丧偶家庭中超过60%的子女对父母再婚问题持反对态度。他们认为，首先，父母再婚的行为会使得家庭成员的角色定位发生变化，导致家庭成员间原有关系链受到破坏，进而影响亲情。其次，老年人再婚通常都会涉及老年人赡养问题、财产继承问题以及老年人死亡后安葬问题等，子女不希望父母财产遭人分割，也担心自我利益会因为父母的再婚而受到影响。此外，子女对父母再婚提出的高标准也是阻碍因素之一，若再婚对象或家庭的条件不符合预期标准，他们通常持反对态度。

（4）经济纠纷：经济问题是老年人和其子女在再婚问题中均关注的一个焦点问题。再婚老年人的经济状况更为复杂，夫妻财产归属问题一直是引发夫妻矛盾的根本原因，也往往会涉及老年人的双方子女。若事先没有对经济问题进行妥善处理，许多老年人面对再婚问题时将产生分歧和纠纷，从而阻碍婚姻的再次缔结。

（5）再婚动机不纯：部分老年人再婚带有功利主义色彩。对这部分老年人而言，再婚是为了解决自身或子女的一些现实困境，或从中获取某种利益，尤其是经济利益。这类以功利为目的的再婚一般都是"闪婚"，双方没有感情基础，缺乏足够的了解，这使得老年人的婚姻在某种程度上失去其应有的意义。

3. 老年再婚问题的应对

（1）改变自身传统观念，树立再婚的正确认知：享受国家规定的合法婚姻关系是法律赋予每个人的权利。老年人应勇于打破世俗偏见，敢于表达自己的愿望，不把以往封建落后的传统婚姻观念作为自己追求幸福的障碍。但在再婚前，老年人应树立正确的认知，明确再婚动机。以骗取对方的财产为目的的再婚行为，既不合法，也不合理。同时，再婚前也应多方面考察对方，以免上当受骗。

（2）注重再婚前充分了解，做好婚后思想准备：老年人应谨慎对待再婚问题，因为再婚与初婚同等重要，两者都关乎老年人的幸福以及家庭的和谐。再婚前应全面了解对方，熟悉对方诸如性格、脾气、兴趣爱好、文化程度、子女态度等情况。"闪婚""一见钟情"大多缺乏了解，即使再婚后婚姻关系也很可能因为双方矛盾逐渐显现而再次破裂。同样，再婚后双方的生活习惯、思想观念需不断磨合，最初不可避免地会出现一些摩擦和冲突。因此，老年人必须有足够的思想准备，对再婚生活持合理的期待，才能有好的结果。

（3）再婚前要与子女多加沟通，处理好家庭内部的关系：若老年人有再婚的愿望，应及时告知子女，听取建议并取得理解和包容。子女也应明白老年再婚同样具有自主性和合法性，理解再婚对于老年人的深刻意义，看到老年人的合理需求，给予认同与支持。另外，尊重敬爱老年人是中华民族的传统美德，晚辈理解老年人迫切的再婚需要，协助他们追求晚年婚姻幸福，实现再婚心愿，就是尊重敬爱老年人最直接的体现，也是对中华传统美德的传承和发扬。同样，再婚后老年人也应积极融入新的家庭生活，与双方子女进行良好互动，形成和谐的家庭氛围。

（4）妥善处理经济财产问题：老年人对经济财产问题要进行妥善处理。若老年夫妻对彼此的财务问题心存疑虑，可以经双方协商后在双方家人的见证下依法拟定婚前财产协议。婚后夫妻双方的经济情况应公开、透明，将双方的收入视为夫妻共同财产，采取合理、公平的消费方式。同样，子女也应理解老年人在财产问题上做出的决定和分配方案。

三、老年和谐家庭的营造

1. 重视家庭的特有价值　家永远是一所避风的港湾，是人的归属和依靠，也是美好和温暖的象征。对老年人而言，历经前半生风霜与磨砺后，家庭所特有的价值显得尤为重要，与家庭成员间的亲情也最为珍贵。在闲暇之余，老年人可以与老伴、子女或其他家庭成员相聚一堂，一同回顾、发掘和讨论家庭中一些有意义的事情，家庭成员相互表达自己的情感，发表对家庭价值的看法。这样能够提高家庭成员间的亲密度和对家庭价值的重视程度。

2. 建立科学的家庭观 家庭理念对家庭的建设至关重要。家庭中出现的种种问题主要缘于缺乏正确家庭价值观的引导。老年人作为家庭中的长者，应该建立科学的家庭观并以此为指导解决家庭中的矛盾和问题。此外，老年人应树立良好的形象，对后辈言传身教，以实际行动贯彻和落实正确的家庭观念，提升家庭的整体素质，共同构建和谐家庭。

3. 老年夫妻之间平等自由、坦率真诚 老年夫妻间是否平等自由是处理家庭关系的关键。首先，老年夫妻双方应享有平等的家庭地位，尊重彼此的人格和尊严，互相关心、坦率真诚、忠贞不渝。其次，老年夫妻双方享有同等权利，因此，双方在处理家庭内外事务时应共同决策。最后，老年夫妻双方应尊重彼此的独立性和自主性，理解对方的品味、兴趣和爱好，并给予对方充分支持，使其追求晚年理想。

4. 民主决策，相互包容 老年家庭中民主意识不可或缺。老年人应学会维护每一个家庭成员的尊严，要给予其展示自我的机会，营造一种民主决策的家庭氛围，而不是总以父母和长者的姿态与后辈交往，抱持年长者则拥有绝对主导权的错误观念。家庭中不同成员通常在各方面都存在异质性，老年人与后辈间的差异更为显著，需要通过沟通、包容和让步实现差异的最小化。宽容是和睦之本，因此老年人更需要与家庭成员相互包容，以营造和谐的家庭氛围。

5. 优化家庭成员关系，减少家庭冲突 家庭成员长期生活在同一个屋檐下，发生矛盾与冲突在所难免。老年人是家庭中的长者，拥有一定的经验和威望，在出现家庭矛盾时出面协调，比较容易化解矛盾，优化家庭成员间的关系，从而减少家庭冲突，有益于和谐家庭的营造。

第二节　老年文化娱乐

【问题与思考】

1. 请论述丰富老年人文化娱乐生活的意义。
2. 请分析影响老年人参与文化娱乐活动的因素。
3. 请归纳老年文化娱乐活动的内容和形式。

马斯洛需求层次论中提出，当人的低级需求如生理和安全的需求被满足时，人们便倾向于追求更高层次的需求。随着老年人物质生活条件的不断提高、医疗技术的不断发展，其基本物质生活处于保障之中，老年人开始对自身精神和文化生活有了更高的期待。

一、老年文化娱乐的概述

（一）文化娱乐的概念

1. 文化 文化的概念具有广义和狭义之分。广义的文化是指一个社会及其成员所特有的物质和精神财富的总和，即特定人群为适应社会和物质环境而共有的行为和价值模式，是包括知识、信念、艺术、习俗、道德、法律和规范在内的复合体。狭义的文化则是指精神文化，包括习俗、道德规范、知识、宗教信仰和信念等。

2. 娱乐 娱乐是人寻求欢愉、缓解生存压力的一种赋性，是一种能给拥有闲暇时间的人们带来喜悦感受的方式。娱乐为人们提供了社会交往和精神享受的机会，是人们在闲暇时间所进行的满足自身爱好和消遣的活动，包括各种文艺、体育活动及聚会、旅游等。

（二）丰富老年人文化娱乐生活的意义

1. 丰富文化娱乐生活是提高老年人生活质量的重要途径 人到老年，开始逐渐从繁忙的工作或体力劳动中抽离，拥有更充裕的时间来料理家务事、消遣娱乐或继续实现自我追求。部分老年人对这种角色转变并不能很好地适应，导致生活中一系列矛盾接踵而至，最终导致生活质量低下。例如，离退休的干部在离退休之前以事业为生活重心，人脉交际广泛，有着较高的职业目标、自我成就和社会地位；而离退休之后，生活重心的转变以及交际的中断将导致其在心理上产生巨大的落差感。农村老年人一生习惯了操劳，年老后放弃生产劳作将导致其失去生活的目标。丰富的文化娱乐生活，能促使老年人适应角色的转变，增添晚年生活的乐趣，并能在其中继续发挥余热，实现自我价值。因此，丰富老年人的文化娱乐生活是提高老年人生活质量的重要途径。

2. 丰富文化娱乐生活是实现"积极老龄化"的必要措施　我国老龄人口众多，老龄化问题严重。从微观层面上来看，老龄化问题关系到每个人和每个家庭的幸福。从宏观层面上来看，关系到国家长期稳定发展和社会民生问题。目前，消除老龄化问题并不现实，但是可在一定程度上改善这一问题，实现"积极老龄化"。"积极老龄化"指最大限度地提高老年人"健康、参与、保障"水平，确保所有人在老龄化过程中能够不断提升生活质量，促使所有人在老龄化过程中能够充分发挥自己体力、社会、精神等方面的潜能，保证所有人在老龄化过程中能够按照自己的权利、需求、爱好、能力参与社会活动，并得到充分的保护、照料和保障。因此，丰富老年人文化娱乐生活，充分发挥其潜能已成为"积极老龄化"的必要手段。

3. 丰富老年人文化娱乐生活是形成社会良好秩序的有力保障　部分老年人较看重物质财富，其精神文明建设多被忽视。这种现象破坏了人与人之间和睦相处的氛围，老年人与家人或邻里相处时缺乏真心，常因鸡毛蒜皮的小事发生冲突，导致关系越来越紧张，不和谐的因素也越来越多，不利于社会良好秩序的形成。丰富老年人文化娱乐生活，可以增进老年人之间的联系，促使其以诚待人、消除隔阂，还能增加其精神财富，加速社会良好秩序的建设。

二、老年文化娱乐需求

（一）老年人文化娱乐现状

在国家政策引领下，长期坚持为老年人提供高质量服务，促进老年文化事业的繁荣发展已成为各级组织的重要任务之一。同时，老年人追求晚年生活的健康幸福，愈加重视"发挥余热"和"老有所为"，迫切希望能够通过一些途径实现自我价值，从而促进自身生活质量的不断提高。目前，老年人对参与文化娱乐活动表现出浓厚的兴趣和强烈的意愿，大量老年人积极参与到自发组织或社区组织的活动中去，在既活跃热烈又多姿多彩的文化娱乐活动中，享受晚年生活的美好。近年来，老年大学、老年旅游团、老年歌舞队等组织和团体明显增多。无论在县市还是在乡镇，这一现象都很常见，掀起了一股老年文化热潮。

目前我国老年文化服务事业建设已取得一定进展，但与世界发达国家相比还存在较大差距。在老年文化娱乐方面，虽然国家、社会和老年人自身均已意识到文化娱乐活动在老年人日常生活和精神世界中扮演的重要角色，但目前我国老年文化娱乐活动服务发展缓慢，各方组织在提供文化娱乐活动的过程中仍然存在较多不足，资源相对匮乏，不能充分满足老年人日益增长的多元化的精神文化需求。

（二）老年文化娱乐活动的内容和形式

1. "老有所学"文化娱乐项目　老年人根据自身需要，自主参与到这类文化娱乐活动中。他们参与的主要目的是学习，从中获取知识、取得进步，适应社会的发展，是一种真正践行"活到老，学到老"的文化娱乐方式。

（1）上老年大学：老年大学是老年教育的主要载体，其课程设置非常丰富，老年人可根据自身需求和兴趣爱好进行选择。在"终身学习"理念的倡导下，老年人上老年大学更倾向于在学校中通过较为系统的学习掌握一定的技能，并能够以此来丰富晚年生活。例如，老年人选择音乐课程，在系统的学习过程中，能够学习和了解有关音乐的基础知识和技能，并能够在课堂中得到练习，以达到陶冶情操的目的；老年人选择卫生保健课程，能够获悉一些老年常见病、多发病的知识和预防处理的方法，并运用于实际生活中来帮助自己和他人。

（2）读书看报：读书看报对老年人而言，是最方便、最简单也最易于接受的一种学习方式。读书看报不仅不受时间和地点的限制，其带来的益处更是不胜枚举。首先，读书看报能消磨时间、获得知识、增长见闻。老年人通过阅读文学作品，不仅可以提高阅读能力，还能学习和模仿写作技巧及写作风格，从而提升自己的写作能力。其次，读书看报还能提升老年人的内涵与修养，有益身心健康。

（3）学习文化艺术创作：老年人可通过创作文化艺术作品来展现自我才华，一般包括歌曲、戏剧、小说、书法、绘画等常见文化艺术作品。老年人在创作过程中，能够不断激活思维，改善急躁易怒的脾气，培养沉稳、细致和耐心的品质，提升自身艺术素养。此外，成功创作出一件文化艺术作品能让老年人拥有极大的成就感，充分体现自我价值。

（4）学习养生保健知识：身心健康是从事其他一切活动的基础，老年人的身心健康是其在晚年关注的重要问题之一。因此，老年人对晚年养生和保健的关注度日益增加，希望通过养生保健知识和方法来增进健康、延长寿命，提高晚年生活质量，从各种渠道获取养生保健知识已成为大部分老年人日常生活中的一部分。老年人通过阅读专业养生保健书籍、观看电视养生节目等，能够强化养生保健意识，了解如何预防疾病的发生和发展，从而养成良好的生活习惯，提高自我保健的信心与能力。但老年人认知能力较差，尤其是文化程度不高的农村老年人易受误导。因此，老年人要提高自身辨别能力，培养理性的养生观念，避免盲目依从不科学的养生行为。

（5）学习上网：互联网的普及使得老年人的网络信息需求急剧攀升，越来越多的老年人开始使用智能电子产品通过网络聊天交友、查阅信息等。学习使用互联网有助于老年人与时俱进，给日常生活带来便利，并缩小与年轻一代的代沟。但老年人在学习使用网络与年轻人相比存在困难，有多方面的数字鸿沟，容易被虚假信息误导。因此，打破老年人使用网络过程中的障碍尤为重要。

2. "老有所乐"文化娱乐项目　老年人参与此类文化娱乐活动以个人兴趣为主，目的是通过参与各类文化娱乐活动收获快乐、充实生活、安度晚年。

（1）种植花草树木与饲养宠物：种植花草树木的过程可以活动老年人的筋骨，锻炼其体质，而花草树木本身既能美化生活环境，提供清新空气，又能美化人的心灵，可以有效改善老年人的身心健康状况。赏花草、观林木是欣赏自然美的一种方式，也是感受缤纷世界的一种途径。同时，研究表明日常生活中经常有宠物陪伴或有照护宠物经验的老年人发生抑郁、焦虑等负性情绪的可能性较低。通过照护宠物，老年人与宠物之间形成了亲密联结，能够使老年人产生精神上的慰藉。并且，遛宠物可以增加老年人户外活动的时间，有利于身体健康。

（2）垂钓：老年人自身身体状况通常是制约其参加各种形式的文化娱乐活动的因素之一。身体健康状况较差的老年人往往对强度较大、需要耗费较多体力的文化娱乐活动并不耐受，因此，垂钓便成为此类老年人休闲娱乐的最佳选择。首先，垂钓需要常去郊外走走，可以远离城市的喧嚣，摒弃脑海中的杂念；其次，垂钓本身需要聚精会神地观察水面的细微变化，可以使老年人的思维和注意力得到训练。此外，户外空气清新，令人心旷神怡，利于机体代谢，因此户外垂钓是一种有益于身体健康的娱乐方式。

（3）歌舞戏曲鉴赏：老年人通过听觉、视觉去欣赏文艺作品，感受美、鉴赏美。艺术源于生活，不论是歌舞还是戏曲，其不同的风格能针对性满足不同老年人的偏好，广受老年人的喜爱。老年人通过欣赏歌舞感受魅力、排解郁闷、振奋精神，能与歌者、舞者产生心灵上的共鸣。戏曲是我国传统文化的重要载体，老年人可以从戏曲人物形象和人物事迹中获得感悟，进行自我反思，宣泄和调节自我情绪，也能从其中发掘生活的快乐与美妙。

（4）摄影：老年人人生阅历丰富，对人、事、景物之美的理解较为深刻，因此，对生活中存在的美常有独到的见解。许多老年人渴望记录下大千世界的美好，摄影便成为不二之选。悠闲的老年生活使得老年人能够全身心地投入摄影活动当中，用手中的镜头捕捉平凡生活中的美好，记录下令人感动的每一瞬间。学习摄影的过程可以使老年人思维更加敏锐和细致，能够培养老年人的审美能力，提高其艺术气质，还能愉悦身心、放松自我。

（5）棋牌活动：棋牌是一种受广大老年群体喜爱的益智休闲文化娱乐活动，通常集科学性、知识性、竞技性和趣味性于一体，包括麻将、纸牌、国际象棋、围棋、跳棋等种类。对部分农村老年人而言，老年文化娱乐活动设施的缺乏甚至使得棋牌活动成为其休闲娱乐的唯一方式。下棋或打牌主要以脑力活动为主，能够延缓脑细胞的衰老，改善老年人的认知功能，锻炼思维能力。但老年人在进行棋牌活动时应注意合理安排时间，对输赢给予正确认识，避免情绪波动，切不可将休闲娱乐活动转变为带有赌博性质的行为，这样既违法又损害身心健康。

（6）旅游：许多老年人年轻时受限于工作和家庭因素无法外出游历山川河海，而年老后闲暇时间的增多使得外出旅游逐渐成为老年群体中较为普遍的娱乐方式。老年人旅游是自身兴趣所在，游览世界大好河山，享受自然之美。在旅游的过程中能放松心情，体悟风土人情，增长见识。此外，旅游能使老年人走出自己的小交际圈，结交更多志趣相投的朋友，满足其社交需求，增强个体的主观幸福感。

3. "老有所动"文化娱乐项目　参加体育活动，是老年人改善身体体质和生活质量的重要途径。体育健身活动有益于老年人身心健康，加之老年人对自身养生保健问题的日益重视，体育健身类文化娱乐活动逐渐流行于广大老年群体之中。

（1）歌舞健身活动：歌舞健身活动综合了音乐、运动和娱乐因素，因其简单易学，深受老年人的青睐。老年人通过参与社区、单位或自发组织的以歌舞为主要形式的健身活动，锻炼身体、消除疲劳、缓解压力，增强身体协调能力，还能结交朋友、陶冶情操。老年人应尽量选择适合老年人的类型，动作要简单柔和，防止对身体造成损伤。此外，老年人进行歌舞活动时，应注意选择适宜的时间和地点，避免对他人造成困扰，引发不必要的矛盾和冲突。

（2）球类活动：球类运动通常运动强度较大，常伴奔跑、跳跃等动作，对体质要求较高，包括篮球、足球、羽毛球和乒乓球等，老年人可根据自身身体状况和兴趣爱好进行选择。球类运动需要集中身体力量，可活动关节，促进机体血液循环，加快代谢，提高心肺功能。对球体运行轨迹和着地点的判断能锻炼老年人中枢神经系统处理信息的能力，可延缓神经系统功能的衰退过程，有利于注意力和记忆力的保持。

（3）散步跑步：散步安全性高，是一种适合老年人的休闲健身方式。散步属于有氧运动，强度虽然极低，但能有效锻炼老年人的腰腿，提高肢体的灵活性。散步还有益于胃肠蠕动，帮助消化，促进血液循环，对于常见的心脑血管疾病具有一定的辅助治疗作用。跑步则是一种强度稍高的运动，事前应注重热身，事后注重拉伸和放松。

（4）太极：太极拳集中国古典哲学文化与医学理论于一体，取其精髓后形成了一套独具中国特色的太极理论体系，对促进老年人身心健康具有十分重要的意义。太极拳讲求意念、呼吸与动作相互协调，有利于增强身体协调性和平衡感，改善神经系统功能。但太极拳具有一定难度，许多老年人较难掌握。因此，老年人初次体验时应在专业人士的指导下学习和练习，循序渐进掌握正确的方式方法，切勿急功近利。

（5）保健操：保健操种类繁多，包括颈椎保健操、背部保健操等，不同的保健操重点锻炼的部位不同，老年人可根据自身需求选择。老年人将其作为日常生活中的锻炼项目，可以缓解疲劳、强身健体、改善体质，使人保持年轻心态。

4. "老有所为"文化娱乐项目　这类文化娱乐项目通常需要老年人运用自身已有的知识、技能和经验，继续做出一定的贡献，实现个体价值。此类项目往往属于较高层次的社会参与，主要包括在教育活动中作为老师传授知识和技能、参与公益活动、提出有利于社会和谐发展的意见等。老年人虽然在晚年生活的多数时间扮演着被帮助的角色，但是其自身的潜力和资源同样不容忽视。老年人根据社会的需要和自身能力，量力而行参与志愿活动，既能帮助他人，又能实现自我价值，提升生活满意度和主观幸福感。此外，能在全社会树立老年人的良好形象，形成老年人参与这类文化娱乐活动的社会氛围，并引领和带动其他社会成员参与其中，从而对社会产生积极影响。

（三）影响老年人参与文化娱乐活动的因素

1. 老年人自身因素　老年人参与文化娱乐活动与其年龄、文化程度、健康状况等密切相关。首先，老年人的年龄与其自身体质存在密切联系，年龄越高，老年人机体的老化程度越严重，可供选择的文化娱乐活动越少，因而积极参与到其中的可能性越小。其次，老年人文化程度的高低通常导致了他们在自我发展方面的差异，文化程度愈高者，对自身生活质量及精神文化追求越高，越能积极投身和有效地参与到各类文化娱乐活动中。老年人的健康状况也显著影响着老年人参与文化娱乐活动的情况，日常生活能够自理的老年人大多行动方便，精神状况较好，更乐于参加各种文化娱乐活动。

2. 经济因素　老年人的经济状况直接影响着老年人文化娱乐活动的参与情况。通常经济状况良好的老年人收入稳定，在物质生活上有保障，生活压力较小，因而可以较为自由地追求自我精神文化世界的需求，可供选择的种类也较多；而经济状况一般或较差的老年人大多面临生活压力，闲暇时间少，更倾向于不参加或参加免费的文化娱乐活动。

3. 社会支持因素　社会支持一般指提供的心理支持和物质援助。老年人得到的社会支持越多，越容易参与到文化娱乐活动中去，其精神文化需求越容易得到满足。若老年人能获得子女、配偶或社区的支持和鼓励，他们就越有信心从文化娱乐活动中获得快乐、幸福和自我价值。另外，社会必须提供相应的支持，如提供完善的文化娱乐活动设施和专业的指导，这些都是促进老年人积极参与的前提条件。

4. 体制因素　不完善的国家体制是影响老年人参与文化娱乐活动的重要因素之一。国家虽然已经意识到老年文化娱乐活动对于满足老年人精神文化需求的重要性，但其分管行政部门众多，各级地方政府中多部门实行多头管理，各部门责权不明，管理协调困难，从而影响老年人参与文化娱乐活动。

（四）老年文化娱乐服务存在的问题与不足

1. 供给总量不足，缺乏公共资源　我国社会经济的快速发展，为老年文化娱乐服务的发展带来了许多益处，但是我国是人口大国，仍存在供给总量不足，缺乏公共资源的问题。并且，并非所有老年人都能快速适应经济发展带来的变化，他们对文化娱乐活动的态度也不尽相同。大部分老年人仍对老年文化娱乐服务持中立态度，通常是有相关服务提供则用，无则不用。因此，在文化娱乐供给方面，往往容易忽视老年人的实际需求，加之资源匮乏，仅能提供一些普通的资源以供老年人使用，例如简单的体育健身器材、棋牌等。此外，对于老年教育、读书交流会等文化娱乐活动需要专业人员进行指导，但现阶段养老服务人员水平参差不齐，大部分人员专业性不强，缺乏规范化培训，也仅能提供一些基础的生活服务。因此，只有少数发达地区的老年人文化娱乐生活水平较高。

2. 缺乏文化娱乐需求信息调查机制　现阶段针对老年人养老服务需求的调查中，针对文化娱乐服务需求的科学调研并不多见。大部分人认为老年人在物质生活方面得到满足，则会顺其自然地追求文化娱乐生活，无须专门调查。此外，他们认为老年人的文化娱乐活动供给的匮乏给老年人带来的影响较小，忽视了文化娱乐需求的重要性。另外，目前的社会调查多采用入户上门或电话调查的形式，老年人出于对自身安全和隐私的考量，通常对此类调查持怀疑态度，往往回避调查或提供虚假信息；部分老年人认为此类调查并不能解决任何实际问题，甚至拒绝调查。因此，基于以上诸多现实困境，老年人的文化娱乐服务需求难以了解，服务精准供给难以落地。

3. 缺乏针对性的服务供给　目前，我国政府仍是老年文化娱乐服务的主要提供者，服务供给主要以公益为导向。因此，政府在提供老年文化娱乐服务时，大多针对老年人的基础日常生活提供基础的服务，服务供给与需求不相匹配。同时，老年人物质生活水平的不断提高使得老年人对自我精神文化需求越来越重视，要求越来越高，政府提供的文化娱乐服务难以满足老年人层次分明、形式多样的需求，因而老年人对已有服务的满意度较低。

4. 缺乏科学的评估标准　目前通常把老年文化娱乐活动设施的供给情况和文化娱乐活动举办的数量视作老年文化娱乐服务的评价标准。这一评价标准以数量的多少作为主要评价指标，虽然可以在一定程度上保障大部分老年人参与到文化娱乐活动中，享受乐趣，丰富晚年生活，但却不能保证老年文化娱乐活动供给的有效性和准确性。同时，目前关于老年文化娱乐活动效果的评价标准通常以老年人主观上对相关服务的满意度为主。而文化娱乐活动对老年人的益处通常体现在老年人的精神文化世界中，与物质条件相比，其影响不易察觉，其效果也需经长期观察后得出，传统的评价标准无法体现文化娱乐活动对老年人的真实影响。

5. 忽视了老年人主动参与活动的意愿和潜能　老年人正常的老化过程使得老年人逐渐成为需要被照顾和服务的人群，因此，公众自然认为老年人文化娱乐活动应当降低强度和要求，种类和形式也应尽可能简单，以体现对老年人的特殊关怀。但实际上，老年人仍然有参与活动的热情和潜力，能够积极参与到丰富的文化娱乐活动中去。目前，在规划和开展与老年人相关的文化娱乐活动时，通常会忽视老年人自身积极、主动参与活动的意愿和潜力，这使得这一群体一直是被动的接受者。

三、完善老年文化娱乐服务的对策

党的二十大报告提出，"实施积极应对人口老龄化国家战略，发展养老事业和养老产业，优化孤寡老人服务，推动实现全体老年人享有基本养老服务"，为推动新时代养老服务高质量发展制定了目标。老年文化娱乐作为老年精神文化世界的载体之一，是老年人晚年生活中不可或缺的内容；老年文化娱乐服务的发展属于发展养老事业中的一大板块，如何弥补这些不足是一大难题，值得深思。

1. 公私合作，精准提供文化娱乐服务供给　政府是提供公共服务的主体，因此，一方面，政府必须在响应和贯彻国家相关政策的基础上，发挥主体作用，为老年人提供更加完备的基础设施和活动场所。另一方面，在引入和提供各种老年文化娱乐活动时，应结合老年人实际需求和自身特点，建立供给结合、监管与评级相结合的精准服务管理体系。此外，政府应对已有资源进行合理规划和规范管理，公私合作，扩宽建设老年文化娱乐活动的资金来源，并获取社会公众对这一事业的大力支持，从而建立健全老年文化娱乐服务体系。

2. 社区为本，增进文化娱乐参与的整合度　老年人常面临人际关系的变化，开始逐渐从人际关系网的中心位置退出，社会参与度也在逐渐下降。因此，不仅需要激发老年人的参与精神，还需要依托社区各个组织，充分发挥社区工作者、老年社会工作者的作用，从而促进社区老年文化娱乐服务体系的完善，加快社区管理与服务改革，以不断提升老年人文化娱乐参与的整合程度。

3. 依托组织，拓展文化娱乐活动的多元功能　目前老年人虽然已意识到文化娱乐活动参与的重要性，但仍有各种制约因素。延伸和扩展老年文化娱乐活动的多元功能可依托诸如老年大学、体育馆等组织，为老年人提供更多的参与机会。例如，老年大学拥有丰富的课程和专业的师资，能够使老年人获得更系统、更专业的知识和技能，丰富了教育内涵；同时，又能促进老年人相互交流，充分调动其积极性，创造新的社会支持体系，从而体现文化娱乐活动的多重功能。

4. 提供丰富多样的文化娱乐活动，鼓励老年人积极参与其中　目前，我国老年人仍将常规文化娱乐活动例如看电视、听音乐、打牌、上网等作为自己主要的消遣方式，形式单一，在农村老年人中这一现象更为突出。因此，需要提供更多符合老年人个性化需求特点的文化娱乐活动，让老年人主动走出家门。例如，可以鼓励更多老年人践行"老有所为"，积极参与到老年教育和社会志愿服务中，继续发掘自身价值和潜力，为他人提供实际帮助。同时，老年人积极投身文化娱乐活动也能对老年人的心理健康产生显著的积极影响。

第三节　老年生活质量评估

【问题与思考】

1. 请阐述生活质量、生活质量评估与老年生活质量评估的含义。
2. 请简要叙述老年经济状况评估及居住环境评估的意义。
3. 请简要概述老年生活质量评估的分类。

随着中国人口老龄化的加剧，老年人口数量不断增加，对老年人健康状况的关注也日益重要。国家卫生健康委员会党组成员、全国老龄工作委员会办公室常务副主任王建军表示，预计到 2050 年前后，我国老年人口数将达到峰值 4.87 亿，占总人口的 34.9%。老年人生活质量评估是评估老年人生活质量的重要手段，可以帮助我们了解老年人的健康状况、生活水平和社会参与程度，并为制定相应的政策和规划提供有力的依据。中国老年人的生活质量主要受到社会经济状况、医疗卫生条件和社会照护水平的影响。2021 年 11 月，《中共中央　国务院关于加强新时代老龄工作的意见》印发，要求各级党委和政府要高度重视并切实做好老龄工作，坚持党政主要负责人亲自抓、负总责，将老龄工作重点任务纳入重要议事日程。总书记的重要讲话、指示和党中央文件为我们贯彻落实积极应对人口老龄化国家战略指明了方向，需要我们进一步加强政府保障养老服务工作质量的能力，以促进养老服务的健康发展。

一、老年生活质量评估概述

（一）老年生活质量相关概念

1. 生活质量　生活质量是一个多维度的概念。根据世界卫生组织（WHO）的定义，与健康有关的生活质量是指不同文化和价值体系中的个体对与他们的目标、期望、标准以及所关心的事情有关的生存状况的体验。生活质量是一种全面的、个体化的、文化相关的、动态的状态，涵盖了人的生理、心理和社会健康状况。根据《护理实践中的健康促进》（*Health Promotion in Nursing Practice*）的定义，生活质量是指个体在生理、心理、社会和环境四个维度上的健康状况。在生理维度上，生活质量指的是身体健康状况，包括身体功能和身体疾病的情况。在心理维度上，生活质量指的是个体的心理健康状况，包括情绪、认知、人格特质等方面。在社会维度上，生活质量指的是个体在社会关系、社会支持、社会参与等方面的状况。在环境维度上，生活质量指的是个体所处的环境条件，包括家庭、工作、居住环境等。

2. 生活质量评估　生活质量评估是指对个体或群体生活状态进行综合的评估和评价的过程。根据不同的评估目的和方法，生活质量评估可以分为医学评估和社会评估。其中，医学评估主要关注个体的健康状况，包括生理、心理和社会等方面的评估。而社会评估则更关注个体在社会中的地位和环境，包括经济状况、社会关系、文化和教育等方面的评估。

3. 老年生活质量评估　老年生活质量评估是指对老年人生活状态进行综合性评估和评价的过程。它通常涵盖老年人的身体健康、心理健康、社会关系、活动水平、经济状况等方面。

（二）老年生活质量评估的难易性

1. 老年生活质量评估的困难　第一，老年生活质量的定义存在差异，这会导致评估结果的差异。第二，老年生活质量是一个多维度的概念，需要考虑身体健康、社会参与、心理健康、环境等多个方面，而这些维度又相互关联，难以综合评估。第三，老年生活质量评估需要考虑如个人感受的主观因素，易导致评估结果的不确定性。第四，老年人的数据采集过程存在困难，常面临如年龄大、记忆力差、沟通困难等问题。第五，老年生活质量评估的方法不确定，缺乏统一标准，易导致评估结果的可比性差。

2. 老年生活质量评估的易处　第一，国家重视加快健全社会保障体系、养老服务体系、健康支撑体系，有利于强化养老服务基层力量配备，助力开展老年生活质量多层次、全方位评估服务。第二，近年来随着信息技术的发展，电话调查、网络调查等方式普及，老年生活质量评估数据采集方便、保存完整，可动态监控老年人生活质量变化。第三，随着老年医疗及社会养老服务的发展完善，老年生活质量评估方法发展多样，可结合问卷调查、专家评估、指标评估等多种方式满足不同年龄段、不同身体情况的老年人生活质量评估需求。

（三）老年生活质量评估的意义

随着我国进入老龄化社会，与老龄化相关的健康问题也日益凸显。高血压、冠心病、糖尿病等常见慢性病患者日益增多，一体多病现象屡见不鲜。因此，进行老年生活质量评估刻不容缓。老年生活质量评估具有诸多益处。

1. 对于老年人　可以使老年人全面了解自身健康状况，增强健康管理意识，发现潜在健康危险因素，做到早预防、早诊断和早治疗，预防或减少老年疾病的发生，避免或延缓老年常见问题的出现，从而更好地改善健康状况，提高生活质量；对于老年患者，可以减少用药数量和住院时间，节约或降低医疗费用支出，促进疾病康复，提高生活能力，全面提高生命质量。

2. 对于医疗系统　可以帮助医护人员及健康工作者全面掌握老年患者的功能状况，利于制定更加合理的干预治疗康复方案，随时监测变化，提高诊断、治疗康复及护理方案的准确性。

3. 对于社会养老支持系统　①在保证老年生活质量评估结果可靠的情况下，老年生活质量评估结果能够反映老年人的实际生活质量情况，能够协助社会养老支持系统对老年人做出干预。②老年生活质量评估能提高对老年人生活质量的关注度，提高老年人的关注度，有助于提高老年人的生活质量。③有助于提升养老服务质量，明确的衡量指标为处理纠纷等问题提供依据。

4. 对于政府部门　准确把握医疗及养老市场的供需状况，合理分配医疗和养老资源，有效规范养老服务供给，为监督评估养老机构及医疗的相关工作提供依据。

（四）老年生活质量评估的方法及分类

1. 老年生活质量评估的方法　在老年生活质量评估中，常用的评估方法是使用调查问卷。问卷是一种快速、简便、成本低廉的评估方法，能够收集大量的数据。除了问卷调查外，还可以通过临床评估和面对面访谈等方法来评估老年生活质量。老年生活质量问卷调查评估主要分为以下三类。

（1）基于自我评价的评估方法：这类评估方法通过问卷或量表的形式，让老年人自己对自己的生活质量进行评估。这类评估方法可以反映老年人对自己生活质量的真实感受，但可能会受到记忆和思维能力等因素的影响。常用的基于自我评价的评估工具包括 SF-36、WHOQOL-100、EQ-5D 等。

1）36 条健康调查简表（Short Form 36 Health Survey questionnaire，SF-36）：是在 1988 年斯图尔特（Stewart）研制的医疗结局研究量表（Medical Outcomes Study-short From，MOS SF）的基础上，由美国波士顿健康研究发展而来的经过国际验证的健康调查简表。它包含 36 个题目，分为 8 个子简表，涵盖了对于身体功能、身体疼痛、精神健康、社会功能、一般健康状况、躯体疼痛、健康感觉和自我评价健康状态等各个方面的评估。SF-36 简表的分数为 0～100，其中分数越高表示健康状态越好。该简表的优点在于它能够反映健康状态的各个方面，可以用于评估疾病患者和健康人群的健康状况。它已被广泛用于临床研究、流行病学研究、健康服务评估和医疗绩效评估等领域。

2）WHO 生存质量测定量表-100（World Health Organization Quality of Life-100，WHOQOL-100）：由世界卫生组织开发，是一种用于评估个体生活质量的标准化量表。该量表具有较好的信度和效度，并且在不同文化背景下测定的生存质量得分具有可比性。该量表包括生存质量有关的 6 个领域和 24 个方面，每个方面有 4 个问题条目；另外，再加上 4 个考察一般健康状况和生存质量的问题，共计 100 个问题。6 个领域包含了个体的生理健康、心理状态、独立能力、社会关系、个人信仰和与周围环境的关系，得分均为正向得分，即得分越高，生存质量越好。考察一般健康状况和生存质量的 4 个问题条目（即 G1、G2、G3、G4）的得分相加，总分作为评价生存质量的一个指标。各个方面的得分是通过累加其下属的问题条目得到的，每个条目对方面得分的贡献相等。对于正向结构的方面，所有负向问题条目需反向计分。有 3 个反向结构的方面（疼痛与不适、消极情绪、药物依赖性）不包含正向结构的问题条目。WHOQOL-100 可以用于处于不同疾病状态的人群，如老年人、残疾人、精神疾病患者、癌症患者等。

3）欧洲五维生存质量量表（EuroQol Five Dimensions Questionnaire，EQ-5D）：由欧洲生存质量学会所开发，是一种常用于评估健康状态的量表。EQ-5D 主要由两部分组成，即 EQ-5D 描述系统（Descriptive System）和 EQ-5D 视觉模拟量表（Visual Analogue Scale，VAS）。EQ-5D 描述系统包含 5 个维度和 1 个健康状态描述。5 个维度分别是：活动能力、疼痛/不适、自理能力、精神健康、社交活动。每个维度有 3 个可能的答案，分别是：没有问题、有轻微问题和有严重问题。最后，健康状态描述是一段简短的文字以说明被试当前的健康状态。EQ-5D 的分数为 0~1，其中分数越高表示健康状态越好。EQ-5D 视觉模拟量表在评估部分，受访者使用视觉模拟量表（EQ-VAS）评估其总体健康状况。EQ-VAS 是在一条垂直的标尺上记录受访者的自评健康状态。标尺的刻度是 0~100，0 表示"您想象中最差的健康状态"，100 表示"您想象中最好的健康状态"。受访者的自评信息可用作健康结果的定量指标。该量表的优点在于简单易用，可以用于多种人群，且具有较高的信度和效度。它已被广泛用于临床研究、流行病学研究、健康服务评估和医疗绩效评估等领域，并且在国际上有较高的适用性。

4）生活质量指数（Quality of Life Index，QLI）：由约翰（John）和其同事韦尔（Ware）在 1985 年研发，广泛使用于评估个体在生活质量、社会参与和身体健康等方面的生活质量。QLI 量表包括三个部分：生活质量（LQ）包括 28 个题目，用于评估个体在生理健康、心理健康、社会活动、家庭支持和环境等方面的生活质量；社会参与（SA）包括 13 个题目，用于评估个体在社会互动、沟通和社会活动等方面的社会参与；身体健康（PH）包括 14 个题目，用于评估个体在身体健康、功能和活动等方面的健康状况。每个题目有 5 个选项，分别是：非常差、差、一般、好和非常好。每个部分的总分由每个题目的得分累加而成，分数越高表示生活质量越高。QLI 量表被广泛用于评估不同人群的生活质量，如健康成年人、慢性疾病患者、老年人和残疾人群。

5）美国老年人资源和服务多维功能评估问卷（Older Americans Resources and Services Multidimensional Functional Assessment Questionnaire，OARS OMAQ）：由美国劳工部资源和服务局（Older Americans Resources and Services，OARS）研发，是一种多维度的老年人生活质量评估量表，用于评估老年人的身体健康、心理健康、社会参与、环境等方面。OMAQ 包括 40 个项目，每个项目都有一定的分值。这 40 个项目分为 5 个维度：身体健康包括如身体疼痛、活动能力、听力、视力等；心理健康包括如情绪、焦虑、抑郁、认知功能等；社会参与包括如社会支持、社会参与、社会角色等；环境包括如家庭环境、居住环境、社区环境等；总体幸福感包括如生活满意度、生活质量等。OMAQ 的总分可以从 5 个维度中得到，分数越高表示老年人的生活质量越高。这个量表能够更全面地评估老年人的生活质量，更好地了解其需求和问题。

6）生活满意度量表（Satisfaction with Life Scale，SWLS）：由迪纳尔（Diener）等于 1985 年研制，是一种用于评估个体对生活满意度的常用量表。包括五个评估项目：对生活总体满意度的评估、对自己的生活质量的评估、对未来生活的期望、对过去生活的回顾、对现在生活的评估。量表中的每个项目都由五个评估维度组成，每个维度都有一个相应的分数，分值为 1~7。分数越高，表示生活满意度越高。量表的总分为 5~35 分，分数越高，表示生活满意度越高。SWLS 已经被广泛用于不同的研究领域，如心理学、医学、社会学等，它具有较高的信度和效度，并且经过了不同语言版本的翻译和验证。由于其简单明了，容易理解和使用，因此被广泛用于临床实践和社会研究中。需要注意的是，这个量表并不是一种诊断工具，而是一种评估工具，它只能用来反映一个人对生活满意度的评估，不能用来诊断心理障碍。

（2）基于评估者评价的评估方法：这类评估方法通过医生、护士或其他专业人员对老年人的生活质量进行评估。这类评估方法可以反映老年人的生活质量状况，但可能会受到评估者的主观评价影响。常用的基于评估者评价的评估工具包括巴塞尔指数、卡茨日常生活活动独立性指数、劳顿–布罗迪日常生活量表、老年抑郁量表等。

1）巴塞尔指数（Barthel Index）：由瑞典医生巴塞尔于 1965 年首先提出，是一种常用于评估老年人自理能力的量表。量表包括的 10 个项目分别是：进餐、洗澡、穿衣、上下楼梯、坐位、站立、上厕所、转移、床椅转移、控制大小便。每个项目有 5 个选项，分别表示完全独立、需要少量帮助、需要大量帮助、需要持续帮助和不能完成。总分为 0～20 分，总分最高为 100 分，分数越高表示患者的自理能力越强。根据总分可以将患者分为三类：高度自理即总分为 90 分及以上，患者能够独立完成所有项目；中度自理即总分为 60～89 分，患者需要部分帮助才能完成所有项目；低度自理即总分为 59 分及以下，患者需要全面帮助才能完成所有项目。此量表是一种简单易行的评估老年人自理能力的量表，在临床和研究领域中都得到了广泛应用。

2）卡茨日常生活活动独立性指数（Katz Index of Independence in Activities of Daily Living，Katz ADL）：由美国约翰斯·霍普金斯大学的数学家和社会网络分析专家伯纳德·卡茨开发，它通过评估患者在 6 个生活活动方面的能力来评估患者的自理能力。这些生活活动包括洗澡、穿衣、如厕、进餐、转移和移动。每项活动都有 5 个选项，分别表示完全独立、需要少量帮助、需要部分帮助、需要大量帮助和不能完成。每个选项都有分值，从 0 到 4 分，总分为 0～24 分，分数越高，表示患者的自理能力越强。

3）劳顿–布罗迪日常生活量表（Lawton-Brody Instrumental Activities of Daily Living Scale）：是由劳顿（Lawton）和布罗迪（Brody）于 1969 年发明的一种评估老年人日常生活能力的工具。它包括 8 个项目，分别是购物、食物准备、洗衣、清洁卫生、药物管理、交通、电话交流、金融管理。量表中每项都有 4 个选项，分别是：完全能独立完成（4 分）、有限独立完成（3 分）、需要部分帮助（2 分）、完全不能独立完成（1 分）。总分越高，表示日常生活能力越强。劳顿–布罗迪日常生活量表可以反映老年人独立生活的能力，为临床评估和干预提供重要参考。

4）老年抑郁量表（Geriatric Depression Scale，GDS）：是由布林克（Brink）等人研制的老年人的抑郁筛查量表。GDS 量表包括 30 个题目，代表了老年抑郁的核心筛查指标，包含以下症状：情绪低落、活动减少、易激惹、退缩痛苦的想法，对过去、现在与将来的消极评价。30 个题目中的 10 个用反序计分，20 个用正序计分。每个题目都有两个选项——"是"和"否"（回答"否"表示抑郁不存在，回答"是"表示抑郁存在），每个表示抑郁的回答得 1 分。问题涵盖了老年人抑郁症状的不同方面，如情绪、兴趣、社交活动、自我评价等。根据答案的数量，得到一个分数，分数越高，表示抑郁症状越严重。通常分数大于 5 分的老年人被认为有抑郁症状。

（3）还有一类是基于两者综合的评估方法，既考虑了患者本身的感受，也考虑了评估者的评价。

晚期痴呆患者生活质量量表（Quality of Life in Late-Stage Dementia Scale，QUALIDS）：由美国国家卫生研究院开发，是一份针对晚期痴呆患者的生活质量评估量表。它旨在评估晚期痴呆患者的生活质量，以及患者和家属对患者生活质量的看法。QUALIDS 包括 10 个题目，分为两个部分。患者的生活质量包括 5 个题目，评估患者的生理健康、社会活动、精神健康、家庭支持和环境；家属对患者生活质量的看法包括 5 个题目，评估家属对患者生理健康、社会活动、精神健康、家庭支持和环境的看法。每个题目有 5 个选项，分别是：非常差、差、一般、好和非常好。每个部分的总分由每个题目的得分累加而成。总分越高，表示患者生活质量越高。QUALIDS 是一种有效的工具，可以有效了解晚期痴呆患者的生活质量，并采取相应的干预措施。

总之，不同的评估方法有其特点和适用范围，在进行老年生活质量评估时应根据具体情况选择合适的评估工具。

2. 老年生活质量评估的分类

（1）老年生活质量分类系统：常用的分类系统是按照生理、心理和社会三个方面来划分的。这种分类系统认为，老年生活质量主要受这三个方面的影响，并且这三个方面是相互关联的。其中生理方面包括身体健康状况、身体功能和健康服务的满足程度等；心理方面包括心理健康状况、心理舒适度和社会支持等；社会方面包括社会关系、社会参与和社会环境等。另外还有一些其他分类系统，如社会学理论和活力理论等，它们都有各自的特点和适用场景。社会学理论认为老年生活质量主要受社会关系和环境因素的影响，而活力理论则认为老年生活质量主要受个体活力水平和社会参与水平的影响。总之，老年生活质量评估是一个复杂且重要的课题，在进行评估时应该根据目的和对象的特点来选择合适的评估方法和分类系统。

（2）老年生活质量分类方法：常见的老年生活质量分类方法有以下几种。①生活满意度分类：将老年人的生活满意度划分为满意、一般、不满意三级。②日常生活能力分类：根据老年人的日常生活能力，将其划分为自理、半自理、完全不能自理三级。③社会参与分类：根据老年人的社会参与程度，将其划分为充分参与、部分参与、不能参与三级。④健康状况分类：根据老年人的健康状况，将其划分为健康、慢性病患者、重病患者三级。⑤生活质量量表分类：使用专门的生活质量量表，对老年人的生活质量进行评估。通过老年生活质量分类可以更好地了解老年人的生活现状，为临床评估和干预提供重要参考。

二、老年经济状况评估

（一）社会经济状况评估的意义

研究发现，老年人的经济状况与健康、社会参与、生活质量和幸福感有密切关系。因此，了解老年人的经济状况对于计划和改善老年人的护理和服务是非常重要的，其意义有以下几个方面。

（1）提高老年人经济水平：通过老年经济权利与权益评估，可以发现老年人的经济困难点，并采取措施提高其经济水平。

（2）保障老年人权益：评估过程中可以发现老年人受到侵害的权益，并采取措施维护其权益。

（3）维护老年人社会公平：对老年经济权利与权益进行评估可以发现社会不公的现象，并采取相关措施维护老年人的社会公平。

（4）提高老年人社会地位：评估过程中可以发现老年人在社会中的地位，并采取措施提高其地位。

（5）推动老年政策的制定与实施：通过老年经济权利与权益评估，可以为老年政策的制定和实施提供科学依据。

在老龄化社会中，老年人经济状况评估也应该考虑到老年人的多样性。因此，政府和社会应该采取有效的措施来提高老年人的经济状况，提高老年人的生活质量。这包括建立社会保障制度、提供就业机会、提供居住援助和其他社会服务等。此外，老年经济状况评估还应该考虑到老年人的文化背景和地理位置等因素，以便更好地了解不同群体的需求和问题。

老年经济状况评估通常使用调查问卷、专家评估或生理测量等工具。调查问卷是常用的老年经济状况评估工具之一。常用的调查问卷包括老年经济状况指数（Elder Economic Status Index，EESI）、老年人经济状况量表（Elder Financial Status Scale，EFSS）、老年人经济自给自足标准（Elder Economic Self-Sufficiency Standard，EESSS）等。这些问卷通常询问老年人的收入、资产、支出、社会保障和援助等信息。专家评估是另一种常用的老年经济状况评估方法，通常由专业人员对老年人的经济状况进行评估，并根据评估结果制定应对措施。而生理测量通常通过采集老年人的生理数据，如血压、血糖、体重等来评估老年人的经济状况。

目前尚无专门针对老年人经济权利与权益的单一、公认的评估量表。评估老年人的经济权利和权益需要综合考虑多个方面，因此通常需要结合多种方法和工具，而非单一量表。评估内容涵盖老年人的经济能力、经济安全感以及在经济活动中的自主权和保护程度。

（二）老年经济权利与权益评估

老年经济权利与权益评估是指评估老年人享有的经济权利和权益的程度。这些权利和权益包括但不限于社会保障、退休金、养老金、养老保险、住房、医疗保健和其他福利等。老年经济权利与权益评估的目的是了解老年人实际享有的经济权利和权益，并为政府和社会制定更有效的政策和解决方案提供重要的参考。

三、老年居住环境评估

（一）老年居住习惯评估

1. 老年居住习惯评估的意义 通过老年居住习惯评估，可以发现老年人的居住习惯存在的问题，为老年人居住环境和生活质量的提高提供有效的依据和建议。评估过程中可以采用问卷调查、家访观察等多种方式来获取信息。最终的评估结果可以作为老年人居住环境和生活质量提高的重要参考。其重要作用如下。

（1）提高老年人居住环境质量：通过老年居住习惯评估，可以发现老年人居住环境存在的问题，并采取措施改善居住环境质量。

（2）提高老年人生活质量：评估过程中可以发现老年人生活自理能力存在的问题，并采取措施提高其生活质量。

（3）增加老年人社交活动：评估过程中可以发现老年人社交活动的不足，并采取措施增加其社交活动。

（4）增强老年人家庭支持：评估过程中可以发现老年人家庭支持的不足，并采取措施增强其家庭支持。

（5）提高老年人医疗保健水平：评估过程中可以发现老年人医疗保健水平的不足，并采取措施提高其医疗保健水平。

（6）为老年政策的制定和实施提供依据：通过老年居住习惯评估，可以为老年政策的制定和实施提供科学依据。

2. 老年居住习惯评估的内容 其评估内容主要包括以下几个方面。

（1）住房条件评估：评估老年人的住房条件，包括房屋结构、布局、环境卫生、照明、通风、暖气等，并给出改进建议。

（2）生活自理能力评估：评估老年人的生活自理能力，包括洗漱、穿衣、吃饭、起床、睡觉等日常生活活动。

（3）社交活动评估：评估老年人的社交活动情况，包括是否进行足够的社交活动、社交圈是否丰富等，并给出改进建议。

（4）家庭支持评估：评估老年人的家庭支持情况，包括家庭成员是否能够提供足够的帮助、家庭关系是否良好等。

（5）医疗保健评估：评估老年人的医疗保健情况，包括是否进行定期的健康检查、是否有足够的医疗保健服务等。

（二）老年生活环境评估

老年生活环境评估是对老年人生活环境的全面评估，包括住房环境、社区环境、交通环境、社交环境、医疗环境等。通过对老年人生活环境的评估，可以发现环境中存在的问题，并提供有效的改进建议。

住房环境评估主要关注老年人住房的安全、舒适性、便利性等；社区环境评估关注老年人社区的安全、文化活动、商业服务等；交通环境评估关注老年人出行的安全、便利性等；社交环境评估关注老年人的社交活动、亲友关系等；医疗环境评估则关注老年人的医疗保健、康复服务等。

老年生活环境评估可以通过问卷调查、家访观察、现场观察等方式进行。评估结果可以发现并解决老年人在生活中存在的问题，同时为老年人生活环境的改善提供有效的依据和建议，有助于提高老年人的生活质量。

思考题与实践应用

1. 我国老年人的婚姻与家庭状况呈现何种趋势和特点？

【参考答案】

我国老年人的婚姻状况具有以下特点：①整体婚姻状况呈现"一高三低"；②男性老年人有偶率、未婚率及离婚率高于女性，丧偶率低于女性；③城市老年人有偶率和离婚率高于乡镇老年人，丧偶率和未婚率低于乡镇；④有偶老年人中初婚比例高于再婚比例。

我国老年人的家庭状况具有以下特点：①老年人总体家庭户数量庞大，面临小型化趋势；②空巢化问题日趋严重；③与子代共同居住为主要形式；④隔代家庭问题不容忽视。

2. 我国老年文化娱乐服务存在哪些不足？应该提出哪些对策？

【参考答案】

我国老年人文化娱乐服务的不足：①供给总量不足，缺乏公共资源；②缺乏文化娱乐需求信息调查机制；③缺乏针对性的服务供给；④缺乏科学的评估标准；⑤忽视了老年人主动参与活动的意愿和潜能。

对策：①公私合作，精准提供文化娱乐服务供给；②社区为本，增进文化娱乐参与的整合度；③依托组织，拓展文化娱乐活动的多元功能；④提供丰富多样的文化娱乐活动，鼓励老年人积极参与其中。

3. 老年生活质量评估的方法有哪些？

【参考答案】

老年生活质量问卷调查评估主要分为三类。第一是基于自我评价的评估方法，这类评估方法通过问卷或量表的形式，让老年人自己对自己的生活质量进行评估。这类评估方法可以反映老年人对自己生活质量的真实感受，但可能会受到记忆和思维能力等因素的影响。常用的基于自我评价的评估工具包括 SF-36、WHOQOL-100、EQ-5D 等。

第二类是基于评估者评价的评估方法。这类评估方法通过医生、护士或其他专业人员对老年人的生活质量进行评估。这类评估方法可以反映老年人的生活质量状况，但可能会受到评估者的主观评价影响。常用的基于评估者评价的评估工具包括巴塞尔指数、卡茨日常生活活动独立性指数、劳顿–布罗迪日常生活量表、老年抑郁量表等。

此外，还有基于两者综合的评估方法，如 QUALIDS 量表，既考虑了患者本身的感受，也考虑了评估者的评价。

参 考 文 献

国务院第七次全国人口普查领导小组办公室. 2022. 中国人口普查年鉴 2020[M]. 北京: 中国统计出版社.

胡敏, 苗元江. 2015. 老年人积极老化测评问卷编制[J]. 赣南师范学院学报, 36(1): 101-103.

贾振振, 丁海峰, 林志添. 2020. 老年人文化娱乐服务精准供给研究[J]. 大众文艺, (19): 217-218.

李慧聪, 郭如良, 刘小春. 2021. 新时代社会保障中的文化养老路径[J]. 人才资源开发, (5): 54-56.

卢霞, 周良才. 2022. 老年服务与管理概论[M]. 2 版. 北京: 北京大学出版社.

孙鹃娟, 李婷. 2018. 中国老年人的婚姻家庭现状与变动情况——根据 2015 年全国 1%人口抽样调查的分析[J]. 人口与经济, (4): 99-107, 123.

袁雪, 骆欣, 张曼意, 等. 2022. 城镇化背景下安置社区养老服务现状调查研究——以遵义市 S 社区为例[J]. 现代商贸工业, (21): 89-91.

赵会淑. 2016. 农村老年人文化娱乐生活状况的研究: 以河南省西子岸村为例[D]. 武汉: 华中科技大学.

中华人民共和国中央人民政府. 2023. 中共中央　国务院关于加强新时代老龄工作的意见 [EB/OL]. http://www.gov.cn/gongbao/content/2021/content_5659511.htm[2023-04-25].

第五章　老年健康服务与管理

【学习目标】

1. 掌握：老年健康管理的相关概念；老年综合评估的主要内容；老年人营养与膳食指导的主要内容；老年人身体活动指导的主要内容；老年人心理健康指导的基本技能；医养结合服务的主要模式及特点；医养结合服务的主要内容。

2. 熟悉：老年心理健康的标准；老年人常见的心理健康问题及管理措施；老年人身体活动的类型；老年健康保险的注意事项。

3. 了解：老年健康管理的意义；老年综合评估的意义；老年人的营养需求；健康保险的分类；国内外常见的医养结合服务的实践。

第一节　老年健康管理概述

【问题与思考】

1. 请简述我国健康老年人的主要标准。
2. 请简述老年健康管理的意义。

从古代医学到现代医学，人们一直对健康管理进行着积极的探索。2000 多年前的《黄帝内经》就提出"是故圣人不治已病治未病，不治已乱治未乱，此之谓也"。"治未病"体现的是"上工治未病"的思想，蕴含着"预防为主"的健康管理思想。20 世纪 80 年代初，随着公众对健康需求的不断增长，现代健康管理从美国兴起。我国 1994 年出版的《健康医学》专著中，首次比较系统地阐述了健康管理的概念与分类原则、实施方法与具体措施等，将"健康管理"作为独立的一章。其后我国健康管理在学科体系、产业实践等方面不断发展。2009 年，我国形成"健康管理概念与学科体系的中国初步专家共识"，即"健康管理是一种对个人或人群的健康危险因素进行全面检测、评估与有效干预的活动过程"。2013 年，《国务院关于促进健康服务业发展的若干意见》（国发〔2013〕40 号）发布，首次从国家层面明确提出加快发展健康服务业，把提升全民健康素质和水平作为健康服务业发展的根本出发点、落脚点。这是我国健康服务业发展的纲领性指导文件，明确了包括健康管理在内的健康服务业的未来发展方向和广阔前景。

我国目前处于快速老龄化时期。根据《2023 年度国家老龄事业发展公报》，截至 2023 年末，全国 60 周岁及以上老年人口占总人口的 21.1%；全国 65 周岁及以上老年人口占总人口的 15.4%。研究显示，中国老年人口比例预计到 2035 年将达到 29.8%以上，2050 年将为 37.8%左右。我国老龄化发展呈现出三个特征：高龄化、空巢化、慢病化。据预测，我国 80 岁及以上高龄老年人口在 2035 年和 2050 年分别可达约 6100 万人和超过 1.1 亿人，分别约占老年人口总量的 14.8%和 23.1%。第七次全国人口普查数据显示，2020 年我国空巢老人规模近 1.5 亿人，高龄独居空巢老人达 772 万人，老年空巢家庭和空巢老人的规模迅速扩大。根据全国老龄工作委员会公布的数据，2020 年我国大致有 1.9 亿老年人患有慢性病，另外还有 4000 万的失能老人。伴随高龄、失能，老年人群对专业养老服务的需求越来越大；伴随带病长期生存、机能退化等，老年人群对慢性病长期诊疗管理、康复理疗、术后护理等的医疗服务需求越来越大；随着健康老龄化理念深入人心，老年人群对健康管理、健康促进等健康服务的需求越来越大。开展老年健康管理可以不断提升老年人的健康素养，提高老年人的生命质量，缩短带病生存期，延长健康预期寿命。

一、相 关 概 念

1. 健康　1948 年，WHO 首次提出三维的健康概念，健康不仅仅是没有疾病和虚弱，而是一种生理上、心理上、社会适应上的完好状态。生理健康，又称躯体健康，指躯体的结构完好、功能正常，躯体与环境之间保持相对的平衡；心理健康，又称精神健康，指人的心理处于完好状态，包括正确认识自我、正确认识环境、及时适应环境；社会适应能力良好，指个人的能力在社会系统内得到充分的发挥，个体能够有效地扮演与其身份相适应的角色，个人的行为与社会规范一致，和谐融合。

2. 健康管理　健康管理以现代健康概念为核心，适应新的医学模式转变（生物–心理–社会医学模式），弘扬"治未病"传统思想，运用管理学的理论和方法，通过对个体或群体健康状况及影响健康的危险因素进行全面监测、分析和评估，提供健康咨询和指导，并对健康危险因素进行干预、管理，实现以促进健康为目标的全人全程全方位的服务过程。其核心是对健康危险因素的管理，具体地说，就是对危险因素的识别、评估与预测以及干预。

3. 健康老龄化　1987 年 5 月，世界卫生大会上首次提出"健康老龄化"的概念，该概念以延长老年人寿命和提高老年人生活满意度为目标。随着社会的发展，"健康老龄化"的理念也随之调整。2017 年 3 月，我国发布的《"十三五"健康老龄化规划》将健康老龄化定义为："从生命全过程的角度，从生命早期开始，对所有影响健康的因素进行综合、系统的干预，营造有利于老年健康的社会支持和生活环境，以延长健康预期寿命，维护老年人的健康功能，提高老年人的健康水平。"

4. 健康老年人　1982 年，中华医学会老年医学分会针对健康老年人的标准提出了 5 条建议，认为健康老年人是指主要的脏器没有器质性病理改变的老年人。随着医学模式从生物医学模式向生物–心理–社会医学模式转变，1995 年，中华医学会老年医学分会将这一标准补充修订为 10 条，该版标准侧重健康和精神心理等方面，对健康相关危险因素、社会参与度和社会贡献以及自我满意度方面涉及不深。2013 年标准再次修订，引入自我评价和参与社会活动等指标。2022 年卫生行业标准《中国健康老年人标准》（WS/T 802—2022）正式发布，规定了中国老年人健康标准的 9 个要求，并对健康老年人做出定义："60 周岁及以上生活自理或基本自理的老年人，躯体、心理、社会三方面都趋于相互协调与和谐状态。其重要脏器的增龄性改变未导致明显的功能异常，影响健康的危险因素控制在与其年龄相适应的范围内，营养状况良好；认知功能基本正常，乐观积极，自我满意，具有一定的健康素养，保持良好生活方式；积极参与家庭和社会活动，社会适应能力良好等。"该版标准倡导科学的健康老龄观——即使处于高龄或身患慢性疾病，只要身体和精神状态良好且能维持基本日常生活活动，具备完成他们认为重要事情的能力，也可视为健康。

5. 老年健康管理　老年健康管理是将健康管理的范围和服务对象定位为 65 岁及以上老年人，通过对老年人健康管理政策或规定的实施，对老年人的健康进行计划、组织以及控制的过程。老年人健康管理是服务于老年人健康需求并提供有针对性的健康服务过程。这一过程包括对老年人健康信息的收集、整理，开展老年健康评估，制定老年人健康管理计划，对老年人健康危险因素进行干预和管理。

二、老年健康管理的意义

随着年龄的不断增长，老年人身体各脏器的功能和结构都在悄然"退化"中，成为各种疾病尤其是慢性疾病的高发群体。老年人健康管理有助于提升健康，及时遏制病因苗头，降低治疗难度，减少因康复给身体以及经济带来的损害。做好老年健康管理可以提升老年人的健康预期寿命和生活质量,例如通过健康体检可以及时发现各种隐藏病和慢性病,通过生活方式管理减少疾病的发生率或者降低疾病的损害。做好老年健康管理对社会经济发展也具有很大的意义,通过预防疾病、促进健康可以减轻个人、社会和政府的经济负担。做好老年健康管理还可以促进社会和谐与稳定,通过为老年人提供可用、可及、可接受和优质的健康服务,增加老年人健康福祉。

第二节　老年健康管理服务

【问题与思考】

1. 请简述老年综合评估的主要内容;请简述老年人营养与膳食指导的主要内容;请简述老年人身体活动指导的主要内容。
2. 请简述老年人常见的心理健康问题及管理措施。
3. 请简述健康保险的分类。

一、老年健康评估

老年健康评估是预测老年人疾病风险、判断老年人的健康状况,并进行老年功能评估的基本方法。老年人的健康问题更为复杂多变,慢性病与共病现象尤为突出,常常辗转就诊于多个专科。“多病共存”的状态经常会影响到老年人多个系统,引发一系列症状,对老年人的生活质量和功能状态的维持有很大影响,医学上称之为“老年综合征”。因此,近年来国内外推行老年综合评估(comprehensive geriatric assessment,CGA),即从老年人整体出发,多维度、全面科学地对老年人进行健康状况评估。

(一)老年综合评估的概念

老年综合评估是采用多学科方法对老年人的躯体健康、功能状态、心理健康和社会环境状况等多方面进行多维度评估,并制订综合计划以维持和改善老年人健康和功能状态,最大限度地提高老年人的功能水平和生活质量。老年综合评估不单纯是评估,也包括评估后的处理,实际上是多学科的诊断和处理的整合过程。

(二)老年综合评估的内容

老年综合评估的内容包括一般医学评估、老年综合征评估、躯体功能评估、认知及心理评估、社会参与及社会支持评估和生活环境评估等多个方面。

1. 一般医学评估　一般医学评估即常规的疾病诊断过程,包括采集病史、体格检查、各种实验室检查、影像学检查等。通过采集完整的病史、详尽的用药史及症状,以及进行全面的身体评估,对老年人常见的疾病做出全面诊断,有助于对老年人进行综合治疗和管理,减少多重用药及药物不良反应的发生,并降低治疗成本。一般医学评估需要由专业医务人员来完成。

2. 老年综合征评估　老年综合征的定义和种类尚无定论。一般认为老年综合征是由于年龄增加,功能衰退,各种损伤效应累积影响机体多个系统,表现出对外界刺激应激性差、脆弱性明显进而出现一系列临床病象症状的综合征。常见的老年综合征有跌倒、谵妄、疼痛、帕金森综合征、抑郁、晕厥、多重用药、痴呆、失禁、压力性损伤、睡眠障碍等。研究已证实,老年综合征是引起老年人患病和死亡风险增加的易感因素,也是预测住院老年患者预后及存活率的重要因素。因此,运用恰当的工具对老年综合征进行早期筛查和评估,并积极干预,对维持老年健康,改善疾病预后,提高老年人的生活质量意义重大。

3. 躯体功能评估   老年人躯体功能评估的内容包括日常生活活动能力、感知觉与沟通、营养状况、运动功能等方面的评估。尤其应重视老年人日常生活活动能力的评估,包括基本日常生活活动能力和工具性日常生活活动能力两个方面。基本日常生活活动能力主要是老年人独立生活而每天必须进行的、最基本的身体动作群,即进行衣食住行、个人卫生等日常活动的基本动作和技巧,包括进食、身体清洁、修饰、穿衣、大小便控制、使用厕所、床椅转移、平地行走、上下楼梯等。工具性日常生活活动能力包括独立服药、处理财物、操持家务、购物、使用交通工具和电话等方面的能力。

4. 认知及心理评估   认知评估包括记忆力、定向力、语言能力、运算能力及注意力等方面的评估,对老年人是否能够独立生活有重要的影响。老年人不但会经历身体机能的老化和各种慢性疾病的侵袭,而且面临离退休、丧偶、子女离家等负性生活事件,容易出现各种情绪情感问题,因此对老年人抑郁及焦虑方面的评估,也是认知及心理评估的重点内容之一。

5. 社会参与及社会支持评估   社会参与是指个体与周围人群和环境的联系与交流状况,一般可以从生活能力、工作能力、时间/空间定向、人物定向、社会交往能力等方面进行评估。社会支持是老年人从周围与之有联系的人们(家人、朋友、邻居、同事)等关系中获得的物质、经济及精神的支持与帮助,也包括老年人与这些人之间的社会互动所构成的整合系统。老年人的社会参与能力及社会支持系统对老年人生活的独立性、生活质量、应对压力事件有很大影响。

6. 生活环境评估   生活环境的设置对于预防老年人发生跌倒、坠床、走失、意外伤害等安全风险,以及通过环境中的替代措施,弥补老年人各种功能的衰退,最大限度地促进老年人生活独立和提高自理能力具有重要意义。评估的重点是居住环境的安全性、适老化、舒适性以及社区环境中资源的可及性。

(1)安全性:环境设施是否能确保居住安全。如地面防滑,避免高低差或门槛;活动空间无障碍,避免物品杂乱或活动性地毯;煤气装置和电器装置的安全性;对有跌倒风险的老年人是否安装了扶手、床栏、夜间照明装置等保护措施;对有走失风险的老年人是否采用了防走失的门锁或其他措施等。

(2)适老化:环境设施是否以老年人需求为核心,适宜不同功能状态老年人的日常生活活动。如床、座椅、洗手池、坐便器等的高度是否适宜;出入口、房门、过道的宽度是否适宜有轮椅的老年人出入。

(3)舒适性:是否具备充足的日照、新鲜的空气、良好的通风、适宜的温湿度、安静的区域、足够大的活动空间和交流空间等。

(4)社区环境:评估老年人生活的社区环境中的活动场所、家政服务、医疗卫生保健等各类资源的可及性。

(三)老年综合评估的意义

由于生物医学模式向生物-心理-社会医学模式的转变和老年人身心状况的复杂性,开展老年人综合评估有着重要意义,具体体现在:①多维度全面评估,了解机体功能下降情况,及早发现老年人潜在健康问题;②准确定位老年人的健康需求;③制定可行的干预策略;④进行随访,评估干预效果和调整干预策略;⑤最大限度改善功能状态,最大限度地保持生活自理,提高老年人生活质量。

现阶段我国老年医疗服务模式尚不完善,需积极推进有中国特色的老年医疗服务体系构建,而老年综合评估可通过多维度的综合评估,全面掌握老年患者的整体健康状态,针对患者不同的疾病状态进行分级诊疗,实现"小病在基层、大病到医院、康复回基层"的就医格局,建立老年人预防保健、慢性病防控、急危重症救治、亚急性和急性后期中期照护、失能老年人长期照护和生命末期患者临终关怀的连续性老年医学照护模式,促进老年人医院-社区-照护机构-居家一体化的连续性健康管理,构建新型且高效的老年医疗服务体系,不仅为老年人提供更全面的长期个体化诊疗服务,还可极大地提高医疗卫生服务效率，降低医疗成本，促进医疗资源的合理利用。

二、老年营养与膳食

进入老龄阶段，人的生活环境、社会交往范围出现了较大的变化，特别是身心功能出现不同程度的衰退，如咀嚼和消化能力下降，视觉、嗅觉、味觉反应迟缓等。这些变化会增加老年人患营养不良的风险，减弱抵抗疾病的能力。良好的膳食营养有助于维护老年人身体功能，保持身心健康状态。因此，有必要全面、深入认识老年期的各种变化，为老年人提出有针对性的膳食营养指导和建议。

（一）老年人的营养需求

老年人的膳食营养中要注意根据老年人的营养需求，适当控制热量和脂肪的供给、提供足够的优质蛋白质、注意碳水化合物的食物来源、注意补充矿物质、维生素的摄取要充足、提供丰富的膳食纤维。

1. 能量　老年人基础代谢水平较年轻时降低，身体活动减少，体内脂肪组织比例增加，其需要的能量也相对减少，60 岁以后较青年时期减少 20%，70 岁以后减少 30%。当老年人的进食量大于维持能量代谢平衡的需要量时，体脂率会不断增加，导致超重和肥胖。但是也应注意，过度的能量供给限制会引起消瘦和营养不良。因此建议老年人随着年龄的增长而调整能量的供给。

2. 蛋白质　老年人体内蛋白质的分解代谢大于合成代谢，蛋白质的合成能力差，且蛋白质的消化吸收率低，如果饮食中的蛋白质供应不足，就可能引发营养不良、抵抗力下降等问题。因此，蛋白质的摄入应质优量足，一般认为老年人每日蛋白质的摄入以达到每公斤体重 1.0～1.2g 为宜、由蛋白质供能占总能量的 15%～20%较为合适。我国营养学会推荐 65 岁以上老年人每日膳食蛋白质的参考摄入量为 72g/d（男）和 62g/d（女）。应注意选择生物利用率高的优质蛋白质如奶类、蛋类、鱼虾类、瘦肉类、豆类及其制品等。注意肾功能不全的老年人需遵医嘱合理控制蛋白的摄入，尽量食用优质蛋白。

3. 脂肪　老年人对脂肪的消化能力差，脂肪和胆固醇的摄入过多，易增加血中的胆固醇，特别是氧化的低密度脂蛋白胆固醇的增加，会引发动脉粥样硬化，增加心脑血管疾病的发生风险。另外脂肪的摄入也会增加结肠癌、乳腺癌、子宫内膜癌等恶性肿瘤的发生风险。所以脂肪的摄入不宜过多，一般脂肪供能占总能量的 20%～30%较为适宜。脂肪选择应以富含不饱和脂肪酸的植物油为主，控制饱和脂肪酸含量多的动物油的摄入，日常饱和脂肪酸的摄入量应控制在总脂肪摄入量的10%以下。老年人不宜多食含胆固醇高的食物，如动物内脏、鱼卵、蟹黄、蛋黄等。

4. 碳水化合物　老年人对血糖的调节能力减弱，容易发生血糖水平升高的风险。中国营养学会建议老年人碳水化合物供能应占总能量 50%～65%为宜，以谷类为主，特别注意保持 1/2～1/4 全谷物或杂豆类食物的摄入；控制添加糖的摄入量占总能量的比例不超过 10%，最好不超过 5%；应多吃蔬菜，尤其是深色蔬菜，如深绿色、红色、橘红色和紫红色蔬菜等，每天深色蔬菜的摄入量应占到蔬菜总摄入量的 1/2 以上。

5. 矿物质

（1）钙：老年人对钙的吸收能力下降，尤其是妇女绝经后雌激素水平下降，更容易罹患骨质疏松症，因此，老年人需要补充足量的钙质。我国营养学会推荐 65 岁以上钙的推荐摄入量为800mg/d。

（2）铁：老年人对铁的吸收利用能力下降，造血功能减退，血红蛋白含量降低，因此易发生缺铁性贫血。我国 65 岁以上老年人的参考摄入量为 12mg/d（男）和 10mg/d（女）。应注意选择多食含血红素铁高的食物（如猪肝、血制品和红肉类），同时还应食用富含维生素 C 的蔬菜、水果，以利于铁的吸收。

（3）钠：我国营养学会建议 65 岁以上人群钠的适宜摄入量为 1400mg/d。钠的主要来源之一是食盐，食盐是食物烹饪或食品加工的主要调味品。我国居民的饮食习惯中食盐摄入量较高，而过多的盐摄入与高血压、脑卒中、胃癌和全因死亡有关，因此要降低食盐摄入，培养清淡口味，逐渐做到量化用盐，推荐每天食盐摄入量不超过 5g。

（4）其他微量元素：硒具有消除脂质过氧化物，保护细胞膜免受过氧化损伤的重要作用，并可增强机体免疫功能。铬和锰具有防止脂质代谢失常和动脉粥样硬化的作用。此外，微量元素锌、铜、镁也同样重要。

6. 维生素 老年人的生理机能，特别是抗氧化功能和免疫功能下降，因此维持充足的维生素摄入量非常重要。

（1）维生素 A：主要功能为维持正常视力、维持上皮组织健康和增强免疫功能。维生素 A 和类胡萝卜素的摄入量充足，有降低肺癌发生的作用。65 岁以上老年人维生素 A 的推荐摄入量为男 730μg/d，女 640μg/d。可多食富含维生素 A 的一些动物性食品以及黄绿色蔬菜。

（2）维生素 D：有利于钙吸收及骨质钙化，有助于防止老年人发生骨质疏松。故 65 岁以上老年人每日维生素 D 的推荐摄入量为 15μg/d。

（3）维生素 E：具有抗氧化作用，维持生育功能和免疫功能。老年人每日膳食维生素 E 的参考摄入量为 14mg/d。但维生素 E 的食物来源广泛，一般情况下人体不会因为摄入不足而导致缺乏，应注意维生素 E 不宜大量补充。

（4）其他维生素：维生素 B 及烟酸等是构成体内生化代谢重要的辅酶。维生素 B_1 摄入严重不足，可发生以神经-血管系统损伤为特征的脚气病。维生素 B_2 是我国居民膳食中最容易缺乏的维生素，缺乏可引起口角炎等疾病。

（二）老年人营养与膳食指导

1. 一般老年人 一般老年人是指年龄在 65～79 岁的老年人。对一般老年人，应提供丰富多样的食物，特别是易于消化吸收、利用，且富含优质蛋白质的动物性食物和大豆类制品。老年人应积极主动参与家庭和社会活动，积极与人交流；尽可能多地与家人或朋友一起进餐，享受食物美味，体验快乐生活。老年人应积极进行身体活动，特别是户外活动，更多地呼吸新鲜空气、接受阳光，促进体内维生素 D 合成，延缓骨质疏松和肌肉衰减的进程。老年人需要关注体重变化，定期测量；用体质指数评判，适宜范围为 20.0～26.9kg/m²。偏胖的老年人不应快速降低体重，而是应维持在一个比较稳定的范围内。老年人在没有主动采取措施减重的情况下出现体重明显下降时，要主动去做营养和医学咨询。老年人应定期到正规的医疗机构进行体检，做营养状况测评，并以此为依据，合理选择食物，预防营养缺乏，主动健康，快乐生活。

2. 高龄老年人 高龄老年人是指年龄在 80 岁及以上的老年人。高龄、衰弱老年人往往存在进食受限，味觉、嗅觉、消化吸收能力降低，营养摄入不足等问题。因此需要能量和营养密度高、品种多样的食物，应多吃鱼、畜禽肉、蛋类、奶制品及大豆类等营养价值和生物利用率高的食物，同时配以适量的蔬菜和水果。精细烹制、口感丰富美味、质地细软的食物适应老年人的咀嚼、吞咽能力。根据具体情况，采取多种措施鼓励进食，减少不必要的食物限制。体重丢失是营养不良和老年人健康状况恶化的征兆信号，增加患病、衰弱和失能的风险。老年人要经常监测体重，对于体重过轻（BMI<20kg/m²）或近期体重明显下降的老年人，应进行医学营养评估，及早查明原因，从膳食上采取措施进行干预。如膳食摄入不足目标量的 80%，应在医生和临床营养师的指导下，适时合理补充营养，如特医食品、强化食品和营养素补充剂，以改善营养状况，提高生活质量。高龄、衰弱老年人需要坚持进行身体和益智活动，动则有益，维护身心健康，延缓身体功能的衰退。

【知识链接】

微型营养评定简表（MNA-SF）

指标	0分	1分	2分	3分	评分
食欲及食物摄入	严重减少	减少	没减少	—	
体重减少	>3kg	不知道	1~3kg	无	
活动能力	卧床或轮椅	能下床但不能外出	能外出活动		
近三个月心理压力或急性疾病	有	—	无		
精神状况	重度痴呆或抑郁症	轻度痴呆	没有	—	
BMI/（kg·m^{-2}）	<19	19~21	21~23	>23	
小腿围*/cm	<31	—	—	≥31	

评价标准：12~14分提示营养正常；8~11分提示营养不良风险；0~7分提示营养不良。

注：*不能获得 BMI 时，用小腿围替代。

三、老年身体活动

（一）身体活动概述

身体活动是指骨骼肌收缩引起能量消耗的活动，身体或身体的某一部分通常会发生位移。身体活动的范围包括各种增加体力输出的身体活动，如日常活动、家务、工作、锻炼和娱乐活动等。"运动"是身体活动中的一种，指有计划的、结构化的、重复进行的，并以改善或保持身体素质、身体功能或健康的身体活动，包含所有强度的运动。

身体活动包括以下类型。

（1）按日常活动分类：根据身体活动的特点和内容，可以分为以下 4 类。

1）职业活动：工作中的各种身体活动。因职业和工作性质不同，工作中的体力消耗也不同。

2）交通出行活动：从家中前往工作、购物、游玩地点等途中的身体活动。因采用的交通工具不同，体力消耗也不同。

3）家务活动：各种家务劳动，如手洗衣服、擦地等活动能量消耗较大，做饭、清洁台面等活动能量消耗较小。

4）业余活动：职业、交通或家务之外的任意活动，包括各种形式的运动、健身活动等。运动的目的更明确，活动内容、强度和时间更有计划。现代社会生活中，在人们其他形式身体活动量大幅减少的情况下，应当大力提倡通过运动锻炼弥补身体活动量的不足。

（2）按生理功能分类

1）有氧运动：运动中需要氧气参与能量供给才能完成的运动。有氧运动可以增进心肺功能，如步行、快走、慢跑、游泳、骑自行车等。

2）无氧运动：是相对有氧运动而言的，以糖酵解或磷酸原供能为主的身体活动。无氧运动大部分是负荷强度高、瞬间性强的运动，所以很难长时间持续，疲劳消除的时间也长，如举重、短跑等。

3）抗阻力运动：对抗阻力的重复运动。如哑铃操、举重。对抗阻力用力时主要依赖无氧供能，其中的间歇也含有氧供能的成分。

4）灵活性和柔韧性锻炼：通过躯体或肢体的伸展、屈曲和旋转活动，锻炼关节的柔韧性和灵活性。

（二）老年人身体活动指导

有规律的身体活动，可以减少老年人体内脂肪的蓄积，保持适宜体重；可以降低发生慢性病和过早死亡的风险；可以预防老年人跌倒，降低由于跌倒对身体造成的损伤；可以维持良好的情绪，缓解焦虑、抑郁情绪和减缓认知功能的下降；还可以维持日常生活中的各种身体功能，提高生活质量和生活自理能力。

科学研究证明，有益健康的身体活动必须适度，安排不当也有发生意外伤害的风险。适度的含义包括个体身体活动的形式、时间、强度、频率、总量及注意事项等。实施过程中，要加强管理和及时采取措施控制风险。老年人的身体活动推荐量与一般成人基本一致。但是由于进入老年阶段后，不同个体衰老的进程快慢不一，患病情况也各不相同，因而运动能力的高低差异更大。因此，对老年人的身体活动指导更需结合个体的条件。此外，老年人是发生运动伤害的高危人群，更需采取相应的防范和保护措施。

1. 形式　老年人的日常生活中，应安排适当的、有规律的、综合各种内容的身体活动，要兼顾心肺功能、肌肉力量以及关节柔韧性、灵活性和平衡能力的训练。综合性身体活动是指以多种有氧活动模式为主，整合平衡能力、力量、耐力、步态和体能等多种身体活动的训练方案。综合性的身体活动可以让老年人保持体能和耐力，帮助延缓肌肉的衰减和骨矿物质的丢失，维持关节灵活性和身体平衡能力，有助于推迟大脑发生老年性退化。研究显示，综合性身体活动可以降低老年人30%～40%跌倒风险，降低40%～66%骨折风险。

（1）有氧运动：能够改善老年人心肺功能、提高机体对氧的摄取和利用、维持体能和耐力的身体活动，包括家务劳动、快走、游泳、跑步、骑自行车和园艺等。对于高龄及体质差的老年人，无须强调活动强度，而应鼓励其靠运动的积累作用和长期坚持产生综合的健康效应。

（2）抗阻力运动：老年人锻炼肌肉和关节功能的身体活动主要是肌肉抗阻运动。健康老年人可通过运动器械如哑铃、沙袋、弹力皮带等增加活动时的负重或阻力，增强不同部位的肌肉力量。对老年妇女或伴有骨质疏松症或腹部脂肪堆积者，建议做一些采用弹力橡皮带编排的体操，进行腰背肌、腹肌、臀肌和四肢等肌肉的练习。肌力训练的动作可分组进行，每组的动作不宜过多、阻力不宜过大，中间休息时间根据身体情况可长可短。运动中避免憋气和过分用力，以防发生心脑血管意外。

（3）平衡训练：平衡能力可分为静态和动态、主动和被动。平衡训练由易到难的基本原则是：支撑面积由大变小，重心由低到高，从静态到动态，由主动到被动，从有意识到无意识，从睁眼训练到闭眼训练等。以单腿站立训练平衡能力为例解释如下：双脚站立时与肩同宽；抬起一只脚，双臂可向前伸直保持平衡；或膝盖弯曲45度，可以加强腿部力量；尽可能保持一种姿势重复练习5次后换腿；保持时间根据身体能力，在反复练习的过程中逐渐延长；还可以练习闭眼单腿站立。单腿站立方法简单，在保证安全的情况下，可在排队、打电话、做某些家务等日常生活中随时随地练习。

（4）灵活性和柔韧性运动：通过躯体或肢体的伸展、屈曲和旋转活动，锻炼关节的灵活性和柔韧性。此类活动对循环、呼吸和肌肉的负荷小，能量消耗低，可以起到保持和增加关节的灵活性和活动范围等作用。对维持老年人日常生活能力、预防跌倒及损伤具有重要意义。

专门编制的体操、舞蹈、太极拳以及各种家务劳动等是综合肌肉力量、平衡能力、柔韧性和灵活性的活动，对维持身体的功能有益。

2. 时间　身体活动时间指一次活动所持续的时间，通常以分钟表示。总的目标以"周"为单位，活动时间推荐量为每周进行150～300分钟中等强度或75～150分钟高强度的有氧活动，或等量的中等强度和高强度的有氧活动组合。

对老年人来说，任何时候开始增加身体活动量都是可以的，而且无论增加多少，对其健康都是有益的。对高龄、虚弱或者不能达到身体活动推荐量的老年人，要鼓励他们以自己身体允许的水平为起点，尽可能多地参加各种力所能及的身体活动。通过一段时间的适应和努力后，可在原有的基础上不断增加身体活动类型、时间和强度。这对保持身体活跃状态有积极作用，并有利于改善老年人的身体功能、维持生活自理能力、提高生活质量，还可以保持心理健康。

3. 强度 身体活动强度是指单位时间内身体活动的能耗水平或对人体生理刺激的程度。强度可以相对强度来衡量，即完成规定身体活动的相对难易度。中等强度身体活动是用力但不吃力的活动，如一般成年人中速步行（4km/h）到快走（7km/h）、慢速（10km/h）到较快速（16km/h）骑行等，心率在最大心率［最大心率=220-年龄（岁）］的55%～80%范围。如用讲话判断，中等强度活动时可以说出完整的句子，但唱歌困难。高强度身体活动是非常用力且有些吃力的活动，如中速跑步（8km/h），心率达到85%最大心率或更高。用讲话判断，高强度活动时只说出断续的字词，说不出完整的句子。

老年人身体健康状况和运动能力的个体差异较大，身体活动强调量力而行。对于老年人来说，需要注意量力而行，切忌因强度过大造成运动损伤，甚至跌倒或急性事件。从主观感觉来说，合适的运动负荷应该是锻炼后睡眠正常、食欲良好、精神振奋、情绪愉快。客观上，数心率是最为简便的判断方法，老年人经常以170-年龄（岁）作为运动目标心率，如70岁老年人运动后即刻心率为100次/min（170-70=100），超过100次/min表示运动强度过大。若体质较弱，则控制在（170-年龄）×0.9次/min。

4. 频率 身体活动频率指一段时间内进行身体活动的次数，一般以"周"为单位。身体活动的保健功能有赖于长期坚持。经常参加中等强度身体活动者比不经常参加者，心血管病、糖尿病、肿瘤的患病率和病死率均明显低。同时在重复活动过程中产生的适应性可降低发生意外伤害的风险。鼓励老年人每天都进行一些身体活动，推荐每周至少2次肌肉力量练习，可根据个人身体情况、天气条件和环境等调整活动的内容。

5. 注意事项

（1）参加运动期间应定期做医学检查和随访：患有慢性病的老年人，在日常身体活动水平之上增加活动量时应咨询医生。

（2）活动前做好准备活动：如活动下关节、抻抻筋骨，逐渐增加用力。

（3）活动中做好自我监测：包括心率、主观强度感觉等，学会识别过度运动的症状；避免受到伤害，运动切忌过急、过猛、过劳。

（4）活动后做好整理活动，使身体机能由激烈状态逐步恢复到相对稳定的状况：不要立即坐下或躺下，以免引起"重力性休克"或其他不适感觉，不能立即吃生、冷食物，不能马上游泳或洗冷水浴等。对体质较弱和适应能力较差的老年人，应慎重调整运动计划，延长准备和整理活动的时间。

（5）老年人不宜选择高强度、快节奏的运动项目如短跑、跳跃、跳绳、跳高、篮球、足球等；不宜选择负重练习和屏气锻炼类运动项目如引体向上、俯卧撑、举重等；不宜选择高风险动作如向前过度弯腰、仰头后倾、左右侧弯，尤其不能做头向下的倒置动作。

（6）老年人宜参加个人熟悉并有兴趣的运动项目，感觉和记忆力下降的老年人，应反复实践掌握动作的要领。为老年人编排的锻炼程序和体操，应注意动作简单，便于学习和记忆。

（7）老年人在服用某些药物时，应注意药物对运动反应的影响：如美托洛尔和阿替洛尔等，不能用心率来测定运动强度，可采用主观强度感觉来判断运动强度。

四、老年心理健康

（一）老年人心理健康的标准

心理健康至今尚无统一的定义。世界卫生组织提出心理健康的"三良"标准：良好的个性、良好的处事能力、良好的人际关系。也有学者提出老年人心理健康的标准是：①智力处于正常水平，感知尚好，记忆力良好；②情感反应适度，情绪稳定，积极情绪多于消极情绪；③人际关系良好，有一定的交往能力；④社会适应能力正常，能应对应激事件；⑤人格完整、健全，具有清醒的自我意识，以积极进取的人生观作为人格的核心。

（二）老年人常见的心理健康问题及管理

1. 抑郁症 老年抑郁症是老年时期最常见的心理问题，以持久的抑郁心境为特征，患者会感到极度不快乐、意志消沉、自暴自弃、失去兴趣。轻则容易食欲不振、无精打采、毫无动机，重则会产生自杀倾向。抑郁症是一种高患病率、高复发率、高致残率、高自杀率的慢性精神疾病。老年人作为一个特殊群体，有其独特的抑郁症特点：①抑郁心境长期存在，但情绪的异常表现多为无精打采、自觉悲观、绝望、兴趣下降和孤独等。老年人常诉说"没精神""心里难受"等，并伴有明显的焦虑症状。②思维障碍，以反应迟钝、应答缓慢为主要形式。③认知功能减退，患者常诉说记忆减退。④躯体化症状明显。许多老年人因否认存在抑郁症状而表现出各种躯体症状，这些突出的躯体症状，可能会掩盖抑郁症状。⑤意志活动减退，轻则明显减少主动性活动和语言，生活被动，回避社交。重则终日卧床不起，日常生活不能自理。⑥自杀危险性高，老年人一旦决心自杀，计划周全、隐秘，很难防范。

老年抑郁症常用的健康管理措施包括：①经常评估老年抑郁症患者的抑郁情况和自杀风险，及时发现老年人的心理动向，预防意外事件发生。②帮助老年人正确评价自己的人生，分析了解自己的心理状态，纠正对自身的消极评价。③帮助老年人参加正常的日常生活活动，引导肯定这一天的成绩和进步，增强自信。④鼓励老年人定期锻炼，尤其是有氧锻炼，以生理健康促进心理健康。⑤利用社会支持力量改善人际关系，理解、关心、尊重老年人，体贴、陪伴老年人，让老年人体会到自身的价值和生活的意义，从中得到快乐，走出抑郁心境。

2. 睡眠障碍 睡眠障碍是指个体对睡眠时间或质量不满足并影响日间社会功能的一种主观体验。引起老年人睡眠障碍的原因是多方面的，有环境因素、疾病因素、心理精神因素、药物因素及不良的睡眠习惯等。睡眠障碍虽不构成生命威胁，但可引起情绪不稳定、容易激动、精神不振、食欲下降、抵抗力下降等，严重影响老年人的身心健康。

老年人睡眠障碍常用的健康管理措施包括以下几个方面。

（1）合理评估失眠：老年人自身或照护者可采用工具评估睡眠情况。记录睡眠日记，可以有效地帮助老年人自身和医生评估睡眠状况，分析原因，协助治疗。

（2）创造良好的睡眠环境：睡眠环境应安静、整洁，温度、湿度、光线适宜，寝具舒适。

（3）保持有规律的生活方式和良好的睡眠习惯。

（4）采用一些促进睡眠的措施：例如放松疗法、限制午睡时间、睡前泡脚、饮热牛奶等。

（5）遵医嘱用药：中、重度的失眠及合并其他疾病的老年人，遵医嘱用药治疗。

3. 焦虑症 焦虑症是以持续性紧张、担心、恐惧或发作性惊恐为特征的情绪障碍，伴有自主神经系统症状和运动不安等行为特征。主要表现为：①急性焦虑发作一般可以持续几分钟或几小时，以不安、惊恐为突出表现，老年人慢性焦虑表现为敏感、易激怒、好发脾气等；②自主神经功能失调，如心悸、口干、易怒等；③坐立不安，来回踱步，或眉头紧锁、姿势紧张等，可伴有紧张性头痛、四肢震颤等。

老年人焦虑症常用的健康管理措施包括以下几个方面。

1）可用焦虑评估量表评估焦虑程度。

2）促进老年人倾诉，诱导老年人表达内心感受，了解焦虑的相关因素，同时，通过倾诉宣泄内心的心理压力。

3）尊重老年人的应对方式，体贴老年人，态度和蔼，耐心倾听，运用沟通技巧使老人放松、安静，对有关因素作一些必要的解释说明和指导处理，疏导心理。

4）根据老年人的生活习惯、文化背景采取有效的应对方式，减轻焦虑。如深呼吸放松法、凝神法等。

深呼吸放松法：选择舒适坐姿，闭上双眼，用鼻深吸一口气（可默数 4 下），憋气（默数 4 下），然后缓慢用嘴呼气（默数 8 下），并在呼气同时放松肌肉。

凝神法：静坐后反复默念一个字，如"松""静"等，同时放松全身肌肉，以此来集中意念，从而达到松弛的目的。

5）发挥社会支持系统的作用，协助老年人处理一些生活问题，帮助老年人参加适当的文娱、消遣活动，提高心理调节能力。

6）遵医嘱使用抗焦虑药。

五、健康管理与健康保险

（一）健康保险的概念

根据我国《健康保险管理办法》，健康保险是指由保险公司对被保险人因健康原因或者医疗行为的发生给付保险金的保险，主要包括医疗保险、疾病保险、失能收入损失保险、护理保险以及医疗意外保险等。

（二）健康保险的分类

按照保险期限的不同，健康保险可分为长期健康保险和短期健康保险。长期健康保险，是指保险期超过一年或者保险期虽不超过一年但含有保证续保条款的健康保险。短期健康保险，是指保险期为一年以及一年以下且不含有保证续保条款的健康保险。

按照性质的不同，可以分为社会医疗保险和商业健康保险。社会医疗保险是指由国家通过立法形式推行的强制性保险制度，是为保障人民的基本医疗服务需求（疾病、受伤或生育等）实施的基本医疗保障制度。商业健康保险是投保人与保险人双方在自愿的基础上签订保险合同，获得健康保险保障的保险。当出现合同中约定的保险事故（被保险人患病支出医疗费用或因病致残造成收入损失）时，由保险人给付保险金。商业健康保险由商业保险公司提供，是企业的经营行为。

按照保险责任的不同，一般可以分为医疗保险、疾病保险、失能收入损失保险、护理保险等。医疗保险也称医疗费用保险，是指对被保险人在接受医疗服务时发生的医疗费、医药费、手术费等进行补偿的保险。这种保险以被保险人支出的医疗费为标的，而不关注被保险人患的是什么病或因疾病导致的经济损失，通常为一年期或一年以内的短险。疾病保险是指以保险合同约定的疾病的发生为给付保险金条件的保险。这种保险是以被保险人是否罹患某种疾病作为承担保险责任的决定因素，理赔依据是医疗服务提供者的疾病诊断，保险期限较长。失能收入损失保险是指当被保险人因疾病或意外伤害导致残疾、丧失劳动能力不能工作以致失去收入或减少收入时，由保险人在一定期限内分期给付保险金的一种健康保险。其主要目的是为被保险人因丧失工作能力导致收入的丧失或减少提供经济上的保障，但不承担被保险人因疾病或意外伤害所发生的医疗费用。护理保险是指以因保险合同约定的日常生活能力障碍而导致需要护理行为为给付保险金条件，为被保险人的护理支出提供保障的保险。

按照投保方式的不同，可分为个人健康保险和团体健康保险。

（三）老年健康保险的类型

常见的老年相关的健康保险险种包括普通医疗保险、住院保险、手术保险、综合医疗保险、重大疾病保险、住院补贴保险、防癌保险、长期护理保险、老年人意外健康保险、全球高端医疗保险等。

目前，老年健康保险险种主要有两种：一种是保障年限相对放得比较宽的险种，一种是专属老年健康保险。适合老年人群投保年龄和投保条件的健康保险较少，大多数健康保险产品设置了投保年龄限制和身体条件限制，50%以上的健康保险不支持65周岁及以上老人投保。即使有些健康保险放宽了投保年龄限制，但由于大多数老年人患有一种及以上慢性疾病，很难符合投保身体条件。专门为老年群体设计的专属老年健康保险产品更少，主要针对50～75岁人群，针对性不强，有效供给不足。

（四）老年健康保险的注意事项

老年投保者接近退休或者已经退休，面临的是经济收入减少、身体状况走下坡路等境况，尽管大多数老年人拥有社会医疗保险，但其保险范围有限，许多药物和检查费用不能报销，因此，老年人在参加社会医疗保险之外，还会考虑投保商业健康保险。老年人是疾病和意外事故的高发人群，风险较高，目前可供老年人选择的健康保险产品比较少，而且投保条件要求比较高。有鉴于此，老年人在投保商业健康保险时应慎重。首先，应根据自身的身体状况、经济状况、实际需要等选择最适合自己的健康保险。其次，投保健康险要注意"保证续保"条款。如果保险产品不能续保的话，投保人在保险期限内发生保险责任事故，保险公司赔付之后，就可以拒绝为投保人继续承保。而老年人重新患病的风险很大，患病的概率又高，保证续保可以化解这些风险，保险公司对被保险人一旦承诺保证续保后，不论被保险人身患何种疾病，保险公司都不得对其增加保费，更不能拒保。最后，要履行如实告知的义务。老年人在签订健康保险合同时，应如实告知自己的健康状况、是否有住院病史以及保险公司就保险标的或者被保险人的有关询问等，以免在发生医疗理赔时出现纠纷。

第三节　老年医养结合服务

【问题与思考】

1. 请简要列举我国医养结合的主要模式；请简述我国医养结合服务的主要内容。
2. 请简要列举我国医养结合服务的主要实践探索。

一、概　述

我国当前处于人口老龄化快速发展阶段，老年人群对养老服务的需求越来越大；老年人慢性病的患病率逐步增高，健康医疗负担日益加重；在积极老龄观和健康老龄化理念的引领下，老年人的健康意识不断增强。在这样的需求背景下，针对老年人群的需求，将医疗、护理、康复、养老等服务深度融合，是满足老年人群复杂、多元、动态发展的服务需求的必要措施，也是实现健康老龄化和积极应对人口老龄化的长久之计。医养结合服务是将"医疗资源"和"养老资源"进行对接、重新整合，依托养老服务资源，同时提供医疗、康复、护理、临终关怀等医疗资源的集"医""康""养""护"于一体的养老服务模式。有效实现"医"与"养"的结合，使全社会的医疗资源和养老资源利用率达到最大化，是针对我国人口老龄化形势和现存突出的养老问题而提出的一种解决方案。

二、我国医养结合服务发展现状

（一）主要模式

在政策的引导与支持下，经过全国各地的实践探索，目前我国逐步形成了医疗卫生机构开展养老服务、养老机构依法开展医疗卫生服务、医疗卫生机构与养老机构签约合作、医疗卫生服务延伸到社区和家庭等类型为主的医养结合服务模式。

1. 医疗卫生机构开展养老服务　医疗卫生机构开展养老服务模式，也称"医中有养"模式或"医办养"模式。该模式是指医疗卫生机构在原有医疗资源的基础上，引入养老资源，兼顾生活照料和医疗服务。该模式供给的主体主要是医疗资源富余的医疗机构，具有专业的医疗设施，配备专业的医疗人员，供给专业的医疗服务，能够满足老年人特别是身体状况不太乐观的失能、半失能老年人对医疗和护理的需求。总体上讲，"医中有养"模式较少，一方面，该模式的发展很大程度上需要政策驱动；另一方面，也存在一些困难，例如缺乏专业养老照护人员，增加养老设备成本较高，缺乏增设养老服务的动力等。

目前国内采用"医中有养"模式比较典型的有重庆医科大学附属第一医院青杠老年护养中心（下文简称护养中心）。护养中心是由重庆医科大学附属第一医院兴建的大型公办医院主办的养老机构。护养中心集养生文化、康复理疗、医疗护理、休闲娱乐等功能于一体。由普通护养区、临湖护养区、临湖疗养楼、学术交流中心、老年医院、护理职业学院等组成，依托重庆医科大学附属第一医院精湛的医疗护理技术、先进的仪器设备、优秀的管理团队，除配备完善的生活、养老文化娱乐设施及照护团队外，依靠医院自身强大的医疗资源优势实现了医养护的全面融合。护养中心建立了老年人健康养老内部循环转区机制，即养老区—慢性病康复区—重医一院本部—养老区，实现了急、慢性疾病分治，双向转诊。

2. 养老机构依法开展医疗卫生服务 养老机构依法开展医疗卫生服务又称"养中有医"模式或"养办医"模式。该模式是指养老机构在提供生活照护等服务的基础上，根据老年人的实际需求和自身能力，依法依规设立医务室或开办老年病医院、康复医院、护理院、中医医院、临终关怀机构等部门或机构，从而为老年人提供健康管理、医疗急救、护理康复以及临终关怀等多元化、高质量的健康养老服务。"养中有医"多为公办养老机构或者实力较雄厚的私立养老机构，适合养老对象多为在养老院身体条件比较好的老龄人。该模式中的老年人身体状况不好时无须养老院、医院两头跑，具有缓解医疗资源紧张问题的优势。目前大多数养老机构倾向于采用这种方法来改善自身的机构框架。然而，这种模式也面临配备医疗设备成本高，准入门槛高；对于员工岗位胜任力有很高要求，缺乏专业的医护人员；部分服务尚未纳入医保范围，养老院费用太高，对老年人吸引力下降等问题。

大型养老机构通常自建一级或二级医疗服务机构，如重庆市第一社会福利院开设的福康医院、北京市第一社会福利院开设的北京市老年病医院、青岛福山老年公寓内设的二级康复专科医院——青岛福山康复医院等。医疗机构科室配置以内科、中医科、康复科为主。中小型养老机构通常通过内设医务室、配备专职的执业医师和注册护士等方式，提供在住老人的健康管理、慢性病管理、用药管理、专业护理等服务。

3. 医疗卫生机构与养老机构签约合作 医疗卫生机构与养老机构签约合作又称"医养合作"模式。该模式是指医疗机构与养老机构以多种形式开展长期合作，形成可持续的医养一体化服务模式。签约医疗卫生机构可定期或不定期安排医疗卫生人员上门，也可根据需求在养老机构设置分院或门诊部，安排医疗卫生人员常驻养老机构提供医疗卫生服务。在符合双方意愿的基础上，养老机构可探索将内设医疗卫生机构交由签约医疗卫生机构管理运营。

医疗卫生机构和养老机构相互达成协议共同实现医养结合，医疗卫生机构对养老机构入住的老年人定期"查房"，为其提供基本的健康管理、医疗诊治、护理康复等服务。养老机构的老年人在生病需就医时，可以通过约定的绿色通道尽快得到合作医院的专业诊断和治疗。老年人病情好转或稳定后，再转回养老机构。同时医疗卫生机构收治的需要照护的老年人也可以送往养老机构。

这种合作发展模式有助于区域内资源之间的高度整合，通过医疗卫生机构与各类养老机构之间的双向转诊，实现养老服务与医院治疗的有效衔接。不仅能够使老年人获得更多便利，同时医疗卫生机构病情较为稳定的老年慢性病患者逐渐转移到养老机构，也可有效提高医疗卫生机构的床位周转率，促进医疗卫生机构、养老机构和老年人群体之间的长效良性循环。

4. 医疗卫生服务延伸到社区和家庭 医疗卫生服务延伸到社区和家庭，也称"社区辐射型"模式。该模式是指针对社区居家养老的老年人，由属地就近的合法医疗卫生机构提供基本的医疗卫生服务，以社区为单位开展医养结合服务的模式。该模式主要依托社区卫生服务中心为社区内的老年人提供健康养老服务。社区卫生服务中心是提供或者整合医疗资源和养老资源的主体，以社区卫生服务中心为圆心向整个社区辐射。社区卫生服务中心的家庭医生与社区老年人签约，为其提供护理康复、健康管理、健康宣教等基本医疗服务，也可以通过与日间照料服务中心等养老机构合作等方式，定期或不定期地为社区内的老年人提供健康检查、医疗护理、康复治疗、健康指导等服务。该模式的优势在于可服务我国目前居家老年群体庞大的现实国情，依托社区的资源，使得老年人足不出户就能享受到高质量的医养服务。充分利用社区资源，一定程度上缓解了大型医疗卫生机构医疗服务资源紧张问题。但是也存在服务机构缺乏长期良性运营、管理制度有待完善、服务质量无法保障、潜在安全隐患风险例如上门服务中老年人人身财产安全受损的风险等问题。

各地根据实际情况开展"医养结合"实践，除了以上分析的 4 种最常见的类型，还有诸如"两院一体""互联网+"等医养结合服务模式。每种模式都能有效整合养老医疗资源，也都有自己的优势和不足，最重要的是选择适合的模式，促进我国"医养结合"的规范发展、因地发展、综合发展、创新发展，有效补充我国养老服务模式，完善养老服务体系。

（二）主要内容

医养结合服务的主要内容包括养老服务、医疗服务、护理服务、康复服务、安宁疗护服务和心理精神支持服务等。

1. 养老服务 养老服务主要是指为老年人提供的生活层面的各项服务，包括生活照料服务、膳食服务、清洁卫生服务、洗涤服务和文化娱乐服务等，也是医养结合服务中的基础内容。其中老年人生活照料服务是指受身心健康状况下降或年老体衰的影响，老年人在日常生活能力、外出活动功能等方面逐渐衰弱，需要家庭成员或社会照料人员提供生活起居、出行、环境清洁等方面的照料服务，囊括了日常生活的方方面面。如就餐方面，包括送餐、助餐以及为有需要的老年人买菜、做饭等；在清洁卫生方面，包括打扫家里卫生、清洁个人卫生、清洗衣服等，对于有沐浴障碍的老年人还可以提供助浴服务。因此，生活照料服务是医养结合养老服务供给内容中最主要的服务之一。

2. 医疗服务 在医养结合服务中，老年医疗服务相较一般医疗服务具有更高的要求。一是在时间跨度上具有持续性，对于老年疾病的诊疗服务不仅局限于突发疾病的治疗，而是贯穿养老服务的整个环节。二是从服务内容看，内容更加广泛，不仅涉及疾病的治疗，还涉及慢性病的持续管理、治疗护理、老年病的早期干预等相关内容。

机构中的医疗服务主要包括应急处置，老年常见病、多发病管理以及健康管理等。社区和居家层面，医疗服务主要由社区卫生服务中心来提供，包括疾病预防、基本医护、康复护理、健康管理等服务。疾病预防是指通过健康讲座，宣传基本健康常识，让老年人了解一些基本的医疗保健知识，降低患病率。基本医护主要为老年人提供日常体检、量血压、换药等服务，有些社区卫生服务中心还可以提供专科医疗。康复护理主要是在社区卫生服务中心内开设康复护理床位及提供康复设施。老年人及家庭的需求更多体现在健康管理上，主要是慢性病管理、认知症早期干预、突发疾病时的紧急救援及助医服务，如用药提醒、陪同就医等。

3. 护理服务 护理服务主要是指根据老年人的护理需求为其提供专业护理服务。

4. 康复服务 康复服务是指维护或恢复机体运动、言语、认知等功能的专业康复服务，理疗、按摩、艾灸、针灸等中医保健服务，以及对认知症人群进行音乐、感知、参与、意识等干预治疗。康复服务是对老年人进行健康干预的主要服务手段，可以有效预防机体退化，提高自主活动能力，使其回归家庭或社会，提升其生活质量和尊严。

5. 安宁疗护服务 安宁疗护是指在老年人生命的最后阶段，通过为其提供疼痛及其他症状控制、舒适照护、心理、精神及社会支持等综合性人文关怀服务，来帮助其减轻痛苦、减少死亡恐惧，以提高临终老年人及其家属的生活质量。

（1）服务对象：濒临死亡的老年人及其家庭。

（2）服务供给主体：安宁疗护服务是一项由多专业领域和服务团队共同协作的事业。一个完整的安宁疗护团队由医师、护士、药剂师、营养师、心理咨询师、护理员、社会工作者、志愿者等人员组成。

（3）服务提供场所：我国安宁疗护服务机构通常分为三类。一是独立的安宁疗护院，规模多为中小型，服务项目包括住院安宁疗护、家庭安宁疗护和日间安宁疗护，如北京松堂关怀医院。北京松堂关怀医院将医院、敬老院、福利院的职能进行结合，为各个年龄段的临终患者提供临终关怀服务。二是附设的安宁疗护机构，一般是在医疗保健服务机构内（如医院、护理院、养老院等），设置附属临终关怀院、临终关怀病区、临终关怀病室或者病床等，此类临终关怀服务机构能够充分利用已有的医疗资源和人力资源。三是家庭型安宁疗护，一般社区临终关怀病房也属于居家临终关怀服务概念范畴。依托于社区公共医疗和养老服务设施，老年人住在自己家中，由家属提供基本的日常照护，就近接受社区临终关怀服务人员的缓和医疗援助和社会支持。社区医院/卫生服务中心通常是开展家庭型安宁疗护服务的主体。

（4）服务的标准和规范：2017年是我国安宁疗护事业发展的里程碑，这一年国家卫生健康委员会（原国家卫生和计划生育委员会）正式开展安宁疗护试点工作，启动首批全国安宁疗护试点城市。出台了《安宁疗护中心基本标准和管理规范（试行）》（国卫医发〔2017〕7号）、《安宁疗护实践指南（试行）》（国卫办医发〔2017〕5号），指导各地加强安宁疗护中心的建设和管理，规范安宁疗护服务行为。

（5）服务的内容：服务的内容主要包括症状控制、舒适照护、心理支持和人文关怀几个方面。

1）症状控制：缓解和控制因疼痛或其他症状所引起的痛苦和不适。

2）舒适照护：提供具有整体性、连续性的临终护理、临终护理指导与咨询服务。

3）心理支持和人文关怀：心理支持的目的是恰当应用沟通技巧与患者建立信任关系，引导患者面对和接受疾病状况，帮助患者应对情绪反应，鼓励患者和家属参与，尊重老年人权利，做好死亡教育、生命回顾、哀伤辅导、公共服务链接等服务，尊重患者的意愿做出决策，让其保持乐观顺应的态度度过生命终期，从而舒适、安详、有尊严地离世。

6. 心理精神支持服务　心理精神支持服务包括但不限于为老年人提供精神慰藉、心理辅导，以及与老年人和家属及时沟通。

医养结合机构中应当由心理咨询师、社会工作者、医护人员或经过心理学相关培训的医疗护理员、养老护理员开展相关服务，还应当配备心理或精神支持服务必要的环境、设施与设备，了解掌握老年人心理和精神状况。

社区医养结合养老服务的精神慰藉服务主要包括文化娱乐和心理咨询两方面。文化娱乐开展的方式主要是依托社区的老年活动中心，开展唱歌、跳舞等丰富多彩的活动。心理咨询服务一般是指社会组织提供的专业化心理服务，以排解老年人因老化带来的焦虑。另外，让老年人继续学习，参与到社区的建设管理活动当中去也有助于精神世界的充实。

（三）我国医养结合实践探索

2016年5月，国家卫生和计划生育委员会办公厅联合民政部办公厅发布《关于遴选国家级医养结合试点单位的通知》（国卫办家庭发〔2016〕511号），启动国家级医养结合试点工作，探索建立符合国情的医养结合服务模式。各地纷纷在本地经济社会发展和医养结合工作的基础上，积极设立省级试点城市/区，探索可推广的医养结合实践模式。上海市是我国最早进入人口老龄化、老龄化程度最深的城市，也是最早开展医养结合探索的城市之一，尤其是在搭建社区卫生服务平台，促进居家社区医养结合方面，取得了一些经验；青岛市是全国第一个实施长期护理保险制度的城市，在以长期护理保险助推医养结合养老服务方面具有代表性；重庆市辖区内县区众多，区域差异较大，采用多种路径发展医养结合，取得了宝贵的经验；北京注重打造医疗-康复-护理全方位服务链条；燕达国际健康城蹚出了一条区域医养结合服务协同发展的新路径，成为京津冀公共服务协同发展的典范。

1. 上海模式：社区嵌入式医养结合服务　上海致力于建构社区嵌入式医养结合模式，主要包括两种类型：一种是"社区综合为老服务中心"模式，一种是"长者照护之家"模式。

"社区综合为老服务中心"模式依托街道层面的社区综合为老服务中心和社区层面的家门口服务站点，打造"15分钟养老服务圈"。社区综合为老服务中心作为枢纽平台，既可与社区卫生服务站、护理站等医疗设施联动，也可通过引入医养结合服务的多元主体，实现多层次、多样化服务供给，为老年人提供集日托、全托、医养结合、健康促进等功能于一体的综合养老服务，从而实现老年人全生命周期需求的系统干预，确保老年人可以在家门口享受连续、稳定和专业的养老服务。社区卫生服务中心作为医养结合的支持平台，能够根据老人不同层次的需求，有效整合、合理配置医疗资源，对接老年人的医疗服务需求。以"1个社区卫生服务中心+1家区级医院+1家市级医院"的家庭医生签约服务模式，提高基层诊疗能力，让家庭医生真正成为签约社区居民的健康守门人，让身患慢性病的老年人可以更便捷地享受各类医疗卫生服务和政策。

"长者照护之家"模式也逐渐成为社区嵌入式医养结合模式的典范。"长者照护之家"是为老年人就近提供集中照护服务的社区养老机构，一般采取小区嵌入式设置，辐射周边社区，让老年人在不离开自己社区的环境下，享受到健康养老服务。"长者照护之家"对小区或周边有需求的老年人提供机构住养照料、短期寄养服务、居家上门拓展性服务和失能家庭照护者培训等专业化服务。

2. 青岛模式：长期护理保险助力　青岛市通过实施长期护理保险制度，将医疗服务和养老服务纳入到统一的制度框架。2012年，青岛市颁布了《关于建立长期医疗护理保险制度的意见（试行）》，成为全国第一个实施长期护理保险制度的城市。在制度建设初期就将医疗机构、老年护理院和社区家庭病床的护理服务等统一合并在长期护理保险制度中，以支付手段推动医养结合服务在不同类别机构和社区的衔接。目前已经形成"医中有养、养中有医、医联结合、养医签约、两院一体、居家巡诊"六种医养结合服务模式，实现了防、医、养、康、护的有效衔接。

3. 重庆模式：多元路径发展　重庆是我国面积最大、人口最多、西部唯一的直辖市，区域经济社会发展差异较大。为破解养老难题，重庆立足于当地实际，不同区域采取差异化医养结合模式，多元路径发展医养结合养老服务。

都市功能核心区以发展居家社区型医养结合养老服务为重点，在都市功能核心区以"一街道一中心、一乡镇一卫生院"为基础，努力打造城市15分钟、农村30分钟的居家社区医养结合养老服务网络。主城区及周边区县重点通过协议合作、转诊合作、医养联合体等方式，建立健全医养机构长效合作机制。对于没有条件办医疗护理机构（室）的养老机构，通过与辖区内医疗护理机构签约合作，由医疗护理机构承担养老机构的相关服务，通过双方协议合作、合作共建、对口支援、转诊合作等多种方式，形成互助、互补、互融、互动的服务发展格局，全面提高机构照护水平。渝东南地区和渝东北地区着力构建医养联合体为核心的医养结合服务网络。

4. 北京模式：打造医疗–康复–护理全方位服务链条　北京市通过合理规划医疗康复式、集中护理式、居家社区式三大类设施，打造"医疗机构–康复院–护理院–社区护理站–家庭"紧密衔接的医疗、康复、护理、照护服务链条，形成了生活照料为基础，专业护理为支撑，多层次、多主体、多模式的老年人全链式养老服务体系。其特色主要体现在三个方面：第一，充分发挥社区养老服务驿站的优势。社区作为就近提供医疗服务的平台向社区周边老年人辐射，构建市级指导、区级统筹、街乡落实、社区参与的四级居家养老服务网络，实现老年人在其周边、身边和床边就近享受居家养老服务，形成"三边四级"的养老服务体系。第二，努力提升居家养老及医护服务能力。面向医养结合机构工作人员开展居家医疗护理技术以及照料技能培训，提升为老年人提供上门医护服务的能力，尤其是针对城乡特困失能老人、独居老人以及计划生育特殊家庭的失能老年人提供诸如家庭病床及上门巡诊服务。第三，搭建医养结合远程协同服务平台，为医养结合机构、养老机构提供科普讲座、人员培训、照护指导、复诊送药、远程会诊服务，提升医养结合机构和养老机构服务能力与水平，切实满足老年人健康和养老服务需求。

5. 河北省燕达模式：超大规模"医养结合"型全程化持续照料养老社区　燕达国际健康城（以

下简称"燕达")是河北省三河市一家集医、养、康、学、研于一体的大型医疗养老综合体，主要由燕达国际医院、燕达康复中心、燕达养护中心、燕达医学研究院、燕达医护培训学院五个板块组成。其中，燕达养护中心是国内最早运营的超大规模"医养结合"型全程化持续照料养老社区。

在"医"方面，燕达养护中心为老年人提供了四重医疗保障。第一重医疗保障是家庭医生，定期上门提供健康服务。第二重医疗保障是由中西医师、护士、康复师、心理医生组成的跨专业合作团队，提供全面诊疗康复服务。第三重医疗保障是养护中心内设的医疗机构，专门为入住的老年人进行常见病、慢性病的诊治和管理。第四重医疗保障是与养护中心仅一墙之隔的燕达医院，老年人发生重大、突发疾病时第一时间对接燕达医院。

在"养"方面，除了为老年人配备专门的照料人员以提供基础服务之外，还会在居住环境上进行创新，设计家居式的养护区。为了缓解老年人的孤独感，燕达养护中心开办老年大学、设置娱乐设施、开办养生会所等，以此来丰富老年人的精神文化需求。

在"康"方面，燕达养护中心通过设置康复中心，配备康复师和康复设备，为老年人提供各项康复服务，延缓老年人身体机能的退化，逐步恢复身体各项功能及生活自理能力。

（四）国外医养结合实践模式

从国际上看，发达国家较早面临人口老龄化和慢病化带来的挑战，为应对老年人对健康、医疗、照护服务的强烈需求，很多国家将整合照护作为一项重要的政策目标，逐渐形成各具特色的养老服务整合照护模式。整合照护源于服务整合理论的兴起和发展，旨在使医疗、照护等部门间建立联系与协作。其最终目标是解决跨越多类服务、多个提供者和不同环境的老年人的长期照护问题，提高服务效率、老人生活质量及满意度。基于此，整合照护被视为使卫生保健、医疗服务、社会照料提供的服务更加完善的重要步骤，与我国医养结合服务的理念不谋而合。

本书选取最先提出"整合照护"的英国、北美城镇化率最高的国家之一的美国、老龄化趋势与未来我国相近的日本作为典型代表，探讨其医养结合实践模式。

1. 英国

（1）"整合照护"的起源和发展：1946 年，英国政府颁布了《国民健康服务法》，通过国民健康服务体系（National Healthy System，NHS）为所有英国公民和长期居住者提供免费医疗，而社会照料服务则主要由地方政府承担。随着英国人口老龄化的日趋严峻，老年群体复杂的健康问题和生活需求骤增，然而医疗服务与社会照料服务长期处于分散状态，无法切实满足老年人复杂多样的需求。英国在 20 世纪 90 年代开始推动医疗照顾（health care）和社会照顾（social care）服务的融合，形成"整合照护"（integrated care），以改善健康和福利，更有效地利用现有资源。1997 年，英国政府颁布《新国民健康服务体系》（*The New National Health Service*），打破医疗服务和社会照顾之间的藩篱，促进医养跨界合作。1999 年，英国政府颁布《健康法》（*Health Act*），提出"整合照护"，从法律层面确保医疗服务与社会服务之间的有机整合。2001 年，英国卫生部颁布《老年人国家健康服务框架》，这是英国首个综合性老年人医疗服务和社会服务标准体系，帮助老年人尽可能长地维持健康、活力和独立状态，被誉为"确保老年人需求成为医疗和社会服务改革核心"的关键要素。此后，政府陆续出台相关政策推动"整合照护"的深化，如 2010 年的《公平与卓越：解放 NHS》白皮书、2012 年的《照顾和支持白皮书》和《医疗和社会照料法案》等。

（2）服务对象与服务内容：初级卫生保健服务针对需要接受养护照料的老年人，由社会关怀小组提供社会关怀服务，对于不能自理的老年人可以选择庇护住所、额外照护住所、护理院及老年日间医院等机构。

庇护住所的服务对象主要是 60 岁以上的老年人。住所里包括卧室、厨房和浴室。根据老人自己的意愿，还可设立洗衣房、花园等公共空间，以及供朋友和家人使用的餐厅和客房，使老人能享受到在家或者社区里一样的交流空间。庇护住所的管理人员负责房屋维修相关事宜，并提供一些紧急援助，他们通过 24 小时全天候地观察老人的生活起居，对突发病者进行紧急护理援助。值得注意的是，庇护住所并不提供个人护理服务，紧急护理援助也只是临时应急措施。

额外照护住所的服务对象为需要长期照护却不愿进入养老机构的老年人，由额外照护住所为其提供长期照护服务。住所可由当地政府、慈善机构、房屋所有者或私人通过购买或者租赁的方式获得。在住所里，老人既可享受到日间活动、食物提供、洗衣、健康设施等服务，同时也可享受到24小时的紧急救护支持。

护理院为老年人提供日常生活照料和护理服务，包括饮食、洗浴、上厕所和药物治疗、医疗护理等，护理院也有不同侧重，有的偏重医疗护理，有的偏重收养特定功能障碍的老人。

老年日间医院提供社会关怀、日间照料和护理照护等服务，主要包括三种存在形式，一是依托社区中心，通过社会关怀服务提供。二是依托社区养老设施成立日间照料中心。三是依托社区医院，这种形式可以依托良好的医疗服务设施为老年人提供包含医疗和护理在内的照护服务。

（3）服务提供者：英国建立了由全科医生、专科医生、心理医生、护士、社会工作者、职业理疗师、康复师及临终关怀专业人员等共同参与的多学科病例讨论机制，形成了全过程、可持续的跨专业合作团队。团队以老年人个体为中心，重视信息共享以及个案管理，从而形成了一个完善的服务提供者网络。在实践过程中，老年人通过与专业的团队建立有效沟通，完成入院前的统一需求评估、入院后的治疗以及出院后的康复照料流程。

（4）服务监督管理：为了保障养老服务更好地供给，地方政府设立了监督机构，不同的地方政府在部门设置上可能有所差别，但是本质上都是对管辖区内的养老服务供给机构进行管理、评估和监督工作。其中范围最广的当属英格兰设立的护理质量委员会（Care Quality Commission，CQC），在境内的所有养老服务供给部门都要在护理质量委员会注册并受其监督管理。护理质量委员会将根据《医疗和社会照料法案》的要求对不同的医疗保健机构和社会照护机构设立评估标准，监督、检查和规范服务，确保它们符合质量和安全的基本标准。

2. 美国　在美国，医养结合养老模式大致包括老年人全面照护计划（PACE）、持续照料退休社区（CCRC）、居家社区养老服务（HCBS）、全国家庭护理照料人员计划（NFCSP）四种类型。其中PACE被认为是美国医养结合的经典模式。

（1）PACE的起源和发展：早在20世纪40年代，美国就开始进入了老龄化社会。为了应对人口老龄化造成的社会问题，美国在医疗与养老一体化领域探索尝试了多种模式。其中一种典型的医养结合模式是老年人全面照护计划（Program of All-inclusive Care for the Elderly，PACE）。PACE模式起源于20世纪70年代早期。1973年，"On Lok"社区成人日间护理中心成立，这是美国PACE模式的雏形。1986年，美国政府通过立法在全国范围内建立多个示范项目，并开始称为"老年人全面照护计划"。1997年，美国平衡预算法案确立PACE为在医疗保险支付范围内的永久性服务项目。PACE模式经过多年的实践得到不断发展和完善。

（2）服务宗旨及服务对象：PACE计划旨在提高衰弱老年人的生活质量和自主性。在医疗资源和社区可行的情况下，最大限度地对老年人给予尊重和支持，让衰弱的老年人能够在家中和社区安享晚年生活，同时保留和支持老年人的家庭。

PACE的服务对象需满足以下四个条件：一是老年人的年龄须在55岁及以上；二是老年人的居住地在PACE组织的服务区域内；三是满足州政府评估标准，具备入住养老院接受护理的资格，并能在加入时安全地居住在该社区中；四是自愿参加，一旦进入PACE，只能接受PACE中心工作人员或与PACE中心有协议的医生或医疗机构的服务。

（3）服务形式及服务内容：PACE模式为参与的老年人提供了多种服务，特别是整合了养老服务和医疗服务，为有长期护理需求的老年人提供全面的关怀和服务，同时尽可能保持其在家中的独立性。一是医疗类服务，包含基本医疗，如看病、开处方药、实验室检查；专科治疗，如耳鼻喉科、牙科、眼科治疗等，以及必要的住院治疗和护理院照护。二是康复性服务，如物理治疗、娱乐治疗和心理治疗等。三是社会支持性服务，涵盖家庭环境改造、餐饮、洗浴，以及必需的社会服务如交通运送等。交通运送是PACE项目中的一项重要内容，PACE会提供所有去日间照护中心活动的交通运送服务和医疗交通运送服务，此外也可以预约专科服务以及其他服务的交通运送。

PACE 中心的服务项目主要分为成人日间健康中心、家庭护理访视、生活辅助护理中心三部分。成人日间健康中心是 PACE 提供一站式服务的主要形式，服务对象主要是患有慢性病或骨折后生活需要照料的老年人，这部分老年人不需要入院治疗，但需要较长时间的康复。家庭护理访视则是为服务对象进行居家环境的安全评估、医疗护理评估，进而制定出适合老年人的个人护理计划并实施。生活辅助护理中心负责通过医疗护理评估得出居住环境存在重大安全隐患的老年人的全套生活起居。就具体服务内容来说，以成人日间健康中心为例，是一个白天开放、晚间休息，提供早餐、中餐，备有接送车，早接晚送的服务机构。可以为老年人提供营养配餐、如厕帮助、身体清洁、排便训练、胰岛素注射、伤口护理、压疮换药等服务。老年人在这里还可以享受到足部护理、视力保健、听力治疗、牙医服务、体检、营养评估、康复治疗、健康教育、临终关怀、转运护送服务、社会医疗服务、精神心理健康服务等。

（4）服务提供者：PACE 服务由多学科团队提供。多学科团队通常包括医生、护士、营养师、药剂师、理疗师、社会工作者、负责转运的工作人员等。此外，与 PACE 签订协议的其他医务人员同样是提供服务的主体。医生是服务团队的核心，承担着决策者的角色，一般由经过培训的老年科医生或者有丰富经验的医生担当。老年人加入 PACE 后，多学科团队在对其进行全面评估、信息整合的基础上，发挥团队优势，为老年人制订有针对性的服务计划，为老年人提供全方位的综合照护，满足老年人多样化、复杂化的需求。多学科团队对老年人进行动态的管理，根据老年人的具体情况及时调整方案，满足老年人不断变化的综合需求。一般来说，单个 PACE 团队接受服务对象的上限是 120～150 人。

（5）服务监督和管理：PACE 的服务受到美国医疗保险和医疗救助服务中心（Centers for Medicare & Medicaid Services，CMS）以及各州的管理署的监督和管理，包括检测和评估 PACE 机构的组织架构、运营过程、签署的协议和提供的服务等。PACE 机构必须按照 CMS 和州管理署制定的管理条例进行运营，并按照 CMS 和州管理署的要求收集数据、保存记录和提交报告。这些报告包括医疗保健相关内容和管理运营相关内容，如参加者的健康情况数据、医疗记录、保健计划、服务提供情况、财务数据、员工培训情况、登记和申诉流程、登记解除情况等。PACE 机构运行的前三年为试营期，需每年审核一次，正式运营后至少两年审核一次。

3. 日本 日本医养结合服务主要由居家服务事务所、护理机构以及综合性地域照料支援中心提供。居家服务事务所主要由民间运营的民办养老院、附带服务型老人住宅以及痴呆老人照料之家组成，根据老人不同的失能级别以及护理需求可选择不同的入住方式，入住时需缴纳数额不等的费用。护理机构的服务对象限定为护理认定结果为失能程度较重的人，包括特别养护老人院、护理老人保健机构以及护理疗养型医疗机构三种。

随着老龄化与少子化程度的加深，日本政府开始充实以社区为中心的医疗与护理服务。2000 年，日本正式实施《介护保险法》，提出建立整合照护、医疗、预防与居家生活援助的地域综合照护体系，标志着日本医疗和养老服务正式由分离走向整合。2003 年，日本厚生劳动省老健局设立了高龄者照护研究会，首次提出"地域综合照护体系"的概念。地域综合照护体系由照护系统、医疗系统、预防系统、居家系统，以及通过生活支援中心完成的居家–照护协作、居家–医疗协作及居家–预防协作组成，实现了预防、医疗、康复、照护和支持的无缝对接。区域内的居民，特别是有长期照护需求的老年人可以通过此体系，在自身熟悉的环境中，过着有尊严的养老生活。

在地域综合照护体系中，医疗系统由初级保健医师、设有住院设施的诊所、地域内的联盟医院、牙医保健及药店等常规医疗保健机构共同搭建而成，依据急性期、恢复期、慢性期为患者提供具体的医疗服务。护理系统是指以长期照护保险制度为基础，由老年社会福利机构、地方公共团体、医疗机构等为被护理者提供居家、机构及社区生活服务的照护系统。由老年机构、业主联合组织、志愿者组织、非营利组织等组成的预防系统，为居民特别是年老者提供生活援助及预防保健服务。最后，日本地域综合照护体系搭建了基于体系平台的组织机构，即生活支援中心。生活支援中心在地域综合照护体系中发挥着重要作用。通常是由所属的市或町政府成立，帮地域内 65 岁及以上高龄老年人解决几乎所有的养老问题。如日本东京、大阪等人口密集的城市，基本上每个社区都有生活支援中心，人口数量低于 10 万人以及规模很小的地区，可申请将这一业务委托给外部医疗护理公司。生活支援中心内有保健师、主任护理经理、社会福利专家等团体成员，居民可以将自己的需求、想法、烦恼、困难等向工作人员倾诉或求助。生活支援中心通过地域综合照护体系将照护系统、医疗系统、预防系统与居家系统联系起来，提供全面的、无缝对接式的医疗照护服务与预防保健服务。既可以向需要照顾的老年人提供上门服务和咨询服务，又可以持续和全面地监督和管理提供服务的照护人员以确保服务质量。

日本地域综合照护体系是自助、互助、共助、公助式的管理协作机制。日本地域综合照护体系以社区为依托，将居家生活的老年人、需要医疗的老年人、需要照护的老年人、独居的老年人，根据其自身能力，通过自助、互助、共助、公助的方式构筑地域综合支援管理协作机制，为老年人提供医疗、预防、住宅及生活援助等社会服务。其中，社区有其具体的划分标准，即以学区为单位设立日常生活圈，需要服务的老年人可在 30 分钟内得到必要的医疗、照护等服务。在日本地域综合照护体系内，医疗机构和养老机构之间的协作通过行政管理与经济激励并用的手段（如医疗规划和医疗保险支付制度中的机构管理费等），达到了医疗服务与照护服务的有效衔接（图 5-1）。

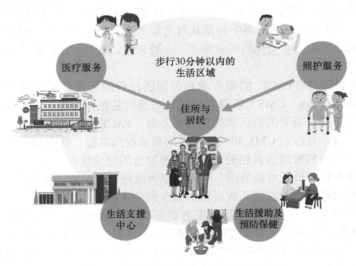

图 5-1 日本地域综合照护体系示意图

思考题与实践应用

1. 我国是如何定义健康老年人的？

【参考答案】

健康老年人：根据我国 2022 年发布的卫生行业标准《中国健康老年人标准》（WS/T 802—2022），健康老年人是指 60 周岁及以上生活自理或基本自理的老年人，躯体、心理、社会三方面都趋于相互协调与和谐状态。其重要脏器的增龄性改变未导致明显的功能异常，影响健康的危险因素控制在与其年龄相适应的范围内，营养状况良好；认知功能基本正常，乐观积极，自我满意，具有一定的健康素养，保持良好生活方式；积极参与家庭和社会活动，社会适应能力良好等。

2. 简述老年综合评估的概念。

【参考答案】

老年综合评估（comprehensive geriatric assessment，CGA）：采用多学科方法对老年人的躯体健康、功能状态、心理健康和社会环境状况等多方面进行多维度评估，并制订综合计划以维持和改善老年人健康和功能状态，最大限度地提高老年人的功能水平和生活质量。

3. 老年抑郁症常用的健康管理措施包括哪些方面？

【参考答案】

（1）经常评估老年抑郁症患者的抑郁情况和自杀风险，及时发现老年人的心理动向，预防意外事件发生。

（2）帮助老年人正确评价自己的人生，分析了解自己的心理状态，纠正对自身的消极评价。

（3）帮助老年人参加正常的日常生活活动，引导肯定这一天的成绩和进步，增强自信。

（4）鼓励老年人定期锻炼，尤其是有氧锻炼，以生理健康促进心理健康。

（5）利用社会支持力量改善人际关系，理解、关心、尊重老年人，体贴、陪伴老年人，让老年人体会到自身的价值和生活的意义，从中得到快乐，走出抑郁心境。

4. 老年医养结合服务的主要模式有哪些？

【参考答案】

老年医养结合服务的主要模式主要包括：医疗卫生机构开展养老服务、养老机构依法开展医疗卫生服务、医疗卫生机构与养老机构签约合作、医疗卫生服务延伸到社区和家庭等类型。

5. 老年医养结合服务的主要内容有哪些？

【参考答案】

医养结合服务的主要内容包括养老服务、医疗服务、护理服务、康复服务、安宁疗护服务和心理精神支持服务等。

参 考 文 献

郭清. 2011. 健康管理学概论[M]. 北京: 人民卫生出版社.

郭清. 2014. 老年健康管理师实务培训[M]. 北京: 中国劳动社会保障出版社.

雷晓康. 2021. 医养结合概论[M]. 北京: 清华大学出版社.

李莉. 2018. 老年服务与管理概论[M]. 北京: 机械工业出版社.

王志稳. 2017. 老年健康评估[M]. 北京: 国家开放大学出版社.

中国营养学会. 2022. 中国居民膳食指南（2022）[M]. 北京: 人民卫生出版社.

《中国人群身体活动指南》编委会. 2021. 中国人群身体活动指南2021[M]. 北京: 人民卫生出版社.

第六章　老年社会服务与管理

【学习目标】

1. 掌握：《中华人民共和国老年人权益保障法》的主要内容；养老机构的服务对象、性质与特点；老年社区特点；老年人社会活动服务原则。

2. 熟悉：《中华人民共和国老年人权益保障法》的主要特点；政府对养老机构的管理、养老机构的内部管理；老年社区管理原则。

3. 了解：老年社区管理的方法。

第一节　老年人权益保障

【问题与思考】

请简要列举《中华人民共和国老年人权益保障法》的主要特点。

中国共产党第二十次全国代表大会后，强化老年人权益保障是响应积极应对人口老龄化的国家战略，是推动全面实现老年人幸福生活的全面保障。在国家法治建设的进程中，加强法治保障是国家积极应对人口老龄化战略的必然选择，也是其客观的治理过程。积极应对人口老龄化战略的顺利实施，需要健全完备的老年人权益保障法治体系。

一、老年人权益保障的意义

（一）概述

老年人权益是指老年人依照国家法律法规所享有的各种权利和利益的总称，它包括老年人与其他年龄群体共同享有的政治、经济、文化等方面的普遍的权利和利益，也包括老年人作为社会弱势群体所享有的特殊权利。

1. 从国家和社会获得物质帮助的权利　《中华人民共和国老年人权益保障法》第一章总则中第三条明确规定："老年人有从国家和社会获得物质帮助的权利，有享受社会服务和社会优待的权利，有参与社会发展和共享发展成果的权利。禁止歧视、侮辱、虐待或者遗弃老年人。"离退休老年人的养老金领取、孤寡老人的社会福利救济、交不起医药费时可减免、请求法律援助、减免诉讼费等内容是国家和社会提供给老年人具体的物质帮助。

2. 受赡养的权利　老年人养老主要依靠家庭，家庭成员应当关心和照顾老年人。赡养人应当履行对老年人经济上的供养、生活上的照料和精神上慰藉的义务。赡养人的配偶应当协助赡养人履行赡养义务。

赡养人对患病的老年人提供医疗费用和护理。赡养人应当妥善安排老年人住房，不得强迫老年人迁居条件低劣的房屋。老年人自有的或者承租的住房，子女或者其他家属不得侵占，不得擅自改变产权关系或者租赁关系。赡养人不履行赡养义务，老年人有要求赡养人付赡养费的权利。

3. 享有婚姻自由的权利　老年人的婚姻自由受法律保护。子女或者其他亲属不得干涉老年人离婚、再婚，赡养人的赡养义务不因老年人的婚姻关系变化而消除。老年人有权依法处理个人的财产，子女或者其他亲属不得干涉，不得强行索取老年人的财产。老年人有依法继承父母、配偶、子女或者其他亲属财产的权利，有接受赠予的权利。赡养人之间可以就履行赡养义务签订协议，并征得老年人同意。居民委员会、村民委员会或者赡养人所在组织监督协议的履行。

4. 领取养老金的权利　老年人依法享有的养老金和其他待遇应当得到保障。有关组织必须按时足额支付养老金，不得无故拖欠、挪用。国家根据经济发展、人民生活水平提高和职工工资增长的情况增加养老金。城市老年人无劳动能力或生活来源的，由当地人民政府给予救济；农村由集体经济组织负担"五保"供养，乡镇人民政府负责组织实施。

5. 享有医疗保障的权利　老年人依法享有的医疗待遇必须得到保障。老年人患病，本人和赡养人确实无力支付医疗费用的，当地人民政府根据情况可以给予适当帮助，并可以提倡社会救助。有条件的地方，可以为老年患者设立家庭病床，开展巡回医疗等服务；提倡为老年人义诊。国家采取措施，加强老年人医学的研究和人才培养，提高老年人疾病的预防、治疗、科研水平。开展各种形式的健康教育，普及老年保健知识，增强老年人自我保健意识。

6. 享有住房的权利　老年人所在的组织分配、调整或者出售住房，应当根据实际情况和有关标准照顾老年人的需要。新建或者改造城镇公共设施、居民区和住宅，应当考虑老年人的特殊需求，建设适合老年人生活或活动的配套设施。

7. 享有教育与福利的权利　老年人有继续受教育的权利。国家和社会采取措施，开展适合老年人的群体性文化、体育、娱乐活动，丰富老年人的精神文化生活。国家鼓励、扶持社会组织或者个人兴办老年福利院、敬老院、老年公寓、老年医疗康复中心和老年文化体育活动场所等设施。地方各级人民政府应当根据当地经济发展水平，逐步增加对老年福利事业的投入，兴办老年福利设施。各级人民政府应当引导企业开发、生产、经营老年生活用品，适应老年人的需求。鼓励和支持社会志愿者为老年人服务。地方各级人民政府根据当地条件，可以在参观、游览、乘坐公共交通工具等方面，对老年人给予优惠和照顾。广播、电影、电视、报刊等应当反映老年人的生活，开展维护老年人合法权益的宣传，为老年人服务。

8. 享有宜居环境的权利　国家采取措施，推进宜居环境建设，为老年人提供安全、便利和舒适的环境，国家推动老年宜居社区建设，引导、支持老年宜居住宅的开发，推动和扶持老年人家庭无障碍设施的改造，为老年人创造无障碍居住环境。

9. 老年人权益受侵害的处理权利　老年人因其合法权益受侵害提起诉讼，缴纳诉讼费确有困难的，可以缓交、减交或者免交；需要获得律师帮助，但无力支付律师费用的，可以获得法律援助。老年人合法权益受到侵害的，被侵害人或者其代理人有权要求有关部门处理，或者依法向人民法院提起诉讼。老年人与家庭成员因赡养、抚养或者住房、财产发生纠纷，可以要求家庭成员所在组织或者居民委员会、村民委员会调解，也可以直接向人民法院提起诉讼。采取暴力或者其他方式公然侮辱老年人、捏造事实诽谤老年人或者虐待老年人，情节较轻的，依照《治安管理处罚条例》的有关规定处罚；构成犯罪的，依法追究刑事责任。暴力干涉老年人婚姻自由或者对老年人负有赡养义务、扶养义务而拒绝赡养、扶养，情节严重构成犯罪的，依法追究刑事责任。家庭成员有盗窃、诈骗、抢夺、勒索、故意毁坏老年人财物，情节较轻的，依照《治安管理处罚条例》的有关规定处罚；构成犯罪的，依法追究刑事责任。

（二）意义

老年人的合法权益涉及政治、经济、文化等广泛领域，主要有政治权利、人身自由权利、社会经济权利、受赡养扶助的权利、财产所有权、婚姻自由权利、住房权、继承权、知识产权、文化教育权利等。可以看出，老年人的合法权益，既包括保障其基本生活的经济和物质方面的内容，也包括更高境界的政治和精神文化生活方面的内容；既包括基本的人身权利，也包括享受社会发展成果的更高层次的要求。

老年人的生活质量是指按照科学标准来衡量的老年人物质需求的满足程度、生活条件的优劣状态和生活环境的适宜状况，其具体内容包括在吃、穿、住、医、行、用等物质生活方面和精神文化生活方面能够满足老年人必要需求的程度。生活质量的基础是物质和精神文化条件。老年人的生命质量是指老年人生理和心理的健康程度。生命质量的基础是生理和心理健康。老年人的生活质量、生命质量是指老年人物质与精神文化生活的满足状态、身体与心理的健康状况及生活环境的适宜程度等。

保障老年人合法权益是提高老年人生活质量和生命质量的重要手段。只有全面保障老年人的合法权益，才能有力地促进其生活质量和生命质量的提高。保障老年人合法权益，是指利用法律的、行政的等各种方法和手段，为符合老年这一法定年龄条件的群体和个人，提供全部合法权益的保障，维护其应当享有的权利和利益。

提高老年人的生活质量及生命质量，就要加强法律法规和政策工作，完善家庭养老、社会保障的各种法规制度。增加投入，改善居家养老、院所养老、医疗保健、文化学习、文体娱乐等物质和文化条件，创造舒适的环境条件，实现"老有所养、老有所医、老有所为、老有所学、老有所教、老有所乐"的"六个有所"目标。

二、我国老年人权益保障法

（一）《中华人民共和国老年人权益保障法》的主要内容

根据老年人的特点和需求，按照 1996 年第八届全国人民代表大会常务委员会第二十一次会议审议通过的《中华人民共和国老年人权益保障法》，老年人应享有相应的特殊权利和利益。2018 年12 月 29 日，第十三届全国人民代表大会常务委员会第七次会议通过《关于修改〈中华人民共和国劳动法〉等七部法律的决定》。《中华人民共和国老年人权益保障法》主要从以下几个方面对老年人的权益保障进行了说明和规定。

1. 老年人在家庭中的权益和保障　我国老年人绝大多数生活在家庭中，经济来源和生活照料主要靠赡养人和扶养人提供。在今后较长时期内，大多数老年人主要仍需家庭来赡养和扶养。从这一实际情况出发，也参考了国外"福利国家"的经验教训，该法专设"家庭赡养和扶养"一章，对有关问题进行了具体规定，体现了中国特色。因赡养人承担着最重要的责任，该法规定了赡养人的义务："赡养人应当履行对老年人经济上供养、生活上照料和精神上慰藉的义务。"对老年人在家庭生活中的受赡养扶助权、人身权、婚姻自由权、房产和居住权、财产权和继承权等，该法都作了明确规定。考虑到赡养人的配偶对赡养人履行义务所持的态度至关重要，该法规定："赡养人的配偶应当协助赡养人履行赡养义务。"赡养人的配偶主要是指老年人的儿媳和女婿。

2. 老年人在社会生活中的权益和保障　我国《中华人民共和国老年人权益保障法》对老年人在社会生活中应享有的特殊权益作了规定，涉及老年人生活、医疗、居住、婚姻、社区服务、教育、文化生活、环境与福利等诸多方面的权益。发展和完善老年社会保障制度，并形成良性运行机制，已是势在必行。老年人患病，本人和其子女确实无力支付医疗费用的，当地人民政府根据情况可以给予适当帮助或救济。有条件的地方，还开展对老年人义诊、巡回医疗等服务；老年人享有自行决定到老年福利院、老年公寓去居住的权利；地方各级人民政府根据当地条件，在老年人参观、游览、乘坐公共交通工具等方面，对老年人给予优厚的待遇。

3. 关于法律责任和处理程序　老年人在其合法权益受到侵害后，因年老体弱、行动不便等原因自己不能直接到有关部门要求处理或直接到法院提起诉讼。为了维护自己的合法权益，老年人可以委托代理人代为向有关部门提出处理要求或代为提起诉讼。

老年人的合法权益受到侵害后，为维护自己的合法权益，有两条途径可供选择，一是可以要求有关部门解决，如老年人认为自己的养老金或医疗待遇受到侵害，可以要求侵害人所在组织或者侵害组织的上级机关处理；老年人认为其家庭成员侵害了自己的合法权益，可以要求家庭成员所在组织或者村（居）民委员会处理。二是可以直接向人民法院提起诉讼，人民法院和有关部门对老年人的诉讼和要求，一定要及时受理，不能有推脱的思想。新修订的《中华人民共和国老年人权益保障法》第五十六条规定了老年人因其合法权益受侵害提起诉讼，缴纳诉讼费确有困难的，可缓交、减交或者免交。诉讼费用缓、减、免制度，体现了国家对有实际困难的老年人的照顾，使老年人不得因缴纳诉讼费用确有困难而影响对其合法权益的保护。

（二）《中华人民共和国老年人权益保障法》的主要特点

《中华人民共和国老年人权益保障法》的制定和颁布实施，初步形成了我国对特定人群权益保障的法律体系，标志着我国老年人权益保障工作从此走上法治化的轨道。该法适应了中国人口老龄化发展和老年人权益保障的客观要求，更重要的是法律规定的内容符合中国的实际，体现了中国的国情，保持了中国的传统，反映了老年人的心愿，是一部有中国特色的保护老年人合法权益的法律。经过几次修订之后，《中华人民共和国老年人权益保障法》突出体现了以下 8 个特点。

1. 积极应对人口老龄化上升为国家战略任务　《中华人民共和国老年人权益保障法》规定积极应对人口老龄化是国家的一项长期战略任务。这一规定从法律上明确了应对人口老龄化的战略定位，对于从国家战略层面谋划和推进老龄工作具有重要意义。

2. 重新定位家庭养老，明确"以居家为基础"与"传统家庭养老"不同　老年人虽然居住在家庭，家庭仍然需要充分发挥其养老功能，但也要发挥社区的养老依托功能。这就使社会和国家做好社区建设的责任更加明晰。为确保居家养老的顺利实施，《中华人民共和国老年人权益保障法》还为国家建立健全家庭养老支持政策提供了法律依据，如出台相关政策，即在购买住房的贷款利息、贷款首付或契税上给予优惠，以鼓励子女与父母就近居住或同住；对家有高龄老人、生病老人的在职职工，给予带薪假期制度，以便于其在家照料老人等。

3. 规定国家逐步开展长期护理保障工作　新修订的《中华人民共和国老年人权益保障法》第三十条规定，"国家逐步开展长期护理保障工作，保障老年人的护理需求""对生活长期不能自理、经济困难的老年人，地方各级人民政府应当根据其失能程度等情况给予护理补贴"。护理补贴制度的提出，便于促进地方政府在长期护理方面有所作为。这一规定的贯彻实施，也能在一定程度上减轻经济困难老年人的护理费用负担。受各方面条件的制约，我国还难以直接规定建立长期护理保险制度，但已经对长期护理保障工作的重要性有了充分的认识，并提出了原则性规定，为开展长期护理保障制度乃至长期护理保险制度的探索，提供了法律上的依据。

4. 构建老龄服务体系建设基本框架　新修订的《中华人民共和国老年人权益保障法》规定："国家建立和完善以居家为基础、社区为依托、机构为支撑的社会养老服务体系。"为确保这一体系的建立和完善，新修订的《中华人民共和国老年人权益保障法》还分别作出了明确的表述，如对家庭赡养义务的规定，将养老服务设施纳入城乡社区配套设施建设规划的规定，对养老机构所需具备的条件以及扶持、监管的规定等。这些规定是对中国长期以来养老服务业发展经验的积累和总结，是对相关政策措施的肯定和呼应，将其上升到法律的层面，必将有力地推进中国老龄服务体系的建设进程。

5. 突出了对老年人的精神慰藉　新修订的《中华人民共和国老年人权益保障法》强调了赡养人对老年人有提供精神慰藉的义务。要求家庭成员应当关心老年人的精神需求，不得忽视、冷落老年人；与老年人分开居住的，应当经常回去看望或者问候老年人。该法同时规定，用人单位应当按照国家有关规定保障赡养人探亲休假的权利。

6. 明确了社会优待内容　新修订的《中华人民共和国老年人权益保障法》将社会优待辟为专章，增加了老年人社会优待的内容，扩大了优待对象的范围。优待内容涉及为老年人办事提供便利、提供法律援助、交通优待、参观游览优待等，并免除了农村老年人承担兴办公益事业的酬劳义务。更重要的一点是，法律要求对常住在本行政区域内的外埠老年人，给予同等优待。这对打破一些城市对老年人的地域歧视，具有重要意义。

7. 确定了老年人监护制度　新修订的《中华人民共和国老年人权益保障法》明确规定，"具备完全民事行为能力的老年人，可以在近亲属或者其他与自己关系密切、愿意承担监护责任的个人、组织中协商确定自己的监护人。监护人在老年人丧失或者部分丧失民事行为能力时，依法承担监护责任""老年人未事先确定监护人的，其丧失或者部分丧失民事行为能力时，依照有关法律的规定确定监护人"。这一规定是与时俱进的，对老年人及其赡养人和继承人的合法权益，都是一项重要的保护性制度。

8. 增加了宜居环境建设的内容 新修订的《中华人民共和国老年人权益保障法》要求，制定城乡规划时，要统筹考虑建设适老性的公共设施、服务设施、医疗卫生和文化设施，实施无障碍建设。由于大多数老年人居住在社区，生活在社区，建设适宜老年人居住的社区就成为老年宜居环境建设的重要内容。

第二节 养老机构管理

【问题与思考】

1. 请简述养老机构的服务对象、性质与服务特点。
2. 请列举养老机构的功能及类型。
3. 请阐述养老机构的老年护理服务基础护理内容。

养老是一项重要的民生工作。党的二十大报告明确提出"实施积极应对人口老龄化国家战略，发展养老事业和养老产业，优化孤寡老人服务，推动实现全体老年人享有基本养老服务"。这一指示为我国养老服务发展明确了方向，提供了根本遵循。养老机构作为提供养老服务的载体，只有加强管理、规范服务才能够更好地推动养老服务业高质量发展。在人口老龄化加剧的形势下，人民群众获得有保障、可持续的养老服务具有重要意义。

一、养老机构概述

（一）养老机构的服务对象、性质与服务特点

养老机构是社会养老专有名词，是指为老年人提供集中居住和照料服务等综合性服务的机构。养老是一项事关每个人切身利益的事情，为满足老年人的多样化需求，形成了养老机构多样化的性质和特点。养老服务事业的发展必然离不开国家、集体和全社会人民的共同关注。

1. 养老机构的服务对象 养老机构的服务对象主要是老年人，但是某些养老机构（如农村敬老院）也接收辖区内的孤残儿童或残疾人。

2. 养老机构的性质 根据养老机构的投资主体不同、营利性质不同等，养老机构的性质也呈现出多样化的趋势。

（1）根据投资主体分类：目前我国养老机构的投资主体包括国家、集体（城市街道、农村乡镇）和民间（个体、民营和外资企业）。对应的，养老机构可以分为国办、集体办和民办，其中，国办、集体办的养老机构又称为公办养老机构。公办养老机构的优先服务对象是城镇"三无"老人、农村"五保"老人、低保、特困等低收入老人，向其提供无偿、低偿的供养服务，在此基础上，可为社会上的其他老人提供服务；公办养老机构在政府编制内，享受政府财政拨款，其面向社会的收费所得用于弥补养老事业发展经费的不足和改善养老机构老年人的生活条件。民办养老机构主要由民间力量出资创办，其服务对象不受限制。

（2）根据营利性质分类：民办养老机构按照其是否以营利为主要目的，可分为营利性和非营利性两大类。

1）营利性养老机构：应当在当地工商、税务部门进行注册登记，属于营利性的企业组织，可

以追求利益最大化的目标，一般不享受国家有关优惠政策，在完成税收征缴后，其利润可以分红，属于老龄产业。

2）非营利性养老机构：应当在当地民政部门注册登记，持有社会福利机构执业证书。民政部门对这些养老机构按照民办非企业单位进行管理，具有非营利性组织的特征，以谋求社会福利为宗旨，不以追求利润为目的，享受国家优惠政策，并且不需要上缴税收，但盈利部分不能分红，只能用于养老机构的滚动式发展，属于老年社会福利事业。

一般来说，公办养老机构和民办非营利性养老机构属于福利性养老机构，这些养老机构定位于非营利性，不以追求利润为目的，承担了福利性的社会养老服务功能。

（3）我国养老机构发展的新形式

1）民办公助：投资主体是民间力量，政府只是相应资助，以此调动民间力量投入养老机构建设。政府资助不能改变其多种经济成分的所有制性质，因此其管理体制和运行机制可以更多地和物质利益原则挂钩，与市场经济接轨，具有更大的灵活性和实效性。政府的资助在一定程度上可以把政府的意图、老年人的需要以及机构发展需要坚持的正确方向贯彻进去。政府能够施加一定的干预和影响，使民办养老机构能够更好地为老年人服务。

2）公办民营：是各级政府和公有制单位已经办成的公有制性质的养老机构，需要按照市场经济发展的客观要求进行改制、改组和创新，更快地与行政部门脱钩，交由民间组织或者社会力量去管理和运作，实现多种经济成分并存、多种管理和运营模式并存、充满生机和活力的发展局面。

3）公建民营：是指在新建养老机构时，各级政府要摒弃过去那种包办包管、高耗低效的管理体制和运营机制，按照办管分离的发展思路，由政府出资，招标社会组织或服务团体去经办和管理运作，政府则按照法律法规和标准规范负起行政管理和监督的责任。由此可见，公办民营与公建民营既有联系也有区别。

3. 养老机构的服务特点

（1）以人为本：养老机构以人为本，特别是以老人为本，是一种全人、全员、全程服务。所谓"全人"服务是指养老机构不仅要满足老人的衣、食、住、行等基本生活照料需求，还要满足老人医疗保健、疾病预防、护理与康复以及精神文化、心理与社会、安宁疗护等需求；要满足入住老人上述需求，需要养老机构全体工作人员共同努力，这就是所谓的"全员"服务；绝大多数入住的老人把养老机构作为其人生最后的归宿，从老人入住那天开始，养老机构的工作人员就要做好陪伴老人走完人生最后旅程的准备，这就是"全程"服务。

（2）公益性：所谓"公益"是"公众利益"的简称。养老机构为老年人提供的养老服务具有"公益性"，是典型的"公益事业"。"公益事业"是指以社会公共利益为目标所开展的各项事业。我国多数养老机构以帮扶、救助城市"三无"老人，以及农村"五保"老人为主，且多不以营利为主要目的，所以其公益性特征尤为明显。公益性的特点决定了养老机构在提供服务和自身运营过程中都应当以公益性作为自己的最高准则和目标。比如机构设置应符合当地关于福利机构的规划，而不是随心所欲的个人活动。在机构提供养老服务的过程中，也要以公益性为原则，遵从社会的整体利益。

（3）高风险性：养老机构的服务对象是老年人，很多都是自理能力欠缺或高龄老人，这些老人在日常生活中出现突发疾病、意外事件、伤害、突发死亡等的风险较高，这对于养老机构的照料服务提出了非常高的要求。一旦老人发生意外，养老机构很容易陷入纠纷当中，造成很大风险。

（二）养老机构的功能及类型

我国养老机构除了可以根据不同的性质分类，还可以根据不同的功能或《老年人社会福利机构基本规范》进行分类。

1. 养老机构的功能　养老机构的功能分类是根据养老机构收养的老人所需要帮助和照料的程度对其照料功能所进行的科学分类。

在香港，1995 年制定的《安老院规例》根据养老机构的不同功能也将其分为三类：第一类为高度照顾安老院，主要收养体弱且身体机能消失或减退，以至在日常起居方面需要专人照顾料理，但不需要高度专业的医疗或护理的老人；第二类为中度照顾安老院，主要收养有能力保持个人卫生，但在处理有关清洁、烹饪、洗衣、购物的家居工作及其他事务方面，有一定程度困难的老人；第三类为低度照顾安老院，主要收养有能力保持个人卫生，也有能力处理有关清洁、烹饪、洗衣、购物的家居工作及其他事务的老人。至于那些需要高度的专业医疗或护理的老人，则属于附设在医院内的疗养院的收养对象。当然，并不是所有的养老院都只从事一类服务，这种提供多种类型服务的养老院在香港被称为"混合式安老院"。

从目前我国养老机构的功能来看，除了属于卫生部门主管的老年护理医院与民政部门主管的老年公寓在收养的老人需要照料的程度上有明显差别外，一般的福利院、敬老院均未进行功能定位，其收养的老人涵盖从基本生活自理的到长期卧床不起的，甚至需要临终关怀的老人，是一种混合型管理模式。多数养老机构的入住老人中既有生活能够完全自理的老人，也有患有老年痴呆和中风、瘫痪等慢性病、生活完全不能自理的老人；在提供的服务方面也是多元化的，既包括生活照料，也包括医疗护理、康复训练、文化娱乐、临终关怀等内容。由于目前我国大部分养老机构在功能定位和服务对象上存在交叉现象，难以清楚地按照老年公寓、护理院或者康复机构、临终关怀机构进行分类，因此多数养老机构采取在机构内部分类的方法，将收养老人按照需要照料的不同程度进行分类，分为专门护理、一级护理、二级护理、三级护理等，最终实行分部或者分区管理。

2. 养老机构的类型 根据民政部 2001 年颁布的《老年人社会福利机构基本规范》，我国一般将养老机构划分为以下几种类型。

（1）老年社会福利院（Social Welfare Institution for the Aged）：是指由国家出资举办、管理的，为综合接待"三无"老人、自理老人、介助老人、介护老人安度晚年而设置的社会养老机构，设有生活起居、文化娱乐、康复训练、医疗保健等多项服务设施。目前，我国的老年社会福利院仍然以接待"三无"老人为首要的服务任务，同时也接收社会老人，其服务内容广泛，涉及养老服务的方方面面。

（2）养老院（Homes for the Aged）：是指为老年人提供集体居住，并具有相对完善的配套服务设施的养老机构。养老院的服务范围包括：个人生活照料服务、老年护理服务、心理/精神支持服务、安全保护服务、环境卫生服务、休闲娱乐服务、协助医疗护理服务、医疗保健服务、膳食服务、洗衣服务、物业管理维修服务、陪同就医服务、咨询服务、通信服务、教育服务、购物服务、送餐服务、代办服务等。

（3）老年公寓（Hostels for the Elderly）：是指专供老年人集中居住，符合老年体能、心态特征的公寓式老年住宅，具备餐饮、清洁卫生、文化娱乐、医疗保健等多项服务设施。养老公寓的主要服务项目包括：个人生活照料服务、老年护理服务、心理/精神支持服务、安全保护服务、环境卫生服务、休闲娱乐服务、协助医疗护理服务、医疗保健服务、个人生活照料服务、膳食服务、洗衣服务、物业管理维修服务、陪同就医服务、咨询服务、通信服务、送餐服务、教育服务、购物服务、代办服务、交通服务等。

（4）护老院（Homes for the Device-aided Elderly）：是指专为接待介助老人安度晚年而设置的社会养老机构，设有生活起居、文化娱乐、康复训练、医疗保健等多项服务设施。护老院的服务范围主要包括：老年护理服务、个人生活照料服务、心理/精神支持服务、安全保护服务、环境卫生服务、协助医疗护理服务、医疗保健服务、膳食服务、洗衣服务、物业管理维修服务、陪同就医服务、咨询服务、通信服务、送餐服务、交通服务等。

（5）护养院（Nursing Homes）：是指专为接收生活完全不能自理的介助老人安度晚年而设置的社会养老机构，设有生活起居、文化娱乐、康复训练、医疗保健等多项服务设施。

（6）敬老院（Homes for the Elderly in the Rural Areas）：是指在农村乡镇、村组设置的供养"三无"老人、"五保"老人和接待社会寄养老人安度晚年的社会养老机构，设有生活起居、文化娱乐、康复训练、医疗保健等多项服务设施。敬老院的服务范围包括：个人生活照料服务、老年护理服务、心理/精神支持服务、安全保护服务、环境卫生服务、休闲娱乐服务、协助医疗护理服务、医疗保健服务、膳食服务、洗衣服务、物业管理维修服务、购物服务等。

（7）托老所（Nursery for the Elderly）：是指为短期接待老年人接受托管服务而设置的社区养老服务场所，设有生活起居、文化娱乐、康复训练、医疗保健等多项服务设施，分为日托、全托、临时托等。托老所的服务范围主要包括：个人生活照料服务、心理/精神支持服务、安全保护服务、环境卫生服务、休闲娱乐服务、膳食服务、陪同就医服务、通信服务、送餐服务、交通服务等。

（8）老年人服务中心（Center of Service for the Elderly）：是指为老年人提供各种综合性服务的社区服务场所，设有文化娱乐、康复训练、医疗保健等多项或单项服务设施和上门服务项目。

二、养老机构管理要求

（一）政府对养老机构的管理

政府职能部门的管理目标就是要求养老机构规范服务、依法经营、规避风险，持续改进服务质量，提高经营效益。

1. 管理内容　一般来说，养老机构所在乡镇的人民政府（街道办事处）是机构的主办单位，负责对养老机构建设运营的组织实施和领导。尽管民办养老机构的主办方不是政府，但当地政府也负有规划、审批、监管等责任。具体而言，民政部门作为养老机构的业务主管部门，肩负着对养老机构工作的业务指导、协调和监督的责任。民政部门是养老机构成立、变更、撤销的审批机关，负责养老机构的筹建、审批、验收、注册登记和发证，日常经营业务的指导、监督，建设和发展规划的审批，年度审核、考评、奖励工作，养老机构的纠纷调解和意外事故的调查处理工作，还包括对公办养老机构和乡镇敬老院领导的任命和调整等。

同时，各级财政、卫生、人力资源和社会保障、城乡建设、国土资源、消防、税务和环保等行政部门也从各自的专业角度对养老机构实施技术指导与监督管理。

2. 管理原则

（1）依法管理：政府职能部门依据国家、行业和地方相关政策法规及管理规范，代表一级政府对养老机构的工作进行业务指导和管理。例如，民政部门的管理主要依据有《中华人民共和国老年人权益保障法》《社会福利机构管理暂行办法》《老年人社会福利机构基本规范》《关于加快推进养老服务业放管服改革的通知》等。

养老机构的管理者应当熟悉并掌握相关政策法规，以适应政府职能部门依法管理的需要，保证养老机构在国家政策法规允许的范围内开展建设、服务与经营管理工作。

（2）以服务为中心：政府对养老机构的管理本质上属于一种服务行为，通过业务或专业指导与管理，帮助机构规范服务，规避风险，提高服务质量。养老机构的管理者要正确认识政府职能部门的管理作用，主动接受其指导与管理。

（3）科学管理：政府对养老机构的管理还应当建立在科学管理的基础之上。所谓科学管理就是要根据现实的国情、省情和地区实际情况，用科学发展观统筹规划本区域老年社会福利事业的建设与发展，不可盲目追求养老机构的数量、规模和等级而忽视实际运营与服务质量。

3. 管理方法

（1）依法管理：政府职能部门应当帮助养老机构学法、懂法、依法经营，同时，应加大对养老机构的执法监督力度。

（2）目标管理：政府主管部门应根据实际情况制定养老机构年度管理目标，包括经济目标、服务目标、质量目标和安全目标等，并与养老机构法人或负责人签署目标责任状，督促养老机构做好服务、经营与管理工作。

（3）行业协会管理：行业协会管理的基本特征是在机构与政府、机构与机构、机构与市场之间架起一座"桥梁",发挥服务、沟通、协调和纽带作用。目前我国养老机构大多加入当地的社会福利协会。行业协会在行业自律、规范行业服务行为、开展行检行评、进行行业协调、开展人员培训等方面发挥着重要作用。

（二）养老机构的内部管理

养老机构的主要任务是为老年人服务,加强尊老敬老工作,是每一个养老机构的立身之本,也是其出发点和落脚点,而科学的管理工作是实现为老服务和尊老敬老工作的基础。因此,养老机构的管理者必须明确管什么、如何管、应达到什么目标与要求等问题。养老机构的内部管理按照不同的分类标准有不同的管理类型。

1. 按照生产服务要素进行分类　主要包括人、财、物的管理。

（1）"人"的管理:养老机构"人"的管理包括对员工的管理和对入住老人的管理。

1）员工的管理:养老机构员工管理的目标在于如何调动员工的积极性,增强责任意识,保证老人居住安全,提高服务质量,这是养老机构管理的重点,也是养老机构赖以生存和发展的关键。员工管理应从三方面入手:第一,做好员工的选拔、岗前培训、聘用和继续教育,把握好员工"入口"关和继续教育关,不断提高员工素质和服务质量;第二,加强员工的职业道德教育;第三,加强员工考核管理,实现奖惩分明。

2）入住老人的管理:入住老人管理的目标是确保老人居住安全,预防和杜绝意外伤害事件发生。具体内容包括老人入住与出院管理、生活照料与护理管理、医疗服务管理、精神生活与入住安全管理。督促老人遵守养老机构规章制度、爱护公物、厉行节约、团结友爱。养老机构要为每一位入住老人建立个人信息、健康档案或病历,使服务做到心中有数,更好地实施个性化服务。

（2）"财"的管理:"财"的管理是指养老机构的财务和资金的管理。养老机构财务管理包括财务计划、财务制度、资金分配、周转、成本核算和财务监督等管理。养老机构对财务和资金管理的目标是以有限的资金投入获取最佳的社会与经济效益。现阶段,在政府投入有限、优惠政策难以落到实处、老年人支付能力弱以及资金筹措困难的情况下,为了发挥有限的资金效益,必须加强财务和资金的管理。

（3）"物"的管理:养老机构对"物"的管理包括对机构内硬件设施的建设、改造、维修,设备、物品的采购、使用、维护和保管。养老机构对"物"的管理目标是使所有设施、设备始终处于完好状态,物品的采购、使用、管理始终处于规范有序状态,降低采购成本,保证设施的完好率,提高使用效率,保证养老机构各项工作正常进行。

2. 按照子系统类型进行分类　可分为行政管理、业务管理和后勤服务管理。

（1）行政管理:养老机构行政管理包括组织机构管理、政策方针管理以及规章制度建设与管理。

1）组织机构管理:养老机构的组织机构管理包括科室设置、部门职能、岗位设置、岗位责任、人员配置、人事聘用和档案管理等工作。好的、合理的组织机构是养老机构正常、高效运行的保障。

2）政策方针管理:养老机构的领导者首先要研究、明确关系到养老机构生存与发展的政策方针性问题,如办院宗旨、服务定位、发展方向、发展目标与发展规划等,政策方针确定后,通过加强领导、深化改革、监督实施,才能使养老机构按照既定方针、目标向前发展。

3）规章制度建设与管理:规章制度是员工的行为规范、工作准则,也是行政、业务管理的重要依据。规章制度建设与管理的目的是保证养老机构各项工作环环相扣、紧密衔接、正常有序。领导者应当亲自主持制定并签发本机构各部门的岗位职责、服务标准、操作规程与流程以及管理工作制度等。

（2）业务管理:业务管理是主要针对养老机构所开展的各项业务活动而进行的有效管理,主要包括出入院管理、护理管理和医疗服务管理。

1）出入院管理:出入院管理是养老机构管理正常运行的重要保障。做好出入院管理可以规范经营服务行为，化解矛盾与风险。入院管理包括接待咨询、登记预约、健康体检、家庭调访、入住审批、协议签订、试住等工作。出院管理包括出院手续办理等工作。

2）护理管理：护理管理是养老机构管理工作的核心内容，其主要目的是重视服务态度，提高服务水平与质量，满足老人需求，确保老人入住安全。护理管理包括健康评估、护理等级评定或变更、生活护理、心理护理、疾病护理、康复护理、老人安全和文娱体育活动组织。

3）医疗服务管理：较大型的养老机构多附设医院或医务室，即使是小型养老机构也配备至少一名医务人员，以保证医疗服务需要。但是养老机构的医疗服务技术力量与设备、服务条件毕竟有限，尤其面对的是病情复杂多变、年老体弱的老年群体，开展医疗服务存在很大风险。为了规避这种风险，养老机构必须强化医疗服务管理，明确自己的医疗服务范围，在规定的范围内开展医疗服务，如发生重大、突发性疾病，应在进行现场急救的同时，直接拨打"120"急救电话，寻求外援帮助，并及时通知其亲属；没有救治能力与条件的情况下，一定要配合老人亲属送往外院救治。此外，医疗服务管理还应做好医务人员执业资格管理，药品、处方管理和病历档案管理以及入住老人健康和个人档案管理等工作。

（3）后勤服务管理：养老机构后勤服务管理涉及养老机构环境绿化、美化和卫生，房屋、水、电、煤气、采暖等设施的维修，食品采购，加工制作与服务，车辆的使用与维护，消防安全与保卫等工作的管理。一般后勤服务人员可归行政部门进行管理；房屋及水、电、煤气设施维修和食堂工作人员可由总务科管理。后勤服务人员多的部门可成立相应的班组，实施班组管理。

3. 按照服务对象进行分类　包括自理老人与非自理老人管理、健康老人与患病或临终老人管理以及国家供养对象（即城镇"三无"、农村"五保"老人）与社会老人（即托养、寄养老人）的管理。在大多数情况下，服务对象的管理是按照老人的生活自理能力、健康状况、年龄、经济承受能力实施分级、分类管理。多数国办养老机构将城镇"三无"、农村"五保"老人与托养、寄养老人实行分开管理。

4. 按照建设与经营过程进行分类　包括养老机构的筹建申报、审批、注册登记和年度审核等管理。筹建申报、审批、注册登记以及年度审核管理是政府主管部门的管理职能，养老机构应按照上级要求认真做好材料和现场准备。经营管理既是养老机构重要的管理内容，也是政府主管部门或行业协会重点监督的内容。

（三）管理目标与原则

明确了管理内容，还必须制定管理目标与原则，以便确定管理方法，实施有效管理。

1. 管理目标

（1）追求社会效益：养老服务业是老年人社会福利事业的重要组成部分，也是社会主义精神文明的窗口，体现了党和政府对广大老年人的关心与关怀。因此，不断改善住养条件、提高服务质量、追求社会效益，让老年人满意、让子女放心、为政府和社会分忧是养老机构管理的最高目标。

（2）重视经济效益：虽然大多数养老机构不以营利为目的，但其参与社会经济活动与市场竞争，同样存在着经济效益问题，特别是在政府投入不足、优惠政策难以落到实处、老年人支付能力低、市场竞争激烈的背景下，养老机构要生存、要发展，必须重视经济效益。没有一定的经济效益作保障，社会效益也是一句空话。追求社会效益、重视经济效益是任何一个养老机构管理的共同目标。在这个共同目标的指导下，各养老机构应结合自身实际制定出具体的管理目标，如近期和远期的发展规模目标、质量管理或品牌战略目标、经营效益目标和人才战略目标等。

2. 管理原则

（1）以人为本的原则："以人为本"是管理学中人本原理的核心，它是管理之本、发展之本。养老机构管理中的"以人为本"主要体现在三方面：第一，在规划设计、装修或改造过程中体现"以人为本"，充分考虑老年人的体能心态变化，一切为了方便老年人居住与生活，为老年人营造一个温馨、舒适、安全、方便的居住环境；第二，在服务理念上体现"以人为本"，充分了解老年人的需求，理解老年人的心理与期望，为每一位老年人提供体贴入微的个性化服务；第三，在员工的管理上体现"以人为本"，员工是养老机构生存与发展的重要因素，管理者对员工既要严格要求，又要处处关心，维护员工的合法权益，激发员工努力工作的积极性。

（2）安全第一的原则：养老服务业是一个高风险的行业，它面对的是体弱多病的老年人群体，稍有不慎或工作疏忽，就有可能酿成入住老人的意外伤害事故，引来纠纷，造成损失。因此，在养老机构管理中，安全管理是头等大事，应从制度上进行设防，意识上加以强化，把不安全因素消除在萌芽状态。

（3）服务质量第一的原则：服务质量是任何一个企业发展的生命线，养老机构也不例外。没有可靠的服务质量，难以吸引和留住老年人，养老机构的经营将面临困境，甚至无法生存。

（4）依法管理的原则：养老服务是一个政策性很强、管理严格、社会关注度高、十分敏感的工作，稍有偏离，就会遭到政府行政部门的批评、处罚和社会舆论的谴责，使养老机构处于十分被动甚至难堪的局面。只有依法管理才能使养老机构健康发展，赢得政府的扶持和社会的支持。

三、养老机构服务的主要内容

（一）养老机构的老年护理服务

老年护理服务是指为老年人提供促进身心健康的专业护理服务的活动。护理服务是养老机构服务的主要内容之一，其目的是以照顾老年人日常生活起居为基础，用护理理念和护理技术辅助老年人尽量维持现有的生活能力和健康状况，最大限度地延长老年人自理自立生活的期限，尊重老年人的基本生理需求、心理需求以及自我实现的需求。老年护理服务的内容包括基础护理、健康管理、健康教育、治疗护理、机构内感染控制和安宁护理等。

1. 基础护理

（1）生命体征的观察与护理

1）体温：视老人情况定期测量体温。体温异常老人的护理：①密切观察病情，包括面色、脉搏、呼吸、血压及一些伴随症状，如有异常，立即与医生联系；②体温在 39℃ 以上时进行物理降温，可用冷毛巾、冰袋在头部、大动脉处作局部冷敷，也可采用温水擦浴、酒精擦浴等方式；③体温在 32～35℃ 为轻度体温下降，体温在 30～32℃ 为中度体温下降，体温低于 30℃ 为重度体温下降，严重体温下降可危及生命。对体温下降者要做好保暖，调节室温至 22～24℃，给予衣物、毛毯、棉被、热水袋等保暖。

2）脉搏：正常脉率为 60～100 次/分，脉律均匀，间隔时间相等。脉搏异常老人的护理：①加强观察脉搏的频率、节律、强弱及老人自觉症状，观察有无药物引起的不良反应，发现异常及时报告医生；②做好心理护理，控制情绪激动，消除紧张恐惧心理，稳定情绪；③注意休息与活动，避免剧烈活动，勿用力排便，戒烟限酒；④根据医嘱做好相关疾病护理。

3）呼吸：安静状态下呼吸频率为 16～20 次/分。呼吸异常老人的护理：①评估老人目前健康状况，观察有无咳嗽、咳痰、气促及胸痛等症状，帮助有效咳嗽，保持呼吸道通畅，发现异常及时报告医生；②注意环境安静、空气清新，调节好室内的温度、湿度；③根据病情合理安排休息与活动，剧烈、频繁的咳嗽需取合适的体位卧床休息；④根据健康状况适当增加蛋白质与维生素摄入，给予充足的水分和热量；⑤保持心理安静，根据医嘱给予氧气吸入，半坐卧位，以改善呼吸困难情况。

4）血压：目前临床高血压分类标准参考《中国高血压防治指南（2018 年修订版）》，为收缩压≥130mmHg 和（或）舒张压≥80mmHg。血压异常老人的护理：①要定部位、定时、按要求准确监测血压，叮嘱老人遵医嘱用药，不可随意增减药量、停药或自行更换药物；②合理饮食，减重、限盐、戒烟限酒，有规律锻炼，保持心情舒畅，避免大喜大悲；③预防体位性低血压，即老人从卧位、蹲位变换为站立位时要慢，早晨起床时先在床上活动半分钟、床上坐半分钟、床沿腿下垂坐半分钟，再缓慢站立。

（2）饮食护理

1）进食前护理：衣帽整洁，洗净双手，做好饮食选择，安排舒适的就餐环境，及时配发食物。

2）进食时护理：观察老人进食，需要时协助老人进食，对不能自行进食的老人，应耐心喂食。

3）进食后护理：及时撤去餐具，清理食物残渣，整理床单位，协助老人洗手、漱口，同时做好必要的记录。

4）管饲护理：对不能经口进食的老人需要管饲饮食，要求如下：①管饲液应现用现配；②管饲之前先测温度，管饲液的温度在 38℃左右；③根据医嘱选择、配制管饲液；④保持老人口腔清洁，定期更换胃管。

（3）排泄护理

1）尿量、尿液异常的护理：当老人出现少尿、多尿、尿频，或尿急、尿痛、尿液颜色异常时，及时通知医生，多饮水，遵医嘱用药。

2）尿潴留的护理：嘱老人放松，评估尿潴留的原因；采取诱导排尿措施；上述措施无效者，协助医护人员导尿，做好留置导尿的护理。

3）尿失禁的护理：保持会阴部皮肤清洁干燥；多饮水，预防泌尿道感染；进行盆底肌肉功能锻炼，促进排尿功能恢复；做好心理护理，必要时引流尿液。

4）便秘的护理：增加膳食纤维和水分的摄入；养成定时排便的习惯；提供适宜的排便环境；安置舒适的排便体位；腹部按摩促进排便；协助老人使用通便剂；必要时遵医嘱用药或协助灌肠。

5）腹泻的护理：观察排便的性质、次数、大便量；必要时留取标本送检；保护老人肛周皮肤；观察脱水情况，及时补充水分和电解质；遵医嘱用药。

6）大便失禁的护理：保持皮肤清洁干燥，预防压疮；保持床褥、衣服清洁；维护老人尊严，做好心理护理；做好饮食管理；帮助老人重建控制排便的能力。

2. 健康管理和健康教育

（1）老年人健康管理：是对与老年人生活方式相关的健康危险因素进行全面管理，提供科学的健康指导、健康生活方式干预，从而调动其自觉性和主动性，同时有效地利用有限的资源来最大限度地改善老年人的健康状态，达到预防疾病发生、提高生命质量、降低医疗费用的目的。养老机构中老年人健康管理的内容包括以下几个方面。

1）老年人健康信息采集：在老年人入住养老机构时应对老年人的基本信息进行采集和登记，主要包括老年人的基本情况（如性别、年龄、学历、医保情况等）、目前健康状况与疾病的控制情况、目前用药情况、既往健康史、疾病家族史、生活方式（是否抽烟、喝酒等）、一般社会状况（家庭支持情况、社会交往状况）以及入院时所做的各项体检项目。

2）健康档案建立与管理：入住老年人均需建立健康档案，将收集到的老年人资料建成一个档案，档案的建立应具有真实性、科学性、完整性、连续性及可用性。对某些不明确的地方可向家属求证后再登记，登记后不应随意修改。每位老年人的健康档案应由专人管理并定期更新。

3）健康体检：每年为入住老年人提供规范的健康体检一次，以发现潜在的健康问题。主要包括体格检查（测量血压、体重和身高、皮肤检查、淋巴结检查、乳腺检查）、实验室检查（血脂、血糖、肿瘤指标）、影像学检查（腹部 B 超、脑部 CT、胸片等）等，除了一些常规体检项目外还应针对老年人所患疾病情况进行重点检查。

4）健康指导：告知老年人体检结果，帮助老年人分析存在的健康问题和健康危险因素，调动老年人维持自身健康的积极性，自觉采取有利于健康的行为和生活方式。

5）健康干预：在医护人员的指导下，针对老年人情况进行健康干预。根据老年人患病和健康危险因素评估情况，有针对性地指导、帮助老年人参加体育活动和康复锻炼，采取合理的膳食方案；组织老年人参与机构内的各类活动，娱乐身心；督促患有慢性病的老年人遵医嘱按时服药，定期复查以控制疾病。

（2）健康教育：是通过有计划、有组织、有系统的社会教育活动，使人们自觉地采纳有益于健康的行为和生活方式，消除或减轻影响健康的危险因素，从而预防疾病，促进健康，提高生活质量。

1）老年人健康教育的内容：包括老年人运动、饮食指导；老年人常见病发病危险因素及预防知识；老年人重要器官功能的常见退行性变化与防护；老年人常见意外损伤与自护；老年人常见慢性病自我管理；老年人心理健康维护等。

2）健康教育的形式：包括个别辅导、集体讲座、实践、技能培训或应用图片、录像、宣传栏、图书资料等形式。老年人的健康教育应根据老年人的记忆特点，采用生动活泼、老年人共同参与的形式展开，以促进内化为老年人自身的意识和行为，同时也要注意发挥部分老年人的榜样作用，提高健康教育的效果。

3）养老机构内老年人健康教育的要求：①有计划地定期开展健康教育工作，每次健康教育活动有明确的计划目标和实施方案，健康教育计划存档。②健康教育对象覆盖率达到 80%以上。③健康教育对象对教育内容的知晓率达到 50%以上，并能促进健康行为的建立。

3. 治疗护理

（1）老年人的一般情况观察：如饮食状况、表情和面容、姿势和体位、皮肤黏膜、心理反应等的变化。

（2）老年人常见疾病的护理：包括高血压、糖尿病、冠心病、慢性阻塞性肺疾病、急性脑血管病、骨关节病、阿尔茨海默病等疾病的日常照顾和护理。

（3）协助老年人正确服用药物：注意剂量正确、给药时间准确、给药途径正确，不得擅自给老年人服任何药品。

（4）协助老年人使用助行器具：是为身体有残障或因疾病及高龄行动不方便者，提供保持身体平衡的措施，辅助老年人活动，保障老年人安全。老年人常见的助行器具有拐杖、手杖、步行器、轮椅和支架等。

（5）协助老年人标本收集和送检：老年人由于疾病原因，经常需要进行标本检查，常见的有尿标本、大便标本、痰标本等。标本的收集和送检通常由护理员或护士协助完成。

（6）协助老年人体位转移：包括协助老人移向床头、协助老人翻身侧卧、协助老人从床上转移至轮椅等。

4. 机构内感染控制 老年人抵抗力下降，是感染高发人群，可因污染的空气、水、食物、餐具、物品或不当的护理而导致呼吸道、消化道、皮肤、泌尿道等全身各组织系统的感染性疾病，因此必须做好机构内的感染预防与控制。

1）成立机构内感染管理组，负责机构内感染管理工作，有效预防与控制机构内感染，采取预防性措施，监测及控制传染病的发生和流行。

2）完善清洁卫生制度、消毒隔离制度、污物处理制度及感染管理报告制度，以及消毒效果监测制度等。

3）严格进行清洁、消毒工作；规范执行洗手技术，遵守各项操作规范；严格进行消毒效果监测制度；按要求处理机构内的污水、污物等。

4）加强对全体人员机构内感染的知识教育，执行有关规章制度。一旦发现机构内感染病例，应如实填写报表，查找感染源，及时送检，控制蔓延。

5. 安宁护理 在老年人生命的最后阶段，护理人员应给予临终关怀和照顾，以提高老年人的生命质量，维护其尊严，同时为临终老年人家属提供必要的支持和帮助。

（1）死亡教育：根据老年人的年龄、性格、受教育程度开展死亡教育，从而协助老年人树立科学、健康的死亡观，正确面对死亡，同时也可以为家属做好心理上的准备。

（2）舒适护理：尽最大可能减轻临终老年人生理及心理上的不适，提高生命质量，使老年人能在温馨的环境中安然度过最后的时光。

1）疼痛护理：临终老年人因疾病的影响多有疼痛等不舒适感，护理人员应尽可能采取措施减轻老年人的疼痛。

①心理护理：稳定老年人情绪，并适当引导其转移注意力，从而减轻疼痛。

②药物止痛：选择合适的药物及剂量，达到控制疼痛的目的。

③其他方法：音乐疗法、按摩、放松技术等。

2）加强营养：根据老年人的饮食习惯，创造条件增加其食欲，必要时可采用鼻饲或完全胃肠外营养，保证营养的供给。

3）改善呼吸：保持呼吸道的通畅，给予吸氧。

4）其他：加强皮肤护理、口腔护理等，增强老年人舒适感。

（3）家属支持：临终老年人的家属在心理上承受着巨大的压力，因此护理人员应给予相应的帮助，如鼓励家属表达感情，释放心中的压力；在临终老年人去世后给予同情与安慰，帮助家属顺利度过哀伤期。

（二）养老机构的医疗保健服务

医疗保健服务是指为老年人提供预防、保健、康复、医疗等方面的服务。健康的身体是老年人生活自理的基础，养老机构医疗保健服务的主要目的是维护及促进老年人的健康，提高老年人的生命质量。

1. 老年人医疗保健服务的内容 老年人医疗保健服务的主要内容包括老年人日常保健与护理，常见疾病的诊断、治疗和护理，突发疾病的救治与意外事件的处理，康复指导等。

（1）老年人日常保健与护理

1）健康评估：定期组织老年人体检，建立老年人健康档案，准确掌握老年人健康状况，为其实施个性化服务。对患病住院的老年人应按照临床病历书写规范，书写并建立病历，详细记录老年人的病情、诊断、治疗和护理经过。

2）定期查房：医护人员每天深入老年人入住区或病房进行查房，为其提供日常生活保健指导，同时了解每位老年人的健康状况、治疗效果、护理情况和存在的问题，适时调整诊疗和护理方案。

3）日常诊疗和护理：根据医疗或护理操作规范，为老年人进行配药及用药指导、输液或注射、监测血压和血糖、吸氧或雾化治疗、灌肠、伤口处理、胃管和导尿管的维护等。

（2）老年人常见疾病的诊断、治疗和护理：医务人员应在卫生行政部门批准的服务范围内开展临床医疗服务工作。对现有技术条件下能够诊治的疾病，实行就地诊治；对于超出养老机构诊疗能力范围的疾病，应及时联系老年人亲属，转诊治疗；在紧急情况下，可以直接拨打"120"急救电话，寻求帮助。

（3）老年人突发疾病的救治与意外事件的处理：医务人员应当了解养老机构常见突发性疾病、意外伤害事故的发生、发展规律和救助措施，在此基础上建立起应急处理预案，及时有效地处理老年人各种意外情况的发生。

（4）老年人康复指导：由养老机构内的专业人员（如康复治疗师）为老年人提供康复指导，包括评估老年人的功能障碍情况、指导老年人使用助行器具、指导老年人进行康复功能训练，从而促进老年人日常生活活动能力的恢复，预防并发症和继发性残疾。

2. 老年人医疗保健服务的要求 ①老年人医疗保健服务应由内设医疗机构或委托医疗机构提供。②老年人医疗保健服务应由执业医师或康复治疗师承担，符合多点执业要求。③养老机构应参照医疗机构设置要求配备设施与设备。④专业人员应运用综合康复手段，为老年人提供维护身心功能的康复服务。⑤医疗服务的开展应符合卫生行政主管部门有关诊疗科目及范围的规定。⑥医疗行为应参照临床诊疗常规。

第三节 老年社区管理

【问题与思考】

请简述老年社区管理的原则。

一、老年社区的特点

（一）社区的含义

社区自古以来就被认为是人类生活的基本场所。随着"社区"一词的提出，对社区的定义出现了多种解释，综合起来，社区是指由一定数量居民组成的、具有内在互动关系和文化维系力的地域性的生活共同体。这个定义具有以下 4 个特点。

1）强调了居住在社区的居民是社区人口的主体，这也使社区得以保持相对稳定的人力资源。

2）强调了居民之间在居住环境、卫生、文化娱乐、教育、治安和社区参与等方面的互动关系。

3）强调了文化维系力的作用，即居民之间因相同的利益和社会分层而产生对社区的认同感和归属感。

4）强调了地域共同体和地缘关系的特征。

（二）老年社区的形式

老年社区是一种市场化与商业化的产物，它通常可以根据对所处位置、规模与产品的不同要求，划分为两种不同的产品形式，如表 6-1 所示。

表 6-1 老年社区的形式

项目	公寓型	社区型
服务对象	家庭无法照料或出于自身意愿，同时具有一定能力的独居老人	身体健康、喜欢独立生活且具有较强支付能力的老人家庭或合居家庭
规模	一般较小	一般较大
位置	城市成熟生活区内	环境理想的城市郊区
设施要求	1）内部配置公寓+少量生活与服务设施 2）对外部生活设施（包括商场、医院、电影院等）依赖程度高	1）内部配置公寓+完整配套设施，包括基本的购物、医疗、文化娱乐等 2）对外部设施依赖较小

资料来源：高佩钰. 2010. 老年居住社区的设计研究[D]. 合肥：合肥工业大学.

（三）老年社区的特点

1. 老年人的需求特点 老年人生活的要求和其他年龄的人不一样，他们需要物质保障基础之上更高的精神追求。多数老年人都童心未泯，喜欢安静的同时又喜欢热闹。老年人具有以下几个活动特征：群聚性、地域性、交往性、私密性等。

（1）老年人对居住环境的要求：老年人的体温调节能力较低，室温应以 22～24℃较为适宜，湿度以 50%～60%为宜。老年人通常畏冷喜阳，卧室尽量朝南，保证良好的采光，光线尽量能照射到床上，老年人卧床期间也可以享受充足的阳光。如果卧室不止一扇窗户，要考虑到室内进入光线的量，可以通过百叶窗、遮光帘等设施方便调整室内光线。卧室空气清新十分重要，应确保良好的通风。在确定卧室门窗开启方向时应考虑通风的顺畅性，避免形成通风死角。同时需要注意通风之前做好老年人的保暖，避免较强的空气对流造成感冒。

老年人的居住环境要注意隔音处理。老年人通常都有睡眠的问题，比如空调外机的声音、楼道里嘈杂的声音都可能影响老年人休息，在选择卧室位置的时候都要仔细考虑。

居室无论大小，白天或者夜间，老年人活动的区域要保证良好的自然光线，光线不能过强、直射眼睛或有很强的反光；如果自然光线不能满足活动需求，要补充光源。但注意灯光的位置和角度，所产生的阴影不能过浓，可适当调低灯源的位置。一定要保持适当的夜间照明，如可在走廊和厕所安装声控灯，或在不妨碍睡眠的前提下安装地灯等。

（2）老年人对户外环境的要求：老年人对户外环境有特殊的需求。老年人身体灵活程度降低，涉足范围在缩小、距离在缩短，所以老年人日常生活所需的基本商业设施、服务设施、保健服务、娱乐设施等要尽可能集中并易于前往。

2. 老年社区的配置特点　老年社区是供老年人集中居住的，是居家养老与社区服务的结合，不仅需要在楼层、医院、交通、服务设施等方面符合老年人的身体特点，更要在娱乐、学习、交往、情感等方面照顾老年人的心理需要。

老年社区必须包含必要的医疗、娱乐、文教、社交等公共设施。其中老年医疗保健设施包括老年病医院、老年康复中心、保健站、老年诊所等；教育设施包括老年大学、图书馆、书画协会等；文娱设施包括老年中心、俱乐部、老年之家等；老年服务设施包括老年餐厅、日间服务站等。

3. 老年社区规划特点　老年社区的各种设施还必须按照老年人的特点进行规划设计。当然，老年社区规划及设计最重要的地方体现在细节上。例如，使用温暖、人性化、贴近自然的材料代替冷冰冰的白灰、平整光亮的石材，拉近老年人与自然的距离，减轻老年人长期处于室内而产生的烦躁感。在颜色的使用上，采用米色、淡黄色等暖色调代替白色，为老年人创造温馨、舒适的环境。

公共空间采用较大的开放空间，给人以宽敞、平等的感觉，并利于老年人交往和进行集体性活动。玻璃幕墙对着优美的风景，使老年人足不出户就能享受到自然景观。同时还可以充分利用自然采光。这些特殊的设计，充分考虑到了老年人的生理、心理和行为特点，达到安全、方便、舒适的目的，使老年人感到亲切。

4. 老年社区模式的特点

（1）纯老年社区：目前，纯老年社区典型的代表是美国的太阳城模式，国内的部分老年社区在按照这种模式进行开发。其建筑类型包括三种类型的老年公寓和部分低密度的别墅。其中三种类型的老年公寓分别是：适合单身老年人或老年夫妇的宿舍式公寓、一家一户的居家式公寓或住宅式公寓、配备专业护理人员的护理式公寓。别墅有 $250\sim300m^2$、$400\sim500m^2$ 两种户型，还有 $400\sim500m^2$ 的四合院，以满足老年人的不同需求。社区内配备专供老年人使用的生活、休闲设施。一般来说，纯老年社区的价格会比较高。

（2）融入型老年社区：融入型老年社区的开发模式在国外较为普遍，这一开发模式从实践上看应该是更符合我国国情的。作为一个老年社区，其是与其他的度假社区、国际社区、商务社区等共同组成的。选择此类社区的客户，可以是老年人在此养老，享受较好的环境和精神文化生活，还有必要的医疗设施；也可以是老年人住在老年社区，后代住在其他社区，两代人平日各取所需，周末相互照应。我国融入型老年社区多选择在离北京、上海等经济发达城市不远的近郊和周边。国内老年社区的主要消费群体应该是一部分收入水平相对较高、对生活品质有一定要求的城市老年人，这些老年人多不愿意到离常年生活的城市太远的地方养老。

二、老年社区服务管理的主要内容

（一）老年社区服务

老年社区服务是老年社区建设与管理的龙头，它对于满足社区中老年人的生活需求、实现社会福利、完善老年社区管理、推动老年社区建设具有重要意义。

1. 老年社区服务的含义 老年社区服务指的是在政府的倡导下、在社区范围内主要面向老年群体实施的具有福利性和公益性的满足老年人需求的各种社会服务活动，一般为无偿或低偿提供。

2. 老年社区服务体系 老年人服务主要是针对老年人在衣、食、住、行、医、学、乐等方面所提供的服务。综合老年人服务的内容，老年社区服务体系包括以下 4 个方面。

（1）日常生活照料体系：日常生活照料体系是老年人需求的最低层面，也是最基本的需求，主要包括以下几个方面。

1）建立包括家政服务、日托中心、养老院照顾等多种形式的社区生活照顾体系，使传统的家庭养老、机构养老与社区服务相衔接。

2）建立定点服务和上门服务相结合、有偿服务与低偿或无偿服务相结合、专业服务与志愿服务相结合的多种形式的服务体系。

3）建立个性化的针对高龄、空巢、独居、残疾及非自理老年人不同需求的多层次、多元化和多项目的服务体系，提供家务、送餐、购物、陪护和应急救助等服务。

（2）医疗保健体系：社区卫生服务是一项比较复杂的社会工程，是供需双方互动的体系。

1）建立形式多样、内容丰富的医疗保健知识宣传、教育和交流的科普体系，提高老年人参与的积极性和主动性，强化对健康保健知识的掌握，增强保健意识。

2）建立全过程的医疗监测体系，把心理健康状况纳入健康档案管理并充分利用，进行日常疾病预防、健康管理、健康监测与疾病治疗，把疾病早期干预措施纳入医疗工作范畴。

3）建立一体化病床、家庭门诊等上门服务，同时建立正规大医院和社区卫生中心及家庭互动的连续性体系，为老年人提供预防、医疗、康复、保健、护理和临终关怀等一体化服务。

（3）精神文化生活服务体系：精神文化生活服务体系是老年人生活的最高层面的需求，体现了老有所乐、老有所学、老有所为的思想。

1）建立包含社区老年活动中心、小区老年活动室、图书馆、健身室、健身点在内的社区老年文体设施，定期举办文体活动，帮助老年人参与社交、增强体质等。

2）建立健全老年教育体系，综合利用社区资源，满足老年人的学习需求。

3）建立老年人社会参与体系，结合老年人特点，组织利用和开发老年人力资源，建立老年人志愿者和就业服务体系，使老年人参与到社会生活中，实现人生价值。

（4）社区养老服务保障体系：加强社区老年人服务制度建设，包括社区养老服务设施用地、用房政策，兴办社区等老年人事业的税收政策、财政支持政策，城市公建配套法规，社区老年人服务与管理规章制度。加快城市社区养老服务设施建设步伐，要从适应老年人居家养老的居住条件，满足老年人对医疗保健和照料服务的需求，强化老年人文化教育、娱乐活动，改善老年人出行、活动、交往的安全、舒适、便捷的户外环境等方面着手，从而建设与完善社区老年人养老服务设施。

（二）老年社区文化

老年社区文化是老年社区建设与管理的重要内容，它对于丰富社区老年居民的生活、提高社区老年居民的素质、促进社会进步具有重要意义。

1. 老年文化的含义 老年文化是文化的一个分支，指的是以老年人为主要角色所形成的文化体系，其中包含专门反映老年人生活的艺术形式和娱乐形式。老年文化中既包括以形象化的手段反映关于老年人现实生活的老年文艺，也包括以老年人为参与主体的娱乐和民俗活动，还包括与体育锻炼相结合的娱乐健身活动。

2. 老年社区文化工作的含义 老年社区文化工作是指根据老年人的生理和心理特点，组织和引导老年人开展各种各样的文化娱乐活动，丰富老年人生活，使其老有所乐。安排好老年人的活动，使老年人享有乐趣，身心得以松弛，情绪得以舒缓；通过娱乐爱好活动，老年人增加了与他人交往的经验，感受到为他人所接纳，增强了自我价值观。

3. 老年社区文化工作的特点 老年社区文化工作与其他群体文化工作相比有以下特点。

（1）群体性：老年人的生活范围基本上是全天都在社区，人与人之间不再严格地以职业和阶层为界限，更多的是强调群体沟通与交往。老年社区文化工作的主要内容属于人们喜闻乐见的项目，群体性十分明显。

（2）历史性：老年社区文化工作必须考虑到老年人几十年的人生经历，许多兴趣和爱好是长年逐渐养成的，与其个人成长经历和社会历史都有很大的关系。因此，老年社区文化工作一定要照顾老年人的这些情况。

（3）娱乐性：人到老年，淡泊名利。他们所进行的活动多是为了健康和开心，开展丰富多彩的老年文化活动，让老年人生活充实，让老年人真正从中感受到快乐和舒服是最重要的。

（三）老年社区教育

教育是开启人们智慧之门的钥匙，是发展高科技的先导，是引导人类走向崇高理想社会的阶梯。教育不仅仅面向婴幼儿和青少年，或拥有某一专业技能的人，而是面向社会全体成员、所有年龄阶段的人，当然也包括老年人。

1. 老年教育的含义 国内学术界对老年教育大体有以下几种定义。

1）老年教育是以提高老年人思想道德和科学文化素质，促进受教育者增长知识、丰富生活、陶冶情操、增进健康、服务社会为目的所实施的教育活动。

2）老年教育是终身教育的最后环节，是人生大教育系统中的一个子系统。它既是成人教育的一种形式，也是终身教育不可缺少的组成部分。

3）老年教育的内涵界定有广义和狭义之分。广义的老年教育指影响人们的知识、技能、身心健康、思想品德的形成和发展的各种有益活动；狭义的老年教育则是指以老年大学和各级各类老年学校为主体的，对老年人所实施的有目的、有计划、有组织的教育活动。

2. 老年社区教育的含义 老年人长期稳定地生活在社区，对社区最了解、最有感情，同时对社区的向心力也最强，老年人必须依赖社区为他们提供各种设施，使他们能够便捷、顺利地享受应有的教育权利。考虑到老年人身体状况、居住范围以及情感依赖等因素，老年社区教育的举办范围也应该突出"小区域化"的特点。

3. 老年社区教育的特点

（1）特殊性：老年社区教育从形式和内容上都有着自己的特殊性，而不能与现有教育分类简单地融为一体。老年社区教育也不可纳入某种特定的教育形态，如学校教育、成人教育、社会教育、非正规教育等。

（2）社区性：老年社区教育的属性是社区性，它是社区教育这一概念的子概念，属于社区教育中针对老年人和老年服务工作相关者进行的一种具体活动，可以纳入多种形式和内容，如文化馆等公共设施，网络、报纸杂志等其他老年教育可用资源和途径等。

（3）多样性：老年社区教育的方式是多样性的，可以分为集中式教育和分散式教育。所谓集中式教育，就是将老年人集中起来进行知识传授，以社区老年学校教育为代表；所谓分散式教育，就是让老年人分散学习，比较典型的有老年活动中心、社区中的图书馆、网络教学、家庭教学等。

三、老年社区管理的原则及方法

（一）老年社区管理的原则

老年社区管理的特征决定了社区管理是一项有计划的实践活动，社区管理的复杂性要求我们在管理中必须遵循一定的原则。

1. 全体利益原则 全体利益原则强调，老年社区管理的目的是满足社区内全体居民、组织、团体、单位的共同需要和利益。一切手段、做法都必须紧紧围绕着这个根本目标，不能偏离，它是衡量老年社区管理有效与否的最直接的标准。

2. 自治和自助原则　自治和自助原则强调，明确社区自我组织、自我管理的管理方式，充分调动老年社区成员参与社区管理的主动性、积极性和创造性，利用社区内的人力和物力资源，发挥老年社区居民的特长和潜能，以自动、自发、自助、自治的精神，来实现老年社区的管理和发展。

3. 组织和教育原则　组织和教育原则强调，实现老年社区管理目的的方法是通过社区教育，提高老年社区居民的综合素质；通过组织和管理，利用约束性要素来建立、健全并理顺老年社区居民之间的关系，统一老年社区居民的认识，培养老年社区居民的意识。

4. 协调性原则　协调性原则强调，老年社区管理不能仅仅局限于社区这个区域，要注重社区与整个外部大环境的协调，以及组织与功能之间的协调，以保证管理的及时、有效。

5. 前瞻性原则　前瞻性原则强调，在老年社区管理过程中，要重视预见性，要有长远的目标，要充分考虑老年社区管理的根本出路问题，将影响老年社区发展的不利因素化解在萌芽状态。

6. 法治管理原则　依法治理社区是现代社区管理的必然要求，老年社区的各项管理活动、管理行为要有法律依据，符合法律规定。

（二）老年社区管理的方法

老年社区工作在老年社区管理中的应用

（1）老年社区工作的含义：老年社区工作主要以社区中的老年人为工作对象，通过发动和组织社区内居民参与集体行动，确定老年人在社区中的问题和需求，动员社区资源来预防和解决老年人问题，培养老年人的自助、互助精神，让老年人有愉快的晚年生活并维护社区的稳定。

（2）老年社区工作的目标：老年社区工作的目标大致有以下几个方面。

1）减少老年人与社会的疏离，增进老年人的社区参与。

2）消除老年人自卑、无能及无助的心态，建立积极的人生观。

3）改变社会人士对老年人抱有的负面形象。

4）争取及巩固老年人权益，提升老年人生活品质。

5）发挥老年人潜能，参与改善社区生活。

6）提高老年人的政治意识，提升老年人的政治影响力。

（3）老年社区工作的方法和技巧

1）加强老年人对社区的认识，鼓励老年人参与社区活动，实现老有所乐：要加强老年人与社区的联系，推动老年人的社区参与，首先要做的工作是让老年人对居住地有足够的认识，让他们多了解社区设施、社区的新发展、社区内政府部门的工作，掌握社区内所发生的事件的最新资料等。在社区活动中心、"老年人之家"的活动中，可安排老年人进行社区探访活动。在老年福利机构中，工作人员应经常提醒老年人的家人及亲属常来探望老年人，借此把社区气氛带进机构内。应多举办各种富有社区气氛的活动，如在春节、元宵节、端午节、中秋节等传统节日，举办各种富有传统气息的活动；还可以举办一些认识社区及搜集社区资料的比赛活动，让老年人多关注身边的事物。在社区或服务单位的宣传栏里，最好专门开辟一块"社区新闻栏"或"时事栏"，将社区发生的新闻张贴起来，让老年人定期阅读。工作人员应鼓励老年人参与到这些活动中来，发挥老年人各自的特长。

2）增强老年人的自助及互助能力，提升老年人自信心：社区工作经常推行自助及互助计划，以增强自助能力，并鼓舞居民间的守望相助精神。因此，在老年人服务机构内应多推行一些自助及互助服务。老年人有丰富的人生经验和工作经验，是一种十分宝贵的资源，因此我们可以鼓励老年人参与活动的策划及组织工作，如宣传活动、制作游戏物品、布置场地、准备节目，甚至担任活动的主持等。还应鼓励老年人善用闲暇时间，根据老年人各自的特点，发动老年人的互助服务，如理发、读写信、教唱歌、跳舞或弹奏乐器等。

3）发展、培养老年志愿者，实现老有所为：协助老年人成立志愿者小组。志愿者可以参与社区内的一些义务工作，如协助维护社区的治安，参与社区内活动的策划和组织，争取社会资源等。志愿者还可成为老年人与工作者的沟通桥梁。通过志愿者，工作人员能更多地了解老年人的需求及对服务的意见，能加深老年人对社区或服务单位的归属感，并产生被尊重和有能力参与的感受。

4）成立老年人组织，发动老年人关注社区事务：社区工作者可以引导社区的老年人成立老年人协会或小组，将老年人组织起来，动员他们去关心一些与老年人有切身利益关系的社区问题。实际上，老年人对与其有切身关系的问题有很多自己的看法，只是社区工作者没有重视其意见，甚至有的意见反映到社区以后，社区没有回应，这样就可能挫伤他们关心社区事务的积极性。

5）向老年人灌输权益的意识，帮助老年人维护自身权益：不能只为老年人解决问题，而忽略了老年人对自己权益的认识及觉醒。老年人自身权益意识的提高是维护老年人权益的关键。很多时候，老年人的权益意识十分低下，不知道自己拥有哪些权益，更不知道该怎样去维护自己的权益。因此，社区工作者要不断地向老年人讲解他们的权利，让他们明白争取更多话语权、参与权和决策权的重要性，帮助他们提升自身权益意识。同时，举办有关老年人权益的讲座、讨论、板报、活动，进行老年人权益的宣传，使社会大众了解老年人曾经对社会作出的贡献，使大家明白老年人应该得到社会的照顾，从而使全社会了解老年人的权益，自觉维护老年人权益。

6）为社区老年人提供专业培训，培养社区老年领袖：不少老年学者提出，老年人是有条件去学习新事物的，老年人还有不少本领、才能有待发挥。我们可以为老年人开展一些短期或定期的本领培训计划。培训内容包括认识社会资源、学习解决问题的方法、掌握组织技巧、自信心训练等。从社区中培养的老年人领袖往往更容易与社区中的其他老年人交流。

第四节 老年人社会活动服务

【问题与思考】

请简述老年人社会活动服务的原则。

老年人社会活动服务的主要目的是维护老年人和谐的婚姻家庭关系、丰富老年人的闲暇生活、保障老年人的合法权益、满足老年人自我价值实现的愿望。

（一）老年人社会活动服务内容

良好的人际关系是老年人晚年生活愉快的重要条件，也是老年人保持身心健康的基础。老年人的社会活动服务主要围绕老年人的婚姻关系、家庭关系、朋友关系等人际关系展开，通过对老年人婚姻关系、家庭代际关系以及亲朋好友关系的调节服务，达到促进老年人生活愉快、保持身心健康的目的，老年人社会活动服务内容如表 6-2 所示。

表 6-2　老年人社会活动服务内容

服务类别	服务内容	目标
婚姻家庭关系调节服务	婚姻危机调节；再婚问题处理；代际关系调适	促进老年人婚姻家庭和谐，提高生活质量
文化娱乐活动服务	组织策划老年活动；老年教育支持服务；老年人关爱活动	丰富老年人生活，使其老有所乐、老有所学
社会参与服务	开发老年人力资源；组织老年志愿服务；建立老年社会组织；保障老年人政治参与	满足老年人自我价值实现，实现老有所为
合法权益保障服务	婚姻家庭纠纷调解；受虐老年人权益维护；财产处分及保护；防诈骗教育；老年人法律援助；法律法规普法宣传教育	保护老年人合法权益不受侵犯

《"十四五"国家老龄事业发展和养老服务体系规划》指出,丰富老年人文体休闲生活,应从扩大老年文化服务供给、支持老年人参与体育健身、促进养老和旅游融合发展等方面开展。通过策划和组织体育性、知识性、娱乐性、艺术性等类型的老年活动,开展老年教育和老年人关爱服务,使老年人的生活更愉快、更充实,达到娱乐和康复的双重目的。

针对我国老年人社会参与水平低的现状,通过开发老年人力资源、组织老年志愿服务、建立老年社会组织、保障老年人政治参与等服务,达到老年人自我价值实现以及老有所为的目的。

老年人的合法权益是指老年人依据宪法和法律应当享受的各种权利和利益。针对日常生活中老年人婚姻家庭纠纷、子女不履行赡养义务甚至虐待或遗弃老年人、老年人财产自由处分权受侵犯、婚姻自由权受到干涉等侵犯老年人合法权益的现象,为老年人提供普法宣传教育、矛盾纠纷调处、法律援助和司法保护等服务。

(二)老年人社会活动服务的原则

1. 接纳和肯定原则 为老年人提供社会支持与服务,工作者应在掌握老年社会学及老年社会工作有关理论和方法的基础上,用积极的心态面对老年人。不能把老年人当成负担,而应从内心接纳、尊重老年人。考虑老年人的生理和心理特点,不以自己的行动和反应能力来要求老年人,更不能急于求成。在对老年人开展服务工作时,要有较强的耐心,说话语气要尽量委婉,必要时应作反复说明以使老年人充分理解自己的意图。开展服务活动时要给予老年人细致周到的照顾,确保老年人在体力和心理上能够承受。对老年人多加鼓励,对其所取得的任何进步和改变都应及时地给予肯定和赞赏,以促使他们建立起良好的自信心。

2. 自决和自愿原则 对老年人提供社会支持与服务,服务人员不能代替老年人作出行动和决策,因为对老年人大包大揽并不是解决问题的好办法,反而会伤害老年人的自尊心,使他们感到自己无能而产生沮丧心理。应当相信老年人自身的能力,并通过充分调动和发挥老年人的自立能力,提高老年人的自信心,积极鼓励他们在可能的情况下自行作出选择和决定。

3. 量力而行原则 要充分考虑老年人具有不同于其他社会群体的独特的生理和心理特点,并且每一位老年人都是独特的个体,切不可用某一固定的模式去要求他们。特别是在文体娱乐活动组织和社会参与服务时,应根据老年人个体和群体的特点与需要,在老年人健康状况允许的前提下量力而行。

4. 依法合法原则 组织开展老年人活动或为老年人提供支持服务,一定要遵守国家法律法规及有关规定。在对老年人开展婚姻家庭关系调节服务和合法权益保障服务时,不能违反《中华人民共和国民法典》《中华人民共和国老年人权益保障法》的强制性规定;在对老年人开展文化娱乐活动和社会参与服务时,不能违反《中华人民共和国劳动法》《社会团体登记管理条例》《中国注册志愿者管理法》等法律法规的有关规定。

思考题与实践应用

1. 请简述老年人权益的含义。

【参考答案】

老年人权益是指老年人依照国家法律法规所享有的各种权利和利益的总称,它包括老年人与其他年龄群体共同享有的政治、经济、文化等方面的普遍的权利和利益,也包括老年人作为社会弱势群体所享有的特殊权利。

2. 养老机构的服务对象包括哪些?

【参考答案】

养老机构的服务对象主要是老年人,但是某些养老机构(如农村敬老院)也接收辖区内的孤残儿童或残疾人。

3. 请简述养老机构的服务特点。

【参考答案】

养老机构的服务特点包括：①以人为本；②公益性；③高风险性。

4. 请简述老年社区管理的原则。

【参考答案】

老年社区管理的原则主要包括全体利益原则、自治和自助原则、组织和教育原则、协调性原则、前瞻性原则、法治管理原则。

参 考 文 献

胡秀英, 肖惠敏. 2022. 老年护理学[M]. 5 版. 北京: 人民卫生出版社.

姚蕾. 2018. 老年人服务与管理概论[M]. 北京: 清华大学出版社.

第七章　老年服务质量管理

【学习目标】

1. 掌握： 老年服务质量管理的基本概念；老年服务质量管理的基本内容；老年服务质量管理体系的组成结构；老年服务质量过程管理的主要内容及方法。

2. 熟悉： 老年服务质量差距产生的原因及解决办法；老年服务质量差距模型的基本内容；老年服务质量管理过程评价的指标；老年服务质量控制存在的风险问题；老年服务质量控制对策。

3. 了解： 老年服务质量管理的相关理论；国内外老年服务质量管理的标准。

第一节　质量管理概述

【问题与思考】

1. 请区分老年质量管理、服务管理、服务质量的基本概念。
2. 请简述常见老年质量管理理论和模式。
3. 请描述养老院的服务质量的差距以及解决方案。

我国人口老龄化的趋势正在加速演进。习近平总书记强调要完善多层次的养老保障体系，在2021 年 6 月中共中央政治局召开的会议中指出要"加快建设居家社区机构相协调、医养康养相结合的养老服务体系"。截至 2022 年底，据《2022 年民政事业发展统计公报》，全国注册登记提供住宿的各类民政服务机构 4.3 万个，其中注册登记养老机构 4.1 万个，民政服务床位 545.2 万张，养老服务床位 518.3 万张。随着科技、经济社会、文化的发展以及养老需求的增加，养老机构服务设施不断更新，养老体系不断完善，医院、社区、家庭、机构养老不断协调与合作，依托人工智能（AI）、互联网等方式成为未来养老服务行业的新趋势。

一、质量与质量管理

1. 质量的概念　质量在汉语中的含义涉及物理学、经济学、管理学以及工程学的范畴，质量在《管理学大辞典》中定义为表征事物满足特定需要能力的特征的总和，用于衡量产品和工作的优劣程度。现代质量管理学大师朱兰（Juran）将质量定义为产品或服务具备满足顾客需求的特征。

狭义的质量概念可以引申为"产品质量"以及"服务质量"。质量主要关注到顾客使用以及社会损失两个层面。朱兰从顾客使用角度将质量定义为"产品质量是满足使用要求所具备的特性"，或者"产品质量是产品的适用性"。这里所说的"特性"或"适用性"，包括性能、寿命、可靠性、安全性、经济性和可销售性。从产品出售后给社会带来的损失程度出发，将产品质量定义为"产品出厂后直至使用寿命终止，给社会带来的有形或无形损失的程度"。这里所说的"社会"是指使用者和除生产者之外的一切人；所说的"有形损失"是指使用者购得产品后，所支付的购置、维护、保养和故障处理等费用；所说的"无形损失"是指除使用者和生产者之外的第三者蒙受劣质产品所带来的损失，如噪声、废气污染以及其他质量事故造成的损失。这一定义是日本质量管理专家田口玄一提出的，称为"田口玄一定义"。相比较而言，朱兰定义的质量概念比较直接，流行更广。

根据 1994 年 ISO 8402 的定义，质量是反映实体满足明确和隐含需要能力的特性的总和。这里的实体是指：①某项活动或过程；②某个产品（产品包括硬件、软件、流程性材料及服务）；③某个组织、体系或人；④以上各方面的任何组合。这里的特性主要是指产品特性，主要表现在可靠性、维修性、安全性、适应性、经济性、时间性等方面。服务业的服务特性以及服务提供特性是服务业质量特性的具体表达。

随着经济社会的发展，狭义的质量概念已经不能满足人们对于优质产品和服务的需要，因此，质量的概念也逐渐得以发展。美国质量协会所定义的质量也是以顾客为中心，强调满足顾客现实或潜在的需要。《质量管理和质量保证》（GB 6583.1—86）将质量定义为：产品、过程或服务满足规定或潜在（或需要）要求的特征和特性的总和。按照这一定义，"质量"已从产品质量扩展到"过程"和"服务"的质量，即工作质量，反映了由狭义质量概念到广义质量概念的进步。

2. 质量管理的概念与发展　质量管理指对产品的质量和影响产品质量的各项工作进行科学管理的总称，即确定产品的质量水平，并通过各种技术手段和组织措施控制质量特性的波动，以实现既定的质量水平或改进质量的目标。《质量管理和质量保证》（ISO 8402—1994）标准规定：质量管理是指确定质量方针、目标和职责，并通过质量体系中的质量策划、质量控制、质量保证和质量改进来使其实现的所有管理职能的全部活动。即质量管理是为了实现质量目标所进行的具有管理性质的活动。

产品质量管理起源很早，可以追溯到商品产生的时代，但作为科学的质量管理方法，主要经历了以泰罗为主的"科学管理运动"才具体发展起来，从工业革命时代发展到如今的国际化时代。质量管理发展史大体可分为 4 个阶段。

（1）第一阶段（20 世纪初至第一次世界大战前）：质量检验阶段。由专职的检验部门或人员，通过严格的检验来控制和保证出厂或转入下道工序的产品质量。主要使用统计和数学方法、抽样表和控制图等。这种质量管理方法属于事后检验，虽然能保证出厂产品的质量，但废、次品已经形成，浪费较大。另外，它要求对成品进行全数检验，既费工又费时，不仅从经济角度讲不合理，而且有时从技术方面考虑也不可能，尤其在生产规模扩大和大批量生产的情况下更是如此，因此随着工业革命的发展，催生了下一个管理阶段。

（2）第二阶段（20 世纪 30～60 年代）：统计质量控制阶段。谢沃特以及美国贝尔实验室的其他研究人员是最早把数理统计方法引入质量管理的先驱。第二次世界大战爆发后，军火需求量迅速增加，质量检验成为最薄弱的环节。为了扭转军火质量不稳定和不能如期交货的被动局面，一些企业开始采用谢沃特的数理统计方法来控制产品质量，并取得了显著的效果。从那时起直至 20 世纪 50 年代初，这种把事后检验变为事先预防的数理统计方法成为世界各国普遍采用的一种质量管理方法。

（3）第三阶段（20 世纪 60～90 年代）：全面质量管理阶段。从 20 世纪 50 年代起，工业生产飞速发展，科技水平日益提高。消费者开始重视产品的耐用性、可靠性、安全性和经济性等。因此，产品质量成了决定企业能否盈利和能否生存的大问题。60 年代初，费根鲍姆提出"全面质量管理"，简称 TQC。这是一种在统计质量控制方法基础上发展起来的科学的质量管理方法。全面质量管理即要求全体工作人员都具有质量观念，担负质量管理的责任，把行政管理、专业技术和数理统计方法密切结合在一起，注重人在管理中的作用，全面以及全方位参与管理，建立一套完整的质量管理工作体系，以保证生产顾客满意的产品。

（4）第四阶段（20 世纪 80 年代后期至今）：国际化与智能制造质量管理阶段。随着国际产品和资本之间流动日益密切，贸易国际化已经成为不可逆转的潮流，为确保产品质量能够在国际之间取得一致标准，解决国际产品质量和责任等问题，国际标准化组织（ISO）成立了"质量管理与质量保证技术委员会"，旨在建立一个国际化规范性的质量管理运行体系供企业参考，并于 1979 年单独建立了质量管理和质量保证技术委员会（TC176），专门负责制定质量管理国际标准，陆续颁布了 ISO9000 系列国际标准 2011 版、2016 版、2018 版、2021 版。

另外，进入 21 世纪，不可忽视的是，随着新一代信息通信技术与先进制造技术的深度融合，并贯穿于设计、生产、服务、管理等各个环节的新型生存方式，世界已进入智能制造高质量发展是今后必然的发展趋势，质量管理也在这种新形势下进入了 4.0 时代，智能制造时代的质量管理遵循"三全一多"要求，即全员的质量管理、全过程的质量管理、全方位的质量管理和多样化的管理方法。全面质量管理的时代需要企业管理者和组织者关注到系统化和专业化、价值驱动、方法融合、质量文化、质量大数据以及质量协同和质量共治等方面，能动性结合智能制造和全面质量管理的内容，着眼从合规到卓越，从小质量到大质量从而追求高质量。质量管理历经四个时代，并随着时代的进步而不断产生创新动态，优质高效的质量管理往往是顺应时代背景、符合经济发展的潮流、结合社会文化背景，并在实际基础上进行摸索和探讨的成果。

二、服务与服务管理

1. 服务的概念 服务就是为别人提供方便和帮助，为集体利益或某种事业而工作。在经济哲学领域，服务又称劳务，即劳动者主要不以实物形式而以劳动形式向社会提供非物质形态的特殊使用价值或提供某种效用的活动。随着经济社会的发展，为不断满足消费者产生的新需求，服务业逐渐成为第三经济。服务业指利用一定的场所、设备为生产和人民生活消费需要提供劳务的行业，包括非商业性活动（如卫生、福利、教育、宗教和慈善等）、商业性服务（如餐厅、娱乐、对人的照顾等）、贸易、运输、通信、公用事业、金融（如保险、房地产、投资和银行业）等。可以这样理解，服务就是以无形的方式满足顾客的需求，秉持利他主义为他人提供方便或帮助。

2. 服务的特性 服务的特性有无形性、不可分离性、差异性和易逝性。

（1）无形性：无形性是服务最主要的特征，服务的实现形式主要是一方提供给另一方的不可感知且不导致任何所有权转移的活动或利益，也可以是服务企业通过一系列的活动或过程将服务提供给消费者，这过程也是不可见的。因此可以这样理解，服务的无形性决定了服务不是实物，而是消费者从一系列的企业活动中感受到的需求实现。比如：航空公司的空乘人员为乘客调整合适恰当的座位角度，从而为乘客提供舒适服务；酒店为入住的宾客提供隔音和零压房间，形成一种确保睡眠质量的服务。

（2）不可分离性：一般的商品主要是经历生产—储存—销售—消费的过程，而服务则具有生产和消费不可分离性，经历的是销售—生产和消费。即如果买方和卖方没有相遇（方式可以是多种多样的）而产生销售活动，那么服务就不会产生，更不会被消费。比如买票参加演出、聘用家政人员等。

（3）差异性：由于服务具有不稳定的特性，需要具体的时间、地点、服务提供者、消费者等因素才能形成服务活动，服务的无形性使得服务的标准化和控制过程难以实现而形成差异性。体现为以下几个方面：同一个服务提供者在不同的时间、地点提供的服务质量可能不同；不同的服务提供者提供的服务各有差别；不同的消费者存在个体客观差异，对相同服务的质量评价可能不同；同一消费者在不同的时间和地点接受相同的服务可能会有不同的消费感受。由于这些服务之间存在差异，服务过程的标准化并不能解决这个问题。

（4）易逝性：服务的易逝性是由其无形性与生产和消费的不可分离性决定的，因为服务不能在时间上被储存下来，也不能在空间上被转售或退回。比如在高铁公司某次 8：00 的北京—上海的动车为旅客提供了 357 个座位，即使只搭乘了 300 个座位，剩下的 57 个座位也不可能储存到下一班销售。由于服务的不可储存性，大多数服务公司的服务能力是否匹配市场需求成为企业核心竞争力的关键。

3. 全面质量管理 20 世纪 50 年代末，美国通用电气公司的费根鲍姆和质量管理专家朱兰提出了"全面质量管理"的概念。朱兰质量管理三部曲是目前最系统、全面的管理模式，这种管理模式由质量计划、质量控制和质量改进三个过程组成。全面质量管理就是以质量为中心，预先对整个系统中影响产品质量和工作质量的各种因素加以控制，从而充分保证产品和服务质量的均一性、优质性的活动。全面质量管理的基本方法可以概括为：一个过程、四个阶段、八个步骤、七种统计方法。

（1）一个过程：企业管理是一个过程。企业在不同的时间段有不同的企业任务，企业生产经营活动都符合产生、形成、实施、验证的过程。

（2）四个阶段：PDCA 循环又叫戴明环，是美国质量管理专家休哈特博士首先提出的，由戴明采纳、宣传，获得普及，从而也被称为"戴明环"。它是全面质量管理所应遵循的科学程序。质量改进的过程离不开 PDCA 循环。PDCA 是英语单词 plan（计划）、do（执行）、check（检查）和 action（处理）的第一个字母，PDCA 循环就是按照这样的顺序进行质量管理，并且循环不止地进行下去的科学程序。P（plan）计划，包括方针和目标的确定，以及活动规划的制定。D（do）执行，根据已知的信息，设计具体的方法、方案和计划布局；再根据设计和布局，进行具体运作，实现计划中的内容。C（check）检查，总结执行计划的结果，分清哪些对了，哪些错了，明确效果，找出问题。A（action）处理，对检查的结果进行处理，对成功的经验加以肯定，并予以标准化；对于失败的教训也要总结，引起重视；对于没有解决的问题，应提交给下一个 PDCA 循环去解决。

（3）八个步骤：PDCA 的八个步骤通常包括：①确定问题：识别需要改进或解决的具体问题。②目标设定：为解决这个问题设定清晰、可量化的目标。③现状分析：收集数据，分析当前状况与目标之间的差距。④原因分析：识别导致问题的根本原因。⑤制定计划：基于原因分析，制定解决问题的行动计划。⑥执行计划、实施行动计划，执行改进措施。⑦检查结果：评估执行结果，与原定目标进行比较，检查是否达到预期效果。⑧标准化与行动：将成功的改进措施标准化，形成新的工作标准。同时根据检查结果，确定下一步的行动方向。

（4）七种统计方法：在应用 PDCA 循环四个阶段、八个步骤来解决问题时，需要收集和整理大量的数据资料，并用科学的方法进行系统的分析。最常用的七种统计方法是排列图、因果图、直方图、分层法、相关图、控制图及统计分析表。这套方法以数理统计为理论基础，不仅科学可靠，而且比较直观。

4. 服务质量分析

（1）ABC 分析法（排列分析）：ABC 分析是根据事物在技术或经济方面的主要特征，进行分类排队，分清重点和一般，从而有区别地确定管理方式的多种分析方法。该方法是 1879 年意大利经济学家帕累托在研究社会财富分配时所衍生出来的图表方法。1951～1956 年，朱兰将 ABC 分析法引入质量管理，用于质量问题的分析，其被称为排列图。1963 年，彼得·德鲁克将这一方法推广到全部社会现象，使 ABC 分析法成为企业提高效益普遍应用的管理方法。

ABC 分析法的步骤：

1）收集数据：按分析对象和分析内容，收集有关数据（如服务过程中的服务员工工作的原始记录、顾客意见记录、质量检查记录、顾客投诉记录等如实反映质量问题的数据）。

2）处理数据：对收集来的数据资料进行整理，按要求计算和汇总。

3）制作 ABC 分析表。

4）根据 ABC 分析表确定分类。

5）绘制 ABC 分析图：按照 ABC 分析曲线得到对应数据，根据 ABC 分析表确定 A、B、C 三个类别。

（2）因果分析法（鱼骨图分析）：1953 年，日本管理大师石川馨先生提出了一种把握结果（特性）与原因（影响特性的要因）的极方便而有效的方法，故名"石川图"。因其形状很像鱼骨，也称为"鱼骨图"或"鱼刺图"，是一种发现问题"根本原因"的方法，即透过现象看本质。问题的特性总是受到一些因素的影响，可以通过头脑风暴法找出这些因素，并将它们与特性值一起，按相互关联性整理成层次分明、条理清楚，并标出重要因素的图形，即"特性要因图""因果图"。制作鱼骨图分两个步骤，首先分析问题原因/结构，其次绘制鱼骨图，如图 7-1 所示。

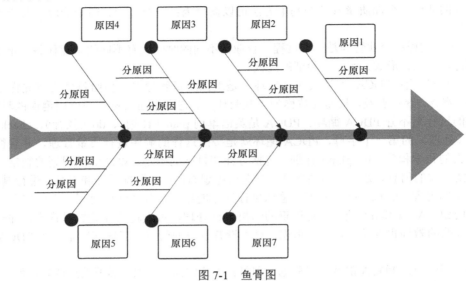

图 7-1　鱼骨图

因果分析法的步骤：

1）分析问题原因/结构：针对问题点，选择层别方法（如人机料法环等）。按头脑风暴分别对各层别类别找出所有可能原因（因素）。将找出的各要素进行归类、整理，明确其从属关系。分析选取重要因素。检查各要素的描述方法，确保语法简明、意思明确。确定大要因（大骨）时，现场作业一般从"人机料法环"着手，管理类问题一般从"人事时地物"层别，应视具体情况决定。大要因必须用中性词描述（不说明好坏），中、小要因必须使用价值判断（如不良）。小要因跟中要因间有直接的原因——问题关系，小要因应分析至可以直接下对策。如果某种原因可同时归属于两种或两种以上因素，以关联性最强者为准（必要时考虑三现主义：现时到现场看现物，通过相对条件的比较，找出相关性最强的要因归类）。选取重要原因时，不要超过 7 项，且应标识在最末端原因。

2）绘制鱼骨图：填写鱼头（按什么不好的方式描述），画出主骨；画出大骨，填写大要因；画出中骨、小骨，填写中、小要因；用特殊符号标识重要因素。绘图时，应保证大骨与主骨呈 60°夹角，中骨与主骨平行。

5. 服务质量的概念　服务质量指产品生产的服务或服务业满足规定或潜在要求（或需求）的特征和特性的总和，也用于总体评价服务工作的优劣、企业服务的水平、满足顾客需要的程度。对于服务质量的概念，国内外各学者也进行了深入的研究，1972 年莱维尔（Levill）认为"服务质量指服务结果符合设定标准"。随着服务水平的不断发展，1978 年萨瑟（Sasser）等学者提出了服务期望水平和感知水平这两个概念。1982 年莱赫蒂宁（Lehtinen）深入研究服务质量，把服务质量分为有形质量、交互质量和总体质量三大概念，从过程的角度为服务质量管理提供了有效切入点。随后在 1983 年格罗路斯（Gronroos）完善了服务质量的概念学研究，形成了现阶段接受度最广的服务质量构成要素，即技术质量、功能质量、环境组合质量和关键时刻。服务质量具有主观性、过程性和整体性的特性。

6. 服务质量差距　随着服务期望水平和感知水平的概念提出，人们逐渐意识到，服务质量的本质是一种感知，这就决定了服务质量是一个主观的范畴，即顾客在服务交互过程中作为消费者的感受。而顾客对服务质量的预期（即期望的服务质量）同其实际体验到的服务质量水平的对比，往往形成服务质量的差距。如果顾客所体验到的服务质量水平高于或等于顾客预期的服务质量水平，则顾客会获得较高的满意度，从而认为企业具有较高的服务质量，反之，则会认为企业的服务质量水平较低。

服务质量差距概念的提出，推动了不少学者对于服务质量差距的理论或模型研究，其中两个受到广泛关注的模型是：PZB 学术团队［派瑞塞姆（Parasuramn）、蔡特哈姆尔（Zeithaml）、贝里（Berry）三位学者，PZB］在 1985 年提出了服务质量差距模型（service quality gap mode），其中涵盖五个差距，各个差距的定义、产生原因以及解决方法见表 7-1。加强服务质量管理首先需要分析服务质量存在哪些差距，一般有管理者认识的差距、质量标准差距、服务传递差距、营销沟通的差距、感知服务质量差距。马蒂利亚（Matilla）和詹姆斯（James）在 1977 年提出的重要性–绩效分析模型，是另一个研究服务接受者感知与服务提升提供者之间认知差距的模型。

表 7-1　差距模型的 5 个差距的定义、产生原因和解决方法

序号	定义	产生原因	解决方法
1	管理者认识的差距：这一差距指管理者对消费者期望的服务存在认识上的偏差	1）没有顾客需求分析或分析不准确 2）一线服务人员向上沟通失真 3）组织层级过多，影响信息沟通	1）加强市场调研，深入了解顾客期望 2）执行有效的客户反馈系统，加强管理者和客户之间的互动 3）促进和鼓励一线员工和管理者之间的沟通
2	质量标准差距：这一差距指管理者对顾客期望的感受与对服务提交所设定的实际标准之间存在的差距	1）管理者并不认为他们能够或者应当满足顾客对服务的要求 2）计划过程不够充分或缺少流程设计能力 3）组织无明确目标，管理粗放	1）充分认识满足顾客服务要求的意义 2）设计严谨系统的、以顾客为中心的服务流程 3）为服务流程的每一个步骤建立明确的质量标准
3	服务传递差距：这一差距指在服务生产和交易过程中员工的行为不符合质量标准	1）标准太复杂或太苛刻，严重脱离实际 2）员工缺乏服务的意愿和能力 3）缺乏支持条件 4）顾客阻碍或破坏了服务的高效进行	1）基于行业现状制定切实可行的服务标准 2）挑选、培训、激励一线服务员工 3）配备合适的技术、设备、劳动生产力支持 4）教育、培训、引导客户，加强客户管理
4	营销沟通的差距：这一差距指营销沟通行为所做出的承诺与实际提供的服务不一致	1）广告等营销沟通过程中往往存在承诺过多的倾向 2）外部营销沟通的计划与执行没有和服务生产统一起来	1）外部营销活动中做出的承诺能够做到言出必行，避免夸夸其谈所产生的副作用 2）建立外部营销沟通活动与服务生产统一协调的制度，使沟通更加准确和符合实际
5	感知服务质量差距：指顾客感知或经历的服务与期望的服务不一样	感知服务差距的产生是前面 4 种差距积累起来的结果，原因可能是前面所谈众多原因中的一个或者是它们的组合	如果前面 4 种差距得到了解决，第 5 种差距也将得到有效解决

PZB 服务质量差距模型从一个可以量化的角度定义了服务质量，即服务质量=实际感知的服务–预期的服务质量，从而完善了格罗路斯的概念（图 7-2）。基于差距模型的服务质量评价理论，PZB 学术团队同时深入研究了服务质量差距的评价方法——多维度的顾客感知服务质量模型（SERVQUAL 模型），实现了服务接受者对于感知服务、期望服务以及两者差距的有效测量，即从可靠性、响应性、保证性、移情性和有形性五个维度对服务质量进行差距评估：①可靠性（reliability）：可以信赖地、精确地提供已允诺服务的能力。②响应性（responsiveness）：帮助顾客和提供快速服务的意愿程度。③保证性（assurance）：员工的知识和礼貌以及他们传递信任和信心的能力。④移情性（empathy）：对顾客进行照顾、对顾客给予个性化关注的能力。⑤有形性（tangibility）：实体设施、设备、人员和沟通材料的外观等。评价服务质量可以从以上五个方面入手。

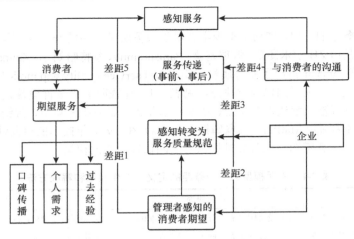

图 7-2　服务质量差距模型

【案例导读】　　　　　　　　　**养老院服务质量差距案例**

　　某养老院的张总为了把养老院打造成当地示范敬老院，在对老年顾客深入调研的基础上，结合该敬老院实际，以优化服务标准为切入点，制定了涉及生活照料、医疗保健、老年食品、紧急救助、心理支持、临终关怀等内容的分项标准，从而建立了养老服务标准体系。养老院通过自建的网站和当地报纸对服务标准进行了宣传，受到了外界的一致好评，床位一度供不应求。然而，不久就有服务质量方面的负面消息传出。说实际的服务并没有按宣传的标准执行，甚至出现了不同程度的"虐老"事件。例如，一名护工在喂饭时态度恶劣，责骂一位老太太。记者采访了这名 40 多岁的护工，她的理由是这个老太太患阿尔茨海默病，每次吃饭都很慢，还把食物弄得到处都是。而且，养老院规定护工必须在半小时内完成老人的喂饭工作，否则，护工自己的吃饭时间就会错过，其他工作人员也不会为其留饭。

　　另一件是养老院"捆绑"老人。其实是养老院里为防止失能老人摔下床而采用的约束带。新闻中报道的捆绑虐老问题，可能是由养老院与家属沟通不当所造成的。总之，负面消息的传出，使人们对该养老院服务质量的感知与期望值产生了巨大的反差。

　　7. 服务质量管理　　服务质量管理是从管理学的角度，对于企业实现更高服务目标或为消费者提供更优质的服务所进行的计划、领导、组织和调整的活动。国内外的服务质量管理模式主要有三种：产品生产模式、顾客满意程度模式和相互交往模式。

　　（1）产品生产模式：该模式认为管理者可以通过生产体系客观地控制无形产品的质量，比如确定服务属性的质量标准、选择服务工作中使用的资源和技术，以降低成本的同时确保生产质量标准，提供无形服务，这种模式可以符合控制某些服务质量的标准，但因服务具有无形性、易逝性、不可分离性，当服务质量标准无法测量观察时，这种模式的局限性显而易见。

　　（2）顾客满意程度模式：这是在格罗路斯提出的"顾客感知服务质量"概念的基础上发展而来的。根据顾客满意程度理论，任何服务产品都蕴含两个层面的含义：服务过程和结果产出。服务过程是指与服务生产、交易、消费有关的程序、任务、活动和日常工作。结果产出是顾客购买服务的根本目的。顾客的服务预期主要受企业的营销沟通、形象、口碑以及顾客的需求和服务经历的影响。顾客对于服务的感知受企业技术质量、功能质量的影响。以这种模式进行服务质量管理也具备一些缺点，比如，顾客的主观感受以及相关经历不尽相同，顾客需求与员工机构的利益不能同时兼顾，企业管理者的管理方案以及政策推动就充满了被动性。

　　（3）相互交往模式：该模式利用服务提供者和接受者双方交互的过程，强调面对面互动，动态协调，完成任务和提升满意度，以实现有效管理。相互交往模式起源于 1977 年皮埃尔（Pierre）和埃里克（Eirc）提出的生产模型，它反映了顾客与服务人员的交互。1987 年苏普雷南特（Surprenant）和索洛门（Solomen）提出的"服务接触"概念强调了人际交互的重要性，改善了顾客满意程度模式单向的管理，实现了服务提供者和接受者的双向联动，但是这种模式也受到内容、程序、环境、社会、个人因素的影响。无论是相互交往模式还是服务接触的概念均强调了顾客的满意程度应该是双向进行管理的，服务本就是双向的模式。因此，管理者在服务质量管理的过程中也应该倾听顾客的声音，对顾客的服务需求、服务满意度进行充分调研，并纳入质量管理模式改革，这样更符合"人际交互"的理念。

第二节　老年服务质量管理

【问题与思考】

1. 请简述老年服务基本机构、老年服务质量管理体系。
2. 请描述分析问题的服务质量管理方法。

为顺应我国人口老龄化的趋势，《关于全面加强老年健康服务工作的通知》（国卫老龄发〔2021〕45 号）指出"提升医疗卫生服务体系的适老化水平，建立完善老年健康服务体系，推进老年健康预防关口前移，持续扩大优质老年健康服务的覆盖面"。长期以来，全国养老机构服务质量管理缺乏一致性标准和依据，在全国养老机构服务质量的标准制定与更新的摸索时期，政府出台了多项有关养老保障的政策法律。国家质量监督检验检疫总局、国家标准化管理委员会于 2017 年 12 月发布了《养老机构服务质量基本规范》。国家市场监督管理总局、中国国家标准化管理委员会于 2019 年 12 月发布了《养老机构服务安全基本规范》。

2020 年 8 月 21 日民政部审议通过了新修订的《养老机构管理方法》，明确了养老服务行业的基本服务规范、运行管理、监督检查和法律责任。2021 年 11 月 18 日，中共中央、国务院印发《关于加强新时代老龄工作的意见》，提出"建立基本养老服务清单制度"。由此可见，在国家政策的支持下，我国养老服务质量管理的发展将会规范化、体系化，普惠更多老年人群。

近年来，为满足我国社会养老服务需求，各种养老机构的数量不断增加。为推进养老服务高质量发展，提供更优质的服务，需要全面系统化、科学化的管理体系。服务质量的管理内容主要包括服务质量管理体系、服务质量评价、服务质量管理方法和法律标准。

一、老年服务质量管理体系

老年服务质量管理体系指的是为了实现服务质量所需的组织结构、程序、过程和资源，所形成的服务质量方面的指挥、控制、组织的体系。要了解我国老年服务质量管理体系，首先得明确我国区别于其他国家的基本养老服务模式。有学者指出，目前我国老年社会服务体制结构，属于一个类似"伞形"的结构，社区作为伞的主体，形成老年服务的主要部分，其中涉及了市场（机构）以及志愿性组织；而国家则是伞的顶棚，在体制运行中起主导核心的作用；家庭则是保护伞下一个个接受老年服务的单位（图 7-3）。

我国在《国民经济和社会发展第十三个五年规划纲要》中也明确提出要建立以居家为基础、社区为依托、机构为补充的多层次养老服务体系。社区居家养老融合了家庭养老的居家环境、机构养老的专业特性以及社区日益完善的养老服务设施以及娱乐形式，成为一种新的养老趋势。建立健全老年服务质量管理体系需要通过管理者、资源、质量体系结构三个关键方面的相互关联作用制定老年服务质量管理的目标，实现老年服务质量的全面质量管理循环，从而规范和提高老年服务质量。

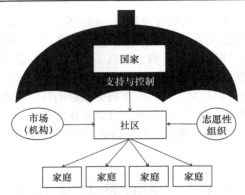

图 7-3　老年社会服务体制的"伞形结构"

1. 管理者　老年服务管理者主要分为宏观和微观层面。宏观层面指国家以及各级政府，通过拟定法律或发布特定的行动方案，来明确整个养老行业宏观层面的质量建设与方针目标，国家标准、强制性标准和推荐性标准对于养老机构的服务质量进行硬性规范，保障接受养老服务的老年人的人身安全以及财产安全。比如我国于 2017 年印发了《养老服务标准体系建设指南》（民发〔2017〕145号），确定了建立起老年服务标准体系的通用基础、服务提供、支撑保障。微观层面指实际操作和执行的各养老机构，通过国家拟定的方针目标，结合养老服务质量检查指南，落实组织结构管理职责和权限，创新性地逐项提高养老服务质量。

2. 资源　资源是服务质量管理体系的经济基础，也是老年质量服务体系有效运转的前提和条件。资源包括物质资源、人力资源以及信息资源。

（1）物质资源：主要指的是完善养老服务设施，包括技术设备。国家通过资金拨付、政策支持、制定指南等为养老服务组织设施设置以及辅具配备提供统一的指导。地方以及具体养老机构管理者可在国家标准下根据机构的规模以及等级进行合理分区管理。根据 2020 年养老产业统计分析，机构养老照护服务内设诊所、卫生室、护理站等核心功能分区；社区嵌入式的养老服务设施和带护理型床位的社区日间照料中心等机构提供的照护服务，包括生活照料、助餐助行、助浴助洁、助医、紧急救援、精神慰藉等照护服务。

（2）人力资源：主要指提供养老服务的技术人才。一方面，标准化的教育培训是关键，定向培养专业养老服务＋标准化的复合型人才尤为重要，加强高校、政府、养老机构培训体系，开展学习班或继续教育班。另一方面，人力资源管理包括从业人员工资津贴和社会福利以及定期考核和裁员录用。

（3）信息资源：养老服务提供者和接受者之间建立良性关系依托于现代化的信息系统和技术。促进老年服务机构与网络建设，完善信息化平台，实现养老服务信息化、智能化、便捷化。现今已有研究者基于"线上和线下双互动"O2O 模式下智慧养老服务平台协同医院、社区探索老人居家享受生活照料、医疗护理、心理疏导和紧急救助集"看、养、护、医"于一体的服务模式，提高老年服务质量的服务效率。

3. 质量体系结构　质量体系结构主要包括组织结构、服务质量过程管理和程序性文件。

（1）组织结构：指管理组织按照某种方式建立的各部门行使其职责和权限的结构体系。通过清晰定义各服务的概念，授权分配责任，确保组织内部不同员工自动协调配合，以某养老院为例，管理层（中心、院长、副院长）、后勤部（后勤保障部、营养配餐部、迎宾部）、服务部（护理照料部、医疗康复部）、行政部人事部、财务部等。

（2）服务质量过程管理

1）养老服务市场研究与开发的质量管理：养老服务市场研究与开发主要是养老机构通过基于国家政策、确认老年服务市场、评估老年人服务消费者和社会需求以及分析企业自身能力特征、预估老年服务市场的发展重点项目，设计和开发具有竞争能力的产品或服务方式。比如我国"北京太阳城"就是一个成功的市场研究与开发的规模化养老社区，该社区协助老年人出租原有住房，用租金收入支付入住太阳城的费用，以这种对等置换的方式解决了市场上老年人资产闲置无法盘活的需求，顺应了市场国房改的政策。

2）养老服务设计的质量管理：养老服务设计主要是将养老服务市场研究与开发的结构转化为服务规范、服务提供规范、服务质量控制规范。首先是服务规范，设计任何服务规范都要充分分析首要和次要需求，首要需求决定了核心服务，而支持服务则是满足次要需求。其次是服务提供规范，在工作过程的不同阶段，服务提供方需要充分考虑服务机构的目标、政策、要求以及所具备的资源可利用性（比如设施、人力等），在提供服务的过程中详尽描述所用方法以及提供的程序。最后是服务质量控制规范，老年服务质量控制需要有效控制服务全过程，分析服务设计的关键环节。

3）老年服务提供过程质量管理：养老服务提供过程即消费者感知老年服务提供的过程，这也是老年服务质量管理的主要过程。老年服务消费者常常会希望养老服务提供者全面地展现双方的服务关系以及服务内容。但是，服务过程往往是高度分离的，由一系列分散的活动组成，这些活动又是由无数不同的员工完成的，因此消费者在接受服务过程中很容易"迷失"，感到没有人知道他们真正需要的是什么。因此，在老年服务提供过程的质量管理当中提出了以下几个管理策略：服务蓝图、标杆管理、顾客评定、第三方评定、不合格服务补救。

a. 服务蓝图：为了使消费者了解服务过程的性质，同时又有利于养老服务提供机构进行过程质量控制，就有必要把这个过程的每个部分按步骤地画出流程图来，这就是服务蓝图。蓝图技术的概念于 1984 年由美国国际商业机器公司（IBM）提出，总结了四个步骤：绘制事件的过程；发现潜在的缺陷；建立时间框架；分析获利能力。后来由金曼–布兰代奇（Kingman-Brandage）提出服务蓝图的概念。根据服务蓝图的概念，接受老年服务的消费者被视野分界线分为两个部分：一部分是消费者可见部分，另一部分则是由老年服务机构辅助部分提供的不可见部分。而提供老年服务的机构被实施分界线分为两部分：一部分是直接为消费者提供服务的一线员工接受服务机构后勤人员的服务，另一部分则是服务机构后勤人员作为服务企业向其他内部消费者提供后勤支持服务。老年服务蓝图及模型见图 7-4。

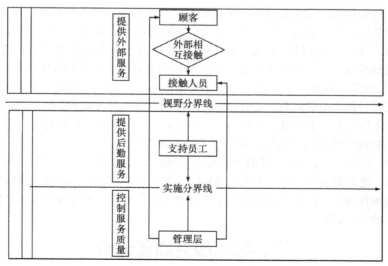

图 7-4　老年服务蓝图及模型

服务蓝图既有利于直观地同时从几个方面展示服务（服务实施的流程、地点、内容），又有利于显示工作步骤和工作任务，确定关键时刻，找出服务流程中管理人员不易控制的部分，不同部门之间衔接薄弱环节，分析各种影响服务质量的因素，确定预防性措施和补救性措施。

　　b. 标杆管理：老年机构可以使用标杆管理，通过向他人学习而寻求生产改进和提高。20 世纪 70 年代最先由美国施乐公司开始实施，80 年代后期在美国企业中广泛推行。标杆管理的主要内容为：选定一个值得学习的企业，立下一个发展的目标，通过建立学习网络，相互观摩学习，将该企业的长处纳入自己的行为之中，使组织获得全面革新，最终达到领先的目的。然而，标杆管理并不仅仅是比较统计，还包括到标杆企业去学习它们是如何实现一流绩效的。在互联网时代，标杆管理还要求企业有"跨界"的思想，一个老年服务企业去向海底捞餐饮企业和海尔家电企业学习售后服务同样会有巨大的收获。标杆学习的内容涵盖流程、产品、服务以及企业内各个部门的功能发展和协调。标杆管理的过程分为五步：选择一个需要改善的关键过程；找到一个过程很优秀的组织；联系标杆公司，进行参观学习；分析参观的收获；相应改善自己的过程。

　　c. 顾客评定：顾客评定是对服务质量的基本测量，它可能是服务后的及时评定，也可能是滞后的或回顾性的评定。比较常见的例子就是出院患者对护理满意度的评价。顾客评定的优势是由顾客感知服务并反馈，这种方式更直接、便捷。但是同时顾客评定存在主观性，受个人主义和刻板印象影响较大，一定程度上缺乏对服务质量管理的指导价值。因此，将顾客评定与服务机构自身评定相结合。

　　d. 第三方评定：一般是由具有管理职责的政府部门和直接提供服务的老年机构之外的第三方专业机构来负责实施和操作过程的老年服务质量的评估。根据性质可以分为非营利的社会组织和市场专业的公司企业，前者主要是大学中相应专业院系或社会科学领域的科研机构。第三方评定的优势在于具有专业性和针对性，有助于老年机构调整目标、组织结构、完善流程、协助决策、负责审计、检查进度、提高服务质量。

　　e. 不合格服务补救：据一项对服务业顾客流失的调查发现，60%的原因是服务失误。面对服务失误，平均只有 5%～10%的顾客会选择投诉或抱怨，多数人会选择沉默或离开。所以，会投诉的客户是好客户，他们让企业发现问题并及时纠正。另一项调查发现，如果投诉得到迅速解决，特别是当场解决，顾客保留率可以达到82%。

　　出现不合格服务在服务机构中是不可避免的，识别以及报告不合格服务是每一个员工的责任和义务。在养老服务提供的过程，不合格服务表现为造成老年消费者健康状况受影响、财产安全被侵犯、人格尊严被侮辱等。无论上述哪一种情况发生，都意味着服务的可靠性发生了严重的问题。可靠性是优质服务的基础和核心。当一个养老机构不断出现不合格服务，再好的补救措施也不能有效弥补不可靠性。当一个养老机构出现了不合格服务，紧跟着是不充分彻底的补救，那么这就等于丧失了两次"关键时刻"，它的服务可靠性以及补救的有效性会遭到顾客的质疑。

　　因此，及时识别不合格服务以及有效处理不合格服务是针对不合格服务补救的关键。养老机构的工作人员要及时反馈，比如监测、记录和研究顾客的不满意服务体验。另外，对于有效处理不合格服务，有效处理的关键在于及时、精准、最大程度上止损、识别"关键时刻"对于管理和控制的重要意义以及完善科学性的奖惩机制，对于质量管理而言是必要的手段。

　　（3）程序性文件：程序是指为进行养老服务活动所规定的途径。养老服务质量体系的程序则是规范特定标准、规定实现路径以及形成全过程活动的所有程序。老年服务工作程序根据性质分为管理性程序和技术性程序，服务质量体系属于管理性的工作程序，形成程序性的文件有利于保障老年服务质量体系的有效运行。

二、老年服务质量评价

　　服务质量评价指的是由多种评价指标构成的衡量服务质量优劣的系统全面、可信度高、统一的系统。它不仅是一种评价服务质量的手段，同时也是一种管理工具。目前虽然我国尚未形成满足日益增长的养老服务需求的评价标准建设，但是已经有学者也在研究老年服务质量评价的领域摸索更符合中国国情和社会的评价体系。

1. 评价老年机构服务质量的简易标准　一个简易而且实用的评价标准就是"有无气味、有无压疮、有无微笑"。这三个指标虽然简单，但是可以看出一个服务机构是否提供了满足老年消费者的基本照料服务，映射出的是环境卫生、活动安排、营养饮食以及心理健康这四个方面，当然具有一定的片面性，无法多指标评估。

2. 评价老年机构服务质量的多维化标准　美国养老机构服务质量评估维度包括意外事件、行为以及情绪状态、临床处理、认知功能、排泄、感染控制、营养与进食等 12 个，内容比较全面，为确保养老机构开展高质量服务提供了保证；英国一些养老机构则以机构选择、护理需求计划及偏好、生活质量、护理与治疗质量、员工管理、机构运营与管理、关爱投诉与保护、物质环境等 8 个维度对养老机构运营和管理进行自我评价，有效为管理者提供质量改进的途径。

3. 评价老年机构服务质量多工具、多方法统一　服务质量主流的评价方法是在日常工作中设定定量的评估，结合一些量表工具形成直观和客观的参考，比如 SERVQUAL 模型下开发的量表以及护理员质量观察指标工具（NQOT），日本则以由 67 个项目（其中 12 个条目为医疗）构成的"要介护认定调查表"作为全国统一的评估工具。

4. 个性化制定服务质量评价　现有的养老机构所提供的服务不仅能满足老年消费者的基本需求，还能满足更高层次的需求，比如精神心理、文化娱乐、医养结合等需求。因此，个性化制定服务质量评价可以能动地适应社会养老需求的不断更新，服务质量的评价也应该更多涉及一种人性关怀的内容，关注到养老需求者的老年生活质量、安全感、获得感和幸福感。

【案例导读】　　　　　　　　　**上海首批！闵行这家养老院入围！**

近日，上海市经济和信息化委员会公布了第一批"城市数字化转型（生活领域）揭榜挂帅场景"示范创建单位名单，闵行区区级养老机构——中谊福利院，以"中谊智慧养老院"为特色场景，列入上海首批"城市数字化转型（生活领域）揭榜挂帅场景"示范创建单位。中谊福利院以国际标准、国家标准、行业标准以及积累了养老行业十几年经验的管理标准为基础，构建了适合养老机构的智慧养老服务标准化体系。对老人的健康监测、出入院管理和家属互动方面进行流程规范和系统研发。在应用场景过程中，通过个性化的配置、全场景的业务协同和基础数据分析，发挥了操作应用性强、主动监管到位的作用，注重住养老人的服务体验，提升了养老机构服务质量和服务效率。

在中谊福利院，智慧健康模块展示了依托健康监测设备和老年人健康档案信息，定期进行疾病评估以及相关危险因素分析；智慧药房，从药品入库到安全服用实现全链条实时监管；智慧照护，借助智能床垫，实时采集长者生命体征，各楼层通过智能显示屏实时展示长者状况；智慧办公，通过系统进行采集数据，保证了数据的及时性、真实性和有效性。

中谊福利院利用人工智能技术、物联网感知设备，打造"智慧养老院"，有效提升养老机构设施设备水平和整体服务能级。闵行区民政府相关负责人表示：闵行区积极倡导数字科技助力机构养老，持续推进"智慧养老院"建设。通过智慧化的应用，推动提高养老机构智慧化水平，不断提升养老机构住养老人的生活品质。闵行区智慧养老院的建设在"数字化转型"过程中始终以人为本，通过资源的有效对接和优化配置，加强养老机构物联化、互联化和智能化属性，提升闵行区养老服务的质量水平，实现养老服务的高质量发展。

三、老年服务质量管理标准

完备的行业标准和市场规范是推进养老服务工作的重要基石，是更好地提供养老服务、加强行业管理的准则和依据。《国务院关于加快发展养老服务业的若干意见》（国发〔2013〕35 号）提出"养老服务业政策法规体系建立健全，行业标准科学规范，监管机制更加完善，服务质量明显提高"

的发展目标。国务院印发的《"十四五"国家老龄事业发展和养老服务体系规划的通知》进一步强调了"加快养老服务领域标准的制修订，研究制定一批与国际接轨、体现中国特色、适应服务管理需要的养老服务标准"。我国传统的老年服务可以分为社区居家养老服务和机构养老服务两类。

1. 社区居家养老服务质量管理标准 社区居家养老服务质量管理标准规定了社区居家养老服务的内容和要求，规定了社区居家养老服务的组织、从业人员、服务项目、服务流程以及服务改进等要求。其适用于社区居家养老服务社（社区助老服务社）、社区老年人日间服务中心、社区老年人助餐服务点等社区居家养老服务组织（机构）。

在制定社区居家养老服务质量管理标准时，应本着以人为本、公平公正和安全便捷的原则，整合社区养老服务资源，结合老年人特点，提供多样化的服务。不因老年人个体状况差异而产生服务歧视，保护老年人及服务人员的安全，提供就近便捷的服务。服务机构应具有与服务项目相符合的服务人员和管理人员，配备与服务项目相符合的相关设备设施和场所。应制定社区居家养老服务的规章制度和工作流程，应使用统一的社区居家养老服务标识。服务机构应公示其执业证照、服务项目、收费标准、规章制度、工作流程、服务承诺和投诉方式。信息内容应真实、准确、完整，且应便于老年人了解、获取。同时，公示的信息应及时更新。

服务人员应遵守社区居家养老机构规章制度，持有效健康证明，应接受相关专业知识和技能的培训，持有行业认定的证书上岗。应遵守社区居家养老服务职业道德，保护老年人隐私。提供服务时应注意个人卫生、服饰整洁。提供服务时应语言文明、态度热情、细致周到、操作规范。国务院印发的《"十四五"国家老龄事业发展和养老服务体系规划的通知》进一步提出要构建城乡老年助餐服务体系、开展助浴助洁和巡访关爱服务、加快发展生活性为老服务业（包括拓展提供生活用品代购、餐饮外卖、家政预约、代收代缴、挂号取药、精神慰藉等服务）。

为建立社区居家养老服务标准体系，民政部推动制定发布了《社区老年人日间照料中心服务基本要求》（GB/T 33168—2016）以及《社区老年人日间照料中心设施设备配置》（GB/T 33169—2016），规范了社区老年人日间照料中心的服务和设施基本要求；国家市场监督管理总局、国家标准化管理委员会发布了《老年人能力评估规范》（GB/T 42195—2022），为老年人能力评估提供了可操作的评估工具；各地也制定了一系列地方标准，推动了居家养老服务规范发展。2022 年 9 月，卫生健康委员会发布了行业标准《居家、社区老年医疗护理员服务标准》（WS/T 803— 2022），进一步规范了养老服务护理行业的标准。为响应居家养老服务的新模式，地方发布了相应的建设规范进行探索，比如由福建省市场监督管理局发布的《居家社区养老服务第三方评估规范》（DB 35/T 2060—2022），明确了居家社区养老服务第三方评估的评估机构、评估人员、评估依据、评估内容、评估程序、评估方法及评估结果的应用与管理。江苏省市场监督管理局发布的《社区居家医养结合服务规范》（DB 32/T 4268—2022）规定了社区居家医养结合服务形式、服务机构要求、人员要求、服务内容、服务流程及要求、服务评价与改进。安徽省市场监督管理局发布的《智慧社区居家养老服务模式建设规范》（DB 34/T 4030—2021）明确了智慧养老服务模式的建设模块。

这些国家标准、行业标准和地方标准为促进居家社区养老服务的规范化、专业化发展提供了技术支撑。但是同时还存在着居家养老服务领域标准化、规范化程度低等突出问题。

2. 机构养老服务质量管理标准 养老机构包括老年公寓、养老院（敬老院、老年社会福利院）和护养院等。其中老年公寓是实行家庭式的生活方式，符合老年人体能心态特征的公寓式老年住宅。养老院（敬老院、老年社会福利院）为老年人提供以日常生活照料为主及多种综合性服务的机构。护养院是为老年人提供日常生活照料和护理的服务性机构。

机构养老服务质量管理基本要求包括设施设备、人员资质和管理三个方面。其中，对设施设备进行维护，确保其处于完好状态，满足提供服务的要求。所有提供服务的人员均应按行业要求持证上岗，并掌握相应的知识和技能。各类专业技术人员应建立专业技术档案，定期参加继续教育。例如，提供个人生活照料服务、居家生活照料服务、购物服务、安全保护服务、协助医疗护理服务等。送餐服务人员，应由养老护理员担任。提供老年护理服务的人员应由护士或养老护理员担任。养老护理员应在护士指导下担任老年护理服务中的基础护理工作。提供心理/精神支持服务的人员应由社会工作者、医护人员或高级养老护理员担任。提供医疗保健服务的人员应由医师担任等。

养老机构的管理应制定服务流程或程序、制度和人员职责。应制定服务技术操作规范，并按规范要求提供服务。应用文字或图表向老年人及相关第三方说明服务范围、内容、时间、地点、人员、收费标准、须知。应制定检查程序和要求。应保留提供服务的文件和记录。

养老机构应根据本机构的人员情况、设施设备和服务对象的不同，选择提供的服务项目。服务内容包括个人生活照料服务、老年护理服务、心理/精神支持服务、安全保护服务、环境卫生服务、休闲娱乐服务、协助医疗护理服务、医疗保健服务、居家生活照料服务、膳食服务、洗衣服务、物业管理维修服务、陪同就医服务、咨询服务、通信服务、送餐服务、教育服务、购物服务、委托服务、交通服务和安宁疗护服务。

2017 年 12 月 29 日，国家质量监督检验检疫总局、国家标准化委员会发布并实施了《养老机构服务质量基本规范》（以下简称《基本规范》）。此次发布的《基本规范》结合我国养老服务发展现状和趋势，紧扣养老服务的安全底线和基本功能，明确了全国养老机构服务质量的基本要求。《基本规范》的主要内容如下：其一，基本要求。养老机构提供服务，应符合相关法律法规要求，依法获得相关许可，开展外包服务的，应与有资质的外包服务机构签订协议。其二，服务项目与质量要求。这部分是《基本规范》的核心内容，列出了养老机构九方面的服务项目，即出入院服务、生活照料服务、膳食服务、清洁卫生服务、洗涤服务、医疗与护理服务、文化娱乐服务、心理/精神支持服务、安宁服务；明确了养老机构基本服务项目的主要内容与质量要求。其三，管理要求。提出了养老机构服务管理、人力资源管理、环境及设施设备管理、安全管理四方面的基本要求，为养老机构服务质量管理提供了支撑和保障。其四，服务评价与改进。阐述了养老机构服务质量的评价方式、评价内容和持续改进要求，为养老机构开展服务质量提升工作提供指导。另外，2018 年 12 月 28 日民政部印发了《养老机构等级划分与评定》（GB/T 37276—2018）以及于 2019 年 12 月 27 日印发了《养老机构服务安全基本规范》（GB 38600—2019），进一步规范了养老机构的养老服务的工作基本程序。

3. 重点标准研制　我国养老服务产业不断增长的标准化需求和标准化有效供给矛盾是养老服务产业标准化的主要矛盾，制定国家基本服务标准和指南需要加强服务质量标准、设施设备配置标准、医养结合服务标准、业态融合标准的研制，以积极的方式调整当前不断蓬勃发展的养老服务行业形势和方向。根据国务院 2019 年发布的《关于推进养老服务发展的意见》（国办发〔2019〕5 号），提出建立养老服务综合监督制度、减轻养老服务税收负担、支持养老机构规模化和连锁化发展、扩大养老服务就业创业以及促进养老服务高质量发展。

医养结合是目前国家推行的新态势，目前地方的标准有武汉市发布的《医养结合基本服务规范》（DB 4201/T 659—2022）、四川省发布的《养老机构医养融合服务规范》（DB 51/T 2936—2022）、沈阳市发布的《医养结合机构老年人能力评估规范》（DB 2101/T 0066—2022）等。为推动养老服务高质量发展，民政部于 2023 年 4 月立项了国家标准项目《养老机构认知障碍友好环境设置导则》（计划号：20230430-T-314），同时还发布了一系列的行业标准，如《养老机构康复辅助器具基本配置》（MZ/T 174—2021）、《养老机构老年人营养状况评价和监测服务规范》（MZ/T 184—2021）以及《养老机构预防老年人跌倒基本规范》（MZ/T 185—2021）等。重点标准的研发和起草展现了未来我国将不断发展适老化、高质量的养老体系。

第三节　老年服务质量控制

【问题与思考】

1. 请简述我国老年服务质量的影响因素。

2. 请指出几种解决服务质量控制的对策。

2019 年国家出台的《国务院办公厅关于推进养老服务发展的意见》（国办发〔2019〕5 号），主要从深化"放管服"改革、拓宽养老服务投资融资渠道、扩大养老服务就业创业、扩大养老服务消费、促进养老服务高质量发展、促进养老服务基础设施建设等方面具体指出了养老服务行业发展的具体方向，因此，我国的养老服务产业进入了一个飞速发展的时期，中央和地方相继出台各种政策规范并引导着我国的养老服务产业健康有序发展。2020 年国务院出台了《关于促进养老托育服务健康发展的意见》（国办发〔2020〕52 号），强调坚持党委领导、政府主导，地方各级政府要建立健全"一老一小"工作推进机制，结合实际落实意见要求，以健全政策体系、扩大服务供给、打造发展环境、完善监管服务为着力点，促进养老托育健康发展。

一、老年服务质量影响因素

（1）财务风险应对能力：宏观层面上说，国家近年来对于老龄服务产业的资金总数量不断增加。这在一定程度上解决了一些养老服务行业的财务问题。微观层面上说，大部分养老服务行业属于微利行业，加上风险隐患，内部必然承担大额财务风险，养老机构内部必须有完善合理的风险分担规避机制，一般采用的方式有养老机构责任险。

（2）养老市场供需矛盾突出：首先，对于养老市场供给方，养老机构目前面临着双轨机制下的市场竞争，目前养老市场存在公办和民办两种体制，公办的养老机构由政府投资，运营商享受着各种税费减免以及财政补贴。还有一些"公建民营""民办公助"的模式，基本上都是以不透明、不完整的成本参与市场竞争。公办性质的养老机构因相对便宜导致排队入住、一床难求，而私立养老机构由价格、硬件设施等导致入住率不高。其次，对于养老市场需求方，我国大部分有养老需求的养老消费者都是购买支付能力较差的群体，大部分老年人无法凭借养老金支付高额的养老服务费用，中低档的养老机构需要充分考虑到这一点，减少非必要成本的支出，在合理的消费服务范围内提供较高质量的服务才是关键。另外，养老市场的需求方多样，根据自理能力又分为完全失能老人、部分失能老人、自理老人，他们的消费需求各不相同，先进市场上"一刀切"的服务模式明显不能满足其多元化消费需求，根据需求分析，社会普遍接受居家养老的方式。因此，充分分析老龄市场的基本供给方矛盾以及需求方老年人的经济情况、身体状况和需求情况也是影响老年服务质量的因素。

（3）人才资源匮乏：我国养老人才主要存在着数量严重不足、素质普遍低下、专业水平不足、人才流失严重的问题，更重要的是对于人才培养也存在不可忽视的问题，养老人才培训缺乏师资、机构基地，甚至是缺少统一的培养标准和考核标准，这导致人才培训明显滞后、不够规范、招生困难、高层管理人才和专业人才缺失。社会上对于从事养老服务行业存在偏见，个人价值、社会认同感和薪酬福利导致很多人退出养老行业。

（4）运营法律风险：老年服务风险具有系统性，具体表现为三方面。其一，风险可控多元性，包括：①可控制的风险，如助餐服务中过期的食物是可以通过管理运营控制的；②不可控风险，如因自然灾害、疾病等不可抗因素导致的损伤，是超过养老机构的主观能力，甚至是超过社会可控而发生的风险；③可预防风险，如老年人从床上跌落导致骨折；④非预防因素，如老年人在候诊过程中突然死亡。其二，风险原因多因性，如服务风险、服务人员与老年服务对象关系风险，比如养老服务的内容方式未得到及时沟通，服务结果老年人或家属不能理解；道德约束风险，虐待老人、诱导过度服务和消费等。其三，风险后果多样性，包括：①服务事故，是对老年人损害最严重的风险；②服务纠纷，必须经过行政或法律的调解或裁决才能了结的服务双方的纠葛；③服务意外，老年人出现的难以预料和防范的不良结果，具有难以避免性。

（5）平台建设与协同能力：老年服务依托一些标准化、智慧化、开放型的平台应对智慧养老、医养结合、业态融合等迫切的市场需求，促进社区老年服务机构与服务网络建设养老服务信息化平台，根据服务的半径规划养老服务分区，进一步丰富老年服务的内容和形式。协同能力是整合养老服务资源的最具效应的能力，通过服务整合，在顾客和专业人员的互动层面进行设计；通过系统整合，在组织层面进行协作；通过系统发展，形成机构和社区系统、公共和非营利组织，保证社会服务系统进行理性化的互动。

（6）服务规范建设：根据老年服务整体体系，分析各种老年服务行业（社区、机构等）所涵盖的服务范围、程度、能力，涉及的相应的服务建设统一基本规范，避免服务产业的乱象，保障老年人得到基本服务，确保服务人员的行为活动得到具体的指导。

二、老年服务质量控制对策

1. 风险控制理论　风险管理就是一个识别、确定和度量风险，并制定、选择和实施风险处理方案的过程。而风险控制是指风险管理者采取各种措施和方法，消灭或减少风险事件发生的各种可能性，或风险控制者减少风险事件发生时造成的损失。

风险控制包含以下几方面的含义：①控制具有很强的目的性，最根本的就是保证组织目标的实现，计划提出了组织所要实现的目标以及实现目标的行动路线，控制与计划密不可分；②控制包括衡量、评价、纠偏等活动，根据一定的标准衡量实际工作，并纠正产生的偏差，以保证计划的顺利实施；③控制是一个发现问题、分析问题并解决问题的过程。在现代管理活动中，控制的根本目的是保证组织目标的实现。具体到实际工作中，控制有以下两个直接目的。

一方面，限制偏差的累积以及防止新偏差出现。在组织活动过程中充满了不确定性，偏差的产生是不可避免的，因而实际工作的开展情况很难与计划完全一致。在多数情况下，偏差在一定的范围内波动，可自行调节消除，一旦偏差超出这一范围，如果不及时进行干预，这些小的偏差就会不断累积和放大，最终会影响计划的实现，甚至给组织带来灾难性的后果。

另一方面，适应环境的变化，控制工作所要解决的问题一般有两类。一类是经常产生、可直接迅速地影响组织日常活动的"急性问题"。另一类是长期存在并影响组织素质的"慢性问题"。解决"急性问题"的目的多是维持现状，即纠正偏差，这是管理控制的第一个目的。解决"慢性问题"就要打破现状，即通过控制工作，使组织的活动在维持平衡的基础上，实现螺旋式的逐步提升，这就是通常所说的适应环境的变化，取得管理突破。

2. 风险控制实践　除具有复杂性、累积性、人文性、损害性等服务风险共有的特点外，老年服务风险还具有自身特点。一是风险发生不确定性较高。我国老年服务起步较晚，老年服务机构人员素质不高、管理能力不强、服务质量不齐，服务机制有待完善，存在很多安全隐患，其风险发生具有较高的不确定性，即便老年服务发展相对较好的发达地区也是如此。二是风险防范难度较大。老年服务面向社区老年居民，服务对象复杂、服务方式多样、服务内容较多，尤其老年服务人群属于社会的"弱势"人群，同时也是服务需求"多变"的群体，而老年服务机构规模小、技术弱、经验少，满足老年人服务需求及抵抗风险的能力相对不足。三是风险影响社会性较强。老年服务机构和服务人员与老年人"朝夕相处"，老年居民服务"无处不在"，一旦老年服务风险事件发生，就会很快"家喻户晓"，负面影响将迅速扩散，严重影响老年服务机构的声誉。

因此，针对老年服务风险的特点，将风险控制具体到养老机构中，对策主要有以下几个方面。

（1）树立风险控制意识、营造良好风险控制环境：风险管理是每位员工的职责，无论是管理阶层还是普通工作人员，都有义务进行风险监控及管理。老年服务风险是客观存在的，具有不可避免性，老年服务机构应该引导各方直面现实。要塑造危机管理理念，民政部门管理人员应将风险危机管理理念注入老年服务行业监管的过程。管理人员应在服务质量、后勤服务等管理的流程、制度的设计及实施管理的过程中，加强风险危机管理。老年服务人员应在履行老年服务的自我技术管理过程中，注重自我风险危机管理。建构老年服务机构风险文化，将风险文化建设作为老年服务机构文化的重要组成部分，将风险管理注入老年服务机构的物质文化、制度文化、精神文明建设中，使其成为服务人员的共同价值取向、行为准则，从而提升老年服务水平，控制老年服务风险发生，增强老年服务机构的软实力。

（2）严格把关养老服务人员的准入标准：对在岗养老服务人员进行风险控制培训，提高养老服务人员待遇，设立相应的奖励机制。挑选综合能力强、精明能干的工作经验丰富的人员担任管理者，进行有效组织管理、风险规避、市场经营等，营造"非惩罚性"工作环境，鼓励主动上报养老服务中的风险事件，及时发现潜在的风险。

（3）定期开展养老机构风险评估：积极探索减少风险事件发生的方法，对风险事件展开一定的干预，不断完善风险管理机制与风险管理教育，另外通过多部门的联合、多渠道的方法和措施减少风险事件的发生。应用护理风险评估量表，对入住老年人发生跌倒、窒息、坠床、走失、压疮等频发事故的危险因素进行评估，评价和预测各种风险的发生概率、严重程度。研发或者购买护理风险评估软件，实现养老服务风险评估的信息化，提高养老服务人员对存在风险的掌握程度。建立风险预警机制，对护理服务中现有的或潜在的风险进行识别、分析，对可能面临的各种风险做到心中有数，并制定应对预案；建立养老服务风险控制体系，借鉴医院的护理风险预控机制研究成果，在风险事故发生之前将风险消灭，或尽可能把风险的强度控制在一定范围内。

（4）实施风险流程管理：通过老年服务风险识别与评价、管理与处理等，形成宏观与微观风险危机管理链。首先是风险识评。对内部环境、社会环境、法律环境等可能导致危机产生的风险进行识别归类，分析老年服务各个部门、各个环节可能存在的风险。利用先进的分析方法如故障模式影响分析法等，通过定量分析和定性描述，评估潜在风险发生的概率、危害性及影响因素，明确风险管理目标。其次是风险管理。按照项目管理的三层次实行风险项目管理。最后是危机处理。其一，尽早发现，并在第一时间进行有效处置。其二，行胜于言，及时与利害关系人沟通，让其及时掌握客观实情和所做的努力。其三，控制影响，尽早开展危机公关，努力营造有利于化解危机的社会舆论氛围。其四，事后总结，汲取经验教训，为进一步加强风险管理提供依据。

（5）完善养老服务过程管理中的程序性文件：实行制度化、规范化管理，按照国家有关规定建立健全岗位责任、安全管理、卫生管理等规章制度，用规章制度进行人事管理；识别工作中存在的风险及漏洞，针对风险制定服务标准、工作流程、操作流程等，以规范行业服务。加强养老机构职工的自律行为，自觉履行工作职责，认真遵守各项规章制度，将老年人的安全放于首要地位。

（6）建立长效信息互通与培训机制：鼓励养老机构上下级、员工之间开放性沟通，实现信息的无障碍流通。收集护理风险管理的相关资料，采用无领导小组讨论、头脑风暴法探讨事故发生的原因及预防措施，在养老机构内部形成一种安全氛围。将高发的风险事故、客观存在或潜在的风险因素、质量监控结果通过定期召开会议的方式进行总结通报，定期组织培训及开展讲座，进一步学习护理风险理论知识、护理操作技能、老年人安全防范措施，及时了解养老机构相关法律法规及政策的变化，以增强养老护理人员的风险意识。

（7）强化养老机构内部风险管理监督：根据养老机构经营范围、服务特点、风险实质制定内部控制监督体制，例如开展行检行评、实行相关质量控制及检查等。注重服务质量和护理技术，机构管理者对护理工作的各个环节进行质量控制和风险监控，或聘请中介机构、相关专业人员担任督导工作，进行监督指导。

（8）重视品牌口碑建设：完备机构基础设施建设、打造一流管理服务的团队、提供完备的服务体系、注重产业结合、增强企业协同能力、形成流程化风险管理体系并有科学的补救流程是建立一个口碑养老机构的基本核心要素，口碑的建立有利于增强养老机构风险应对能力，更能获得顾客的忠诚以及信任。

思考题与实践应用

1. 管理者认识的差距产生的原因有哪些？对策有哪些？

【参考答案】

原因：没有顾客需求分析或分析不准确；一线服务人员向上沟通失真；组织层级过多，影响信息沟通。

对策：加强市场调研，深入了解顾客期望；执行有效的客户反馈系统，加强管理者和客户之间的互动；促进和鼓励一线员工和管理者之间的沟通。

2. 质量标准差距产生的原因有哪些？对策有哪些？

【参考答案】

原因：管理者并不认为他们能够或者应当满足顾客对服务的要求；计划过程不够充分或缺少流程设计能力；组织无明确目标，管理粗放。

对策：充分认识满足顾客服务要求的意义；设计严谨系统的、以顾客为中心的服务流程；为服务流程的每一个步骤建立明确的质量标准。

3. 对服务质量进行差距评估的维度有哪些？

【参考答案】

（1）可靠性（reliability）：可以信赖地、精确地提供已允诺服务的能力。
（2）响应性（responsiveness）：帮助顾客和提供快速服务的意愿程度。
（3）保证性（assurance）：员工的知识和礼貌及他们传递信任和信心的能力。
（4）移情性（empathy）：对顾客进行照顾、对顾客给予个性化关注的能力。
（5）有形性（tangibility）：实体设施、设备、人员和沟通材料的外观等。

4. 简述老年服务质量的影响因素。

【参考答案】

财务风险应对能力：宏观层面上说，国家近年来对于老龄服务产业的资金总数量不断增加。微观层面上说，大部分养老服务行业属于微利行业，加上风险隐患，内部必然承担大额财务风险，养老机构内部必须有完善合理的风险分担规避机制，一般采用的方式有养老机构责任险。

养老市场供需矛盾突出：成分分析老龄市场的基本供给方矛盾以及需求方老年人的经济情况、身体状况和需求情况也是影响老年服务质量的因素。

人才资源匮乏：我国养老人才主要存在着数量严重不足、素质普遍低下、专业水平不足、人才流失严重的问题。

运营法律风险：老年服务风险具有系统性，具体表现为风险可控多元性、风险原因多因性、风险后果多样性。

平台建设与协同能力：老年服务依托一些标准化、智慧化、开放型的平台应对智慧养老、医养结合、业态融合等迫切的市场需求。

服务规范建设：根据老年服务整体体系，分析各种老年服务行业（社区、机构等）所涵盖的服务范围、程度、能力。

参 考 文 献

程婷, 谭志敏. 2022. 习近平关于积极应对人口老龄化重要论述的核心要义与价值意蕴[J/OL]. http://kns.cnki.net/kcms/detail/50.1195.Z.20221202.1546.001.html[2023-04-17].

韩冰. 2009. 朱兰的质量管理三部曲[J]. 企业改革与管理, (9): 65-66.

敬义嘉, 陈若静. 2009. 从协作角度看我国居家养老服务体系的发展与管理创新[J]. 复旦学报(社会科学版), (5): 133-140.

林闽钢, 王锴. 2020. 国际比较视角下老年社会服务体制的多样性——兼论中国老年社会服务体制的新结构化[J]. 经济社会体制比较, (1): 44-52.

谭狄溪, 张群祥. 2011. 国外质量管理研究现状及趋势分析——基于理论构建与研究方法视角[J]. 科技管理研究, 31(19): 191-196.

唐健, 鞠梅, 彭钢. 2019. 美、日、英三国养老机构服务质量评估标准比较研究[J]. 中国卫生事业管理, 36(4): 313-317.

唐钧. 2018. 养老机构服务质量: 标准、管理和评估[J]. 行政论坛, 25(1): 29-33.

唐晓芬. 2011. 老年人服务质量管理研究与实践[J]. 上海质量, (7): 7-10.

汪文新, 赵宇, 王光明, 等. 2017. 基于 PZB 和 IPA 整合模型的公立医院服务质量提升策略[J]. 统计与信息论坛, 32(11): 109-117.

张书, 王加倩, 张燕琴. 2019. 标准化支撑养老服务高质量发展的路径思考[J]. 中国标准化, (19): 60-64.

第八章　老年服务人力资源管理

【学习目标】

1. 掌握：人力资源管理的概念、职能和作用；老年服务人力资源开发的概念与一般流程；老年服务人力资源开发的对策。

2. 熟悉：老年服务人力资源的特征；我国老年服务人力资源的构成、现状与问题；老年服务人力资源管理存在的问题；老年服务人力资源开发的背景。

3. 了解：人力资源管理的相关理论；人力资源的概念和特征；老年服务人力资源的概念。

第一节　人力资源管理概论

【问题与思考】

1. 人力资源管理理论有哪些？它们对你有什么启示？
2. 什么是人力资源？人力资源具备哪些特征？
3. 什么是人力资源管理？人力资源管理的职能有哪些？

资源是物力、财力、人力等各种事物的总称，是一切可被人类开发和利用的客观存在。经济学上的资源是指企业为了创造物质财富而投入于生产活动中的一切要素，包括人力、经济、物质和信息这四大资源。其中，人力资源是各种社会生产活动中最活跃和最重要的因素。随着科技的进步和社会经济的飞速发展，人力资源的重要性越来越明显，被经济学家公认为"第一资源"，并常常被提到企业经济发展的战略高度，因而人力资源的管理也是企业管理中最重要和最有挑战性的部分。

一、人力资源管理相关理论

现代人力资源管理理论起源于人事管理理论，从早期的人事管理到现代科学的人力资源管理，不仅是管理理论的变迁，还有管理职能的提升和管理理念的进步。这里简介对现代人力资源管理影响比较大的几种理论。

（一）泰勒的人事管理理论与人事管理职能的独立化

20世纪初，美国人泰勒将早期的福利人事与科学管理融合，提出了科学的人事管理。他认为劳资双方的密切合作是科学管理众多要素中最重要的一点，雇主与工人之间必须保持良好、平等的关系，互相信任、互相理解、协调合作，以最大限度地提高劳动效率。

泰勒的人事管理思想的主要内容包括：①工作定额，即通过时间研究和动作研究，制定出合理的日工作量；②标准化，即工人要掌握标准化的操作方法，使用标准的工具、机器和材料，作业环境标准化；③工人的能力要与所做的工作相适应；④实行差别计件工资；⑤管理职能与执行职能相分离等。

泰勒的科学管理理论首次提出了管理职能独立化的概念，对人事管理产生了重要的影响，推动了人事管理职能的发展，是人力资源管理史上的一次巨大进步。

（二）马斯洛的需求层次论与员工激励

随着社会生产力的发展、人口素质的提高、公司规模的扩大等变化，传统的人事管理开始逐渐向人力资源管理转变。企业管理上开始关注人，将人力看作一种潜在的资本和特殊的资源，并认为管理中最重要的是对人的管理。对员工激励机制的研究应运而生。马斯洛的需求层次论被认为是管理学中员工激励理论的代表。马斯洛认为，人最迫切的需求是激励人行动的主要动力，并且人的需求是由低级向高级不断发展的。他把人的需求从低到高划分为五个层次，最低级的是生理需求，最高级的是自我实现需求（图 8-1）。

图 8-1　马斯洛的需求层次论

马斯洛的需求层次论在一定程度上揭示了人类行为和心理活动的共同规律。生理和安全等低级需求得到满足是员工能安心本职工作的基本前提，而满足员工的高级需求则是激发其主动性和创造性的必要条件。利用马斯洛的需求层次论可以帮助组织管理者针对员工的需求采取措施，有效地激励员工，调动员工的积极性。

（三）企业文化理论与人力资源管理

20 世纪 70 年代以来，美国、日本经济发展的差距导致了美日管理学的研究热潮。随着研究工作的深入，管理学者们发现，日本尽管从美国引进了现代管理方法，但却形成了与美国企业有较大差异的管理模式，而潜伏在不同管理模式之后的原因则是两国的社会文化和企业文化的差异。

1982 年，美国哈佛大学的特伦斯·迪尔和艾伦·肯尼迪经过长期的学术研究，在对 80 家企业进行详尽调查的基础上，合著出版了《企业文化——企业生存的习俗和礼仪》一书，标志着企业文化理论的正式诞生，并确立了企业文化的理论体系。作者在书中指出：每一家企业都有自己的文化，无论是软弱的文化还是强硬的文化，在整个企业内部都发挥着较大的影响。书中将企业文化分为四种类型，即硬汉型文化、努力工作/尽情享受型文化、赌注型文化、过程型文化，并对如何认识文化、管理文化以及变革和重塑文化进行了深入的研究。

1. 硬汉型文化　是指适应高风险、快反馈的环境，具有坚强乐观精神和强烈进取心的文化模式。其特点是自信且敢于冒险。但是，这种类型的企业文化不强调合作，员工的流动率较高，凝聚力较弱。

2. 努力工作/尽情享受型文化　是把工作与娱乐并重，鼓励职工完成风险较小的工作。这类企业文化的特征是友善、外向、懂人情世故、能适应纷繁的环境。适用于竞争性不强、产品比较稳定的企业。

3. 赌注型文化　又称孤注一掷型文化，鼓励员工冒险和创新。此类企业需要管理者能够深思熟虑地决策，需要有较强的控制力，以免错误的发生。

4. 过程型文化　此类文化着眼于如何做，基本没有工作的反馈，其特点是注重程序和规则：管理者严格按规则和程序办事，员工也必须注重细节，严格执行命令而不管对错。这类企业较难适应技术和市场的快速变化。

企业文化理论的提出使企业管理者认识到，通过文化进行微妙暗示是管理企业的有效方法。然而企业文化能够推动企业获得成功，也会成为企业经营失败的重要原因，正所谓"成也萧何败也萧何"。成功的管理者需要根据企业所处的环境和企业的目标，提出明晰的价值观，识别和诊断自己企业的文化，小心培育、强化以及必要时重塑企业文化，为企业全体成员输出正能量，引导企业走向持续成功。

二、人力资源的概念和特征

（一）人力资源的概念

人力资源即具有劳动能力的人身上所包含的一种生产能力，包括人的智力、体力和思想。人力资源以劳动者的数量和质量表示，对经济起着生产性的作用，使国民收入持续增长，是社会生产中最基本、最特殊和最重要的资源。

（二）人力资源的特征

与其他资源相比，人力资源具有以下六种鲜明的特征。

1. 人力资源的能动性 人具有思想、情感和思维，因而人力资源具有主观能动性，能够有目的、有意识、积极主动地利用其他资源进行生产，能够根据环境的变化而调整自身生产方式，提出新的观念和方法，不断推动社会和经济的发展。人力资源的能动性是区别于其他资源最根本的特征。

2. 人力资源的时效性 人力资源的载体是人，是一种有生命的资源。生命的有限性和人的成长规律决定了人力资源的时效性。个体能够从事劳动的时间被限定在生命周期的中间阶段。从社会经济的角度看，人力资源的形成、开发和利用都要受到时间的限制，而且不同于其他物质资源，人力资源如果长期储存不用，则会荒废、退化，并且随着个体生命的结束而消亡。

3. 人力资源的两重性 人既是财富的创造者，又是物质的消费者，因此人力资源既具有生产性，也具有消费性。在个体成为具备劳动能力的人力资源之前是需要消耗社会资源的，即先有人力资本的投入，后有人力资源创造财富带来的收益。而人力资本投入的数量与人力资源质量的高低密切相关，一般而言，先期人力资本的投入越高，后期人力资源创造的收益就会越大。

4. 人力资源的智力性 人力资源是拥有智力的资源。人在改造世界的过程中，创造了工具，积累了知识和经验，使自身的劳动能力不断提升，创造了数量巨大的物质资源。随着教育的普及和提高、科技的进步和劳动实践经验的积累，人力资源的整体素质也在不断提高。在社会的发展过程中，资源的老化和更新换代不可避免。作为人力资源的载体，人所储备的知识也会面临老化和被淘汰的危险，但人可以通过不断地学习、总结和积累经验、参加培训等途径，使自己的知识和技能得到不断更新和提高，获得与社会发展相适应的生产能力。这是其他资源所不具备的特性。

5. 人力资源的再生性 人力资源的再生性体现在两个方面：一方面，人类的不断繁衍实现了人口的再生产，可补充劳动力人口的自然消耗，维持充足的劳动者数量；另一方面，人在劳动中消耗的体力和精力可以通过摄入营养和休息得到补充和恢复，劳动能力得以再生。

6. 人力资源的社会性 马克思哲学认为"人是各种社会关系的总和"。任何个人都必须或多或少地和他人发生关系，形成各种各样的人类群体，并由此组成复杂的人类社会。每个群体都有特定的文化特征和价值取向，每个人受自身民族文化和社会环境的影响，会形成不同的价值观。在生产活动和人际交往过程中，不同价值观的人可能会发生矛盾，个体价值取向与群体利益也可能发生矛盾，这些矛盾或多或少会影响生产经营活动的顺利进行。因此，人力资源管理中需要尊重员工的个人价值观的差异，发扬优秀的民族文化；同时注重人与人、人与群体之间的关系和利益的协调，倡导相互合作、相互帮助和相互包容的团队精神。

三、人力资源管理的概念、职能和作用

（一）人力资源管理的概念

人力资源管理是指运用现代管理技术和方法，对组织中的人力这个特殊的资源进行计划、组织、领导和协调，以完成组织的目标和任务，包括人力资源的获取、培育、保持、利用和流动等方面的一系列管理活动。人力资源的能动性与人本身的意志、态度和能力是分不开的。企业的管理应承认员工是企业的一种财富，是企业的宝贵资源。

人力资源管理的内涵包括对人力资源的内在和外在两个方面的管理。对人力资源的内在管理主要是对人的思想、心理和行为进行有效的激励、协调和管理，充分调动人的主观能动性，提高劳动效率，以便更好地实现组织目标。对人力资源的外在管理即对组织环境进行协调管理，包括对人员的培训，根据组织中人员和各种资源的变化及时调配人力和物力，使两者经常保持最佳比例和最佳状态，从而发挥最佳效应。

（二）人力资源管理的职能

人力资源管理的基本职能包括工作分析与设计、人力资源规划、员工招聘与测评、员工培训与潜能开发、绩效管理与考核评估、薪酬管理、劳动关系管理等。

1. 工作分析与设计 人力资源管理部门要研究和分析组织目标以及当前所处的内外环境，在此基础上合理设计部门与岗位（职位），明确各部门和各岗位的工作内容、职责和具体任务，确定员工承担本岗位的工作应具备的知识、技能、经验以及个人特征等资格条件。

2. 人力资源规划 人力资源规划是根据组织的发展战略、目标以及内外环境的变化，预测未来组织任务以及为完成这些任务所需要的人力资源数量和质量。人力资源规划强调人力资源对组织战略目标的支撑作用，做到使组织拥有稳定、充足和高质量的人力资源，使组织的集体利益和员工的个人利益能够得到长期的保障。通俗地理解，人力资源规划就是在对组织发展所需的人力资源的基础上，适当储备或减少人力，也就是人员的调整计划，它关注人力资源供需之间的数量、质量与结构的匹配。

3. 员工招聘与测评 员工招聘即招募和甄选符合组织发展需要的人才，是人力资源管理中非常重要的环节，它是组织获取人力资源的主要途径。员工测评是对应聘者进行甄选并做出初步录用决定后，进行全面的评估，包括应聘者的背景、健康状况、岗位胜任能力等，初选出的合适人员进入试用期，试用期满后再次进行评估，并对合格的人员做出正式录用的决定。

4. 员工培训与潜能开发 员工培训与潜能开发是指对加入组织的人力资源的培育过程。员工培训是通过合理设计一系列活动，使新入职员工能够尽快熟悉和掌握所承担岗位的相关知识、技能和工作规范；使老员工（包括基层员工和各层管理人员）能够更新知识和技能，不断适应新环境和新情况。员工潜能开发是根据组织发展目标、组织结构和内外环境的变化，对员工的整体素质进行调查和分析，根据员工的智力、才能、需求等特点，合理规划和调整继续教育培训的内容，设计激发鼓励性的活动，不断提高员工的知识技能，发挥员工的积极性和创造性，挖掘员工的潜力，以更有效地完成组织任务和目标。一般来说，员工培训是短期的，是强制性要求特定员工参与的活动；而员工潜能开发活动则是长期的，以员工自愿参与为主。

5. 绩效管理与考核评估 绩效管理与考核评估是一个系统工程。绩效也称为业绩，是组织目标完成的结果，反映的是人们从事某个生产活动的成效，它包括组织绩效、团队绩效和个人绩效三个方面。绩效管理是指各级管理者和员工之间基于预期的组织战略目标进行的持续开放的沟通，从而确定一定时期内的绩效目标以及达成目标所需的知识、技能和能力，通过员工培训和员工潜能开发活动，帮助团队和个人取得更好的工作成绩的管理过程。绩效管理强调组织目标和个人目标的一致性，强调组织和个人同步成长，形成"多赢"局面，它体现着"以人为本"的思想，在绩效管理的各个环节中都需要管理者和员工的共同参与。绩效考核评估是采用特定的考核方法对员工的工作成效进行评价。评估结果可供管理部门对员工下一阶段的激励措施提供依据，如晋升、加薪、降级、减薪、调配等。通过定期考核，按照标准进行奖惩和晋升，形成对员工的激励机制，使人力资源不断优化。

【知识链接】　　　　　　　　　　360度考核技术

　　360度考核也称为全方位考核、多视角考核，它是一种基于上级、下级、自己、同事和客户等多种信息渠道收集员工的绩效信息，综合地评估其绩效并提供反馈的方法。360度考核与传统自上而下反馈的本质区别就是其信息来源的多样性，从而保证了反馈的准确性、客观性和全面性。360度考核的优点主要有：①考核公正、真实、客观、准确、可信，能减少考核误差，考核结果相对有效；②可以让员工感觉企业很重视绩效管理；③可以激励员工提高自身全方位的素质和能力。其缺点主要有：①考核成本高；②考核只关注一般特质，而非行为；③受个体记忆偏差限制，不能真实反映被考核者过去的工作行为；④考核者难以观察到被考核者全部的工作行为，容易以偏概全；⑤如果培训和运作不当，可能形成紧张气氛，还可能遭遇员工忠诚度消失、监督失效、专断等问题。因此，实施360度考核时应注意：首先，取得高层领导的支持与配合，加强宣传和沟通，并对考核者进行有效培训，消除考核中的人为因素。其次，还应结合组织实际，充分考虑文化差异，设计本土化考核指标，力求使考核客观、公正。最后，考核结果应及时反馈给个人，指导其改进不足之处，促进员工不断成长。

　　*资料来源：陈国海，马海刚.2016.人力资源管理学.北京：清华大学出版社.

　　6. 薪酬管理　薪酬管理是指对员工应当得到的薪酬总额以及薪酬结构和薪酬支付形式进行确定、分配和调整的动态管理过程，是针对所有员工提供的服务。薪酬管理一般要兼顾公平性、有效性、合法性三大原则，同时还要受企业经济承受能力、国家法律法规、市场人才竞争、组织内部人才定位等因素的限制。良好的薪酬管理制度可以帮助组织更有效地吸引、保留和激励员工，但薪酬管理涉及每个员工的切身利益，是人力资源管理中最敏感的部分。薪酬体系的设计，应以吸引和留住优秀员工，并鼓励员工自我提升和高效率工作为目标。

　　7. 劳动关系管理　劳动关系管理是指通过规范化、制度化的管理，使劳动关系双方的行为得到规范，权益得到保障，避免或解决劳动争议，维护稳定和谐的劳动关系，促进企业经营的稳定发展。劳动关系管理的内容主要包括劳动合同与集体合同管理、劳动争议管理、职工卫生安全与社会保险管理。劳动关系管理是人力资源管理不可或缺的部分，具有积极的意义：它保障企业与员工有相互选择的权利，能够保障企业内部各方面的正当权益，创造和谐的劳动环境，有利于人力资源潜力的开发，提升人力资源管理的战略地位。

（三）人力资源管理的作用

　　从人力资源管理的概念和职能可以得出，人力资源主要有五项基本作用，包括：获取、整合、保持、评价、激励与开发。

　　1. 获取　通过人力资源的规划、招募、甄选、聘用和测评等，获得组织需要的人力资源，并合理安排员工的工作岗位。

　　2. 整合　通过企业文化和信息的沟通，使员工了解并认同本企业的宗旨和价值观，从而和谐人际关系、化解矛盾冲突，使企业内部的个体和群体的目标、行为、态度与企业的要求和理念趋于一致，达到有效整合，提高生产力和效益。

　　3. 保持　通过适当的薪酬（包括工资、奖金、福利等）、考核和晋升等一系列管理活动，保持员工的积极性、主动性、创造性；通过为员工提供安全、舒适的工作环境，维护员工的合法权益，增加员工满意度，提高对组织的忠诚度。

　　4. 评价　通过对员工的知识技能、劳动态度、工作绩效等方面进行定期评估和考核，为组织对员工的去留、奖惩、晋升提供依据，并为下一阶段员工培训的规划提供参考。

　　5. 激励与开发　马斯洛的需求层次论告诉我们，合理的薪酬待遇和良好的劳动环境满足了员工的基本需要，而进一步的激励应符合员工的高级需要。人力资源管理通过员工培训、继续教育、职业生涯规划与开发等活动，促进员工的知识、技能、态度、职业追求等各方面素质的提升，使员工的劳动能力、创造力和主观能动性得到不断提高。必要时根据岗位需要和员工能力特点酌情调整工作岗位和内容，使员工个人能力得以更有效地发挥，最大限度地帮助员工实现自我价值，更好地达成组织发展目标，达到个人与组织利益双赢的目的。

第二节　老年服务人力资源管理

【问题与思考】

1. 老年服务人力资源有哪些特征？
2. 你认为现阶段养老机构的人力资源管理存在哪些问题？可怎样改进？

老年服务业属于特殊行业。各类养老机构不仅需要为老人提供日常生活照护和安全、舒适的生活环境，还要满足老人一般健康服务和医疗护理服务，因此其人力资源的构成具有很强的综合性。老年服务人力资源管理是养老机构提供一流老年服务的关键，不仅要发挥一般企业人力资源管理的职能和作用，还要研究老年服务人力资源的特殊性和面临的问题与困境，结合老年服务事业相关的国家政策法规和行业的发展趋势，与时俱进地进行人力资源的开发与管理。

一、老年服务人力资源的概念和特征

（一）老年服务人力资源的概念

老年服务人力资源是指专门为老年人提供服务的人员及其身上所包含的智力、体力和思想。广义上来说，所有长期或临时为老年人提供服务的人员都属于老年服务人力资源，包括养老服务专职人员、社区管理服务人员、各类住房维修人员、各级医疗机构的医护人员、家政服务人员、物流和外卖配送人员、社会工作者以及与老年服务相关的志愿者等。狭义的老年服务人力资源是指在各类养老机构（包括社区居家养老服务中心）就职的养老服务专职人员，根据其在养老机构中的功能大致可以分为一般养老服务人员、医疗和护理专业服务人员和其他服务人员。

（二）老年服务人力资源的特征

老年服务人力资源是人力资源的一种，因此它具备人力资源的普遍特征，即能动性、时效性、两重性、智力性、再生性和社会性等。但由于老年服务事业的公益性和非营利性，其具有自身特定的内涵和外延，因此除上述人力资源特征外，老年服务人力资源还具备以下特征。

1. 良好的职业道德　在我国，社会养老发展时间比较短，但尊老、爱老、护老是我国传统的社会美德，这种美德也在老年服务中充分体现。忠于职守，热爱养老护理事业，是老年服务人员应具备的最基本的职业道德。尤其是养老机构的护理员和护士，直接承担照护老年人的工作，同时承载着社会和老年人的家庭对老年人的关怀，因此养老护理人员不仅需要耐心、细心和责任心，还需要具备爱心和乐于奉献的精神。能够想老年人之所想，急老年人之所急，全心全意为老年人服务。

2. 全面的专业素养　由于大多数老年人都患有一种甚至多种慢性病，入住养老机构的老年人有很多是缺乏生活自理能力的失能老人和认知障碍老人。因此，养老护理不仅需要为老年人提供普通的日常衣食住行等生活照护，还需要为他们提供康复护理、基础性的医疗护理、心理护理、安全保护、康乐服务等。这些服务内容都蕴含着很强的专业照护知识和理念，因而需要护理人员具备专业的养老护理服务知识、技能和全面的综合服务素养，否则无法为老年人提供优质的康养服务。即使是机构的行政管理人员，虽然不直接为老年人提供护理服务，但他们也需要对养老护理服务的内容和专业理念有深刻的了解，具备爱心、责任心和高尚的职业操守，如此才能更好地做好沟通、管理和协调工作，促进机构养老护理服务工作的良性发展。

3. 吃苦耐劳的品质和乐观的职业精神　养老护理是一份琐碎、细致、辛苦的工作，平凡中彰显着伟大。入住养老机构的老年人大多因各种原因丧失了部分或全部生活自理能力，他们的衣食住行、安全、精神娱乐、疾病的康复锻炼等各方面的需要，都依赖护理人员的细心照护。护理人员需要详细了解每个老年人的生活习惯、健康状况以及家庭关系，跟家属保持良好的沟通，方便家属随时知晓老年人的健康状况；要经常进行扶助或搬运老年人上下床、为老人翻身、推轮椅上下台阶、给老年人沐浴等耗费体力的护理操作；要设计娱乐活动使老年人心情愉悦，协助老年人肢体锻炼以维持躯体活动能力；同时还要防止老年人发生走失、坠床或其他安全事故。这些高强度、费心力的护理活动不仅大量消耗着护理人员的体力和脑力，更同时考验着他们的抗压能力。另外，老年人和家属的高要求和误解，也可能给护理人员带来额外的心理压力。因此，养老护理人员不仅需要具备吃苦耐劳的品质，还需要有乐观的职业精神，这是老年服务人力资源的又一重要特征。

二、我国老年服务人力资源的构成、现状与问题

（一）我国老年服务人力资源的构成

我国老年服务行业有多种养老服务模式并存，但概括起来大致可分为社区居家老年服务模式和全托式养老机构老年服务模式。两种模式的老年服务人力资源构成有明显不同。

1. 社区居家老年服务人力资源的构成　居家养老服务目前主要是由社区、物业和家政市场提供相关养老服务，包括日间照护服务、喘息服务、社区食堂服务、住家保姆、钟点工服务等。相关服务人员分属于不同的服务组织机构和人才市场进行管理和协调。在日间照料中心和喘息服务中心，主要的老年服务人员包括中心管理人员和一定数量的护理人员。住家保姆中有一部分是经过培训并取得职业资格证书的护理员，更多的是具备生活照护能力的社会劳动者。在政府的积极倡导和社会各方面的努力下，经过专业培训的住家保姆逐渐增多。近年来由医疗机构主导、依托互联网技术开展的互联网+护理服务正在逐步兴起，医院专科护士和社区护士可通过互联网+护理服务系统为居家养老的患病老年人提供上门的专科护理服务，大大方便了患有各种慢性病的老年居民。

2. 全托式养老机构老年服务人力资源的构成　养老机构的老年服务人力资源由各级、各类养老机构招募和管理。随着养老服务需求的多元化发展，养老机构的人力资源也需要包含多个学科的专业人才。养老机构中的老年服务人员主要可以分为三类：①一般服务人员，包括膳食服务人员、清洁服务人员、后勤服务人员、行政管理人员等；②专业服务人员，包括护理员、护士、医生、康复治疗师、营养师等；③其他服务人员，如社会工作者、志愿者等。其中，护理员和护士是养老机构中承担养老护理服务工作的主体，直接关系着老年服务的整体质量，是现阶段各养老机构人力资源管理需要重点关注的群体。表8-1列出了我国养老机构主要人力资源构成及各类人员的主要职业功能。

表 8-1　我国养老机构主要人力资源构成及各类人员的主要职业功能

老年服务人员		主要职业功能
一般服务人员	膳食服务人员	饮食制备、配餐、送餐
	清洁服务人员	维护居住环境清洁卫生
	后勤服务人员	房屋、设施、设备的维护和保养，物资的采购、供给和调配等
	行政管理人员	机构运营、协调、沟通和管理等
专业服务人员	护理员	生活照护、基础照护、康乐服务、心理支持等
	护士	制定和实施护理计划，指导和协助护理员完成生活照护、基础照护、康乐服务、心理护理，提供健康教育，老人突发急症的急救护理等
	医生	日常医疗保健服务、重病老人转诊决策、急救医疗

续表

老年服务人员		主要职业功能
专业服务人员	康复治疗师	康复治疗、躯体功能锻炼
	营养师	日常膳食营养管理、特殊疾病营养管理
其他服务人员	社会工作者	指导开展社会服务工作，满足老年人的社会、情感需要，帮助老年人适应养老机构环境等
	志愿者	简单的生活照料、陪伴、休闲娱乐、精神关爱、科普知识宣讲等

在实际中，不同地区、不同级别、不同类型的养老机构，其人力资源配置情况差异较大，尤其是医生、护士、康复治疗师、营养师等专业服务人员，很多养老机构没有能力或没有必要全部配置。一般来说，规模较大的公办养老机构、高端护理机构和医养结合型养老机构中，各类老年服务人员配置比较齐全，有经过培训的护理员和专业的护士、医生，以及其他医疗专业服务人员。一些养老机构通过与社区医院或综合性医院建立合作关系的形式，由医院为养老机构提供医疗护理方面的指导和按需服务，满足本机构老年人的医疗护理需求。但由于各地区之间、城乡之间发展不平衡，在一些低端养老机构和农村、偏远地区的养老机构，则可能只配有能满足老年人基本生活照护的服务人员。

（二）我国老年服务人力资源的现状与问题

由于我国"养儿防老"的传统观念、生活方式和生活习惯等原因，家庭养老一直是主要的养老模式，政府也以法律法规的形式确定了子女的赡养义务。然而随着老龄化进程的加深加快、家庭结构的变化、劳动力人口的减少以及空巢、失独和独居老人的增加，传统的家庭养老模式正面临巨大的冲击。社会养老服务模式呈现多元化、快速发展的趋势，相应地，对老年服务人力资源的需求也在快速增长。目前，提供全托式养老机构老年服务为主的公办和民营养老机构是承担社会养老服务的主体。由于专业化的社会养老服务的发展时间不长，老年服务的人力资源队伍建设与管理还不完善，各类老年服务人员在个体素质和整体协作上均存在一些问题。

1. 一般服务人员的现状及问题　养老机构的一般服务人员配置能够满足日常运营需要和老年人的一般生活需要。一般服务人员通常具备娴熟的本职技能，但未经过老年人生理和照护方面的知识培训，在应对老年人的相关需求时主要凭借自身在本职工作领域的经验，而不能提供个性化的服务。比如餐饮服务对老年人来说是比较重要的生活服务，养老机构的厨师可以凭借经验做出符合老年人胃口的食物，也可以把食物做得软、烂，便于老年人食用，但在营养搭配上往往缺乏平衡膳食的概念和相关知识，对老年人疾病营养的要求则更难以满足。一般服务人员需要与专业服务人员（如营养师）紧密沟通合作，才能更好地为老年人提供优质服务。这种沟通合作不仅需要不同岗位的员工之间具有合作意识，还需要养老机构管理制度上的统筹设计，而这正是老年服务管理者需要重视的。

2. 专业服务人员的现状及问题　专业服务人员的配置和管理一直是养老机构、政府和研究人员关注的重点。其中护理人员（包括养老护理员和护士）是决定养老机构服务品质的关键人力资源。目前在我国，养老机构护理人员普遍存在专业素质偏低、数量不足、社会地位和薪资待遇不高、人员流动大等问题，与社会对高品质的老年服务需求还有一定的差距。

（1）养老护理员的现状及问题：养老护理员是承担老年人日常照护工作的主要服务人员。长期以来我国养老护理员普遍存在年龄偏大、文化程度偏低、专业知识和技能偏弱等问题；养老护理员数量缺口庞大也是业界的共识。目前从业的养老护理员大多年龄在 40 岁以上，文化程度绝大多数是初中、小学文化甚至文盲；不少机构因为缺少足够的护理员，不得不雇用本身已经是老年人的 55 岁以上甚至 60 岁以上的人员，经过简单培训后即上岗成为养老护理员。这些问题一直是各界关注和研究的焦点。为促进养老护理员专业素质的提高，2011 年，我国人力资源和社会保障部颁布了养老护理员的国家职业标准，规定了养老护理员持证上岗、最低学历要求等一系列素质标准，试图提高从业人员的专业素质水平和促进专业人才的规范化培养。然而，由于传统社会偏见和人们的固有印象，养老护理员常常被认为是低端职业，文化程度较高的劳动者大多从业意愿不高，造成了养老护理员难招、难留的普遍现象。同时低学历和文盲的情况使得养老护理员专业知识接纳程度低，获得职业资格比较困难。持证上岗、学历要求等虽然促进了养老护理员的专业培训，但符合要求的养老护理员数量仍然严重不足，人才缺口持续存在，养老机构仍然不得不雇用许多不符合标准的养老护理员，从而使行业管理变得混乱和尴尬。

为缓解持证护理员严重不足和兼顾养老机构用人的实际情况，人力资源和社会保障部第 26 号令废止了养老护理员持职业资格证书就业的规定，"持证"不再作为养老护理员从业的必备条件。2019年，人力资源和社会保障部与民政部共同颁布实施《养老护理员国家职业技能标准（2019 年版）》，将 2011 版养老护理员职业标准中的学历要求由"初中毕业"调整为"无学历要求"，进一步放宽了养老护理员的入职条件。这些措施在一定程度上缓和了日益增长的社会养老护理服务需求和养老护理员数量严重不足的矛盾，但同时也对养老护理员的职业化建设提出了新的挑战。研究表明，在从业年限相近的情况下，养老护理员的年龄与其照护知识技能的掌握程度成反比；文化程度和专业培训与其照护知识技能的掌握程度成正比，且文化程度越低的护理员对专业护理知识的接受能力也越弱。在养老护理员数量不足、文化素质不高的困境中，如何提高从业人员的养老护理专业知识和技能，保证老年护理服务质量和安全，是老年服务人力资源管理需要大力研究的问题。

（2）养老机构护士的现状及问题：护士接受过比较系统的专业护理教育，理论上，注册护士应有能力承担对护理员的领导职责，是养老护理人才队伍中不可或缺的角色。《中华人民共和国护士管理办法》规定，护理员只能在护士的指导下从事临床生活护理工作。因此，比较理想的养老护理人员配置应该包括一定数量的护士和养老护理员，并由护士领导养老护理员，对护理员的工作进行监督、指导和质量管理。然而在我国大多数养老机构，由于护士专业能力不足，相应的管理体制不健全等因素，护士对护理员的领导作用并不显著。由于护士主要在医养结合型养老机构配置，且管理制度上往往是由医生领导养老护理工作，因此很多护士没有管理和领导护理员工作的意识。机械执行医嘱，完成护理常规是很多养老机构护士工作的常态，缺乏对老年护理工作的主观能动性和创新性，对高层次的养老护理需求，如各类慢性病老年人的个性化护理、心理护理、护理质量改进等，缺乏足够的关注。

养老机构的护士学历不高，大多数是中专和大专毕业，且在职提升学历的积极性不高；本科及以上学历的护士很少，即使有也很容易因各种原因离职。部分护士在入职后一直未取得护士执业资格证书，提示其专业素质很可能并没有达到理想的水平。在职护士学历和专业素质不高，而且引进优质护士困难重重。这一方面是因为护士在养老护理中的作用尚未引起一些管理者的足够重视，没有制定出合适的护理人才引进政策；另一方面与护士到养老机构就职的意愿不高有关。护士在我国总体上还是比较紧缺的人才。待遇更高、职业发展前景更好的三甲医院和各地方医院对护士的需求量大，大多数本科及以上学历的护理毕业生能很容易找到医院的工作。养老机构在与医疗机构竞争护理人才中处于明显弱势，客观上制约了养老机构对高素质护理人才的引进。

不仅学历较低，养老机构的护士整体资历也不理想。大多数护士工作年限短、老年护理专业知识和经验比较欠缺。由于老年护理课程在各护理院校中的普及性还不高，很多院校仅将老年护理课程作为选修课，甚至没有开设相关课程，加上入职后老年护理方面的继续教育比较缺乏，护理毕业生的老年护理相关知识大多比较薄弱。此外，护士离职率高的问题也较普遍。护士在养老机构晋升渠道不通畅、成长机会少、收入不高以及工作不顺心等因素，使养老机构护士的离职率较高、职业稳定性较低、护理经验的沉淀不足。这些因素也增加了养老机构培养骨干护士的难度。由于缺少能独当一面的骨干护士，当老年人出现较复杂的健康问题时，常常不能得到妥善处理。某养老院的院长在提及本院护士的专业素质时提到，由于学历低（中专为主）、资历浅、经验缺乏，很多护士在老年人出现突发急症时不懂如何应对，甚至有的护士连心肺复苏都不会。笔者在一些养老机构走访时也注意到，一些高血压、糖尿病的老年人，血压没有得到很好的控制，血糖经常处在超过 16.7mmol/L 的危险水平，但如果医嘱没有变化，护士就不会质疑和确认，这使老年人的健康风险增加。

随着老龄化的加深，未来入住养老机构中患有慢性病、需要更专业护理的老年人将更多，康养医护一条龙服务将成为新的趋势，因而养老机构需要专业素质高的护士。然而目前养老机构的服务团队中，护士还属于比较稀缺的人力资源，主要集中在医养结合型的机构，且专业素质不够理想。这些是今后老年服务人力资源管理需要重视的。

（3）营养师的现状及问题：营养师是比较不受养老机构重视的人才，很多机构管理者认为营养师的功能可以由医生代替或者不需要。国内大多数养老机构没有专门的营养师，因疾病有特殊膳食需要的老年人，如糖尿病患者，常常难以得到符合其健康需要的个性化膳食服务。除极少数机构有专门的营养师以外，大多数机构老年人的膳食服务人员仅限于食堂工作人员和送餐员，他们只能提供一般饮食服务，而没有能力制定个性化的专业营养计划。还有一些机构通过培训护士对老年人提供饮食指导服务，虽然能够在某种程度上弥补营养师的功能，但因为护士工作职责范围所限，以及专业能力的差异，老年人的营养计划真正落到实处的并不多。

（4）医生和康复治疗师的现状及问题：由于养老机构的功能重在养老护理，目前医生、康复治疗师等医学专业人才的数量与质量问题并不是非常突出。客观上，这类专业人才在一些不具备医疗功能的养老机构并非必需，可以通过建立养老机构与各级医疗单位的合作关系来解决老年人的相关医疗服务需求。目前，养老机构与医疗单位合作尚处于起步阶段，如何完善合作机制是需要进一步研究的课题；而养老机构自有医学专业人才的规范管理和在岗继续教育还有待加强，使之能更好地发挥作用，促进机构整体服务水平的提升。

3. 其他服务人员的现状及问题　社会工作者和志愿者在老年服务中可以发挥特定的作用。国外很多养老机构配有专门的社会工作者和长期服务的志愿者，对老年服务起到很好的补充作用。在我国，养老机构的社会工作者工作还是一个比较新的事物，志愿者服务的发展时间也比较短，两者在老年服务领域均有待进一步的经验积累和研究。

（1）社会工作者：社会工作者介入机构养老服务是提高老年服务质量、提高入住满意率的重要途径。2020 年民政部发布的《〈养老机构等级划分与评定〉国家标准实施指南（试行）》已经将社会工作者纳入养老机构必要的服务人员。该指南规定，养老机构须为每 200 名老年人（不足 200 名的按 200 名计算）至少配 1 名专职社会工作者，并至少要有 1 名社会工作者指导开展社会工作服务。社会工作者进驻机构养老服务尚处于起步阶段，相关的人事制度、工作制度、薪资待遇规定、晋升制度等都还不健全或处于空缺状态，不利于对社会工作者人才的引进，且社会工作者的实际作用也没有得到充分发挥。此外，由于养老机构为节约人员成本、社会工作者的部分工作有可替代性、专业的社会工作者人才招揽困难等原因，社会工作者对养老服务工作的意义还没有被养老机构管理者充分重视，除少数机构外，专职社会工作者在养老机构仍然不多见。

（2）志愿者：志愿服务是现代社会文明进步的重要标志。养老机构志愿者主要为老年人提供简单的生活照料、陪伴、休闲娱乐、精神关爱、科普知识宣讲等服务。志愿者的参与可以弥补养老服务对于专业多元化的要求，能为老年人带去新鲜的生命活力，也能对老年服务人员产生正面的影响，还有助于缓解护理人员的职业倦怠，从而提升老年服务的整体水平。国家对志愿者参与老年服务工作非常支持，2017 年，国务院印发的《"十三五"国家老龄事业发展和养老体系建设规划》中提出要鼓励发展志愿服务，随后，国务院令第 685 号颁布了《志愿服务条例》，于 2017 年 12 月开始实施，为志愿服务发展提供了法律保障。由于我国志愿者服务发展时间较短，公众对志愿者工作知晓度不高、参与兴趣不大，加上缺乏合理的宣传和引导，志愿者队伍的发展比较缓慢。目前养老机构志愿者以高校学生为主，其次是一些社会爱心人士和退休人员。在志愿服务的实践中，服务内容多有重复、形式单一，常常是老年人对志愿服务不满意的原因之一。此外，志愿者队伍流动性大，老年人与志愿者之间没能形成长期的、默契的服务关系，沟通交流难免出现不畅快的情况。这些问题在今后的志愿者服务管理中需要给予重视，研究有效的解决方法，如对志愿者队伍进行适当的培训和指导，在志愿服务过程中适当监管等，以此提高志愿者服务的质量。

三、老年服务人力资源管理存在的问题

由于养老机构性质和服务定位等方面的不同，各养老机构的管理体制不一而同，各有特点。管理者也在根据老年服务市场需求的变化以及国家政策的引导而不断研究和改变老年服务人力资源的管理方式。但受多种实际因素的影响，老年服务人力资源管理制度还存在一些不合理之处，阻碍了对优质护理人才的引进和培养，不利于老年服务品质的提升。

1. 护理人员的工作制度不合理　主要体现在两个方面。一是工作时间过长，导致护理人员得不到有效的休息，身心疲劳，降低工作效率。二是缺乏有效的团队工作模式，"单打独斗"式的工作模式下，各项护理工作的效率低下，在同等工作量下需要的护理员相对较多，导致一定程度上的人力资源浪费。

（1）工作时间过长：在养老机构，通常只有行政管理等一般服务人员可以实行 8 小时工作制度和每周双休，而护理人员的工作时间则要长得多，每周工作时间远超 40 小时。其中，护理员的 24 小时陪护制且没有休息日是比较常见的一种工作制度。

老年服务的特殊性决定了 24 小时需要有人随时为生活自理能力不足或完全丧失的老年人提供照护服务，因此养老机构提供 24 小时陪护服务。但 24 小时陪护的正确理解应该是有人能随时提供照护，它不等同于护理人员的 24 小时工作制。首先，即使老年人休息时护理员可以休息，但与老年人共同休息并不能使护理人员的身心得到良好的放松，容易因疲劳而发生工作差错和情绪调节障碍。研究表明，超长工作时间容易导致护理人员的职业倦怠，降低工作满意度，也会阻碍劳动者对养老护理工作的从业热情。这是养老机构护理人员难招、难留的主要原因之一。实际上，在老年人床边一边陪护一边抽空休息的护理人员不一定能及时发现老年人的需求而给予良好的照护，很难保证养老机构所宣称的 24 小时陪护质量，为一些照护纠纷埋下了隐患。其次，工作时间过长导致护理人员自由支配的时间过少，甚至几乎没有，不仅无法兼顾个人和家庭需要，也没有足够的时间进行学习和参加培训，不利于他们专业知识和技能的提升。根据马斯洛的需求层次论，超长工作时间是非常不合理的，完全忽略了员工的高级需求。因此，合理的工作和休息制度是必要的，应建立护理人员的合理轮班制度和交接班制度。表 8-2 列出了我国养老护理员的主要排班类型、各自的特点及主要问题。

表 8-2　我国养老护理员的主要排班类型、特点及问题

排班类型	主要特点	主要问题
24 小时陪护制	1）由固定的护理员长期负责生活照护，对老年人情况比较熟悉。	1）护理员吃住均在养老机构，身心得不到有效放松
	2）老年人休息和睡觉时，护理员也可以在老年人床边休息和睡觉，理论上方便随时提供照护。	2）没有自由支配的个人时间，无法满足员工高级需求。
	3）月休 0～4 天	3）长期疲劳工作，照护质量不能保证
24 小时轮班制	1）护理员 2～3 人一组进行轮班，上班 24～48 小时可轮休 1 天。	1）24 小时持续工作，照护质量不能保证。
	2）保证一天内由同一个护理员提供服务，对老年人一天内的生活照护连续性较好。	2）每周工作时间仍然远超 40 小时。
	3）有轮休，能一定程度上兼顾个人和家庭需要	3）人员不足时容易回归到长期 24 小时陪护制
12 小时轮班制	1）护理员工作 12 小时后轮换休息，可选择固定上白班或夜班。	成本效益下人员配置常常不足，可能排不出休息天
	2）能使护理员获得较好的休息，能一定程度上兼顾个人和家庭需要。	
	3）是当前护理员人力资源配置现状下比较有可能实现的排班类型	

续表

排班类型	主要特点	主要问题
8 小时工作制	1）护理员白天工作 8 小时后下班。 2）每周休息两天或一天	是少数承担组长职责的护理员的"特权"，一般护理员不实行 8 小时工作制

　　表 8-2 所列的护理员排班类型中，24 小时陪护制是目前多数养老机构主要的工作制度之一。这种排班只考虑了老年人 24 小时的照护需要和养老机构的成本控制需要，而忽略了护理员的个人高级需求，被认为是最不人性的一种排班类型，一般劳动者难以接受。尤其是年轻的劳动者，因个人和家庭需要无法平衡，轻易不会选择养老护理员的工作。因此养老护理员多为年龄较大、家庭照顾需要可以暂时忽略且经济较困难者。这类劳动者一般不会把养老护理员看作终身的职业，而仅仅是一份临时的工作，一旦个人和家庭需要出现变化就比较容易选择离职，这是养老护理员队伍稳定性不高的重要原因之一。24 小时轮班制和 12 小时轮班制是部分养老机构正在尝试的相对较好的排班制度，但因总的工作时间长，员工的高级需求仍然难以满足，如果安排员工参加培训活动，则有限的休息时间也会被剥夺。

　　在养老机构，护士主要负责治疗性的护理。因为治疗性的护理操作主要集中在白天，因此晚班和夜班需要的护士人数少，一般只需要安排 1～2 人。因此护士的排班形式比护理员合理，一般实行 8 小时轮班制或 12 小时轮班制。但由于养老机构护士紧缺，加班频繁，大多数养老机构的护士每周实际工作时间也是超过 40 小时，一些机构直接对护士实行每周单休制（即上 6 天班，休 1 天）。缺乏个人支配的自由时间是限制养老机构护士学历和专业能力提升的一个重要因素。

　　（2）缺乏有效的团队工作模式：我国养老机构护理员的基本工作模式是各顾各单干，由一名护理员对一定数量的老人负责。这种工作模式的优点是责任清晰，缺点是很多护理内容因为单人操作困难，需要耗费更多时间，效率低下，安全性低。例如给重度失能老人沐浴、更换床单和衣裤、床椅间的搬动等，护理员在接受培训时就以学习如何单人操作为主。我们可以在很多养老机构观察到：卧床老人的个人卫生大多采用床上擦浴，清洁效果并不理想；护理员会为老人翻身，但是极少帮助老人下床活动；给卧床老人单人操作更换床单和衣裤，费时费力。以上这些护理内容，如果面对的护理对象是完全失能且体重较重的老人，操作难度更大，并且存在不可忽视的安全隐患。如果改成两人一组的团队工作模式，工作效率和安全系数均可以显著提高，护理员的体力消耗也可以明显降低，则平均每个护理员就有可能照护更多的老年人。

　　我国护理员整体缺口比较大，但在一些通过国家等级评定的养老机构，养老护理人力资源的配备相对充足，若能建立有效的团队工作模式，缩短护理员的上班时长并非完全不可能。笔者曾在澳大利亚一家小型私营养老机构工作，其高端护理区共有重度失能和认知障碍老年人 12 人，低端护理区有轻度失能和自理老年人共 40 名。该机构实行 12 小时轮班工作制。白天 12 小时，在高端护理区安排两名护理员，按团队工作流程协作完成 12 名老年人的所有生活照护和口服给药护理，并为每名老年人每天淋浴一次，老年人非常精神干净。低端护理区的 40 名老年人的照护工作也是由两名护理员负责。另有一名护士负责全部 52 名老年人的医疗护理。夜间 12 小时是由一名护理员值班，管理全部 52 名住养老年人。夜间值班的护理员不睡觉，定时在每个房间巡视，并随时监视每个房间的报警器，以便及时发现老人的夜间需求和异常情况。由于是团队工作模式，且工作流程设计合理，尽管白天的护理工作量大，但护理员的工作丝毫不忙乱；而夜间老年人没有常规护理安排，一名值班护理员可以满足夜间护理需要。该机构共有护理员 10 人，护养比（护理员与住养老人的数量之比）与我国《〈养老机构等级划分与评定〉国家标准实施指南（试行）》对养老机构的护养比最低规定接近。但不同于我国很多养老机构的护理员没有休息天的情况，他们的护理员只需每周上班 40 小时左右。可见通过有效的团队合作提高工作效率、节约护理员的人力资源是有可能的。

　　我国《养老机构等级划分与评定》规定：养老护理员（不限职业资格等级）与重度失能老年人

配比不低于 1 : 3；与中度失能老年人配比不低于 1 : 6；与轻度失能及能力完好老年人配比不低于 1 : 15。很多通过等级评定的养老机构不论白天还是夜间均执行上述标准。在人力资源有限的情况下，大多数护理员只能 24 小时工作制。若是按照每周 40 小时安排轮班，养老机构需要配置的护理员人数至少是现在规模的 3 倍，然而以养老机构的盈利能力，显然不可能负担多出 3 倍的人工成本，实际上也没有必要。从评估机构对政策的解读到养老机构的管理实施，对养护比的理解是有偏差的。标准中所规定的护养比应是养老机构配置的护理员总数与住养老年人总数之比。在人员配比符合等级评定要求的养老机构内，理论上实行护理员轮班休息是可以实现的。

不论是国内护理员紧缺的现状，还是养老机构的盈利能力，都不允许大幅度增加养老护理员的人数配置。这就需要在老年服务人力资源管理上着力研究，统筹安排，熟悉养老护理员的能力特点和工作详情，制定合理的工作制度，提高工作效率，进而实现在同等人员配置的情况下缩短护理员的工作时间。例如，根据本机构护理员的工作能力、职业资格等级、工作年限等进行合理分组，组内成员合理分工与合作，形成团队工作模式；根据白天和夜间的常规工作量合理安排护理员人数，可根据需要安排应急护理人员。同时，在护理人员的培训上也需要改变惯性思维，重视团队协作的工作方法培训。在等级评定合格的养老机构，应率先改变管理方法，以合理的轮班制代替 24 小时陪护制，让护理员能够得到轮休。当人性化的工作模式逐渐形成，养老护理工作在社会劳动者心目中的职业形象将得以改善，则未来有可能吸引较年轻的、学历较高的劳动者从业，对提升养老护理员队伍的整体数量和素质将是有利的。

2. 工作方法缺乏创新　养老护理是一个以人力为主的工作，目前为止现代机械和科技无法完全替代护理人员的作用。但这并不意味着养老护理工作不需要创新，合理应用现代化的护理辅助工具可以减轻护理人员的工作量，提高工作效率。例如，对失能老人使用智能翻身床、吊人电动移位器、床椅搬运辅助器械、淋浴椅等，若有效运用，可大大节约护理员的工作量，节省单项护理操作所需的时间，还能提高老年人的舒适度。但由于传统工作模式、培训内容和管理思维的惯性，创新的护理工具目前在国内养老机构的普及性不高，护理人员不会使用。管理者需要对老年服务领域的科学创新保持足够的敏感性，积极评估和引进适用于本机构的先进的护理技术和工具，并在护理人员的岗前培训和在职培训中加入相应内容，使之能被护理人员熟练掌握。此外，还应鼓励本机构护理人员对新技术、新方法的创新和研究，不断提高护理工作效率，提升养老服务品质。

3. 养老护理人员的薪资待遇偏低　老年服务事业是公益性的，不论是公办还是民营的养老机构，都难以做到高盈利，一些机构甚至长期处于亏损经营的状态。因此，养老机构工作人员的薪资待遇也不会很高。其中，养老护理员和护士的薪资待遇普遍明显低于同类行业，也常常低于城市居民平均收入。例如，医院的床边陪护员（俗称护工）、月嫂、家政钟点工等职业的月收入普遍高于养老护理员；与医疗机构的护士相比，养老机构的护士收入也比较低。薪资待遇过低是劳动者不愿从事养老护理工作的直接原因，也是在职护理人员离职的重要因素之一。养老机构为控制人力成本而降低护理人员的薪资虽是无奈的选择，却如同饮鸩止渴，不利于养老护理人才的招募、培养和留任。政府应广泛听取社会各界的专家意见，参照城镇居民人均可支配收入，结合养老服务行业现状，给出养老护理人员科学合理的薪酬指导建议。养老机构管理者应在行业薪酬标准的基础上，根据护理人员的工作能力，结合机构经营状况合理制定基本薪酬，酌情建立岗位补贴、奖金、工龄补贴、职业资格等级补贴等薪酬制度。可根据护理人员的工作量、承担的责任风险、突出贡献等发放绩效奖励，值夜班护理人员发放夜班特殊补贴。政府职能部门应监管养老机构是否按照国家规定为所有员工缴纳社会保险；机构管理者应重视员工福利，努力提高员工满意度。在条件允许的情况下，应优先考虑保障护理人员的薪资待遇，体现多劳多得，调动护理人员的工作积极性，对其长期从业形成一定的物质激励。

4. 养老护理人员的职业发展机会少　养老机构护理人员的排班并不利于他们参与学习和专业提升，同时，机构的管理也很少有激励护理人员职业发展的措施。由于职业发展机会少，护理人员对自己的职业前景感到迷茫，这不利于发挥护理人员的工作主动性和积极性。

现阶段养老机构的护士晋升很困难。养老机构护士职称晋升的基本条件与医院护士一样，需要学历、科研能力和专业素质等达到一定的客观条件。由于养老机构护士初始学历和科研能力较低，加上缺少规范的继续教育和专项培训，专业能力成长缓慢，因而比医院护士更难达到晋升条件。养老机构管理者应重视护士的职业发展，建立合适的晋升和发展制度，使护士看到良好的职业前景，激发他们的主观能动性和工作积极性，如此才能在未来激烈的护理人才竞争中吸引高学历和高素质的护士。

养老护理员按现行的职业资格标准分为初级、中级、高级、技师和高级技师五个等级。获取高等级的职业资格需要护理员自身付出足够的努力，更需要养老机构管理上给予经济、时间和教育的支持，以及有效的激励政策。目前大多数养老机构对护理员在职培养的意识不强、行动不足，管理制度上缺乏有效的激励和引导措施。随着社会发展和基础教育水平的普及，可以乐观地预计，未来养老护理员的文化素质将有所提高，他们将比现在的护理员更有潜力学习专业的养老护理知识，获取高级别的职业资格。这既是一个良好的愿景，同时也要求养老机构的管理做出改变，要为护理员提供好的职业发展机会。

管理者需要意识到，职业发展机会与薪资待遇和工作时长对护理员队伍的发展同样重要。良好的职业发展前景是吸引有理想、有爱心的社会劳动者从业的重要因素，也是留住优秀护理人才的精神激励措施。人才是行业立足的根本。养老机构必须在人力资源管理上做出有效的改变，才能提高老年服务人力资源的整体素质，不断提升老年服务品质，在未来的行业竞争中立于不败之地。

第三节　老年服务人力资源开发

【问题与思考】

1. 何谓老年服务人力资源开发？其核心内容有哪些？

2. 请结合我国养老机构人力资源开发的现状，谈一谈我国养老护理员和养老机构护士的培养存在哪些不足？

员工的培训与潜能开发是人力资源管理的基本职能之一，它为员工提供本职工作所需的知识和技能，帮助员工提升能力和发挥潜能，是人力资源管理不可或缺的环节。我国现阶段老年服务人力资源存在人员数量不足、质量不高等亟须解决的问题。因此，老年服务管理更需注重人力资源的开发，以保证提供一流的老年服务，保障老年服务事业的持续健康发展。

一、老年服务人力资源开发的概念与一般流程

（一）老年服务人力资源开发的概念

老年服务人力资源开发是对流入老年服务机构的人力资源进行培育的过程，其核心内容包括老年服务人力资源的规划、培训和发展三个部分。

老年服务人力资源规划是为实现预定的老年服务目标，合理设定老年服务岗位，制定相应的工作制度，预测需要的老年服务人员的种类、数量和质量的过程。老年服务人力资源的规划应在国家老年服务相关政策的指导下，结合养老机构自身的定位和发展目标进行合理设计。

老年服务人力资源培训是对计划从事老年服务工作和新进入老年服务机构的员工进行老年服务的基础知识、专业知识、专业技能以及养老机构相关工作规章制度等方面的讲授和指导，使员工能适应工作岗位，符合老年服务的需要。其中，养老护理人员的培训是重点也是难点。目前，我国养老护理人员的培训由政府主管部门、高校或培训机构和老年服务机构共同参与，一般要经过职业资格培训和/或岗前培训合格才能为老年人提供照护服务。

老年服务人力资源发展是为提高老年服务人员的专业知识和技能设计系列活动,使员工和机构均能不断适应社会对老年服务的需求。它关注老年服务机构未来的发展,使员工与机构的发展保持同步。老年服务人力资源发展是一个长期的过程,既受主观因素(如管理者和员工自身的认知、思想等)的影响,又受客观因素(如政策环境、机构的财力、物力等)的影响。

(二)老年服务人力资源开发的一般流程

不同类型的老年服务机构人力资源的构成不同,其人力资源开发的侧重点也有所不同,但都遵循一般流程,包括老年服务人力资源开发的前期准备、实施、转化、效果评价四个步骤(图8-2)。

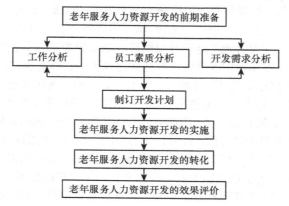

图8-2　老年服务人力资源开发的一般流程

1. 老年服务人力资源开发的前期准备　前期准备是否充分很大程度上影响着老年服务人力资源开发的成效。开发前需要先了解:机构需要怎样的老年服务人员? 是对哪些员工进行开发? 员工的业务基础素质/专业知识和技能水平怎样? 应采用和开展怎样的培训方法、课程或员工发展活动? 工作分析、员工素质分析和开发需求分析是老年服务人力资源开发的三个基础与前提,为员工开发提供了依据和方向。例如,新入职护理员的岗前培训与在职护理员的岗位培训的目的、内容及深度是不同的;同为新入职的护理员,已取得职业资格证书者与无证书者在培训课时、培训方法、培训形式、师资的安排等方面也应有所区别;对优秀员工要提供未来职业发展的愿景并有具体规划,保持持续激励作用。这些在前期准备阶段应有详细的计划,并制定科学评价的标准。

2. 老年服务人力资源开发的实施　实施是在开发计划的指导下进行的具体操作。实施的过程要有监管,即过程管理。实施的过程管理需要对员工开发计划是否落实到位有客观真实的评估,保证开发活动顺利、有效地开展。

3. 老年服务人力资源开发的转化　所谓老年服务人力资源开发的转化就是接受过培训或发展活动的员工将在开发中所学的老年服务知识、技能、行为、态度、理念等应用到老年服务实际工作中的过程。转化是老年服务人力资源开发的目的。是否成功转化应作为衡量培训开发是否有效的重要指标,应被纳入效果评价中。

4. 老年服务人力资源开发的效果评价　效果评价是收集培训与开发的成果以衡量其是否有效的过程。通过评价,管理者可以知道培训与开发方案对员工是否有效,员工的老年服务知识和能力得到了怎样的更新和提高,在行为、态度、理念上有何改变,这些变化是否提高了老年服务质量等。

二、老年服务人力资源开发的背景

在我国人口老龄化大背景下,国家对养老服务非常重视,近年来大力支持各类社会养老服务的发展。随着政府积极投入资金并鼓励民间资本注入,老年服务建设快速发展,出现了多种形式的养老机构,如社区居家养老服务中心、康养服务中心、医养结合型养老院等,满足了老年人对社会养老服务的不同需求。目前各地养老机构床位供应充足，尽管有城乡和地区差异，但总体上养老机构一床难求的问题已经不再突出。与老年服务硬件建设相比，老年服务队伍的建设则相对滞后。

（一）养老护理员培养的政策和现状

由于我国社会养老服务起步较晚，对老年服务人员培养的内容、要求、形式等仍处在不断探索和改进阶段，且各地老年服务专业人员培养的发展不平衡，在不同地区和不同机构之间存在较大差异。目前国家政策上对老年服务人才的培养逐渐重视，给予了大力支持。《养老护理员国家职业技能标准（2019年版）》将养老护理员职业资格分为五个等级：初级（五级）、中级（四级）、高级（三级）、技师（二级）和高级技师（一级）。2019年，国务院办公厅印发《职业技能提升行动方案（2019—2021年）》的通知，对各地养老护理员的职业培训管理起到引领作用。紧随国务院的通知之后，2020年各地陆续印发养老护理员培训基地认定和管理、养老护理员培训评价等方面的政策制度，较好地促进了养老护理员的规范化培养。如北京、上海、浙江等地，近年来按职业资格标准开展对护理员的培训工作，养老护理员的培训逐步规范化。政府牵头组织专家编写专用培训教材，授权职业技术院校和培训机构负责培训。培训的内容涵盖老年护理基础知识、法律知识、职业道德、生活照护、安全照护、康复照护等方面。此外，各类全国性和地方性的养老护理员的照护知识和技能大赛，本着"以赛促练、以赛促学"的宗旨，带动养老护理员专业知识和技能的进一步提升。逐渐规范的职业资格培训对养老护理员的专业素质提升起到了积极的作用。

然而，受现实条件限制（如在职和新招的养老护理员整体素质偏低、培训预算经费有限、劳动者从业意愿低等），养老护理员培训工作的困难和问题仍然很多，例如理论知识培训不足、教材知识更新缓慢、岗前培训不够规范、在职培训不能保证等。

1. 理论知识培训不足　一般而言，文化层次越低的劳动者对新知识的接受能力越弱，其中年龄较大者尤其明显。在现阶段的养老护理员队伍中，文化层次低、年龄大是普遍的现象，这使得他们对养老护理专业培训内容的接受能力有限，增加了培训难度。因此，各类养老护理员的培训项目不得不根据实际情况对培训内容做简化处理。比如，培训和考核着重于操作技能，而弱化理论知识。

2. 教材知识更新缓慢　在政策的指导下，养老护理员的职业资格培训已经逐步正规化，但也存在教材老旧、知识更新缓慢等问题。比如现行教材的各项操作主要以单人操作为主，团队工作模式的操作设计很少，以及老年照护新工具的介绍不多等问题，使养老照护知识几年如一日地几乎没有变化。

3. 岗前培训不够规范　目前持证不是养老护理员从业所必备的条件，政策上是鼓励尚未取得养老护理职业资格的社会劳动者从事养老护理工作的。很多养老机构的护理员紧缺，雇用了相当数量的无护理员职业资格证的劳动者，只经过养老机构的短期岗前培训即上岗，培训规范性不如职业资格培训。

4. 在职培训不能保证　《养老机构等级划分与评定》标准规定养老护理员应接受每月1次或每年12次以上的在职培训，但很多护理员因为24小时工作制，能腾出参加在职培训的时间往往是在老年人休息的短时间内，实际培训的效果很难保证。此外，在职培训内容主要局限于对护理员照护知识和技能的巩固性培训，对老年照护发展的新知识、新技能和新趋势的介绍涉及很少，使老年服务整体品质的提升很慢。

养老护理员培训的专业化和规范化仍有很长的路要走，需要政府、职业院校或培训机构以及养老机构三方共同努力。

（二）养老机构护士的培养现状

养老机构的护士一般来自正规护理职业学校或高等院校毕业的护士，接受过3年或以上的护理专业教育。然而不论是学校的老年护理教育还是养老机构护士的在职继续教育，都处在被边缘化的尴尬地位。学校教育方面，培养方案的设计主要考虑医院对护理人才的需求，老年护理相关课程多为选修课，学生对老年护理课程的重要性认识不足，加上缺乏有效的老年护理实践教育，学生对养老护理的认识不全面、不客观，成为他们对养老护理工作缺乏兴趣的重要原因之一。养老机构的在职继续教育情况也不理想。卫生部 2000 年 12 月 28 日发布《继续医学教育规定（试行）》，提出注册护士应每年完成 25 学分的继续教育课程，并作为护士年度考核、继续注册和晋升的必备条件之一。实践证明，继续教育学分制的推行有效地提高了临床护士的整体专业素质。但在养老机构情况却有所不同，护士真正参与继续教育的比例并不高。养老机构对护士的继续教育工作不够重视，导致养老机构护士的继续教育机会少，在管理上也没有相应的宣传和鼓励措施，护士参与继续教育的意识淡薄。另外，由于大部分继续教育项目的组织方为各级医院，其内容多适合于医院的护士，而与养老护理相关的内容非常少，导致养老机构护士对各类护士继续教育项目的满意度不高或兴趣不大。养老机构护士的专业基础本就相对较弱，缺乏优质的继续教育，则使他们的老年护理专业能力更难有效提升。

护士的培养是一个长期的并且连续的过程。研究表明，通常护理本科生从学校毕业后还需要至少三到五年才能成长为一名熟练的护士，在此基础上至少还需要两年的专科培训才能成为一名具备精湛的护理知识和技能的专科护士，大中专学历的护士则可能还需要更长的培养周期。不论是就职于医院还是养老机构的护士，也不论其初始学历如何，均需要通过在职继续教育提升护理专业知识和技能。从最近 20 多年来我国综合医院对护士的在职培养经验看，护士的初始学历并非限制护士成长的必然因素。曾经我国三甲医院的护士也是以中专学历为主，而这些 20 多年前的中专学历护士如今早已成长为护理界的骨干和精英，这种成长离不开护士自身的努力，也离不开有效的继续教育支持，而与护士的初始学历及其就职于哪种机构并没有必然的关联。目前养老机构护士的学历相对较低，且在校期间接受的养老护理教育也比较有限，这提示我们，亟须为养老机构的护士创造更多更有针对性的继续教育课程，帮助他们快速提升专业知识和技能。有调查显示，得到较多继续教育机会的养老机构的护士更能感受到雇主的重视，对职业前景产生较好的预期，因而显示出更高的工作稳定性，进而有利于优秀护理经验和护理文化的传承。从这点看，加强对在职的养老机构护士的培养对提升老年服务品质也是有利的。

三、老年服务人力资源开发的对策

（一）制定老年服务人力资源建设的长期规划

我国老年人口规模大，老龄化速度快，老年人需求结构正在从生存型向发展型转变，而同时我国老年服务专业人才特别是护理人员短缺的问题依然很突出。国家对老年服务人才建设已经有一定的宏观规划和布局。2019 年，国家卫生健康委员会、民政部等 12 部门联合印发《关于深入推进医养结合发展的若干意见》，将医养结合人才队伍建设纳入养老服务发展规划，支持医务人员从事医养结合服务。《"十四五"国家老龄事业发展和养老服务体系规划》中提出，要推动老龄事业和产业协同发展，构建和完善兜底性、普惠性、多样化的养老服务体系，不断满足老年人日益增长的多层次、高品质健康养老需求。《中华人民共和国国民经济和社会发展第十四个五年规划和 2035 年远景目标纲要》中对老年服务人才队伍建设行动提出了"养老服务人才队伍扩容、老年医学人才队伍培养、为老服务人才队伍提质"三个纲领性指导意见。现有的养老服务人力资源不能满足社会养老需求，社会各界尤其是老年服务相关单位需通力合作，在国家宏观政策的指引下制定和完善长期人力资源建设规划。

【延伸阅读】 **老年服务人才队伍建设行动**

养老服务人才队伍扩容。积极增设养老服务相关本科专业，支持有条件的普通高校增设老年学、养老服务管理等专业。动态调整养老服务领域职业教育专业目录，支持有条件的职业院校开设养老服务相关专业，扩大养老服务技术技能人才培养规模。

老年医学人才队伍培养。对全国二级及以上综合性医院老年医学科和医养结合机构的1万名骨干医护人员、国家安宁疗护试点市（区）从事安宁疗护工作的5000名骨干医护人员，开展诊疗知识和技能培训。加强临床医学硕士专业学位老年医学领域研究生临床能力培养。在基层医疗卫生人员招聘、使用和培养等方面向医养结合机构倾斜，鼓励医养结合机构为有关院校提供学生实习岗位。将老年医学、护理、康复等医学人才纳入卫生健康紧缺人才培养。开展相关人才培训，提升医养结合服务能力，依托现有资源设立一批医养结合培训基地。

为老服务人才队伍提质。在一流本科专业建设中加大对养老服务相关专业的支持力度，引领带动养老服务相关专业建设水平和人才培养质量整体提升。完善和发布一批养老服务相关专业教学标准。加强养老服务领域职业教育教学资源建设，遴选一批优秀课程和教材，持续推动职业院校深化养老服务领域教师、教材、教法改革。积极稳妥推进"1+X"证书制度，推进老年照护等职业技能等级培训及考核工作。

（二）加快养老护理职业化建设

养老护理是专业性很强的工作，养老护理员和护士作为养老护理服务的核心专业人才，需要具备专业的老年护理知识和技能，才能满足老年人生理、心理、疾病、康复、娱乐等多方面的养老服务需求。目前养老机构人才的专业素质亟待提高，需在充分利用现有条件的基础上，加快养老护理职业化建设，推进专业人才的培养。

1. 推进养老护理人才的规范化培养　2021年教育部发布《职业教育专业目录（2021年）》，鼓励中职、高职和本科院校根据社会养老服务需求开设老年人服务与管理、智慧健康服务与管理、护理等养老服务专业，鼓励校企共建养老护理实训基地，推进培养方案设计和教学标准体系建设。在政策的引领和支持下，养老机构、职业院校、科研机构、行业协会、地方政府可进一步加强沟通与合作，推进老年服务专业教育和培训的具体政策与行动方案，包括但不限于制订符合社会养老服务需求的人才培养方案、更新和完善教材、进一步规范职业标准和考核标准、规范和扩大养老护理职业竞赛、建立人才激励和流动机制等。鼓励高等院校开设老年服务本科及以上层次的专业人才，并制定政策引导毕业生到养老机构就职。通过建立规范化的人才培养体系，为社会输送一支以养老护理员和护士为主体，以必要的医生、康复治疗师、营养师等医疗服务人员以及其他养老服务人员为辅助，以社会工作者和志愿者为补充的多学科、高素质的老年服务队伍。

2. 加强养老护理人员的在职培训　在职培训是促进养老护理人员巩固、更新和提升专业知识和技能的有效办法，是提升养老护理队伍的职业素质所必要的措施。目前国家的宏观政策层面已经开始重视护理人员的在职培训，并将其纳入养老机构等级评定的标准中。养老机构管理者应积极规划并贯彻落实护理人员的在职培训，在政策的指导下，结合机构自身培训能力对培训的内容、培训频率及培训方式进行合理规划。除了机构内部培训以外，要创造机会为护理人员提供外出培训、进修、竞赛交流等多种形式的培训，使护理人员能够开阔眼界，不断吸收先进的护理理念、知识、技能和经验，不断提升老年服务水平。

3. 鼓励和支持员工晋升　良好的晋升机制有助于护理人员发挥潜能、提高护理水平。职称不仅仅是护理人员能力的标签，更重要的是他们在争取更高级别的职称过程中会更自觉地学习和自我锤炼，提升自己各方面的能力，以达到相应职称的素质要求。如此无形中可带动所在团队的学习氛围，促进团队专业能力的提升。合理的晋升机制还有利于护理队伍的稳定。有研究发现，较高职称的护士职业认同感和职业稳定性优于较低职称的护士，在工作中的抗压能力和解决问题的能力也较好。

养老机构应根据老年服务工作的特点和机构发展目标，在相关政策的指导下合理规划，制定相关政策鼓励和支持员工晋升，形成护士职称和护理员等级呈梯队形结构的高素质老年护理团队。护士在专业职称方面的晋升难度高，养老机构应针对护士学历低和科研能力弱的不足，为护士合理规划继续教育。鼓励护士参加学历提升教育和专项能力培训，择优选派护士进修、外出学习、参加学术交流等，促进护士专业素质的稳步成长，培养老年护理骨干护士和老年专科护士。护理员的文化素质偏低，但机构可以对相对年轻、文化水平在初中及以上的人员进行重点培养，在经济和时间上给予支持，鼓励考取更高级别的职业证书，培养骨干护理员，以带动护理员团队素质的提升。对老年专科护士、骨干护士和骨干护理员，应提供相应职位晋升或待遇升级的机会，体现其能力的价值，从而起到激励作用。

4. 支持照护专业化研究与学术交流　由于老年服务人员自身科研能力不足，加上缺乏有效的培养和引导，来自照护工作一线人员的专业研究报道很少，养老护理的研究工作主要是医院老年病房的护士和学校的学者在做。实际上照护职业中的问题和不足，没有人比身处一线的照护工作者更清楚。在养老照护一线工作的护士、机构管理者都具备中专以上的学历，通过适当的培养可具备开展养老护理的研究工作。政府职能部门和机构管理者可设立不同级别的照护专项研究基金，鼓励和支持养老护理人员开展学术研究，推动养老护理职业化建设。

5. 提升管理水平，提高老年服务队伍的稳定性　老年服务人员离职率高，员工队伍的不稳定性不利于专业服务能力的提升。老年服务工作辛苦，护理人员社会地位低、待遇低，尤其是保姆式的 24 小时陪护工作更是降低了护理人员对本职工作的职业认同感，因此人员流动性大。客观上这些问题需要得到解决，从真正意义上提高养老护理员的职业待遇，才能提高老年服务职业的吸引力和员工长期从业的意愿。老年服务的微利经营的特点决定了大幅薪资上涨和增加护理人员在现阶段不具备普遍可行性。因此，管理者应重点从提升养老护理工作的尊严、增强其社会地位并拓展职业发展前景方面着手，改变僵化的管理模式和陈旧的管理理念，以此吸引和留住优秀人才。应针对老年服务人力资源管理存在的问题进行改革，提升管理水平，促进老年服务队伍的稳定发展：①通过引入绩效管理，建立薪酬激励制度，形成有效的物质激励；②创新工作制度，通过合理安排轮班和建立团队工作模式，提高工作效率，缩短人均上班时间，向社会传递良好的护理员职业化印象；③完善对老年人照护等级的评估，根据老年人生活自理能力、认知能力、情绪行为、视觉能力、疾病状态等，确定其需要照护的程度，合理分配护理人员，实现对有限人力资源的高效利用；④加大力度提高老年服务人员的品德修养、专业能力以及完善知识结构，提升养老护理人员的职业形象；⑤加强正能量的宣传，引导社会正确认识老年服务职业，纠正公众对老年服务工作的偏见。

（三）加强照护文化建设，提升养老企业凝聚力

企业文化是企业的灵魂。老年服务行业的特殊性决定了老年服务文化必然不同于一般企业文化。老年照护文化是传统孝文化的升华，是行业发展的价值体现，更是养老人"工匠精神"对行业品质精神的展示及传承。养老机构管理者在重视员工的专业技能培训的同时，不能忽略养老照护文化的打造，促进老年服务品质的提升，同时也增强养老企业的凝聚力，推动社会文明的进步。"尊老、敬老、爱老、护老"是老年服务的核心文化价值，最能体现人文关怀和人性的真善美。在老年服务管理中应注重照护文化的建设和传承，打造养老企业特有的文化，提升从业人员的职业自豪感和职业认同感。养老照护文化要既能体现人文关怀，又能展示养老行业的专业性，这是新时代背景下老年服务健康发展的必然趋势，也是老年服务人员如何应对老年人"尊严生"和"尊严死"的重大课题。

文以化人，文以载道，以人为本。养老机构在打造养老照护文化的过程中，不仅要求护理从业人员具有精湛的专业技能，更要成为具备高尚的职业道德和崇高的职业理想的新时代养老人。

思考题与实践应用

1. 什么是人力资源？人力资源具备哪些特征？

【参考答案】

人力资源即具有劳动能力的人身上所包含的一种生产能力，包括人的智力、体力和思想。人力资源以劳动者的数量和质量表示，对经济起着生产性的作用，使国民收入持续增长，是社会生产中最基本、最特殊和最重要的资源。

人力资源的特征：①人力资源的能动性；②人力资源的时效性；③人力资源的两重性；④人力资源的智力性；⑤人力资源的再生性；⑥人力资源的社会性。

2. 试述老年服务人力资源的概念及特征。

【参考答案】

老年服务人力资源是指专门为老年人提供服务的人员及其身上所包含的智力、体力和思想。

老年服务人力资源是人力资源的一种，首先具备人力资源的普遍特征，即能动性、时效性、两重性、智力性、再生性和社会性等。由于老年服务事业的公益性和非营利性，其具有自身特定的内涵和外延，因此除上述人力资源特征外，老年服务人力资源还具备以下特征：良好的职业道德、全面的专业素养、吃苦耐劳的品质和乐观的职业精神。

参 考 文 献

陈国海, 马海刚. 2016. 人力资源管理学[M]. 北京: 清华大学出版社.

陈筱芳. 2008. 人力资源管理: 网络化互动教学系统配套教材[M]. 北京: 清华大学出版社.

陈英杰, 陈凌玉, 陈伶俐, 等. 2015. 浙江省养老机构对养老护理员知识及核心能力需求的调查[J]. 护理学杂志, 30(9): 96-98.

洪少华, 陈雪萍, 张英, 等. 2019. 浙江省养老机构护士的职业现状及职业稳定性研究[J]. 健康研究, 39(1): 17-20.

李磊. 2015. 企业文化经典著作导读[M]. 北京: 中国工人出版社.

李燕. 2022. 养老院护士继续教育自我感受现状及影响因素[J]. 继续医学教育, 36(10): 49-52.

特伦斯·迪尔, 艾伦·肯尼迪. 2015. 企业文化: 企业生活中的礼仪与仪式（珍藏版）[M]. 李原, 孙健敏译. 北京: 中国人民大学出版社.

涂宇明. 2016. 社工在"医养结合"养老服务中发挥作用的实践与启示[J]. 改革与开放, (15): 84-85, 81.

吴佳艳, 陈琴, 吴梦. 2022. 日本养老护理人才培养与启示[J]. 中华护理教育, 19(9): 796-800.

赵梅. 2022. 社会工作介入医养结合型养老服务研究: 以南京市 Y 养老机构为例[D]. 南昌: 江西财经大学.

第九章　智慧养老服务与管理

【学习目标】

1. **掌握**：老年服务、智慧养老的基本概念；我国主要的养老模式。
2. **熟悉**：智慧养老的内容组成；智慧养老产业的发展现状及现存问题。
3. **了解**：智慧养老服务存在的挑战；智慧养老服务设备；"互联网+养老"发展趋势；"互联网+护理"发展现状。

在世界各地，人口老龄化的速度比过去更快，这种人口转变将对社会的各个方面产生影响。2020年5月，联合国大会宣布2021～2030年为"健康老龄化十年"，强调将重点放在改善老年人今天和未来的生活上。我国是世界上老年人口最多的国家（详见第一章）。老年人口高龄化、少子化、空巢化、独居化的特点突出，随着"第二次婴儿潮一代"（1962～1975年出生的人）在2022年开始退休，中国的老龄化负担将进一步增加。此外，我国过去四十年的快速人口结构转变导致中国每个老年人的在世子女数量急剧下降，年轻人口的占比不断减少，中国的赡养能力日益减弱，赡养的供需矛盾日益加剧，这为家庭护理和社会护理带来重大挑战；加上老年人中慢性非传染性疾病的流行率不断升高，老年医学和康复医学的人员规划没有跟上老年人口的增长，卫生保健服务的需求增加，针对老年人口的医疗资源短缺，对多学科和专门的老年护理的需求尤为迫切，积极应对老龄化的现实紧迫性空前突出。

当代信息技术的迅猛发展是推动老年服务及其相关产业发展的巨大力量，应用信息化的智慧方法开展养老服务业，融合互联网、物联网、大数据、云计算等新型科学技术实现老年服务的信息化和智能化，提高养老服务的可及性，持续不断地优化养老服务体系供给链，将成为养老服务事业未来发展的新方向。鼓励与扩大社会资本投入，持续推进"互联网+"养老服务的共同发展，为老人提供智慧化服务和人性化关怀，有助于实现社会、机构和家庭养老资源的高度融合与无缝对接，有助于我国养老服务与管理高质量发展。

第一节　智慧养老服务概述

【问题与思考】

1. 请简述老年服务与智慧养老的含义；智慧养老服务内容的组成部分。
2. 请简述目前智慧养老服务存在的挑战。

随着人口老龄化的加剧，老年人对健康服务及养老的需求日益增长，但目前政府及社会可供利用的养老资源有限，健康服务及养老服务供需矛盾依然未得到有效的缓解。总体来看，老年服务智能化和信息化的发展较晚，发挥的作用较少，老年服务信息化的基础建设和信息管理水平存在差异。因此，加快老年服务与信息管理的发展，对提升老年服务资源利用效率和信息化水平，推动老年服务信息化质量升级，促进信息技术融合应用，缓解政府及社会负担具有重要的现实意义。

一、相关概念

1. 老年服务　广义的老年服务包括一切正式的、有利于老年人更好生活的服务。综合养老服务体系包括七个基本要素，即服务于老年人的内容、形式、体系、管理、经济、技术和文化。养老服务的这七个基本要素是相互联系的，各个要素同时包含着很多方面的具体内容，这些内容构成了养老服务体系的整体框架。创新养老服务，需要全面了解养老服务要素的具体内容，对创新养老服务工作的基本要点进行深入探索。

2. 智慧养老　它是一种将先进的互联网技术和现代智能设备等各个元素结合起来，形成的一种可以对养老信息流进行智能处理的人际信息系统。英国是第一个提出智慧养老的国家，智慧养老又被称作"全智能化老年系统"，也就是说，老年人可以在自己的家里，不受时空的约束，享受高质量的晚年生活。"智慧养老"也被称为"智慧家庭养老"，它是通过现代信息技术，向家庭中的老人们提供一种物质化、网络化和智慧化的养老服务。

二、智慧养老服务的内容

智慧养老服务内容根据其发展阶段可以大致分为五大部分：第一部分是"互联网+"健康信息管理服务，第二部分是"互联网+"生活照料服务，第三部分是"互联网+"精神慰藉服务，第四部分是"互联网+"信息交互系统，第五部分是"互联网+"养老产业延伸服务。

1. "互联网+"健康信息管理服务　健康信息管理是智慧化养老服务的核心内容。"互联网+"健康信息管理指的是通过移动设备收集老年人的各类健康信息，建立老年健康管理系统，并以此提供个性化的健康服务方案。"互联网+"健康信息管理的基础是人工智能和云计算等，嵌入软件的移动设备将老年人与家人、当地护理中心、医疗机构连接起来。通过智能养老健康管理平台的健康服务站和各养老院的健康检测设备，进行定期系统健康检查，并通过智能可穿戴设备实时提供关键人员的健康数据。移动设备监测和动态评估老年人的身体功能，包括血压、呼吸、心率、潜在风险预警、心理健康和抗压能力评估等。信息平台将采集到的指标动态反馈给社区护理服务点的健康管理者、老年人初级保健医生等，让其了解老年人不同的生理和心理健康需求，能够及时掌握老年人的健康状况。老年人在家不仅可以通过健康管理移动终端接受紧急救援、诊疗、护理康复、生活护理等上门服务，还可以实现与医疗专家的远程通信，从而接受专家的远程诊断、远程监测和远程健康服务。

2. "互联网+"生活照料服务　生活照料服务是智慧养老的重要组成部分。智能养老的最大特征就是运用互联网大数据和云端技术，对老人们的生活方式、经济水平、爱好和喜好等进行了分类，让市场能够了解各种老年人的生活方式、经济水平、爱好和喜好等，从而为老年人提供有针对性的生活服务。以移动互联网、物联网为代表的现代信息技术可以让高质量的养老服务资源打破时空的局限，让老年人可以在足不出户的同时享受到多种生活服务。

例如，通过智能养老移动客户端，打造特色养老服务，包括在线购买养老和老年健康产品、互动养老服务、社会养老服务等。通过移动客户端，老年人不仅可以在线购买老年产品和老年食品等，还可以获得应急救援、社区服务、心理安慰、健康管理等服务。我们可以通过与老年社会、爱心志愿者、老年餐桌等多方面的联系，来提高老年人的生活质量。同时，通过政府购买服务，为身体状况较差、独立生活困难的老年人、智障人士等提供"定期包装养老服务"，可进行清洁、用餐、陪护、购物、取件等服务，提供全面的家政服务。为满足生活养老服务内容多样化、服务时间短但总需求大的特点，搭建统一的信息平台，为全社区、全区残疾老年人提供统一的生活养老服务，调整和提高服务效率，减少资源闲置浪费。

3. "互联网+"精神慰藉服务　除了健康信息管理服务和生活照料服务外，老年人群对精神文化的需求也日益增长。一方面，在如今的互联网时代，老年人受到年轻人生活方式和互联网社会信息爆炸的影响，对精神文化和休闲服务的需求越来越大。另一方面，独居老年人数量正在增加，他们长期独自生活，可能会感到强烈的孤独感，或是患有精神疾病的老年人，这类人群就需要进行心理护理，以降低负面情绪对老年人的影响。"互联网+"精神慰藉服务是通过"虚拟社区"组织老年人进行社交活动，丰富老年人的休闲生活实现的。通过互联网组织老年人开展各种文艺学习活动，并与心理咨询中心、心理康复机构合作，为需要心理慰藉服务的老年人提供心理咨询、心理辅导等服务。此外，还可以通过养老服务平台，建立心理预警机制，定期为高风险老年人提供心理测试和跟踪服务，如果老年人有抑郁倾向，需联系老年人的子女和心理健康机构，迅速处理和解决安全问题。

4. "互联网+"信息交互系统　无论是健康信息管理、生活照料服务，还是精神慰藉服务，智慧养老服务都应该构建一个各主体互动的体系。"互联网+"信息交互系统的主体是政府、社区、卫生保健机构、老年人以及服务提供者。全天候、实时在线养老服务交互系统的核心是互联网技术、移动终端、可穿戴智能设备、生命监测、即时通信工具等物联网设备和健康服务。通过这个平台可以监控家中每个终端上的传感器和视频，并调用电话系统将一切连接起来。信息交互系统可实现社区养老服务中心与家庭、家庭与养老服务提供者、养老服务提供者与子女之间的交流和沟通。这一智能信息云平台的服务模式，将为老年人的健康信息管理、生活照料和精神慰藉提供全面保障，为老年人提供方便、快捷、优质、及时的医疗、康复和护理。确保老年人享受服务，进一步丰富和拓展社会养老服务。

5. "互联网+"养老产业延伸服务　在"互联网+"改革的大背景下，越来越多的行业企业在探索智慧养老服务，养老服务向各个领域拓展。以云计算、大数据、人工智能等信息技术为基础，构建养老服务综合信息平台框架，整合政府公共资源、社会福利资源、市场商业资源，搭建居住社区服务平台，实现服务、设施租用、征集、公益活动、线上经营等综合养老产业链服务。相继诞生了养老地产、养老融资、养老旅游、养老理疗项目，逐步形成了"互联网+"的养老产业链条。"互联网+"养老模式要树立跨界融合理念，将养老服务业与医疗、健康、地产、金融、家庭等融合，依托现有养老资源和社会力量，构建覆盖医疗、保健、旅游、文化、体育等行业的养老服务网络平台，积极开发老年互联网金融项目，不断推动产业链延伸。

三、智慧养老的基本理念

1. 以养老服务需求为出发点　互联网时代的养老服务以老年人的养老服务需求为出发点，旨在满足现代老年人的生活和精神需求，深入研究现代社会环境变化对养老生活的影响，在此基础上构建以居家养老服务为中心，社区养老、机构养老相配套的现代养老服务体系，通过互联网、物联网、云计算、大数据等新技术为老年人提供退休后养老需求实现的平台。

2. 以"互联网+"思维为导向　现代养老服务产业创新发展要以"互联网+"思维为指导，充分利用互联网技术和组织模式来应对养老服务中的各个阶段，重新规划服务链，包括项目运营流程（项目决策、招标、反馈等）和项目服务内容（养老、医疗、护理、精神慰藉等），充分发挥互联网技术的广泛特点，创新养老服务资源配置和组织，搭建服务提供者与消费者沟通合作的平台。

3. 以创新驱动为支撑　创新驱动首先通过机制创新表现出来。政府将积极鼓励投资主体在养老服务业中参与创新，充分利用互联网技术，把创新资源和服务要素充分结合起来，各参与方在兼顾各方利益和需求的情况下，通过资源共享与合作，实现技术和服务的双创新。

其次是利用互联网推动养老服务运营模式创新。突破"依托政府、社区和非营利组织的非市场化运营模式"，整合市场资源，改革传统的运作模式，构建基于互联网平台的现代养老服务平台。

最后是通过网络推动老年人社交方式创新。利用互联网技术建立虚拟养老院，为老年人搭建更广阔的社交平台，从而构建一个综合的老年社交体系，包括社区服务、精神慰藉、老年大学、老年社交、爱心义工等板块。

4. 以跨界合作为基础　　"互联网+"时代的一个重要特征是跨界合作。在"互联网+"时代，养老服务产业应充分寻求政府、社区和社会福利组织的大力支持，与房地产、医疗、健康、旅游、餐饮等行业在养老服务中的各个领域展开合作，全面推进养老服务。这种跨界合作的核心是基于互联网技术，以大数据平台为载体的养老服务体系重构。

四、智慧养老服务的挑战

1. 信息标准规范　　随着社会经济的不断发展，老年人群的生活质量逐步提高，老年服务的需求从曾经的吃饱穿暖向如今更高水平的要求转变。然而，目前国内未见系统的、标准化的养老服务，大部分的老年服务多集中在老年人的饮食健康、日常照护等方面，缺少心理照护、康复锻炼等全方位的老年服务，因此，为保障不同层次水平的老年人群均能获得优质的老年服务，则需加强顶层设计和信息化建设，构建规范化、系统化、标准化的老年服务模式。

2. 保护用户隐私　　隐私和信息保护是大数据时代的重要问题。目前，中国老年护理行业正在逐步采用智能老年护理的服务模式，以缓解供需矛盾。然而，智能服务平台的低水平监管可能导致平台上的隐私保护水平低，尤其是老年人的医疗信息隐私。个人医疗信息的隐私保护体现了个人的人格尊严和自由，有利于维护医疗信息的经济价值和公共利益。随着"互联网+医疗"发展进程的不断推进，医疗数据的管理效率不断提升，鉴于医疗信息的特殊性，一系列关于隐私信息保护的法律法规、指导文件等被纳入法律体系之中。物联网、大数据、云计算等新兴科学技术的广泛应用极大地扩展了用户隐私信息的类型，从最初的纸质病历到如今的电子病历，隐私信息的泄露渠道不断增多，泄露风险也在不断提升，推动"互联网+"事业的发展与保护用户隐私信息应齐头并进，妥善平衡好信息应用与隐私保护，提高智能老年护理平台的隐私保护水平，促进国内老年护理服务的全面监管过程。

3. 解决"数字鸿沟"　　在信息化和数字技术给人民生活带来便利便捷的同时，人民的生活也面临着信息化与智能化发展不平衡、新一代信息技术应用不充分、老年人群数字生活保障缺失、"数字鸿沟"逐渐加剧等问题。"数字鸿沟"的主要表现形态为信息技术在使用者、未使用者或未充分使用者之间的社会群体分层，有学者指出"数字鸿沟"实质上就是信息通信技术使用中的不平衡。

老年人群无法充分享受受信息科技带来的福利是目前老年服务信息管理的一大现状，"数字鸿沟"对智慧医疗保健满意度和感知价值有负面影响，老年人群被新一代信息科技边缘化，是"数字鸿沟"的典型代表。当老年人群难以应对智能化、信息化的生活方式时，"数字鸿沟"也在逐渐加大，信息技术的迅猛发展并没有为老年人群停下步伐，因此"数字鸿沟"出现了扩张趋势。老年人是现代信息科技福利的享受者，如何帮助老年人群解决"数字鸿沟"或是采取多元措施缩小"数字鸿沟"是值得我们思考的问题。

老年人群中"数字鸿沟"形成的影响因素有：①自我意愿：是否愿意接受、学习、受到社会信息化的浪潮影响。②地域因素：城乡老年人对于数字化信息的接受程度有差异，地域差异实质上是经济差异的外在表现，具体表现为不同地域之间的教育水平、生活水平方式、信息获取渠道等差别，进而导致了"数字鸿沟"的地域差异。③所处环境：社区基础设施的建设水平和服务水平会直接影响到老年人群对于老年服务信息化的接受度和认可度。

为进一步推动解决老年人在运用智能技术方面遇到的困难，让老年人更好地共享信息化发展成果，国务院办公厅制定了《关于切实解决老年人运用智能技术困难的实施方案》，该方案聚焦老年人日常生活中所涉及的出行、就医、消费等7类高频事项和服务场景，着力解决老年人面临的"数字鸿沟"问题，分别为：①做好突发事件应急响应状态下对老年人的服务保障；②便利老年人日常交通出行；③便利老年人日常就医；④便利老年人日常消费；⑤便利老年人文体活动；⑥便利老年人办事服务；⑦便利老年人使用智能化产品和服务应用。

基于"积极应对人口老龄化"的国家战略和中国居民预期寿命的增加，国家和社会应该支持老年人更加积极地度过晚年，形成积极的老龄化社会观，而这项工作的重要方面之一就是智能手机使用行为，促进老年人参与社会，是关系到整个社会的长期系统工作，这项工作的目标不仅是当前的老年人，也包括即将步入老年的中年人。

4. 强化防诈骗意识　《"十四五"国家老龄事业发展和养老服务体系规划》指出：广泛开展老年人识骗防骗宣传教育活动，提升老年人抵御欺诈销售的意识和能力。随着信息技术的应用越来越广泛，智能设备在老年群体中的使用和普及程度不断提高，老年群体在使用互联网期间受到信息诈骗的潜在风险不断增加，网络诈骗、电信诈骗等诈骗事件在老年群体中层出不穷。由于老年群体所处的环境较大众有差异，老年人对于互联网这类新鲜事物接受比较慢，了解程度不足，且对智能化设备的应用操作能力不足，容易受到网络伤害。老年群体电话语音诈骗服务、短信诈骗服务、网页诈骗服务是当今老年服务信息化必须攻破的社会难题，在老年服务信息化的过程中要充分考虑老年人的现实需求和学习特点，抓住老年群体的心理特点，以提高老年群体中防诈骗的有效性，保障老年群体享受信息化服务的安全性。

常见的老年诈骗案件有八种，包括"投资理财"诈骗、"养老"诈骗、"保险代理"诈骗、"文玩收藏"诈骗、"医疗保健"诈骗、"街头迷信"诈骗、"黄昏恋"诈骗、"爱心帮扶"诈骗等。帮助老年人增强安全防范意识，提升反诈防骗能力，享受品质晚年生活，远离各类养老诈骗。

第二节　智慧养老服务产业与服务模式

【问题与思考】

1. 请简述智慧养老服务产业的发展现状。
2. 请说明我国养老模式中的"9073"的含义。

随着数字经济的不断发展，中国人口老龄化也在信息化、数字化的进程中不断推进。数字技术的发展在短时间内为老年人创造了智慧养老服务模式，但同时也带来了老年人在应用过程中适应性不足、智慧养老服务缺乏规范的问题。数字经济的健康发展，充分优化了智慧养老服务模式，为智慧养老服务产业的可持续发展奠定了基础。智慧养老产业建设将以数字经济的发展为背景，以数字技术的完善为支撑，构建高度创新、高度渗透、全面的养老服务体系，提升老年社区在养老环境下的社会参与性和体验性。

一、智慧养老产业

智慧养老产业是以智慧健康养老产品和服务为核心的一组经济活动，它不仅重视满足老年人物质方面的养老需求，更侧重的是精神方面的养老需求，智慧养老产业是在传统的养老产品和服务产业基础上，结合物联网、大数据、云计算、人工智能等现代信息技术孕育出的一种新兴产业形态。随着老年人对养老产品和服务需求的不断增长，养老产业的新发展可以为老年人提供友好、个性化的互动，新型养老产业的发展不仅会实现行业规模的快速扩张，也会将老年人对美好生活的向往变为现实。养老产业最终成为养老产业供给侧结构性改革的重要推动力量，成为经济新常态下推动经济发展的重要引擎。

面对人口的持续老龄化，发达国家从19世纪后期便开始探索新的养老模式，因此，对智慧养老产业的研究起步较早，形成了较为成熟的智慧养老产业体系。国外学者对智慧养老产业的研究成果主要体现在养老科技产品的研发、健康养老服务、医疗养老、教育和娱乐等方面。我国智慧养老产业始于2012年，经历了提出和试行阶段，在2017年进入全国普及和快速发展阶段。随着我国人口老龄化的进程不断加剧，国家高度重视养老业的发展，并出台了一系列政策支持，再加上科技的快速发展，短短几年时间，中国智慧养老行业的规模持续快速增长，智慧养老行业的市场结构基本确立。

目前，我国的智慧养老产业已经吸引了众多投资者的关注，尽管市场上存在巨大的机遇，但许多挑战和限制仍然需要解决。例如，智慧养老产业满足了老年人的精神需求，弥补了现代化老年服务的缺陷，但是，机会背后经常提到的挑战是智能产品无法解决老年迫切的消费需求和支付能力问题。

（一）我国的智慧养老产业发展现状

1. 智慧养老产业市场规模逐步扩大 我国老龄化正在迅速加深，中国老龄化人口将达到峰值。智慧养老作为老年人安享晚年的新方式，其产业市场规模逐步扩大。

2. 智慧养老试点示范基地数量逐年增长 我国主要是通过政策和资金对示范企业进行扶持，积极发挥"领跑者"的作用，推动我国智慧养老产业的发展。在国家政策支持和社会各方资源的推动下，我国各地区养老服务初步得到推广和普及，但目前改革试点大多集中在发达地区，地区示范推广力度还有待加大。

3. 智慧养老服务平台探索推广 我国首个养老机构查询平台"养老通"在 2019 年开通运营，民政部社会福利中心将基于全国养老服务信息系统的大数据平台搭建该应用。此后，各级地方政府也开始积极推进和探索智慧养老平台建设，将智慧养老平台建设纳入地方养老发展规划工作中。

4. 智慧养老产品和服务不断丰富 随着科技养老理念的不断明晰和智慧养老理念的不断普及，智慧养老产品不断优化创新，产品不断融合，智慧养老发展水平不断提升。目前，智慧养老产品主要分为智能家居、智能用品和智能可穿戴设备。其中，智能家居主要包括家庭服务机器人和智能人体感应器等；智能用品则以智能轮椅和便携体检箱为主；智能可穿戴设备可以为解决人口老龄化引起的一系列问题提供新方法，其中包括老年人智能手环和老年人智能手表等智能可穿戴服饰，该类产品具有自动健康监测功能，整合老年人的心率、血压等健康数据进行监测和预警，并且还带有一键报警、GPS 定位等功能，以防老年人遇险。

（二）我国的智慧养老产业发展存在的问题

1. 老年人"数字鸿沟"难以跨越 在当今社会，面向老年人使用的新型数字设备的应用是极其困难的，跨越"数字鸿沟"的问题必须尽快解决。第49次《中国互联网络发展状况统计报告》显示，我国 60 岁及以上老年人互联网普及率只有 43.2%，仍有超过一半的老年人未能接入互联网，老年人对网络的使用方式及程度导致使用网络存在障碍，此外，老年人缺乏获取信息的渠道，难以有效地分离和处理信息，这使得老年人更容易受到伤害。要引导老年人尽快克服"数字鸿沟"，积极响应养老多元化需求，将现有养老服务转化为适合老年人的智慧养老服务。

2. 产品和服务供需匹配度不高 智能产品和服务主要是为了满足老年人的需求而设计的，但在实际提供的过程中忽略了老年人的实际体验感。很多智能产品并不适合老年人的需求，比如操作程序复杂、操作屏幕字体小、携带困难等。多数智能产品的研发过程没有考虑老年人关怀模式，对于认知度和接受度低的老年人来说不够友好，阻碍了老年人接受智能服务，此外，老年人的需求因其文化水平、经济基础和健康状况而异。从整体上看，智慧养老产品和服务并不适老，这些产品和服务的需求和供给并不一致。

3. 智慧养老服务相关人才匮乏 照护人员短缺和质量保证薄弱是目前智慧养老发展的一大阻碍，在融入智慧养老服务的过程中，专业的照顾者和提供智慧养老服务的企业，不仅为老年人提供了高品质的生活服务，也为老年人提供了充分的安全感、归属感和精神慰藉，在老年人使用智慧养老产品和接受智慧化服务的过程中，应给予老年人更多的指导和帮助，为老年人提高素质素养、尽快接受高质量的智慧养老服务提供保障。

4. 智慧养老服务体系标准尚不统一 智慧养老服务具有准公共产品性质，供给主体多元化，目前全国尚无统一的智慧养老服务，加强服务标准、质量监测、风险防范、纠纷解决、绩效评估、信息共享等工作，成为智慧养老服务的当务之急。虽然各地智慧养老政策在不断完善，但由于缺乏统一的规划和探索渠道，各地智慧养老服务的评价标准并不一致，各地政府发布的相关政策也不一致。大多数地区政府对智能产品和服务的标准体系仍不明确。

二、智慧养老模式

（一）国外智慧化养老模式

发达国家在寻找养老服务模式的过程中，总结出了人口老龄化的共同特征和规律，养老服务模式的发展较我国而言更为科学和完善，这将为我国养老服务的发展提供参考，对于提高中国老年人的健康和养老服务水平、构建和谐社会具有重要的现实意义。

1. 美国　美国的社会养老机构和模式覆盖了传统和现代智能技术的很多方面。美国的社区拥有强大的养老功能，社区养老分四种类型：生活自理型、生活协助型、特殊护理型、持续护理退休社区。社区养老模式主要包括四种：会员制多元化养老模式、"医养结合"养老模式、自然形成的退休社区模式、富有特色的美国地方社区养老模式。

（1）会员制多元化养老模式：会员制多元化养老模式是由退休老年人以会员的身份加入养老服务组织，享受多元化的养老服务的模式。

（2）"医养结合"养老模式："医养结合"是中国目前的养老服务建设方向，但是"医养结合"的起源却来自美国。美国"医养结合"模式的典型就是全方位养老服务计划（Program of All-inclusive Care for the Elderly，PACE）模式，PACE 项目的宗旨是帮助那些需要长期护理的老年人不住养老院而独立在家生活。PACE 以低收入、失能老人为主要服务对象，且其服务对象需具备以下条件：①年龄在 55 岁及以上；②居住地点在 PACE 的服务区内；③经由医疗救助机构鉴定为符合所在州入住护理院标准；④自愿参加，加入 PACE 后只能接受该中心内工作人员及医疗机构的服务。

（3）自然形成的退休社区模式（Naturally Occurring Retirement Community，NORC 模式）：NORC 模式是因美国老年人选择居家养老、年轻人逐渐迁出社区等而自然形成的。自然形成的老龄化社区都具备各自的特点，可以在为老服务的流程中根据各个社区的特征提供因地制宜的服务。在具体的 NORC 项目中，信息技术主要用于存储和记录项目和老年人的信息，未来可以针对具体的社区采取相应的养老信息化平台，做到数据的互联互通，更好地为老年人提供适合的服务。

（4）富有特色的美国地方社区养老模式：前述三种模式是美国养老模式的代表，还有不少富有特色的美国地方社区养老模式，他们共同组成了美国 90%以上的社区养老体系。相对完善的养老法律制度和富有前瞻性和实用性的养老模式，也是值得大家了解和借鉴的。

作为互联网技术的发源地和引领者，美国正在积极推动老年人健康物联网技术的研发，这包括可穿戴技术、体域网技术、感觉网技术、完整测量技术、人工智能技术、云计算技术等。目前，大部分老年社区和行业都参与了智能科技的运营，形成了健康物联网技术、大数据分析与服务推荐、人工智能护理等全面的家庭护理体系，真正将先进技术融入了养老生活当中。

2. 德国　面对人口老龄化的挑战，德国发展了多种形式的养老服务模式，以满足老年人多样化的养老需求。

（1）环境辅助生活（ambient assisted living，AAL）：AAL 系统是一种具有扩展性的智能技术平台，可将各种不同的设备连接在平台上，构建一个能够即时反应的环境，利用移动通信技术对老年人的状态和环境进行分析，并实时监控老年人的身体状况，提供自动紧急呼救服务，可以帮助使用者改进认知能力、进行各种基本日常生活活动，旨在提高老年人的生活质量。AAL 系统集成老年人居住环境内的所有智能设备（如温度传感器、地板跌倒报警器、人体红外感应器等），帮助老年人更长久地生活在原来所熟悉的住所和环境中。

（2）居家护理型养老：居家养老是很多老年人的选择。居家养老又有多种情况。例如，健康的老年人可以住在家中，在家附近的基地接受生活支持，而无须接受专业护理服务。生活部分自理的老年人居住在家中，由亲属照护或依靠周边的养老机构，获得居家护理养老服务。社区服务中心可为居家老年人提供上门护理服务，日间照料中心则可为居家老年人提供短期居家照顾。

（3）全天候机构养老：机构护理是针对需要高水平护理的老年人或没有子女的老年人服务的，这部分老年人被安置在养老院，由养老院为老年人提供基本的生活护理、基本护理和医疗护理。在大多数情况下，养老院的设施是根据所需的护理程度来设置和管理的，因为居家老年人可以很容易地得到护理服务，所以有一种趋势是，只有在难以提供护理的情况下，老年人才会去养老院。

（4）互助式养老：互助式养老是德国近年兴起的一种养老模式。老年人搬离自己原来的住所，以购买或租赁方式入住新建的老年公寓。整个养老公寓采用了无障碍设计，安装了电子监控系统，并配备了优化的养老服务设施，以增强居住环境的安全性和舒适性。养老公寓一般仍建在老年人原来生活的社区内，以便老年人与社区内其他成员照常互动。

德国发展养老服务的特点和经验有：①明确养老服务的重点，加快建立长期养老保障体系；②大力发展地方社区养老服务，提高居家养老服务质量；③强化养老护理服务规范管理，提升服务专业化水平；④强化养老机构的服务理念，重视养老服务过程中的人文关怀。

3. 日本　日本在居家养老方面取得巨大成就并受到公众欢迎的主要原因是，日本实施的社区居家养老最终实现了老年人从医院回归社区和家庭的愿望。在这一过程中，建立了更完善的服务模式和内容，让老年人在安度晚年的同时依然能发光发热。

（1）家庭福利＋护理险：与西方国家相比，日本的退休制度是以家庭的作用和国民的独立性为基础的。日本的福利社会强化家庭作为安全保障系统的功能，遏制了福利国家的常见问题，通过维护小政府的理念，减轻了家庭和企业的负担，保持了私营部门的精神和活力。

（2）把家庭和家庭赡养关系作为前提条件：一是家庭成员和亲属的强制抚养法，这在公益保护法、老年福利法、儿童福利法、老年保健法、残疾福利法等中有明确规定；另一种是国民养老金法、职工养老金法、医疗保险法等规定的允许家庭成员和亲属之间相互抚养的制度。

（3）小规模多功能社区的养老服务模式：近年来，日本出现了可以让老年人在家接受护理的小型多功能社区护理服务。小型多用途服务站是为所有老年人提供日常护理和上门服务的系统，其在使社区各项服务发挥作用的同时维护了老年社区。

（4）应对老年人的医疗需求问题：一方面，日本积极鼓励医疗机构经手介护机构，参与到介护中来；另一方面，日本鼓励养老院与附近的医院建立联系。由于医院和养老院的经营许可证不同，日本养老院一般只提供长期护理、康复、简单急救等医疗服务。

（5）建立老年公租房体系：日本将重点建设面向老年人的公共租赁住房，实现老有所居。对于房地产企业建设的老年人集体住房，政府号召老年人居住，并补贴一定的租金补贴。日本当地住房供应公司为 60 岁以上的老年家庭投资建设老年住房，并以押金的形式提供使用权；此外，日本还有便宜的公办养老院。

（6）积极鼓励、支持企业和社会主体参与老年事业：日本出台了医疗、养老、住房等与老年人直接相关的扶持措施，以及鼓励企业和社会资本参与退休计划的相关政策。

（二）我国智慧化养老模式

老年人是家庭的重要组成部分，是社会的宝贵财富。健康老龄化不仅使老年人能够充分享受晚年生活，而且有可能释放整个社会的智力和职业能力。认识到中国的老年人口将继续增长，重要的是要考虑到他们的需求，并提前做好准备，为老龄化人口创造一个友好的环境，当务之急是抓住中国经济增长提供的机会之窗，完善我国养老模式，解决老龄化国家的担忧。

随着我国经济社会的发展和文明程度的提高，银色浪潮逐渐来临。传统的养老服务已不能满足老年人日益增长的养老需求。为推动智慧养老产业的发展，我国借鉴其他发达国家已有的养老模式经验，结合基本国情，各地积极开展了"社会化居家养老模式"的探索。"社会化居家养老模式"是以家庭为基础、社区为依托、专业服务为主要服务形式，为居家老年人提供的以解决日常生活困难为主要内容的养老方式。这种以社区为依托的新型居家养老模式，既摒弃了传统家庭养老的缺点，又集成了传统家庭养老的优点，是一种适合我国国情的新型社会养老模式。

我国确立了"以居家为基础、社区为依托、机构为支撑"的养老产业框架和"9073"养老格局。9073养老模式又被称为国家9073工程，早在"十一五"规划中，上海就率先提出了9073养老模式，90%的老年人居家养老，7%的老年人享受社区提供的日间照料服务，3%的老年人享受机构养老服务。

1. 居家养老模式 我国传统的养老观念为居家养老，老年人的衣、食、住、行由子女承担，根据有关调研表明，90%的老年人选择居家养老，即使在城市，居家养老也是首选，此外，我国尚有数量巨大的失能老人、失智老人、老龄老人等选择居住在自己原有的家庭中养老，这部分老年人的养老负担不仅体现在日常生活的照料上，更多的是医疗和护理上的负担，实现老年人的居家养老还需要采取多学科方法。智慧居家养老模式本质上是一个"互联网+"的智慧养老服务平台。居家健康养老和护理机构为老年人安装健康检测设备、可穿戴设备、智能寻呼机、人体传感器等智能护理硬件。通过远程采集老年人的身体、安全、居家生活相关数据，实时传输至社区居家养老系统管理平台。智能居家养老是居家养老和高科技护理的最新结合，它为老年人提供更加实时、快捷、高效、智能的医疗手段。

2. 社区养老模式 "互联网+"社区养老整合了信息技术、人工智能、互联网思维和社区老年人护理服务机制，通过对老年人的日常照料、健康保健等统一管理实现智慧养老。社区养老相较于居家养老的特点在于，老年人能继续在自己的家中居住，可以继续得到家人照顾，除此之外，会有社区的有关服务机构和人士为老年人提供上门服务或托老服务，此外，利用智能技术，如量身定制的互联网程序，可以帮助老年人更好地管理和了解各种健康状况，从而在社会联系方面得到改善。我国人口老龄化处于"未富先老"的大背景下，因此，发展介于居家养老和机构养老之间的"社区养老"是我国城市养老模式的必经之路，我国发展社区护理服务，需要在文化和政策两方面推广社区护理理念，建立健全家庭护理体系，打造真正的"无围墙养老院"。

3. 机构养老模式 养老机构是社会养老的专有名词，是指为老年人提供饮食起居、清洁卫生、生活护理、健康管理和文体娱乐活动等综合性服务的机构。封闭式管理养老院采用养老院管理系统，结合便携式体检箱、健康体检一体机、智能老人手环、智能睡垫、智能寻呼机等智能养老产品分工管理，实现对老年人个人档案、住院动态、体征数据、紧急呼叫等相关方面的监控。子女可以通过小程序远程了解老年人每天的住院动态，监控老年人的位置安全，及时了解老年人的住院时间、身体状况及其他各项指标的监测数据。

老年人需要获得高质量的卫生服务，包括预防、治疗、康复、姑息治疗和临终关怀。除了实现全民医保外，政府还在公共卫生促进和巩固初级医疗体系方面投入了大量资金；此外，由于家庭规模缩小和生活安排变化，特别是成年子女向外移民，家庭在照顾老年人方面的作用受到侵蚀，因此需要建立机构和社区护理基础设施，以作为家庭护理的替代和补充。

第三节　智慧养老服务设备

【问题与思考】

1. 请简述我国老年服务智慧设备包含的类型？
2. 请简述健康管理类智慧设备中的APP特点。

全球人口老龄化导致与老年人有关的疾病激增，主要是痴呆和阿尔茨海默病、帕金森病和心血管疾病等，患这些疾病的老年人需要不断地监测和援助、干预和支持，给个人及其照顾者带来相当大的经济和人力负担。智慧老年服务是指针对老年人群设计和研发的各类智能产品，这有助于帮助老年人群消除"数字鸿沟"，利用信息科技实现生活的智能化、便捷化，其中智能产品包括老年服务智慧设备和常见的老年服务 APP 等。例如，患有慢性病的老年人，特别是那些有认知障碍的老年人，可以在自己熟悉的环境中使用许多"智能"设备来支持他们的日常生活活动，而不是住院治疗。智慧养老设备配备不同的检测技术，有助于监测老年人的生理状态，提高生活质量，促进身体独立，并减轻护理人员的负担。

老年服务智慧设备

《智慧健康养老产业发展行动计划（2021—2025 年）》指出，推动多学科交叉融合发展与技术集成创新，丰富智慧健康养老产品种类，提升健康养老产品的智慧化水平。物联网、大数据、云计算、人工智能等新一代信息技术的蓬勃发展，对老年服务智慧设备的发展起到了重要的推动作用，各种智慧设备的出现与发展可提高老年群体的生活质量，帮助老年人群适应数字生活。

（一）健康管理类

健康管理类是指可以帮助老年人了解自己的血压、血糖、血氧等具备检测监测功能的智慧设备。

1. 智能血压计 智能血压计是一种对高血压患者进行及时、连续动态监测的智能医疗设备。智能血压计采用多种通信手段［蓝牙、USB 线、通用分组无线服务（GPRS）、Wi-Fi 等］，使电子血压计的测量数据更加智能，并上传到云端，可以实时、重复使用，血压自动测量和记录，并智能分析血压变化。

使用智能血压计时，需要同时打开手机蓝牙并连接 USB 血压计。可以通过手机或血压计直接测量血压，GPRS 与 Wi-Fi 血压计的操作和普通血压计类似，只是第一次使用时需要设置。

智能血压计的优点如下：①它可以持续监测个人的血压，在云端存储连续的历史数据，并创建用户的健康档案。此外，还可以对用户的健康和疾病状况进行分析、统计和报告，提供最优的健康和疾病诊断方案，及时掌握和跟踪用户的健康状况并监测疾病，构建健康和疾病智能医疗的新模式。②共享测量数据。当父母在家测量血压时，数据会被上传到云端，并实时同步到家人的智能手机上，同时还能邀请其他家庭成员一起参与父母的健康管理，实现家人共享。③许多智能血压计都能与智能手机应用程序匹配使用，应用程序除了汇总和分析必要的数据外，还提供各种增值服务。比如云大夫的 APP 就提供了测量、服药、锻炼提醒功能，让使用者按时吃药。有些还提供健康咨询服务，比如在 APP 里面提问题，会有专业的医生解答。

2. 血压监测 APP：血压管理——SmartBP Smart Blood Pressure（SmartBP）是一款用于管理血压测量结果和追踪进度的智能工具。不论是高血压前期还是高血压期间，SmartBP 都能帮助追踪进度和管理所有血压测量结果，从而实现改善血压的总体目标。

SmartBP 的特征：①记录收缩压、舒张压、脉率和体重。可自动计算身体质量指数（BMI）、脉压（PP）和平均动脉压（MAP）。②使用标签快速添加备注（例如"晚餐前"）和测量信息（例如"坐姿""左臂"）等。③运用直观的图形和统计数据来分析血压的进展（包含一段时间内的平均值和变化）。按标签筛选后分析的数据有助于分析血压的变化，以及生活方式的改变或药物是否有效等。④使用电子邮件、短信等与医生、医疗保健提供者或家人分享血压信息。⑤直接打印 PDF报告或图表。⑥使用直观的图表和统计数据（包括一段时间的平均值和可变性）分析目前的进展，并排比较基于本人标签的图表和统计数据，查看收缩压与舒张压的相关性。⑦添加心电图记录。⑧为管理血压设置提醒。⑨可根据不同颜色对数据进行标注，如正常、前期、阶段 1 和阶段 2 的高血压，这些限制可以修改。

3. 便携式智能血糖仪 便携式血糖仪是糖尿病患者在家中自主测量血糖的主要仪器。使用程序如下：先将试纸安装在血糖仪本体上，然后将针接在采血笔上，调整压力，插入手指，最后用试纸从手指上采集血液，测量完毕后再收集使用后的试纸和针。就老年人而言，由衰老导致的记忆力和行动能力的退化，使得自行使用便携式血糖仪测量血糖变得越来越困难。

针对血糖自动测量中针控模块对稳定性和控制精度的要求，有研究者设计了基于模糊比例-积分-微分控制器的家用血糖智能感知装置刺针自适应控制方法，并对家用血糖智能传感仪进行了原型设计和测试，通过仿真分析了系统的动态性能和参数调节效果，并为老年人提供了一种可在家中自动测量血糖的智能设备。

4. 糖护士 APP 糖护士应用（APP）是一款为糖尿病患者设计的血糖管理软件，专注于糖尿病数字医疗解决方案的探索和实践，其提供了一套便捷于糖尿病患者饮食、运动、用药、知识和血糖监测的智能决策支持系统。糖护士 APP 经过多家三甲医院糖尿病管理研究项目的测试，配合糖护士智能手机血糖仪的使用，可通过接入智能硬件进行血糖测量、实时自动记录、数据分析、远程分享、护士提醒等，通过大数据分析和专家意见反馈，改善糖尿病患者的生活方式，监测血糖水平变化，有效实现糖尿病患者的自我管理。

糖护士 APP 的功能有：①个性化糖尿病饮食推荐；②分期评估糖尿病患者的血糖水平；③全面记录糖尿病患者饮食、运动和用药资料；④每天更新最新的糖尿病信息；⑤不定期为糖尿病患者提供免费血糖试纸等。

糖护士 APP 较其他血糖管理 APP 的特点：①有详细的血糖分析报告，自动分析用户记录的血糖数据，并提供详细的碳水化合物管理建议；②拥有最全面的数据管理模式，使用日志、表格、曲线图、饼图、柱状图等将所有数据进行展示；③健康科学的饮食与运动建议，即根据用户身高、体重等数据，自动计算每日所需热量和运动量，并推荐菜谱和运动项目；④实时询问医生——强大的专业医疗团队提供全面准确的回答；⑤定时餐后测量提醒，餐后 2 小时专门提醒进行血糖测量并记录；⑥好友社交无障碍，即可通过文字、图片、语音等与糖尿病病友进行交流，了解病友的控糖心得，交流控糖经验等；⑦预测血糖猜一猜——先猜再测，如预测值与测量值相符将有积分奖励。

（二）康复辅助器具类

康复辅助设备用于帮助老年人康复和保持健康。康复设备有智能轮椅、仿生义肢、助听器、助行器等物理康复和功能补偿设备。

1. 智能轮椅 老年人群随着年龄的增加，身体的各项生理机能开始慢慢衰退，除了正常生理改变对生活产生影响外，疾病原因和各种意外事件的发生对老年人群的生活质量也造成了一定的影响，如何帮助老年人群维持一种或多种能力（如行走）是目前的一大研究方向。传统轮椅与信息技术的结合有助于轮椅更好地发挥作用，机器人轮椅的研究已逐渐成为热点，如西班牙、意大利等国，中国科学院自动化研究所研发了一种具有视觉和口令导航功能并能与人进行语音交互的机器人轮椅，也称为智能轮椅。

机器人轮椅主要有口令识别与语音合成、机器人自定位、动态随机避障、多传感器信息融合、实时自适应导航控制等功能。机器人轮椅的关键技术是安全导航问题，采用的基本方法是靠超声波和红外测距，个别也采用了口令控制；超声波和红外导航的主要不足在于可控测范围有限，视觉导航可以克服这方面的不足；在机器人轮椅中，轮椅的使用者应是整个系统的中心和积极的组成部分，对使用者来说，机器人轮椅应具有与人交互的功能，这种交互功能可以很直观地通过人机语音对话来实现，尽管个别现有的移动轮椅可用简单的口令来控制，但真正具有交互功能的移动机器人和轮椅尚不多见。

2. 智能防抖勺 对于帕金森病患者来说，智能防抖勺的研发能够让他们自主进食，提高生活质量。智能防抖勺的原理是手柄侧内置高速伺服控制系统，其具备主动防抖功能，可以抵消手部的抖动，可以稳定勺中的食物。在举起手柄时，智能防抖勺会自动开启，当放下手柄时，它会自动进入睡眠模式，节省电力，续航长达 3 个小时。

智能防抖勺的主要特点有以下几个方面。①主动防抖：基于智能高速伺服控制系统和无人机姿态计算技术，精确快速自动防抖，控制效果稳定，可有效抵消 85% 的手部抖动，并能自动识别和分辨出自觉、不自觉抖动。②安全无害：医用超薄硅胶，耐高温，不刺激，无毒性，无过敏反应，确保安全无害。③简单便捷：全自动开启，拿起手柄自动开启，放下装置自动休眠；130 克的重量使其易于携带和取出；可更换餐头（勺、叉），方便不同食品种类的食用。④云端管理：内置系统将手抖轨迹自动上传至云端系统，优化自适应算法，内置软件自动更新，更好地配合患者抖动轨迹以提升防抖性能。

智能防抖勺是一款可以智能识别并主动抵消手部抖动的智能餐具，可帮助震颤患者避免因就餐时手抖而带来的尴尬和不便，它解决了患者的实际问题，具有完善的辅助或临床功能。

（三）养老监护类

养老监护类智慧设备是具有防跌倒、防走失、紧急呼叫、室内外定位等功能的智能设备。养老监护类智慧设备的发展及广泛应用将减轻照顾者赡养老年人的照护负担。

1. 智能床垫　2019 年，来自印度的科研团队研发了一种能够检测阻塞性睡眠呼吸暂停（OSA）的智能床垫。该智能床垫旨在通过利用压力传感器和呼吸麦克风传感器来检测睡眠姿势和睡眠呼吸障碍，该传感器设置有床垫、枕套和睡眠呼吸暂停位置感受器。该智能床垫使用压力传感器的三个位置进行分析，同时利用呼吸麦克风传感器监测睡眠时间和呼吸水平。在此项目中，该科研团队获得了高级睡眠监控系统，物联网用于传输保存在传感器中并显示在 Internet 应用程序中的信息。

此外，研究者在该智能床垫中添加了加速度计和射频识别（RFID）技术，实现了对跌倒检测系统的识别；更重要的是，该智能床垫使通过老年人活动检测到心血管参数成为可能，例如心率、呼吸率和心率变异性等。

2. 防走失设备　传统的老年人群求助与防走失设备存在很多不足，难以适应现代老年服务信息化的需求，正逐步面临淘汰。智能化求助（防走失）装置，是一种采用手表式、戒指式、纽扣式、腰带扣式等多种形式的无线设备。内置电池和信号发射器，具有双向响应功能。重量轻、操作方便、不易破碎、信号覆盖范围广，是一款适用于几乎所有老年人手机的新型便携设备，在国外应用广泛。使用此设备后，照顾者可迅速识别并定位走失的失智老年人；即使是一位健康的老年人，当他在家中或在路上遇紧急情况需求助时，如用电话则需拨许多键，而携带这个设备，只需按唯一的一个键一次，就能成功发送求助信号。

（四）中医数字化

中医数字化是一种具有中医诊疗数据采集、健康状态识别、健康干预等功能的智能中医设备。

1. 智能脉象仪　我国医用脉搏传感器研制于 20 世纪 80 年代，目前正与大数据、云计算、物联网等新兴技术相结合并不断发展，例如，可以将智能手套等可穿戴医疗设备集成到中医研究中，监测老年人的脑瘫或慢动作。智能脉象仪可监测五指和手臂关节的运动，并收集手指运动数据，为不同患者提供并创建个性化的训练游戏，供其在佩戴后进行。随着技术的进步，智能脉象仪可以在老年人看电视屏幕时将传感器连接到腕带上以指导康复，也可以结合 VR 眼镜提供相应的康复指导，随着中国医疗技术的融合发展，智能康复产品市场将进一步扩大。

2. 智能压力监测坐垫及床垫　治疗失眠症的方法之一是采用中医治疗，失眠症常被称为"失眠""无眠""不躺卧"等。过去几代中医医生都对失眠症的治疗方法进行了讨论，中医治疗失眠症已被证明具有临床效果。

智能压力监测坐垫及床垫等设备能够通过监测人体与床的接触点，并且在没有任何移动的情况下记录所接触的时长。例如，患者长时间躺在床上，中间没有任何运动，智能压力监测床垫就会收集这些数据，之后传感器处理这些数据，并将其发送到配备蓝牙低功耗（BLE）技术的智能手机上，应用该软件会直接在智能手机中显示指示器，并提醒躺在床上的人或第三方（护士和医务人员等），从而改变患者的体位，预防褥疮。利用此功能监测患者的睡眠时，如果体位没有发生改变，则可进行与患者的睡眠状态相关的研究。此外，可以收集失眠症患者的实时睡眠监测数据，并通过有效的数据分析，来确定失眠患者的中医证型，因而能使患者得以中医辨证施治，以此提高中医药的疗效，有效地帮助患者快速康复。

（五）家庭服务机器人

包括机器人在内的数字技术正越来越多地应用于老年护理，成功地将技术创新融入整个护理过程，对老年人影响显著。家庭服务机器人是为人类提供服务的专业机器人，它能够代替人进行家庭服务工作。家庭服务机器人包括驱动设备、传感设备、接收设备、发射设备、控制设备、执行设备、存储设备和交互设备等。随着人工智能的飞速发展，服务机器人已经进入大众的视野，而应用于老年服务的机器人研发目前尚处于起步阶段。

（六）智能老年服务机器人

智能老年服务机器人目前已经得到应用，不仅配备了摄像头、麦克风、触摸屏、音频和各种环境传感器等，还可与健康监测或健康援助设备连接。基于人工智能新技术，智能老年服务机器人可与老年人进行交流，向老年人群提供简单易懂的健康提醒或健康知识，此外，健康监测设备的数据可与医疗机构同步共享，医疗机构可以掌握老年人群的日常数据波动情况，有助于诊疗计划的修改与实施。智能老年服务机器人的主要应用环境为室内环境，如医院、诊所、社区和家庭内等，可陪伴老年人群，起到娱乐互动的功能。

第四节　"互联网+养老"服务趋势

【问题与思考】

1. 请阐述"互联网+护理"包含的内容、居家护理服务的含义。
2. 请简述"互联网+养老"的发展趋势。

我国人口老龄化形势日益严峻，养老服务需求大幅提升。在过去的三十年里，中国完成了从传染病到非传染性慢性疾病的流行病学转变，慢性病发病率的上升趋势和多重疾病的存在给中国的医疗保健部门带来了特殊的挑战。功能性障碍、认知障碍、精神障碍和虚弱等慢性病在老年人群中正变得更加突出。这些慢性病的治疗和管理很复杂，并且与更严重的功能性残疾和更高的护理需求有关。"互联网+养老"模式以老年人的养老服务需求为导向，将养老服务产业与互联网以市场化的方式连接起来，充分挖掘互联网的互联性，通过互联网的方式，让养老服务得以推广，充分围绕用户体验的特点，为更多的老年人提供定制化、智能化的养老服务。同时，依托大数据信息处理和分析功能，消费潜力得到释放，从而为养老服务业创造新的盈利点。

一、"互联网+养老"服务

"互联网+养老"模式，即将互联网、物联网信息技术、信息设备平台和终端、数据处理等运用于提升老年人养老服务质量、数量、效率等方面，通过对老年人身体、居住环境、需求及问题等方面数据的收集处理和跟进，实时对老年人生活、医疗、服务等需求做出及时反馈，以及对生活中的风险建立即时应急系统，将老年人的需求和服务及时迅速地有效对接，以提升养老服务质量。

"互联网+养老"模式的三大板块包括智能设备、线上服务软件与平台和线下服务圈。"互联网+养老"模式三大板块的协同发展使其既是一个自下而上的模式，即线下智能设备搜集信息并向线上平台输入老年人生活习惯、居家服务等潜在需求；同时，更是一个自上而下的模式，即借助线上大数据资源挖掘养老需求，由线下服务圈根据线上平台的分配，有针对性地向老年群体输出精准服务，最终形成闭合环路，从而实现养老服务与需求的无缝对接。

"互联网+养老"首先可通过互联网技术手段对信息资源进行整合，特别是养老服务信息平台资源，以弥补单一居家养老、社区养老、机构养老资源的不足，为越来越多的老年人提供养老服务，更好地满足老年人多层次、多元化、个性化的养老服务需求。其次，将"互联网+"应用于养老服务，建立健全养老服务反馈监督机制。通过养老服务信息平台等技术手段，互联网可以实现养老服务提供者与老年人及其家庭之间的无缝连接。养老机构和企业可以及时了解老年人及其家属的服务评价和反馈情况。最后，利用"互联网+"为老年人服务，可以提高服务效率。通过建立养老服务信息平台，有效对接和匹配养老服务供需信息，使养老机构、企业、社区和社会服务组织能够妥善提供养老服务，及时满足老年人多层次、多元化、个性化的服务需求。

（一）"互联网+养老"服务现状

2017 年 2 月，工业和信息化部、民政部、国家卫生计生委印发《智慧健康养老产业发展行动计划（2017—2020 年）》，提出通过推动关键技术产品研发、推广智慧健康养老服务、加强公共服务平台建设、建立智慧健康养老标准体系、推进智慧健康养老应用系统集成、对接各级医疗机构及养老服务资源、建立老年健康动态监测机制、整合信息资源等几个方面为老年人提供智慧健康养老服务。到 2020 年，基本形成覆盖全生命周期的智慧健康养老产业体系。

各地开展的多种新型服务模式的"互联网+养老"，直接促进了养老服务的转型升级。例如，乌镇"互联网+养老"的做法无疑值得借鉴，将互联网基因融入千年古镇。乌镇智慧养老在打造成为"智慧景区"的同时，也成为发展"互联网+养老"模式的典范。

"互联网+养老"使居家养老成为可能，通过先进设备技术的应用，将养老供需资源以线上跨空间地域的虚拟平台形式进行整合和分配，让居家养老质量得到提升。面临实体养老院资源瓶颈，公办养老院供不应求，市场运作的养老院的高昂费用让众多老年人及家庭望而止步，或因服务落后难以吸引老年人入住时，"互联网+养老"模式的创新，既可以使老年人居家养老获得相应的服务保障，又能使老年人在熟悉的家庭、社区环境中安度晚年，对老年人来说无疑是一种较为理想的养老实现模式。

（二）"互联网+养老"服务趋势

1. 互联网不断深入老年人生活　从整体上看，中国老年人使用互联网的人数和所占比例正在迅速上升，使用的功能越来越多样化，体验也更加全面，特别是在网上购物、关注资讯等领域表现出了显著的特点和趋势。

首先，中老年人的网民数量和所占比例在快速增长，网民增长呈现出从年轻人向老年人转移的趋势，"银发"群体陆续"触网"，增强了数字社会人口结构的多元性。

其次，中老年人的互联网使用体验更加全方位。中老年人对互联网的应用仍然集中于通信交流和信息获取方面，但一些在人们印象中专属于年轻人的便捷功能也渐渐融入中老年人的生活当中，如超过半数的老年人已经会在日常生活中使用手机支付功能、1/3 的老年人会使用网络购物，互联网也已经成为老年人进行娱乐休闲的重要渠道。

最后，老年人在线上购物、关注资讯等领域表现出显著的特征。老年群体线上消费额高速增长，且具有注重身心健康发展、年轻化和时尚化趋势明显、社交性消费需求较强烈，以及呈现较强的国产品牌偏好等特征。

2. 老年人口新变化助推互联网使用

（1）中国人口老龄化将持续发展：人口老龄化将成为我国在 21 世纪面临的重大挑战。老年人口的持续增长和老年人互联网使用的普及将使老年群体成为未来互联网发展的重点目标对象之一。

自 2009 年以来，多个互联网公司已经在探索发布不用输入文字和大字版的搜索引擎及应用软件，以吸引和方便老年用户使用。

（2）老年人口受教育程度和健康水平持续提高：在中国人口老龄化发展过程中，不仅老年人口规模和所占比例有所变化，老年人口的受教育程度和健康水平也在不断提高。相比于当前处于老年阶段的人口，未来相继步入老年期的"新一代"老年人口的受教育程度将逐渐提高，不仅文盲比重大大降低、受教育年限更长，其中受过高等教育者的比重也将大幅提升。

（3）老年人口队列变化将助推互联网使用：随着当前的中青年"数字原住民"逐渐步入老年，老年互联网用户数量也会持续增加。第 47 次《中国互联网络发展状况统计报告》显示，我国网民年龄结构呈倒 U 形，其中 30～39 岁组占比（20.5%）最高，40 岁之后，年龄组别占比则随着年龄增长而下降。这说明越晚出生的人口队列，互联网普及率越高。这些队列的人口带着自身的互联网使用习惯和使用特征陆续步入老年期，也会使老年群体的互联网使用率更高、涉及功能更加丰富，从而更大程度地享受互联网带来的便捷和红利。

（三）"互联网+养老"发展困境

1）智能设备开发应用难越"银色数字鸿沟"。

2）信息安全令人担忧，大数据驱动的养老服务功能还没有得到有效发挥。

3）线上平台监管和线下服务追踪双重缺位。

4）养老服务供给方各自为政。解决的办法是鼓励社会力量开发、推广"大智能装备圈"；推动医疗、康复保健产业与"互联网+养老"融合发展；健全和规范社区信息化养老服务设施；发挥政府引导作用，将"互联网+养老"的碎片化政策体系进行整合；等等。

二、互联网+护理服务

2018 年，国家卫生健康委员会明确提出了应将互联网应用于医疗领域，特别是护理服务和创新服务模式，强调需要大力加强信息化建设，优化护理服务流程，从而进一步提高护理效率。"互联网+护理服务"是指将当前互联网的技术手段以及互联网思维作为基础，结合传统的医疗护理服务，让护理服务在实践过程中，从传统的护理工作转变为更加完善、更高水平的护理服务。"互联网+护理服务"不单单只要求护理一种专业，还涉及其他专业领域的协调合作，尤其是当前"医–护–康"已是一个整体的医疗服务模式，护理服务只是医疗服务的一方面，这就需要三者密切搭建协作互助的医疗体系，从而为患者提供更加优质的医疗服务。

《浙江省"互联网+护理服务"工作实施方案（试行）》指出"互联网+护理服务"是指医疗机构利用在本机构注册的护士，依托统一的互联网平台，为患者或健康人群提供护理服务、护理指导、健康咨询等。目前主要包括两类服务内容：一是以"线上申请、线下服务"的模式为主，为出院患者或罹患疾病且行动不便的特殊人群提供护理服务，即居家护理服务；二是设立互联网护理专科门诊，在线上为老年病、慢性病、特殊疾病患者或孕产妇等健康人群提供医疗行为相关护理指导和护理健康咨询等服务。

1. 线上专科护理门诊服务　《全国护理事业发展规划（2021—2025 年）》指出，加快养老医疗护理事业发展，实施养老医疗护理提升行动，加强护理信息化建设。充分借助云计算、大数据、物联网、区块链、移动互联网等信息化技术，结合发展智慧医院和"互联网+医疗健康"要求，着力加强护理信息化建设。

"互联网+护理服务"与家庭病床、长期照护系统涉及的居家护理相比，在内容和形式上有所区别，但在服务主体、从业护士、服务项目等方面有更高的要求。其中，政府主导的"互联网+护理服务"模式，需要统筹考虑地区护理需求、信息差异、协同共享护理资源等方面的问题；医院主导的"互联网+护理服务"模式主打专科护理特色，对护士的资质要求会更加苛刻，对服务质量的把控也会更加严格，但目前大型医院开展的"互联网+护理服务"，可能会出现护理人力资源不足的问题。目前，以医院为主导的"互联网+护理服务"，主打的是网上专科护理门诊服务。专科护理门诊在门诊中以护士为主导开展的保健服务形式，引导患者掌握专科疾病、慢性病的自我护理技能，以扩大从住院到医院到家庭的连续性服务，满足患者及其家属就诊的健康服务需求。调查研究显示，开诊量排名前5位的门诊分别为经外周静脉穿刺中心静脉置管（PICC）护理门诊、伤口/造口/失禁护理门诊、糖尿病健康教育门诊、围产期保健护理门诊、腹膜透析护理门诊，合计开诊量占比84.4%。其他类别门诊还包括流产后关爱门诊、骨伤科康复护理门诊、慢性肾脏病营养专科护理门诊等。

线上专科护理门诊服务由拥有相关资质证书和丰富临床经验的护理专家出诊。护理专家不仅可向同业的护理人员提供专科领域的信息和建议，指导和帮助其他护理人员提高对患者的护理质量，也可能利用自己在某一领域的知识、专长和技术为患者和社会人群提供护理服务，为健康者提供疾病预防、健康饮食的保健指导，为患病者提供正确的家庭护理、疾病康复、功能锻炼等相关知识。

2. 居家护理服务　居家护理指在有医嘱的情况下，社区护士直接到患者家中，运用护理程序，为社区中有疾病的个人，也就是出院后的患者，或长期疗养的慢性病患者、残障人、精神病患者，提供连续的、系统的基本医疗护理服务。20世纪40年代，居家护理占所有医护人员与患者接触的40%，如今，这一比例正在不断下降，居家护理有利于老年人口的长期护理、降低死亡率等。

（1）互联网护理服务平台："浙里护理"平台是浙江省互联网医院开发的"互联网+护理服务"平台，医疗机构可以直接入驻开展，也可以自主开发或者与第三方机构合作搭建互联网信息技术平台，但必须实现与浙江省互联网医院平台建立数据接口，实现互联网护理服务数据的实时监管。

（2）提供护理服务项目：浙江省"互联网+护理服务"服务项目包括健康促进、常用临床护理、专科护理三大类别。健康促进类包括生活自理能力训练、安全护理、压力性损伤预防护理、坠积性肺炎预防护理、健康指导、母婴护理等六项；常用临床护理类包括生命体征监测、口腔护理、氧气吸入、鼻饲、血糖监测、静脉采血、肌内注射、皮下注射、留置导尿管/更换导尿管/清洁导尿的护理、一般灌肠、直肠栓剂给药、造口袋护理、更换引流管、普通伤口护理、PICC/植入式静脉输液港维护、雾化吸入、膀胱冲洗、腹透护理等十八项；专科护理类包括普通造口护理、疑难造口护理、特殊造口护理、指导造口伤口失禁专科器、失禁性皮炎护理、慢性/感染性伤口换药、中医护理等七项。

（3）居家护理护士准入资质认定：提供家庭护理服务的护士必须在派遣医疗机构注册，并接受派遣医疗机构的事先培训。其中，在普通临床护理方案中提供健康促进和住院护理服务的护士，需要5年以上临床护理工作经验和护师及以上技术职称；提供专科护理的居家护理服务的护士应取得省级以上相关护理专业培训合格证书（脱产连续培训3个月以上，包括理论和实践），或具有副主任护师及以上技术职称且在相关专业工作3年以上。

（4）居家护理服务流程：通过线上申请+线下服务模式，即医院将"互联网+护理服务"作为延续护理服务举措，加强宣传，提高护理服务意识。护士评估出院患者意愿，教会有需求的客户在第三方机构APP下单。客户关注第三方机构APP，在客户端实名注册，填写手机号码、身份证号、服务地址，选择服务项目和时间段备注；护士可以在平台上自愿接受订单，如无护士自动接单时，第三方机构将根据客户的申请联系相应的合格护士，并优先考虑所在科室的工作人员；护士应查阅客户资料，电话联系客户，评估特殊需求，预约服务时间，告知第三方机构助理护士备齐用物，按时到达服务地点，按照程序签署知情同意书、提供服务，上传资料完成订单。

（5）"互联网+护理服务"质量监管：护士在提供"互联网+护理服务"时，会受到医院、第三方机构和服务对象的共同监控。医院护理部制定现场护理服务的工作范围、工作制度、护理技术标准、预案和流程，监督和管理上门护理服务的质量，每月反馈工作进度，并不断改进。第三方机构助理护士配合医院护士完成服务，拍摄操作前、中、后的照片，上传到第三方平台，记录整个服务过程，并保存病历。客户在平台端确认服务订单完成时会评估本次服务的有效性、上门人员的服务态度以及整体满意度。

（6）上门服务医疗安全保障措施：根据护士的资质，在签订服务合同时应明确访视服务的内容，不可超范围接单。在开展服务前，充分验证服务的适当性和安全性，做好风险点控制，做到成熟一项，推进一项。网约护士在提供服务前，评估客户的健康状况、特殊护理需求等，如发现异常，服务将被取消。服务项目为注射药物者需上传病历资料和医嘱单，严禁使用麻醉药品、精神药品、易致敏的药品等，避免意外风险。服务前告知潜在风险，患者或家属签署知情同意书。医务部门为"互联网+护理服务"提供医疗支撑，遇到患者出现特殊病情变化、上门护士无法判断及处理时，派出专科医师按急诊流程出诊，快捷满足患者需要。

有暴力倾向、精神疾病、酗酒、吸毒等高危因素的患者或家属被排除在"互联网+护理服务"范畴内。护士接单时会评估患者居住环境是否偏僻、通信系统是否通畅等。第三方机构派出一名护士助理陪同护士，避免单独前往的风险。进入患者家中前询问有无宠物的存在、宠物类型、数量和攻击性，以加强人身安全保护。在访视服务过程中，护士将安装记录仪并开机，第三方机构平台进行实时入户监控，如遇护士遭受人身攻击、录像中断或发生其他紧急情况时，应立即采取紧急措施。

（7）建立完善"互联网+护理服务"管理制度：医疗机构开展"互联网+护理服务"，必须建立健全相关管理制度和服务规范，包括互联网护理门诊管理制度、医疗质量安全管理制度、医疗风险防范制度、医学文书书写管理规定、药品和医用耗材外带管理规定、医疗废物处置流程、居家护理服务流程、纠纷投诉处理程序、不良事件防范处置流程、相关服务规范和技术指南等，加强护士执业安全教育和业务知识技能培训。

建立健全"互联网+护理服务"信息安全体系，无论是自建还是与第三方合作建设的互联网信息技术平台，都应当具备开展"互联网+护理服务"所需的设备设施、信息技术、技术人员、信息安全系统等条件。基本功能至少包括服务对象的身份认证、病历资料的收集与存储、服务人员的定位和个人隐私与信息安全保护、全程留痕追溯服务行为、统计分析工作量、群众满意度测评等。

思考题与实践应用

1. 简述老年服务的含义。

【参考答案】

广义的老年服务包括一切正式的、有利于老年人更好生活的服务。综合养老服务体系包括七个基本要素，即服务于老年人的内容、形式、体系、管理、经济、技术和文化。养老服务的这七个基本要素是相互联系的，各个要素同时包含着很多方面的具体内容，这些内容构成了养老服务体系的整体框架。创新养老服务，需要全面了解养老服务要素的具体内容，对创新养老服务工作的基本要点进行深入探索。

2. 智慧养老的服务内容包括哪几大类？

【参考答案】

智慧养老服务内容根据其发展阶段可以大致分为五大部分：第一部分是"互联网+"健康信息管理服务，第二部分是"互联网+"生活照料服务，第三部分是"互联网+"精神慰藉服务，第四部分是"互联网+"信息交互系统，第五部分是"互联网+"养老产业延伸服务。

3. 简述我国养老模式中的"9073"的含义。

【参考答案】

9073 养老模式又被称为国家 9073 工程，9073 养老模式具体含义为：90%的老年人居家养老，7%的老年人享受社区提供的日间照料服务，3%的老年人享受机构养老服务。

4. 简述居家护理服务的含义。

【参考答案】

居家护理指在有医嘱的情况下，社区护士直接到患者家中，运用护理程序，为社区中有疾病的个人，也就是出院后的患者，或长期疗养的慢性病患者、残障人、精神病患者，提供连续的、系统的基本医疗护理服务。

参 考 文 献

杜鹏, 韩文婷. 2021. 互联网与老年生活: 挑战与机遇[J]. 人口研究, 45(3): 3-16.

何玲, 蒋亚汶, 杨观赐. 2022. 家用血糖智能感知装置刺针自适应控制方法[J]. 华中科技大学学报（自然科学版）, 5(12): 1-9.

黄敬雯, 李文霄, 温馨靓. 2021. "互联网+"在我国护理领域中的应用现状. 海峡科技与产业, 34(4): 54-56.

李诗婷, 李岳, 陈家健, 等. 2022. 积极应对人口老龄化国家战略下我国智慧养老产业发展研究[J]. 商业经济, (8): 34-36.

闫志俊. 2018. "互联网+"背景下智慧养老服务模式[J]. 中国老年学杂志, 38(17): 4321-4325.

唐魁玉, 梁宏姣. 2022. 数字经济背景下我国智慧养老服务模式与产业发展. 改革与战略, 38(6): 120-130.

王庆德. 2021. 我国"智慧养老"模式研究及对策[J]. 中国经贸导刊（中）, (3): 155-157.

吴雪. 2021. 智慧养老产业发展态势、现实困境与优化路径[J]. 华东经济管理, 35(7): 1-9.

张婧. 2018. 智能康复产品在中医诊疗设备中的应用前景[J]. 生物医学工程学进展, 39(2): 114-116.

赵川芳. 2018. 互联网+养老服务发展之探讨[J]. 中国发展, 18(4): 77-82.

中华人民共和国国家统计局. 2006. 中华人民共和国 2005 年国民经济和社会发展统计公报[J].中国统计, (3): 4-8.

朱军. 2022. "数字鸿沟"背景下老年人数字化生活权的法理证成[J].东南法学, (1): 36-55.

第十章　老年社会保障服务与管理

【学习目标】

1. 掌握：社会保障的概念、基本内涵；社会保障体系的主要构成；老年社会保障的概念、基本原则及实施方式；老年社会保障体系的内容、构成和基本原则。

2. 熟悉：社会保险的概念、主要内容和性质；社会救助、社会福利、社会优抚的概念、对象；老年社会保障的类型及其特点；老年社会保障的实施方式；我国城市和农村老年社会保障服务的内容。

3. 了解：不同国家对社会保障的概念界定；老年社会保障的重要性；老年社会保障的必要性。

第一节　社会保障管理概述

【问题与思考】

1. 请叙述社会保障的基本内涵；请简述社会保险的主要内容与性质。
2. 请说明社会保障的特征。

社会保障体系是人民生活的安全网和社会运行的稳定器。习近平总书记在党的二十大报告中对我国社会保障体系建设作出了新的要求和重大部署，报告指出，"健全覆盖全民、统筹城乡、公平统一、安全规范、可持续的多层次社会保障体系"，这一指示充分体现了我党对社会保障事业发展新形势的洞察和把握。

自古以来，社会上总会有一部分成员因各种原因陷入生活困境，需要政府、社会或他人援助才能避免生存危机。各国政府为了维护社会稳定、缓和阶层矛盾与阶级对抗，需要承担起救助和帮扶的责任。社会保障（social security）一词最早出自美国 1935 年颁布的《社会保障法案》，其成为现代社会保障史上的里程碑，自此之后"社会保障"一词被有关国际组织和大部分国家所接受，并逐渐成为以政府和社会为责任主体的福利保障制度的统称。19 世纪 80 年代，德国适应工业社会发展的需要，建立了与工业文明相适应的社会保险制度，自此之后社会保障就成为各国现代化进程中必要且日益重要的制度安排。

社会保障制度通常伴随国家现代化进程而不断发展，健全的社会保障制度更是现代化国家的标配，这主要是由于追求社会平等与公平成为现代文明发展的重要内容和评价标尺，社会保障正是以缓和社会矛盾、促进社会平等、实现社会共享为己任的制度保障。现代化国家都有健全的社会保障制度，愈是社会保障制度健全的国家，其社会财富分配愈是平等。

一、社会保障的概念与内涵

由于各国的国情和历史条件不同，在不同的国家和不同的历史时期，"社会保障"概念和社会保障制度的具体内容不尽相同。

（一）社会保障概念的界定

主要发达国家对"社会保障"的定义不尽相同。美国《社会保障法案》指出，社会保障主要是对老年人、遗属、残疾人提供的现金补助和生活保障。英国《牛津法律大辞典》中有关词条认为：社会保障是对一系列相互联系的，旨在保护个人免除因年老、疾病、残疾或失业而遭受损失的法规总称。德国认为社会保障是为因生病、残疾、老年等原因丧失劳动能力或遭受意外而不能参与市场竞争的劳动者及其家人提供基本生活保障，使之重新获得参与竞争的机会。日本是亚洲国家中较早建立社会保障制度的，其在 1950 年社会保障制度审议会上对社会保障的定义是：对疾病、负伤、分娩、残疾、死亡、失业、多子女及其他原因造成的贫困，用保险或者政府直接负担的方式，找出保障其经济的途径，对于生活贫困者以国家扶助的方式，保障其最低限度的生活水准。

我国对"社会保障"的定义是：国家为了保持经济发展和社会稳定，对公民在年老、疾病、伤残、失业、生育及遭受灾害面临生活困难时，由政府和社会依法给予物质帮助，以保障公民基本生活需要的制度。其目的是通过国家或社会出面来保证社会成员的基本生活权益并不断改善，提高社会成员的生活质量，促进并实现社会的稳定发展。

尽管不同国家或不同学者对社会保障的理解和解释各有不同，但在概念中基本都包括了以下内容，只是在程度、侧重点上有所不同而已。

（1）社会保障的责任主体是国家和社会，并由它组织社会经济活动，以国家法律的形式加以保证强制实行，但并不排斥社会成员之间的互助互济活动。

（2）社会保障的对象是全体社会成员，其中以暂时或永久丧失劳动能力的人、失去工作机会的人和收入不能维持最低生活水平的人及其家庭为主要对象。

（3）社会保障是一种经常化的经济安全制度或收入安定的保障计划，以保持任何公民在收入中断或不能工作时，都能得到维持最基本生活的费用。基本生活费用的水平与当时的社会生产力发展水平要相适应，在社会保障发展的不同阶段，该水平是不一致的。为实现这种分配，必须通过国民收入的再分配形成社会保障基金，来进行分配使用。

（4）实行社会保障的目的是要使生存发生困难的社会成员通过保障能够生存下去，不至于陷入困境，并通过竞争，达到维护社会公平、缓解社会矛盾、保证社会稳定的目的。

（二）社会保障的基本内涵

社会保障的内涵应该反映以下几点要求：明确社会保障事业的责任主体、通过立法强制执行、确定保障对象、设定保障目标及明确资金的筹集方式及服务措施等。据此，界定社会保障的内涵时应包括以下几个层次。

1. 社会保障事业的责任主体是国家　第一，国家是代表统治阶级意志和利益，行使最高行政权力以管理社会的执行机关。发展社会保障事业，干预社会经济生活，关心人民疾苦，为人民谋福利，是社会主义国家义不容辞的职责，将政府作为社会保障的领导者和组织者，是必然的选择。第二，从社会保障发展进程来看，失业、工伤、职业病、老年人养老等社会问题，单靠群众团体、互助机构、慈善机构的救助或亲友的接济，是不足以抵御风险的。由国家出面，通过国民收入再分配给予失去经济收入者补偿，才能保障他们的生活。第三，国家可以在保障基金收支不平衡时，作为财政的担保人出现，使社会保障稳定发展。第四，社会保障作为国家的一项社会制度，必须由社会保障经办机构或社会保障委员会等国家行政机关来加以组织和管理，举办社会保障的主体必须具备国家授予管理的行政职能和权力。

2. 社会保障的依据是国家立法　第一，法律是维护社会关系和社会秩序、调整人们社会行为的规范，使社会保障双方办事有法可依、有章可循。第二，社会保障的范围和项目关系到人们的基本生活所需，无论社会成员属于哪个阶层、经济收入状况如何，都必须列入被保障的范围。不采用强制手段，很可能有一部分人纳入不了保障范围，甚至产生逆选择。第三，社会保障是对国民收入进行分配和再分配的一种机制，具有调节社会需求的功能。不通过强制性的法律实施，就难以筹集一定数量的保险基金来保证支付。没有稳定的保障资金，就没有物质基础，更谈不上保障安全。第四，强制性还具有双方性特点，对保险人和被保险人均有约束，被保险人必须按照法律的规定履行缴费义务，保险人依照法律的规定履行给付保险金的义务。双方在缴费、支付、保障范围等问题上，用立法的形式明文规定每一个社会成员的基本权利与义务，提升了人们的权利感和参与意识。

3. 社会保障的获益主体是全体公民 社会保障的功能在于调剂人民的需求，减少工业风险给人带来的灾难，以调节经济的正常运转和社会的稳定。它的覆盖面涉及了大多数社会成员，因此必须要求一定范围内普及每一个公民，否则难以促进社会的安定。

4. 社会保障的程度把握需要包括两方面的意义 一是保证在激烈的市场竞争中失败的人不致遭到灭顶之灾，通过社会保障能够获得重新参与竞争的机会；对遭意外困难而不能劳动的人，应在生活上提供保障。二是提供社会保障的基本目的不仅在于提供基本生活保障，而且在于通过社会保障连接生产与消费，以达到经济和社会的均衡发展。明确这一点至关重要，所以对社会保障的"度"的把握至关重要，保障不足就会影响社会稳定，保障过度则可能阻碍经济的发展。

5. 社会保障基金来源于国民收入再分配 一般采用国家财政预算和社会统筹两种形式，以形成社会保障基金进行再分配。只有通过对一定时期的国民收入初次分配中某种形式的扣除，才能合理地分配国民收入，实现社会保障的目的。

6. 社会保障的层次包括经济保障、服务保障和精神保障 经济保障指通过现金资助的方式实现，解决国民在生活困难情况下经济来源的问题；服务保障是指通过向国民提供安老服务、康复服务、妇女儿童服务等，满足其对个人生活照料的需求，使国民能够适应家庭结构变迁和自我保障功能的弱化；精神保障指除了经济和服务保障之外，为国民提供精神慰藉，从而满足其情感保障的需求。尽管在实际情况下，很难将精神保障作为特定的制度安排进行建设，但是发达国家或地区的实践经验证明，在制度化的安排过程中确实需要尊重并满足有需要者精神保障的需求。

二、社会保障体系的主要构成

社会保障是人类社会的基本制度，是一个庞大而复杂的系统，世界上很多国家都已经建立了完善的社会保障体系。从内容分析，社会保障体系可以分为两部分。一是基本社会保障制度，是国家通过立法而制定的社会保险、救助、补贴等一系列制度的总称，作用在于保障全社会成员基本生存与生活需求，由国家通过国民收入分配和再分配实现。《中华人民共和国宪法》规定："中华人民共和国公民在年老、疾病或者丧失劳动能力的情况下，有从国家和社会获得物质帮助的权利。"这为我国建立和完善社会保障制度提供了法律依据。二是社会保障补充措施，通常是在政府部门的支持下，由私营部门或市场提供的保障形式，如企业员工福利、慈善事业、互助保障等。

（一）社会保险

1. 概念 社会保险（social insurance）是国家通过法律强制实施，为劳动者在年老、疾病、伤残、失业、生育等特殊情况下，提供必要的物质帮助的制度。依法享受社会保险是劳动者的基本权利。

2. 社会保险的特征

1）社会保险的客观基础是劳动领域中存在的风险，保的是劳动者的人身。

2）社会保险的主体是特定的，包括劳动者（含其亲属）与用人单位。

3）社会保险属于强制性保险。

4）社会保险的目的是维持劳动力的再生产。

5）保险基金来源于用人单位和劳动者个人的缴费，政府给予资助。保险对象范围限于职工，不包括其他社会成员。保险内容范围仅限于劳动中的各种风险，不包括除此以外的财产、经济等风险。

3. 社会保险是社会保障体系的核心内容

1）社会保险覆盖对象主要包括人口中最重要的部分劳动者群体。

2）社会保险费用的支出占整个社会保障支出的绝大部分，属于社会保障中最大的项目，对社会保障起着基本的纲领性作用。

3）社会保险的功能在于保护劳动者因遭受包括生育、疾病、伤残、工伤、失业、年老、死亡在内的风险时，在暂时或永久丧失劳动能力时，从国家或社会获得最基本的生活保障。

4. 社会保险的主要内容　社会保险的主要内容有五项。

（1）养老保险：它是劳动者在达到法定退休年龄退休后，从政府和社会得到一定的经济补偿、物质帮助和服务的一项社会保险制度。在我国，国有企业、集体企业、外商投资企业、私营企业和其他城镇企业及其职工，以及实行企业化管理的事业单位及其职工必须参加基本养老保险。

（2）医疗保险：它是国家为社会成员的健康和疾病医疗提供费用和服务，以保障和恢复其健康的一种社会保险制度。所有用人单位（包括企业、机关、事业单位、社会团体、民办非企业单位等）职工都要参加基本医疗保险。城镇职工基本医疗保险基金由基本医疗保险社会统筹基金和个人账户构成，基本医疗保险费由用人单位和职工个人账户构成，由用人单位和职工个人共同缴纳。

（3）失业保险：它是面向劳动者并通过筹集失业保险基金，用以解决符合规定条件的失业者生活保障问题的一种社会保险制度。我国失业保险参保职工的范围包括：在岗职工；停薪留职、请长假、外借外聘、内退等在册不在岗职工；进入再就业服务中心的下岗职工；其他与本单位建立劳动关系的职工（包括建立劳动关系的临时工和农村用工）。

（4）工伤保险：也称作职业伤害保险，它是面向企业或用人单位筹集工伤保险基金，用以劳动者因工负伤，暂时或永久丧失劳动能力后的工资收入补偿、医疗护理、伤残康复以及生活照顾措施的一种社会保险制度。工伤保险费由用人单位缴纳，对于工伤事故发生率较高的行业，工伤保险费的征收费率高于一般标准。

（5）生育保险：它是用以解决生育妇女在孕、产、哺乳期间的收入补助和医疗护理方面问题的一种社会保险制度，包括生育津贴和生育医疗服务两项内容。享受生育保险待遇的职工，必须符合以下三个条件：用人单位参加生育保险在 6 个月以上，并按时足额缴纳了生育保险费；计划生育政策有关规定生育或流产的；在本市城镇生育保险定点医疗服务机构，或经批准转入由产科医疗服务机构生产或流产的（包括自然流产和人工流产）。

5. 社会保险的性质　社会保险的性质，概括起来讲，有以下四个方面。

（1）强制性：所谓强制性就是指国家通过立法强制实施，受保人必须参加，承保人必须接受，双方都必须按照规定的费率缴费。社会保险的强制性，旨在保障劳动者的收入安全，对于使用劳动力的单位同样具有法律约束作用。

（2）保障性：所谓保障性就是保障人们的基本生活，是对劳动者的收入安全起到保障作用，使其失去收入之后仍能维持基本生活。保障性是从社会角度讲的，不是只保障少数人，也不是一时一事的保障，它应该至少对特定的劳动者群体提供保障。

（3）福利性：所谓福利性就是社会保险不以营利为目的，必须以最少的花费，解决最大的社会保障问题。社会保险的经费来自用人单位、职工、政府三个方面，个人的负担不会过重，而且社会保险除了有现金给付的方式以外，还有医疗护理、职业康复、职业介绍以及诸多老年活动方面的服务保障方式。

（4）社会性：它是指社会保险应尽可能在全社会普遍实施，使覆盖面尽可能涵盖所有劳动者乃至全体社会成员。社会保险的社会性，还表现在它的国际性上。许多国家间都订有双方或多方互惠协议，以保护旅居国外的本国人平等享受社会保险的权利与义务。

（二）社会救助

1. 概念　社会救助（social assistance）也称社会救济，是指国家和其他社会主体对于遭受自然灾害、失去劳动能力或者其他低收入公民给予物质帮助或精神救助，以维持其基本生活需求，保障其最低生活水平的各种措施。社会救助是我国社会保障的核心内容之一，是社会保障的最低纲领和目标，也是社会保障的最低层次，扶贫是基本特征，其根本目的就是保障公民的最低生活需求。

2. 主要内容　社会救助包括城乡居民最低生活保障、灾害救助、医疗救助、农村特困户救助、五保供养、失业救助、教育救助、法律援助等内容。救助的对象主要是城乡困难群体，包括城乡低保对象、农村五保户、特困户、因遭受自然灾害需要给予救济的灾民等。

3. 社会救助的意义　一个国家的社会救助水平高低，能够体现国家对社会成员最基本的保护，为被救助对象提供社会救助，能够让被救助对象渡过难关，重新融入社会生活中，体现了社会文明的进步。

4. 社会救助的资金来源　①国家财政拨款；②信贷扶贫；③社会捐赠和国际援助；④社会救助基金增值。

（三）社会福利

1. 概念　社会福利有广义和狭义之分。广义的社会福利是指提高广大社会成员生活水平的各种政策和社会服务，旨在解决广大社会成员在各个方面的福利待遇问题。狭义的社会福利是指对生活能力较弱的儿童、老人、母子家庭、残疾人、慢性精神病患者等的物质支持和服务支持。

2. 社会福利的特点

（1）普遍性：社会福利是为所有公民提供的。

（2）社会矛盾的调节器：每项社会福利计划的出台最终目的都是缓和社会矛盾。

（3）不要求被服务者缴纳费用：只要公民属于立法和政策范围内，都能按规定得到应享受的津贴和服务。

（4）社会福利是社会保障体系中的最高保障，是在国家财力允许的范围内，在既定的生活水平基础上，尽力提高社会成员的生活质量。

3. 社会福利的意义　社会福利是实现社会保障的根本目标，也是社会保障的最高纲领和最高层次。一个国家通过社会福利的调节，提高国民的物质文化生活质量和水平，从而造福群众，让其切实感受到来自国家的福利。社会成员在享受国家福利的同时，也需要为社会福利基金做出相应的贡献。

4. 社会福利的类型　按照社会福利的被服务对象类别划分，社会福利主要分为以下几种类型。

（1）公共福利：为全体社会成员提供的福利。

（2）职业福利：为本单位、本行业从业人员及其家属提供的福利。

（3）老年福利：专为老年人提供的福利。

（4）儿童福利：专为婴幼儿、少年儿童提供的福利。

（5）妇女福利：为妇女提供的福利。

（6）残疾人福利：为残疾人提供的福利。

5. 社会福利的形式　社会福利包括资金资助和直接服务。资金资助是通过社会保险、社会救助和收入补贴等形式实现；直接服务则通过国家、集体和个人兴办的社会福利事业实现，包括社区服务、个案服务、群体服务、收养等。

（四）社会优抚

1. 概念　社会优抚也称优抚安置或军人保障，指国家和社会对军人及其家属所提供的各种优待、抚恤、养老、就业安置。社会优抚属于社会保障中的特殊保障，是一种带有褒扬性质的社会保障，它不仅可以保证优抚对象的生活水平达到一定的标准，还有利于增强全民的国防意识，稳定和壮大国防力量。

2. 社会优抚的对象　现役军人和武警官兵、革命伤残军人、复员退伍军人、革命烈士家属、因公牺牲军人家属、病故军人家属、现役军人家属等。

3. 社会优抚的特点介绍

1）优抚的对象是为革命事业和保卫国家安全做出牺牲和贡献的特殊社会群体，由国家对他们的牺牲和贡献给予补偿和褒扬。

2）优抚保障的标准较高。由于优抚具有补偿和褒扬性质，因此，优抚待遇高于一般的社会保障标准。

3）优抚优待的资金主要来源于国家财政支出，还有一部分由社会承担，只有在医疗保险和合作医疗等方面由个人缴纳一部分费用。

4）优抚内容具有综合性的特点，其内容涉及社会保险、社会救助和社会福利等，包括抚恤、优待、养老、就业安置等多方面的内容，是一种综合性的项目。

三、社会保障的特征

（一）社会性

社会保障是现代社会中涉及全体社会成员而非少数人的一项制度安排。其社会性特征表现为如下几个方面：①社会保障应对的是带有普遍性的社会问题；②社会保障的对象不是社会中的少数人，而是覆盖社会全体公民；③社会保障基金来源于全社会，不论是雇主和职工的缴费纳税，还是政府的财政补贴，其源头都是社会成员的劳动创造；④社会保障的运作越来越向社会化方向发展。

（二）福利性

1. 从社会目标的角度讲 设立社会保障制度是一项政府行为，是体现政府意志的，是不以营利为目的而设立的制度，是追求社会效益目标的。其中心价值观是强调人的尊严和生活的质量，肯定每一个人都有获得公共救助和其他社会服务的权利。

2. 从经济关系的角度讲 社会保障是国家和社会通过国民收入再分配的途径，对保障对象提供的经济支持和专业服务。社会保障的管理经营部门和机构是非营利性的，他们提供的是直接的货币或物质性的援助，或是无偿、低偿性的服务。在保障措施实施过程中，被保障者的所得一定大于他的所费。

（三）互济性

社会保障资金的筹集实现了国民收入由高收入阶层向低收入阶层的转移支付，以及由经济效益较好的行业向经济效益较差的行业的再分配，同时，社会保障资金还体现了由劳动者向老年人转移使用的代际收入分配的特征。由于社会成员遭受经济和社会风险事故的情况不同，通过社会保障的互济互助，能够解决不同社会成员的特殊需要，帮助他们渡过难关，维持正常的生活。

（四）强制性

社会保障的强制性特征表现在两个方面。

其一，强制参加，即依据法律规定属于保障计划覆盖范围的劳动者及其用人单位，都必须参加到计划中来，当事人没有任意选择的权利，也不能任意退出。

其二，强制缴费，即凡符合有关社会保障税法或社会保障统筹法律、法规的缴纳条件的个人和团体，都必须按要求纳税或缴费，否则将受到法律的制裁。

四、社会保障的挑战

（一）扩大保障覆盖面

社会保障是基本人权的体现，也是各国应对社会经济挑战的有力措施。从全球范围看，各国社会保障水平较以往任何时候都要高,但是仍旧面临巨大挑战。国际社会保障协会(International Social Security Association, ISSA)总结了 8 项可能影响到社会保障覆盖面的因素:国家经济发展水平、政治稳定性、国家社会保障体系和法律的成熟度、国家劳动力市场、与正式工资劳动经济相对而言的传统经济和农村经济规模、税收体系和缴款收集机制的有效性、城市化水平、地理位置。

扩大社会保障的覆盖面是全球的优先事项之一。国际经验表明,在扩大覆盖面的应对措施方面,尤其是对老年人的保护和医疗保健的普遍覆盖,不管是发达国家还是发展中国家都是可以实现的。通过强制性的缴纳计划、补贴性缴纳计划、税收资助计划、自愿缴纳计划和实物福利等措施的交叉结合能够取得较好的效果。

(二)老龄化进程加快

全球老龄化进程的加快对社会保障体系的财务可持续性构成了巨大挑战。人口老龄化导致预期寿命增长,高龄人口的比率持续增加,加上全球生育率不断下降,已经对人口结构产生了显著影响,这些趋势都将直接影响社会保障和医疗保健的需求、收入来源和支出。

面对人口老龄化,我们的挑战就是如何确保足够水平的收入保障和服务,满足社会保障体系的财务可持续性发展需求。在一些国家,通过实行弹性领取养老金的制度来代替传统的固定退休年龄制度,与此同时也增加了劳动市场的流动性。另外,社会保障利益和服务的分配逐渐变得有针对性,例如有一些国家(法国、俄罗斯等)为了应对出生率的不断下降,将社会保障的利益用于支持提高出生率、资助儿童照护、增加父母的产假等措施。

(三)健康和长期照护

尽管老龄化是全球性的,但是不同国家和地区的老龄化过程和程度是不均衡的,不是所有的老年人都是在健康良好的状态下生存的,老龄化带来的生活自理能力下降和衰弱对老年人生存质量产生重要影响。老年阶段的健康成本和疾病负担较重是全球公认的事实,因此需要重新考虑社会保障体系的应对措施。

医疗卫生体系目前将更多的资源集中在急性病的照护方面,对慢性疾病的护理投入较少,同样地,社会保障体系也是重点关注对得到评估的意外事故的补偿。鉴于老年慢性病的照料负担越来越重,医疗护理成本不断攀升,社会保障管理部门必须加强对预防性措施的关注,例如对全民进行慢性病科普教育、对照护提供者进行培训教育、对医务人员进行培训、为老年照料者提供补助支持等。目前,德国、日本、以色列、卢森堡和韩国等已经建立了制度化的缴款性长期照料保险,南非根据收入调查结果确定了赡养者资格。

(四)信息技术的发展

信息技术在落实社会保障措施方面发挥着战略性作用,通过网上政务服务的普及,简化了社会保障的提供,使社会保障管理成效得以提高,服务质量得到提高。但是信息技术的应用也带来了一系列挑战:如何平衡基于信息技术的社会保障体系质量和成本之间的关系;信息技术的不完善导致社会保障体系运行难以长期维持;弱势群体或边缘化群体的"数字鸿沟"导致社会保障的覆盖面不足;数据质量和隐私的保护问题。

信息技术的发展为社会保障体系提供了更多服务和流程改进的可能性。因此,尽管我们面临一系列挑战,信息技术在社会保障体系中的应用仍然是不可或缺的。就覆盖面的扩展而言,对于弱势群体和边缘人群,可以通过验证信息的方式,促进他们得到覆盖,同时,通过信息共享的方式,将人群的健康资料在社会保障系统和医疗保健系统之间实现互联,使人们在获得利益时更加便捷。目前,中国的支付宝、非洲的 M-Pesa 等,都是基于移动技术的支付服务平台,正在改变着社会保障服务与管理。

第二节 老年社会保障体系及现状

【问题与思考】

1. 请阐述老年社会保障的概念及其重要性。
2. 请说明老年社会保障的模式及其特点。
3. 请简述我国城市和农村老年社会保障服务的不同之处。

随着全球人口老龄化形势的日渐严峻，老年人贫困、医疗缺失、护理困难、精神匮乏等社会问题越来越突出，对各国的老年社会保障政策提出了更高的要求，如何为不同的老年群体提供合适的社会保障成为亟待解决的问题。老年社会保障是国家和政府通过立法和行政措施以及各种社会力量的主动参与来保障老年人生活的社会性途径，是解决老龄化问题的一项基本的社会措施，也是国家和政府的基本职责之一，其重要性与社会发展、社会进步相联系，在社会保障体系中占有十分重要的地位。

一、老年社会保障的概念和意义

（一）老年社会保障的概念

老年社会保障是社会保障体系中的一个重要项目，是对退出劳动领域或无劳动能力的老年人实行的社会保险、社会福利和社会救助措施，包括经济、医疗以及生活照料等方面。老年社会保险是其中最基本、最重要的内容。

（二）老年社会保障的对象

老年社会保障的对象是社会上的老年公民。对于老年人通常有两个指标作为评判依据：生理功能的衰退（生理衰老）；社会功能的下降。在社会保障中，退休年龄一般以日历年龄为标准，以达到国家法定的退休年龄作为老年人的标准。随着人口老龄化的不断发展变化，弹性退休年龄逐渐开始在一些国家实施，我国的延迟退休也已逐渐展开。

（三）老年社会保障的重要性

1. 发展老年社会保障是社会发展、社会全面进步的必然要求　老年社会保障是通过社会化的方式对老人提供的养老制度保障。随着社会的发展，传统的家庭养老功能不断趋于弱化，社会财富的积聚与分配只有国家才能做到。

2. 老年社会保障有利于社会的安定团结，协调代际关系，保证社会的健康、稳定发展。

3. 老年社会保障是社会保障的核心部分　衰老是每个人必经的人生阶段，老化导致的无劳动能力是一种确定性的和不可避免的风险，这一点与失业现象不同，失业者可以重新回到工作岗位，而老年则意味着永久性"失业"。因此老年社会保障应对的是普遍的、确定的风险，是每个人都需要的。

二、老年社会保障的模式

欧美资本主义国家较早建立了老年社会保障制度，但由于政治制度不同、经济发展水平不等、历史传统差异，所建立起来的养老保障模式不尽相同，据目前社会养老金的筹集管理和发放方式，大致可以分为四种老年保障模式：投保资助型、福利国家型、国家保险型和强制储蓄型等。

（一）投保资助型老年保障模式

这是世界上大多数国家实行的养老保险方式。投保资助型养老保险制度是由社会共同负担、社会共享的保险方式。它规定：每一个工薪劳动者和未在职的普通公民都属于社会保险的参加者或受保对象；在职的企业雇员必须按工资的一定比例定期交纳社会保险费，不在职的社会成员也必须向社会保险机构交纳一定的养老保险费，作为参加养老保险所履行的义务，这样才有资格享受社会保险；同时企业或雇主也必须按企业工资总额的一定比例定期交纳保险费。这些规定都是强制性的、依法执行的。

投保资助型养老保险具有以下特点：

第一，国家颁布养老保险法，作为实施此项保险的法律依据。

第二，保险基金来源多元化，即企业、个人依法定期按比例缴纳养老保险费，形成保险基金，国家财政给予资助，有效地增强了基金的支撑力度，以确保被保险人享有保险待遇和养老保险长期正常的运转。

第三，实行多层次养老金制度。社会退休金的层次分普遍养老金、雇员退休金和企业补充退休金，其中雇员退休金起主导作用。

第四，设立专门机构对养老保险进行统一管理，包括建立相应的组织机构，负责制定实施各项具体政策及确保保险基金的增值、保值工作，并进行监督检查。

第五，投保资助型养老保险具有自保与互保双重性，既带有自保性质，又不完全是自保性质。当劳动者自己供款不能保证自己生活时，还需依靠国家补足，政府要承担兜底的任务。

综合上述情况可见，投保资助型养老保险具有很多优点，但是，这种保险方式对资金管理难度较大，科学性也很强，同时它的管理成本比较高。全面衡量起来，这种养老保险方式具有社会覆盖面广、资金来源丰富和多层次等优点，还是比较科学的。该模式在全球范围内多数国家实施，如中国、美国等。

（二）福利国家型老年保障模式

福利国家型养老保险起源于1945年英国贝弗里奇的"报告"，后为瑞典及北欧一些国家仿效。采用此类型的国家的前提条件，必须是劳动生产率水平高于国际平均水平，在个人国民收入、国民素质和物质生活等方面享有较高的水平，并借助财政、税收、金融等经济杠杆的调节作用，以强大的社会福利刺激需求，推动经济发展。

福利国家型养老保险具有以下特点：

1）强调养老保险待遇的普遍性和人道主义。如瑞典强调只要年满65岁，不论其经济地位还是职业状况如何，都可以获得同一金额的基本养老金。如退休前收入较低或工龄较短而影响附加年金数额的，政府则给予补贴，其年金与贡献的关联度比较弱。

2）基金来源于一般税收，基本上由国家和企业负担，个人不缴纳保险费或缴纳低标准的养老保险费。如英国规定每个有工作的人，不论是雇员还是私营者，每周均需向国民基金会缴纳保险金。

3）这一模式养老保险待遇平等的程度较高，标准亦较高，将社会保障作为对国民收入再分配的有力工具。

4）养老保险作为社会保险的一项主要内容，在社会立法的基础上依法管理、依法监督执行，因而养老保险管理具有法治化、制度化和社会化的特点。这"三化"是其重要的特征。

福利国家型养老保险强调了社会保障的普遍性和福利性，但高福利需要由高税收来支撑，财政才能成为强大的后盾，这将给这些国家的财政和社会经济带来日益沉重的负担。另外，养老保险发放标准是统一的，与工作年限和个人所缴纳保险费无关，严重地影响了劳动者的积极性，随着人口老龄化发展，将会加剧经济的矛盾，前景不容乐观。

（三）国家保险型老年保障模式

国家保险型老年保障模式又称国家统包型社会保障制度，是以公有制为基础的国家实施的一种养老保险制度。国家保险型养老保险以"国家统包"为核心，由政府对福利进行直接分配，社会保障事务由国家统一办理，社会保障费由国家和企业负担，职工个人不必缴纳社会保障费用。它首创于苏联和东欧社会主义国家。新西兰、澳大利亚等资本主义国家也属此种类型。改革前的中国的养老保险也不例外。国家保险型养老保险所建立的理论根据既有马克思的国民收入再分配理论，又有列宁的"工人最好的保险是国家保险"和"一切保险费都由企业主和国家负担"等论断，形成了全民保险和国家承担全部风险的局面。其特征如下：

1）通过国家宪法将社会保障确定为国家制度，公民所享有的保障权利是由生产资料公有制保证的，并通过社会经济政策的实施取得。

2）养老保险费全部由企业和财政负担，资金来源渠道单一，劳动者个人不缴纳养老保险费，但失去劳动能力后一概享有国家法定的保险待遇。

3）养老保险事业统一由国家指定的机构负责办理，工会组织参与决策和管理，劳动者通过人民代表机构对养老保险管理施加影响。

4）退休金给付单一，退休者一律享受全国统一规定的退休金。养老金的给付与工资水平挂钩。

这一养老保险的宗旨是最充分地满足无劳动能力者的需要、保护劳动者的健康并维持其工作能力。在处理公平与效率的关系时，与福利国家型养老保险有相同之处，但这种养老保险过分强调公平，使国家财政负担过重，企业负担也过重，使得企业竞争力下降，劳动力缺乏合理流动，职工个人也缺乏自我保障意识。

（四）强制储蓄型老年保障模式

强制储蓄型养老保险是以东南亚发展中国家为主体所实行的一种养老保险制度，被称为"中央公积金制"，首创于20世纪50年代。强制储蓄型老年保障模式以强制储蓄为核心，政府强制雇主、雇员为雇员储蓄社会保障费用，以满足雇员个人各种社会保障项目的支付需要。

强制储蓄型老年保障模式又细分为新加坡模式和智利模式。新加坡模式是一种公积金模式。该模式的主要特点是强调自我保障，建立个人公积金账户，由劳动者于在职期间与其雇主共同缴纳养老保险费，劳动者在退休后完全从个人账户领取养老金，国家不再以任何形式支付养老金。个人账户的基金在劳动者退休后可以一次性连本带息领取，也可以分期分批领取。此外，在新加坡，劳动者退休前也可以在规定范围内将公积金用于购买住房、支付医疗、教育费用等。国家对个人账户的基金通过中央公积金局统一进行管理和运营投资。除新加坡外，东南亚、非洲等一些发展中国家也采取了该模式。智利模式作为另一种强制储蓄类型，同样强调自我保障，并且采取了个人账户的模式，但与新加坡模式不同的是，个人账户的管理完全实行私有化，即将个人账户交由自负盈亏的私营养老保险公司管理，规定了最大化回报率，同时实行养老金最低保险制度。该模式于20世纪80年代在智利推出后，也被拉美一些国家所效仿。

强制储蓄型养老保险的特征如下：

1）雇主、雇员共同缴费或只有雇员缴费。根据国家立法，由雇主和雇员双方按规定及工资的一定比例缴纳保险费，政府不提供资助，所缴资金存入雇员账户。

2）权利与义务高度对称。由雇主与雇员按一定比例共同缴纳资金完全用于雇员养老、医疗、住房等开支，支取与之前所缴金额多少有关。

3）政府提供的财政转移支付较少。除非由政府和私人管理的保险基金公司出现亏损，政府才支付最低额度的投资收益担保。

4）公积金养老保险制度的功能开始比较单一，随着公积金积累的增多而逐步扩大其功能，包括购房、医疗、子女升学等方面的工作。

5）保障水平基本上取决于社会保险基金的实际投资收益率。

6）社会保险基金运营有公营和私营两种模式。

强制储蓄型养老保险的最大特点之一，即被西方学者称为"自己养自己老"的模式。它的优势包括：实现了无须国家财政拨款；积累了充足的老年社会保险基金；实现了较大范围的社会化养老保险；资金充足，管理水平高，有吸引力；将养老保险的公积金与解决居民住宅问题结合起来；养老保险金额与个人劳动贡献或劳动报酬紧密相连，这更有利于调动人的积极性。这一模式类似商业保险的人寿保险，但是带有强制性。这种养老保险模式也存在一些问题，如忽视公平，难以体现社会保险的保障功能等。

三、老年社会保障体系的内容

老年社会保障所包含的内容通常和现代工业社会的诸多特点相关。人口的迅速增长和老龄化、劳动市场的形成、家庭结构的变化、医疗卫生设施的普及、城市化的发展和教育的普及等影响着老年人生活的方方面面，从而也推动了老年社会保障内容的拓展。但从根本上说，老年社会保障的内容是与老年人的特殊需求相对应的，一般包括以下内容。

（一）老年人收入保障

在理想的情况下，老年人晚年生活收入的来源主要应该有这样几个渠道：有酬工作、老龄养老金、与退休前工资有关的津贴等。然而，现实的情况是这些收入来源并不一定都能够实现。收入来源的局限使得相当一部分老年人没有购买所需物品和服务的经济能力，特别是随着生活自理能力的不断下降，老年人对医疗护理等专业照护需求的增加进一步加剧了经济困难的风险，直接影响其生活质量。因此，如何避免老年人的收入来源不足是老年社会保障的一个重要目标，在这方面政府承担的主要责任就是向老年人提供必要的、以现金形式支付的、用于保障老年人基本生活支出的供给，这种保障通常被称为"老年人津贴"或"养老金"。在全球范围内，老年人津贴和养老金的发放标准是以年龄界定的，每个国家的具体规定可能有所不同。

（二）老年人医疗保健保障

老年人医疗保健的问题是影响晚年生活质量的一个十分重要的问题，生理方面的变化往往导致老年人更容易患上各种慢性疾病，如高血压、糖尿病、脑卒中、白内障等。因此，对于带病生存的老年人，应强调通过医疗护理等保健手段，使其能够调整自己以适应在某些症状长期存在的情况下生活，这也是人们通常提到的"长期保健护理"。老年人医疗保健通常的做法如下。

第一，国家拨款资助教育和研究机构开展老年医学的基础和实用研究与教育。

第二，通过全面医疗保健计划和老年医疗保险计划帮助老年人支付所需医疗保健服务的费用，使他们避免因病致贫。

第三，合理配置和调整医疗保健保障设施，特别是基本保健和长期保健服务设施，尽可能方便老年人使用保健设施和服务。

第四，对于缺医少药的地区，福利政策的重点是发展公共医疗保健机构，以优惠的报酬鼓励医务人员到这类机构工作等。

（三）老年人社会福利服务

老年人除了收入保障、医疗保健保障方面的需求外，还有许多其他需求，包括生活照料、生活不能自理时的护理以及社会交往等方面的需求。社会福利服务主要是来满足老年人这方面需求的，它主要可以分为两种类型的服务内容：一种是院舍服务；另一种是社区照顾。

院舍服务是一种以入住方式提供给老年人的综合服务，通常分为三个层次：一是老年公寓，主要面对生活能自理的老年人，公寓主要提供一些辅助性服务，日常生活由老年人自行料理；二是老年福利院，主要面对能够自理或半自理的老年人，福利院提供完整的照顾服务；三是老年人护理院，主要面对生活不能自理或半自理的老年人，护理院提供完全的生活照顾和护理。在实际工作中，这三个层次并不十分清晰，大多数福利院都是综合的。

随着老年人口的迅速增长和社会福利需求的不断增加，单靠各种福利机构的福利供给难以满足老年人的福利需求，于是社区照顾服务应运而生。它是指一种在社区范围内提供的非机构形式的服务，在社区中由社区各类人士合作去为有需要的人士提供照顾，以求在社区环境中提高居民生活质量的综合服务体系。目前许多发达国家在福利服务组织过程中都呈现出社区照顾的趋势，以社区为依托，开展的服务有家政助理服务、老年人日间护理以及老年人活动中心等。

（四）老年人发展性保障

帮助老年人提高知识水平、增强他们的社会参与能力也日益成为老年社会保障所要考虑的一个重要问题。1973 年，法国创办了世界上第一所第三年龄大学，其目的是对常设的教育科目以外的老年学进行研究和健康教育。随着人口老龄化的发展、社会的进步，欧洲、大洋洲、南美洲、北美洲和亚洲的一些国家都开办了第三年龄大学，我国也已于 1983 年开办了第一所老年人大学，满足了老年人接受继续教育的需求。

此外，老年人住房福利也经常被许多国家纳入老年人社会福利项目。它主要指国家为老年人买房提供各种优惠以及制定关于老年人住房的特定标准等内容。

最后，通过社会优待为老年人提供福利也是许多国家和地区通行的做法。例如，《中华人民共和国老年人权益保障法（2009 修正）》中就有规定："地方各级人民政府根据当地条件，可以在参观、游览、乘坐公共交通工具等方面，对老年人给予优待和照顾。"

四、老年社会保障体系的构成

根据老年社会保障的内容，老年社会保障体系主要由社会救助，养老保险，医疗、护理保险和社会福利构成。

（一）社会救助

社会救助是老年人社会保障体系中最低层次的保障机制，它的作用和地位决定了老年人社会救助的保障水平在整个老年社会保障中是最低的，即保障老年人最基本的生活需求。

基于不同国情，各国老年社会救助内容也不尽相同。德国针对老年人的社会救助除了生活费用救助外还提供适当的社会保险和丧葬费。我国则主要针对"三无"老人（即没有法定扶养义务人或者虽有法定扶养义务人，但是扶养义务人无扶养能力的；无劳动能力的；无生活来源的）提供"五保"供养，即保吃、保穿、保医、保住、保葬（孤儿为保教）。社会救助在整个社会保障体系中的保障水平是最低的，只能维持受助者的基本生活。但是要注意一点，社会救助不是不平等的施舍，随着社会的不断发展，社会救助的根本理念发生巨大转变，从怜悯的理念向尊重公民基本生存权利的理念转变，有尊严的、平等的社会救助理念是现代文明发展的必然结果。目前，很多国家正在逐步建立"普惠发展型"老年社会救助体系。

（二）养老保险

养老保险一般分为基本养老保险、补充养老保险和个人养老保险三种。其中，基本养老保险被公认为是一种社会保险制度，个人养老保险显然是一种商业保险，补充养老保险则介于这两者之间。

老年社会保障体系中的养老保险主要是指基本养老保险，这种由政府主导实施的养老保险在保障老年人收入中发挥着不可替代的作用。在整个老年社会保障体系中它产生较早，也是实现医疗保险和护理保险以及社会福利的经济基础。在世界范围内，各国也是主要依靠基本养老保险来达到老年人收入保障的目的的，它是在老年社会保障体系中发挥着核心作用的一种机制。老年社会保障的基础是老年人经济上的保障，其主体部分就是养老保险，因此养老保险是现代社会解决老年人经济需求的一个重要措施与渠道。只有无法通过基本养老保险来实现上述目的的老年人，才需要社会救助来帮助和维持基本生活。虽然基本养老保险的保障水平一般高于社会救助水平，但也局限于基本生活水平，尤其是物质方面的基本生活水准。

（三）医疗、护理保险

随着年龄的增加，老年人身体状况与年轻时相比呈现下降的趋势，医疗以及护理的需求持续增加，医疗、护理保险就显得十分重要。医疗保险可以分为基本医疗保险、补充医疗保险和个人医疗保险。基本医疗保险被公认为是一种社会保险制度，个人医疗保险显然是一种商业保险，补充医疗保险介于这两者之间。基本医疗保险是老年社会保障的一个重要组成部分，它产生比较早，仅次于社会救助。医疗保险具有社会保险的强制性、互济性、社会性等基本特征。因此，医疗保险制度通常由国家立法，强制实施，建立基金制度，费用由用人单位和个人共同缴纳，医疗保险金由医疗保险机构支付，以解决劳动者因患病或受伤害而遭受的医疗风险问题。

护理保险（nursing insurance）是指保险公司或者国家为因年老、疾病或伤残而需要照料的被保险人提供上门护理、社区护理、护理机构护理、医院护理等护理服务，或者直接赔给一定金额的护理服务保险金的保险形式。其作用是减轻家庭或者个人的经济负担。护理保险最早产生在 1974年的美国，后来，加拿大、德国、法国、澳大利亚、新加坡等国家也有了护理保险产品。护理保险，在全球各国的名称有所差异，有的国家也称为长期护理保险、老年护理健康保险或长期看护保险。我国的长期护理保险简称为长护险，2016 年开始在上海、广州、青岛、长春等 15 个城市进行试点工作，2019 年政府工作报告再次提出"扩大长期护理保险制度试点"，将试点城市扩大到了 49 个。我国长护险的主要方式是以社会保险为基础，将城镇和居民医保基金划拨出部分资金，辅以政府补助、个人缴费、福彩基金、捐助等方式，设立长护基金，为重症、失能、半失能等特殊人群提供医疗护理服务的保险支持。

（四）社会福利

社会福利是老年社会保障体系中重要的组成部分之一，其保障水平也是整个体系中最高的。随着社会经济的发展，老年人各种需求的产生及对需求本身质量要求的提高，社会福利在整个老年人社会保障体系中的地位日益提高，作用也越来越大。

老年人社会福利主要是为老年人提供各种福利性服务，同时关注老年人精神层面的需要。例如，目前世界各地都在举办的第三年龄大学，就是为了满足老年人接受继续教育的需要。另外，很多国家制定的老年人住房标准以及为老年人免费进行的适老住房的改造等都属于老年社会福利的范畴。它的内容也非常丰富。这也是它与养老保险和社会救助主要的不同之处，因为后两者主要是提供物质性帮助。

第三节　老年社会保障服务与管理

【问题与思考】

1. 请简述老年社会保障服务与管理的基本原则。

2. 养老保险金给付条件有哪些？

3. 我国老年社会保障服务与管理的健全与完善措施有哪些？

人口老龄化是一个全球性的现实问题，在发达国家最为显著，然而对于很多发展中国家而言，老龄化过程也已经开始，其发展进程甚至较发达国家更快。人口老龄化将导致社会保障和医疗保健支出相对增加，为确保社会保障体系的可持续发展，满足老龄化社会中所有人的需求，各国社会保障体系必须通过加强对健康、就业等的投入来增强对国民的保护作用。因此，对老年阶段的社会保障服务与管理需要更加弹性化，以适应不断变化的服务需求。

一、老年社会保障服务与管理的基本原则

（一）享受保障的权利与资格条件对应的原则

享受保障的权利与资格条件对应不是权利与义务的完全对等，而是权利和义务的结合。在世界各国，实施这一原则的具体形式有以下四种。

1. 享受老年社会保障权利和劳动义务对等的原则　享受老年社会保障权利的条件是劳动者达到一定的年龄退休。根据这一条件，确定老年社会保障的条件和待遇水平时，必须以劳动者退休前所做劳动贡献的时间和贡献的大小为依据。国家和政府对公民的劳动年龄上下限都有立法或制度的规定，退休年龄是指劳动年龄的上限。劳动者达到退休年龄后，国家依据退休制度，一方面安排他们退出原来的工作岗位，另一方面要保障他们获得社会的物质帮助和服务的权利。实行国家保险型老年保障模式的国家大都采用这种方式。

2. 享受保障权利与投保对等的原则　遵循这一原则的国家，一般要求享受老年社会保障的人也同时承担保险费用，即当人们达到退休年龄后，要获得老年社会保障的权利，必须以参加社会保险并且缴纳保险费（税）为条件。一般情况下，缴纳保险费用的时间越长，享受到的老年保障待遇越高；超过法定的投保年限，可以享受更高的待遇。在具体实施上，有的国家是以解除劳动为条件，有的国家则鼓励延长劳动时间和投保时间，并且在退休金上给以优惠。西方多数发达国家采用这种享受保障权利与投保期限或投保额对等的原则。

3. 享受养老保障待遇与工作贡献相联系的原则　很多国家的养老金与福利待遇和工资标准、职位高低、特殊贡献等有关。对于某些特殊行业或工种的劳动者在退休待遇上是优惠的，对那些为国家作出特殊贡献或有特殊功绩的人，退休时可以得到功勋养老金。例如法国规定从事危险职业的可提前退休，不减退休金。我国目前对历史贡献不同的老年退休者在退休待遇上的差别是比较明显的。最突出的是离休人员的养老金以及生活福利待遇要高于退休人员。此外，还有对有突出贡献的科学技术人员实行政府津贴制度；对特殊工种实行一定的退休优惠政策；等等。

4. 享受老年社会保障的权利与国籍和居住年限有关　这一原则主要是对应部分实行全民保险的国家，只要是本国居民或者在本国居住达到一定年限即可享受相关的保障，并不与投保年限和工作时间挂钩，这类国家主要是新西兰和澳大利亚等实行全民保险的国家。

（二）保障基本生活水平的原则

当老年人退出劳动生涯之后，老年社会保障制度为其提供的养老金是他们的主要生活来源。因此，为了保障老年人的生活，养老金必须能满足老年人的基本生活需求。养老保险是老年人终身享受的待遇，实际是按一定周期（通常按月）、一定标准连续不断领取的，在老年人的有生之年，其实际养老金的水平或社会购买力受到社会经济因素变动的影响，如受到通货膨胀和物价波动的影响，而同一标准的养老金待遇，在不同物价水平下，享有的消费资料和社会服务是不同的。为了保障老年人的基本生活，使之不受通货膨胀和物价波动的影响，所以应按通货膨胀和物价指数适时调整养老金及社会救济金的水平，养老金的上涨一般有两种方式。

1. 养老金随物价上涨自动提高　这种方式可以使养老金保持不贬值的状态，但是工作量较大，尤其是在物价波动频繁的时期会增加机关部门的工作量和工作难度。因此，如瑞士等国家的养老金虽然名义上为自动调整，实则是每两年调整一次养老金标准，只是在物价上涨超过 8% 时，才实行

随时调整。

2. 养老金随物价上涨不定期调整　这种方式既可以保障老年人的生活，也不会带来过大的工作量。

（三）分享社会经济发展成果的原则

老年人的社会保障水平必须随着在职职工工资水平以及其他社会成员收入和生活水平的提高而相应地提高。原因在于：老年人在社会的发展中作出了历史贡献；社会发展要体现公平原则。

二、老年社会保障服务与管理的实施

（一）养老保险金给付条件

老年保障待遇是退休老年人生活的主要经济来源，属于一种长期性的物质补偿。因此，其具体的实施方式也比较具体和复杂。综合世界多数国家的情况，可以从以下几个方面把握养老金的给付方式。

1. 给付条件　世界上绝大多数国家的养老保险金的给付条件是复合型的。

其一，以年龄和投保（缴费）年限作为受益条件。如德国，63 岁、投保 35 年或 65 岁、投保 15 年；法国，60 岁、投保 37.5 年。

其二，以年龄、工龄和投保年限为受益条件（必须同时满足三个条件）。如英国。

其三，以年龄和居住期限为受益对象。如丹麦。

2. 给付范围、项目及数额　各国依照本国的国民经济发展水平和社会需求来确定养老金的给付范围、项目及标准。具体的给付标准有一定的差异。在一些国家，养老金给付范围既包括被保险者本人，也包括无收入的配偶、未成年子女以及其他由被保险人抚养的直系亲属。给付项目除基本养老金之外，还有低收入补助、看护补助、超缴保险费期间增发额、超龄退休补贴、配偶及未成年子女补贴等。

（二）老年健康保障的基本方式

随着人口老龄化程度不断加剧，在各个国家和地区，除了传统的保障老年人的经济生活外，对于医疗健康以及照护的重视程度越来越高。老年人的健康问题对老年人自身和社会都具有重要的影响。如果人们对这一问题处理得不好，老年人的生活和社会的正常发展就不能得到很好的保证。一些发达国家和地区由于老龄化应对得比较早，在老年健康保障方面，通过不断健全和完善医疗保障制度，已具备比较完备的措施，有一定的借鉴意义。

1. 由国家和政府建立起全民性的医疗保险制度　这是发达国家的医疗保障事业的一大特点。英、法、瑞典等国都较早建立起了全民医疗保险制度；日本在经济快速发展的基础上，建立起了中央政府、地方政府直至乡村一级的医疗保险制度；美国则于 20 世纪三四十年代推行《社会保障法案》，于 60 年代健全了"老年、遗属、伤残与健康保险"，由国家强制性规定一切劳动者必须参加医疗保险。这样，在人口年龄结构进入老年型以后，医疗保险的体制已经形成，发挥了其应对人口老龄化、解决人口老龄化问题的重要作用。

2. 建立和发展老年医疗保健社会服务体系　针对老年人身体处于衰老过程，老年人患慢性病较多、康复难度大和康复期长等特点，很多发达国家在建立基本医疗保险的同时，也在大力发展老年保健、康复和长期护理事业。这对解决老年人实际问题和节省国家医疗费开支都是有效的。对于能够接受居家照顾的老人，各个国家都秉承着使老年人能够更长时间生活在自己熟悉的社区这一国际通行的理念，实施居家养老。在这一体系中，医疗保健服务主要在社区中完成，例如"预防性健康照护"是英国居家养老服务的重要组成部分，主要由家庭医生扮演老年人社区生活的第一接触者角色，实施基本的健康照护。

3. 建立起实用和可操作化的老年人医疗保障服务系统　针对高龄老年人口快速增加和老年人患病的特点，欧美和日本等发达国家从基础建设着手，培养政府和社区的社会工作者，发展老年医疗保健专业，系统地培养老年医学的治疗和护理人员。在工作方式上，由政府支持在社区建立起固定的医疗保健网络。例如，定期巡访制度、定期体检和疾病预防以及老年家庭病床等；关照和帮助老年人实现健康和康复目标，组织老年人建立起科学、积极、有益于身心健康的生活方式等。这样一些具体的措施是一种积极的健康保健对策，而不是传统的、等待治病式的简单做法，对整个社会上老年人的健康保障更有实际效果。

（三）老年社会福利的主要方式

1. 老年社会福利　包括了公民可以享受到的现代文明生活的全部待遇，从老年人物质、健康、伤残的各项社会保险，发展到全社会老年人享有现代生活方式所需要的食物营养、居住条件、健康水平、继续教育等。这种制度化的社会福利日益成为老年人生活不可缺少的重要组成部分。

2. 老年社会福利主要包括两大部分　即现金资助和福利服务。实行现金资助的国家属于少数，多数国家实行有关日常生活和医疗方面的福利服务，主要包括以下几个方面。

（1）生活服务：如美国、德国、瑞典、英国等国的生活商谈、咨询指导、信息提供、饮食配送等。在瑞典，老年人看戏、看电影、参观博物馆、乘坐公交车等均可享受半价优待。

（2）住宅服务：如美国的慰问家访，德国、日本的家务在宅代行，英国的家庭服务等。瑞典的居家老人还可以从国家获得贷款和住房补贴，用以改善自己的居住条件。

（3）设施服务：如美国的收容设施，法国、英国、瑞典的老人公寓，法国的高龄者住宅和中长期滞留中心，英国的食堂、美容理发室、谈话室等，日本的老人之家、老人福利中心、老年福利院、临终关怀医院等以及瑞典的特别护理养老院。由于老年人平均寿命的延长，老年人的医疗和护理服务需求迅速增加，如今，护理服务已成为衡量老年人福利水准的一个重要标志。

三、我国老年社会保障服务与管理

（一）城市老年社会保障

1. 社会救助　20 世纪 90 年代中期以前，我国的社会救助制度主要在农村实施，城镇中的救助对象则是"无依无靠、无生活来源、无法定扶养人的孤寡老人、孤儿及部分特殊对象，凡有单位的城市居民及其家庭均不在政府救助的范围"。改革开放后，国有企业改革，市场经济体制得以确立，城镇出现了新的贫困人群，其中包括下岗失业人员和部分丧失收入的退休人员，原有的救助制度难以适应社会发展的需要，在此背景下，20 世纪 90 年代中期以后，针对这类弱势群体的城市居民最低生活保障制度得以发展。1997 年国务院发布《国务院关于在全国建立城市居民最低生活保障制度的通知》（国发〔1997〕29 号），在全国范围内推行城市居民最低生活保障制度。1999 年国务院再次颁发《城市居民最低生活保障条例》（国务院令第 271 号），规定"对无生活来源、无劳动能力又无法定赡养人、扶养人或者抚养人的城市居民，批准其按照当地城市居民最低生活保障标准全额享受"。此外，国家政策还规定对城乡低保家庭成员、五保户和其他经济困难家庭人员，资助其参加城镇居民基本医疗保险或新型农村合作医疗并对其难以负担的基本医疗自付费用给予补助。

2. 养老保险　我国的养老保险由四个层次（或部分）组成。第一层次是基本养老保险，第二层次是企业补充养老保险，第三层次是个人储蓄型养老保险，第四层次是商业养老保险。在这种多层次养老保险体系中，基本养老保险可称为第一层次，也是最高层次。

（1）基本养老保险：我国城镇人口的养老保险主要分两种，一种是针对城镇职工的城镇职工养老保险，由企业和职工共同缴纳。领取条件：本人达到法定退休年龄并办理了退休手续；所在单位和个人依法参加基本养老保险并履行缴费义务；个人累计缴费时间满 15 年。另一种则为城乡居民养老保险，是 2014 年建立的，由之前的"新农保"和"城居保"两项制度合并而来。它跟职工养老保险不同，其参保范围是年满 16 周岁（不含在校学生），非国家机关和事业单位工作人员及不属于职工基本养老保险制度覆盖范围的城乡居民。对城镇重度残疾人等缴费困难群体，地方人民政府为其代缴部分或全部最低标准的养老保险费。

（2）企业补充养老保险：由国家宏观调控、企业内部决策执行的企业补充养老保险，又称企业年金，它是指由企业根据自身经济承受能力，在参加基本养老保险的基础上，为提高职工的养老保险待遇水平而自愿为本企业职工所建立的一种辅助性的养老保险。企业补充养老保险是一种企业行为，效益好的企业可以多投保，效益差的、亏损企业可以不投保。实行企业年金，可以使因年老退出劳动岗位的职工在领取基本养老金的水平上再提高一步，有利于稳定职工队伍，促进企业发展。

（3）个人储蓄型养老保险：职工个人储蓄性养老保险是我国多层次养老保险体系的一个组成部分，是由职工自愿参加、自愿选择经办机构的一种补充保险形式。实行职工个人储蓄性养老保险的目的，在于扩大养老保险经费来源，多渠道筹集养老保险基金，减轻国家和企业的负担；有利于消除长期形成的保险费用完全由国家"包下来"的观念，增强职工的自我保障意识和参与社会保险的主动性；同时也能够促进对社会保险工作进行广泛的群众监督。

（4）商业养老保险：商业养老保险是以获得养老金为主要目的的长期人身险，它是年金保险的一种特殊形式，又称为退休金养老保险，是社会养老保险的补充。商业养老保险的被保险人，在缴纳了一定的保险费以后，就可以从一定的年龄开始领取养老金。这样，尽管被保险人在退休之后收入下降，但由于有养老金的帮助，仍然能保持退休前的生活水平。商业养老保险，如无特殊条款规定，则投保人缴纳保险费的时间间隔相等、保险费的金额相等、整个缴费期间内的利率不变且计息频率与付款频率相等。

3. 老年福利

（1）老年教育：国务院办公厅 2016 年发布的《国务院办公厅关于印发老年教育发展规划（2016—2020 年）的通知》（国办发〔2016〕74 号）规定，积极推动老年教育事业发展，优先发展城乡社区老年教育，促进各级各类学校开展老年教育。在社区老年人日间照料中心、托老所等各类社区居家养老场所内，开展形式多样的老年教育。

（2）医疗保健服务：目前部分有条件的地区，由所在单位和社区为老年人免费进行健康体检；在三甲以上医院，为老年人就医开辟绿色通道；建立家庭医生签约服务。国务院医改办等 7 部门制定的《关于推进家庭医生签约服务的指导意见》（国医改办发〔2016〕1 号），要求 2016 年在 200 个公办医院综合改革试点城市开展家庭医生签约服务，优先覆盖老年人、孕产妇、儿童、残疾人等人群，以及高血压、糖尿病、结核病等慢性疾病和严重精神障碍患者等。

（3）文化娱乐、生活照护服务：目前大部分城市社区建立了社区文化活动中心以及日间照料中心，为城市老年人提供文化娱乐活动；有的社区还为有需要的老年人提供家政以及送餐服务；随着网络的普及和智慧化养老的应用，很多省份也通过互联网，为老年人及时提供服务对接。

（4）其他福利性优惠：目前在我国大部分城市，65 岁以上的老年人都能免费乘车以及进入公园；全国大部分地市还对高龄老年人发放高龄津贴。

（二）农村老年社会保障

1. 农村老年社会救济 我国农村老年社会救济的"五保"制度始建于 1956 年合作化时期，在过去 50 多年的历史时期内，这一制度对于保证我国农村社会的稳定，提供社会化的养老功能，发挥了积极有效的作用。农村"五保"制度有两种方式：一种是对老年人分散供养，即由村级基层组织负责给予居家照顾；另一种是集中在敬老院供养，住进敬老院的老年人的经济来源问题由乡镇等地方财政给予解决。

2. 农村养老保险 农村养老保险有多种形式。

（1）一般的农村社会养老保险：采取政府组织引导和农民自愿相结合的办法，建立互助为主、互济为辅、储备积累的机制。建立农村社会养老保险事业管理机构，为农民设立养老保险个人账户；

保险费以个人缴纳为主，集体给予适当的补贴，个人缴费和集体补贴全部记在个人名下；以县级为基本核算平衡单位，逐步分级负责保险基金的运营和保值增值；参加保险者达到规定的领取年龄时，根据其个人账户基金的积累总数确定领取标准，由社会保险机构定期计发养老金。

（2）农村计划生育养老保险：计划生育养老保险是由计划生育部门组织，一般采取向保险公司投保或通过银行开办保险业务等方式，其保险对象是实行了计划生育的家庭。

（3）政府主办的计划生育养老保障：2004 年，国家人口和计划生育委员会、财政部发布了《关于开展对农村部分计划生育家庭实行奖励扶助制度试点工作的意见》（国办发〔2004〕21 号），规定对实行计划生育户农村居民，在年满 60 周岁时每人每年发放不低于 600 元的养老扶助津贴。

（4）农村集体退休金制度：近些年，在我国农村集体经济发达的地区，也仿照城镇企业单位的退休制度，给具备条件的老年人发放退休金。

这些不同形式的社会化养老方式，对于我国农村社会经济的发展和老年人的晚年生活保障都起到了重要作用。

3. 农村老年福利

（1）医疗保健：在护理补贴方面，我国 17 个省（区、市）出台了相关补贴政策。以山东省为例，政策规定具有山东省户籍的，享受城乡低保或散居城市"三无"、农村"五保"待遇的，生活长期不能自理、能力等级为 2～3 级评定标准的老年人，每人每月不低于 60 元；在有条件的地区，实施家庭医生签约制度；在有条件的农村养老院开展医养结合服务。

（2）文化娱乐：目前在部分条件较好的农村建设社区文化活动中心，满足老年人的文化活动需求，有的地区还开展文化下乡活动，定期为农村输送电影、戏曲等文化产品。

（3）其他福利性优惠：部分地区为老年人发放高龄津贴；实施新农保，解决大病问题。

四、我国老年社会保障服务与管理的健全与完善

积极应对人口老龄化是我国的国家战略，加快完善养老保障体系是应对人口快速老龄化挑战的迫切需要。《中华人民共和国国民经济和社会发展第十四个五年规划和 2035 年远景目标纲要》中对发展养老保障事业作出了相应的部署，2021 年 11 月，《中共中央 国务院关于加强新时代老龄工作的意见》的发布，为促进我国老年人养老服务、健康服务、社会保障、社会参与、权益保障等统筹发展提供了基本依据。

（一）明确我国老年社会保障服务与管理的发展目标

1. 为老年人提供充足的基本经济支持，满足其经济需求　这是老年社会保障服务与管理的基本目标。消除老年人对经济的顾虑能够降低其对晚年生活质量的焦虑，使老年人更加充分地参与到社会经济、文化、精神和公益事业，更好地适应社会，满足老年人对高质量、多样性养老待遇和服务的需求，助力老年社会保障的可持续发展。

2. 为老年人提供健康照护服务，实施健康老龄化　我国老龄化形势严峻且进展迅速，伴随着老龄化而来的是高失能率和慢性病负担增加，导致老年人对专业化的健康照护需求不断增加。加强社会保障服务与管理，应该通过相应的制度安排和资金投入，加强健康教育和慢性病防治，增强基本医疗服务的可及性，确保老年人在患病后能获得及时、优质的医疗保障与医疗服务。

3. 为老年人提供友好的宜居环境，满足其美好生活的愿望　现阶段我国不管是在既有住宅的适老化改造、适老住宅的建设方面，还是在适老交通、老年社区、老年文化中心的建设方面，都还不完善，供需矛盾较为突出，需要引起高度重视。未来在无障碍环境、娱乐设施、交通设施的建设方面，应更加重视和支持老年人在公共空间中的各种活动。在公园、超市、社区商场等人员密集的地方配置老年服务设施，做到就近就便、综合利用、合理布局，使老年服务触手可及。

4. 为老年人提供精准有效的服务，弥合城乡差距　做好养老保障的统筹规划，根据不同老年

人群体特征、地区老龄化差异、养老文化差异等要素分地区、分类别、分层次发展养老服务，确保养老服务政策的精准有效。多部门协同，将民政、卫生健康、住建、医保等多部门联合，有效实施养老保障的规划，保证老年社会保障服务与管理有序开展。

（二）完善我国老年社会保障服务与管理的建议

1. 树立积极老龄化、有为老龄化的发展理念　我国步入老龄化社会已20余年，但目前社会普遍存在养老焦虑，因此，我国需要树立积极老龄化、有为老龄化的发展理念，并将这种理念融入经济社会发展政策之中。树立积极老龄化、有为老龄化理念，须从"宏观国家层面、中观社会层面、微观个体层面"分层推进，形成合力，使老年人树立独立自强观、主动参与观、积极养老观、主动健康观。

2. 加强政府主导，加大对老年保障的财政投入　在加强老年服务政策建设、老年服务与管理的市场和社会监管方面，政府需履行兜底责任。在财政投入方面，国家一方面加强对"三无"、贫困、失独等特殊老人提供兜底性、福利性的养老服务，另一方面也要充分运用市场和社会资源，协同政府、市场、家庭、个人等多主体参与，尽量扩大保障覆盖面，满足不同人群多样化、差异化的养老服务需求。

3. 推进医养护康资源与机制的整合，完善医养结合模式　推进医养结合是优化老年健康和养老服务供给的重要举措，是积极应对人口老龄化的重要途径。老年人对失能照护、慢性病管理、康复促进等服务需求迫切，但医养结合服务还面临资源总量不足、居家和社区服务能力不强、专业人才队伍建设滞后等短板，需要进一步完善。鼓励有条件的医疗机构上门为居家老年人提供家庭病床、上门巡诊等医疗服务，支持社区卫生服务中心、乡镇卫生院以及社区养老机构在社区改扩建一批社区（乡镇）医养结合服务设施，让老年人不出社区也能享受到服务。

4. 关注农村老年人，推进农村养老服务管理的完善　目前恰逢我国实施乡村振兴和积极应对人口老龄化的双重战略，这是破解农村养老难题的良好机遇。政府可以给予农村社区养老服务倾斜性的政策、制度和财政支持，引导支持各类主体积极参与农村社区养老服务供给。进一步推进农村养老机构的设施建设，完善农村养老机构的医疗设施、消防设施、安全设施、生活设施、服务设施。同时，加强农村养老服务管理、服务人才队伍建设，壮大农村老年社会工作者和志愿者队伍，为农村留守、空巢、失能老人提供公益性、专业化的养老服务。

思考题与实践应用

1. 请简述我国社会保障的定义。

【参考答案】

我国对"社会保障"的定义是：指国家为了保持经济发展和社会稳定，对公民在年老、疾病、伤残、失业、生育及遭受灾害面临生活困难时，由政府和社会依法给予物质帮助，以保障公民基本生活需要的制度。其目的是通过国家或社会出面来保障社会成员的基本生活权益并不断改善，提高社会成员的生活质量，促进并实现社会的稳定发展。

2. 请简述老年社会保障的重要性。

【参考答案】

（1）发展老年社会保障是社会发展、社会全面进步的必然要求。
（2）老年社会保障有利于社会的安定团结，协调代际关系，保证社会的健康、稳定发展。
（3）老年社会保障是社会保障的核心部分。

3. 为完善我国老年社会保障服务与管理，您有哪些建议？

【参考答案】

（1）树立积极老龄化、有为老龄化的发展理念。

（2）加强政府主导，加大对老年保障的财政投入。

（3）推进医养护康资源与机制的整合，完善医养结合模式。

（4）关注农村老年人，推进农村养老服务管理的完善。

参 考 文 献

费士勇. 2022. 以人为本的数字化社会保障管理和服务[J]. 中国社会保障, (9): 34-35.

姜小静. 2018. 人口老龄化趋势下我国老年社会保障制度研究[D]. 太原: 山西财经大学.

李莉. 2018. 老年服务与管理概论[M]. 北京: 机械工业出版社.

李湘杉. 2019. 中国特色社会保障制度研究[D]. 北京: 中共中央党校.

张莎莎, 苏果云. 2022. 关于我国社会保障体系中养老保险制度发展的探析[J]. 经济研究导刊, (14): 61-64.

张轶妹, 周明. 2021. 中国共产党百年社会保障管理体制探索、演进与创新[J]. 西北大学学报（哲学社会科学版）, 51(4): 95-102.

第十一章　老年服务的相关政策与法规

【学习目标】

1. 掌握：老年服务的相关政策与法规，尤其是《国家积极应对人口老龄化中长期规划》《"十四五"民政事业发展规划》《"十四五"国家老龄事业发展和养老服务体系规划》《中华人民共和国老年人权益保障法》等政策法规的主要内容。

2. 熟悉：老年服务政策法规的构成要素，能够对老年服务相关政策法规进行分类。

3. 了解：我国养老服务业规划方面的政策法规，规范养老服务方面的政策法规，养老服务人才规划的政策法规。

第一节　养老服务业规划方面的政策法规

【问题与思考】

1. 请简述《国家积极应对人口老龄化中长期规划》的战略目标和工作任务。
2. 请简述我国"十四五"时期实施积极应对人口老龄化国家战略的思路和任务。
3. 请简述老年服务业的政策法规表现形式。

随着我国老龄化程度日益加深，政府、社会对于养老服务工作也越来越重视，加快促进养老服务业发展已置于国民经济和社会事业发展的高度。党的二十大报告从"增进民生福祉，提高人民生活品质"的角度阐述了养老事业和养老产业的发展方向。国家高度重视老龄化问题，站在战略高度提出发展养老产业是积极应对人口老龄化行之有效的战略，发展养老服务业是我国应对人口老龄化的必然和重要选择之一。养老服务业面临着前所未有的发展机遇，养老服务业发展需要法律制度保障，而法律制度的构建与完善，必将促进养老产业积极、均衡发展。同时必须坚持党和政府监督和引导养老服务业发展，设立法律制度引导，通过社会资本投入制度保障、有效运行制度保障等，依法促进养老服务业发展。

一、养老服务政策法规的分类

（一）法律法规体系

我国的法律位阶分为六个等级，从高到低依次为宪法、基本法律、普通法律、行政法规、地方性法规和行政规章。

1. 宪法　《中华人民共和国宪法》是中华人民共和国的根本大法，规定拥有最高法律效力。

2. 基本法律　基本法律，即由全国人民代表大会制定和修改，比较全面地规定和调整了国家及社会生活某一方面的基本社会关系的法律，包括关于刑事、民事、国家机构和其他方面的基本法律。

3. 普通法律　普通法律，是指由全国人民代表大会常务委员会制定和修改的法律，又称非基本法律。

《中华人民共和国立法法》第七条：全国人民代表大会和全国人民代表大会常务委员会行使国

家立法权。

全国人民代表大会制定和修改刑事、民事、国家机构的和其他的基本法律。

4. 行政法规　行政法规是国务院为领导和管理国家各项行政工作，根据宪法和法律，并且按照《行政法规制定程序条例》的规定而制定的政治、经济、教育、科技、文化、外事等各类法规的总称；是指国务院根据宪法和法律，按照法定程序制定的有关行使行政权力，履行行政职责的规范性文件的总称。

行政法规的制定主体是国务院，行政法规根据宪法和法律的授权制定、行政法规必须经过法定程序制定、行政法规具有法的效力。行政法规一般以条例、办法、实施细则、规定等形式组成。发布行政法规需要国务院总理签署国务院令。行政法规的效力仅次于宪法和法律，高于部门规章和地方性法规。

5. 地方性法规　地方性法规，是指法定的地方国家权力机关依照法定的权限，在不同宪法、法律和行政法规相抵触的前提下，制定和颁布的在本行政区域范围内实施的规范性文件。

6. 行政规章　行政规章是指国务院各部委以及各省、自治区、直辖市的人民政府和省、自治区的人民政府所在地的市以及设区市的人民政府根据宪法、法律和行政法规等制定和发布的规范性文件。国务院各部委制定的称为部门行政规章，其余的称为地方行政规章。《规章制定程序条例》第六条提出：规章的名称一般称"规定""办法"，但不得称"条例"。行政法规是最高国家行政机关国务院制定的有关国家行政管理方面的规范性文件，其地位和效力低于宪法和法律。

（二）政策文件

政策文件，指的是国家政权机关、政党组织和其他社会政治集团为了实现自己所代表的阶级、阶层的利益与意志，以权威形式标准化地规定在一定的历史时期内，应该达到的奋斗目标、遵循的行动原则、完成的明确任务、实行的工作方式、采取的一般步骤和具体措施的文件。

（三）行业规范标准

在全国某个行业范围内统一的标准。行业标准由国务院有关行政主管部门制定，并报国务院标准化行政主管部门备案。当同一内容的国家标准公布后，则该内容的行业标准即行废止。

行业标准由行业标准归口部门统一管理。行业标准的归口部门及其所管理的行业标准范围，由国务院有关行政主管部门提出申请报告，国务院标准化行政主管部门审查确定，并公布该行业的行业标准代号。

二、我国养老服务业规划的政策法规

（一）养老服务业规划的政策

1.《国家积极应对人口老龄化中长期规划》　2019 年 11 月，中共中央、国务院印发《国家积极应对人口老龄化中长期规划》。该规划近期至 2022 年，中期至 2035 年，远期展望至 2050 年，是到 21 世纪中叶我国积极应对人口老龄化的战略性、综合性、指导性文件。

该规划指出，人口老龄化是社会发展的重要趋势，是人类文明进步的体现，也是今后较长一段时期我国的基本国情。人口老龄化对经济运行全领域、社会建设各环节、社会文化多方面乃至国家综合实力和国际竞争力，都具有深远影响，挑战与机遇并存。

该规划强调，积极应对人口老龄化，是贯彻以人民为中心的发展思想的内在要求，是实现经济高质量发展的必要保障，是维护国家安全和社会和谐稳定的重要举措。要按照经济高质量发展的要求，坚持以供给侧结构性改革为主线，构建管长远的制度框架，制定见实效的重大政策，坚持积极应对、共建共享、量力适度、创新开放的基本原则，走出一条中国特色的应对人口老龄化道路。

该规划明确了积极应对人口老龄化的战略目标，即积极应对人口老龄化的制度基础持续巩固，财富储备日益充沛，人力资本不断提升，科技支撑更加有力，产品和服务丰富优质，社会环境宜居友好，经济社会发展始终与人口老龄化进程相适应，顺利建成社会主义现代化强国，实现中华民族伟大复兴的中国梦。到 2022 年，我国积极应对人口老龄化的制度框架初步建立；到 2035 年，积极应对人口老龄化的制度安排更加科学有效；到 21 世纪中叶，与社会主义现代化强国相适应的应对人口老龄化制度安排成熟完备。

该规划要求，坚持党对积极应对人口老龄化工作的领导，坚持党政主要负责人亲自抓、负总责，强化各级政府落实规划的主体责任，进一步完善组织协调机制。推进国际合作，推动与"一带一路"相关国家开展应对人口老龄化的政策对话和项目对接。选择有特点和代表性的区域进行应对人口老龄化工作综合创新试点。建立健全工作机制、实施监管和考核问责制度，强化对规划实施的监督，确保规划落实。

2. 《中华人民共和国国民经济和社会发展第十四个五年规划和 2035 年远景目标纲要》 2021 年 3 月，第十三届全国人大四次会议审查了国务院提出的《中华人民共和国国民经济和社会发展第十四个五年规划和 2035 年远景目标纲要（草案）》。《中华人民共和国国民经济和社会发展第十四个五年规划和 2035 年远景目标纲要》设立"实施积极应对人口老龄化国家战略"专章，部署完善养老服务体系。

推动养老事业和养老产业协同发展，健全基本养老服务体系，大力发展普惠型养老服务，支持家庭承担养老功能，构建居家社区机构相协调、医养康养相结合的养老服务体系。完善社区居家养老服务网络，推进公共设施适老化改造，推动专业机构服务向社区延伸，整合利用存量资源发展社区嵌入式养老。强化对失能、部分失能特困老年人的兜底保障，积极发展农村互助幸福院等互助性养老。深化公办养老机构改革，提升服务能力和水平，完善公建民营管理机制，支持培训疗养资源转型发展养老，加强对护理型民办养老机构的政策扶持，开展普惠养老城企联动专项行动。加强老年健康服务，深入推进医养康养结合。加大养老护理型人才培养力度，扩大养老机构护理型床位供给，养老机构护理型床位占比提高到 55%，更好满足高龄失能失智老年人护理服务需求。逐步提升老年人福利水平，完善经济困难高龄失能老年人补贴制度和特殊困难失能留守老年人探访关爱制度。健全养老服务综合监管制度。构建养老、孝老、敬老的社会环境，强化老年人权益保障。综合考虑人均预期寿命提高、人口老龄化趋势加快、受教育年限增加、劳动力结构变化等因素，按照小步调整、弹性实施、分类推进、统筹兼顾等原则，逐步延迟法定退休年龄，促进人力资源充分利用。发展银发经济，开发适老化技术和产品，培育智慧养老等新业态。

3.《"十四五"民政事业发展规划》 2021 年 5 月，民政部、国家发展和改革委员会印发《"十四五"民政事业发展规划》（民发〔2021〕51 号）。该规划提出要全要素构建养老服务体系，在实施积极应对人口老龄化国家战略中彰显新作为。适应人口老龄化社会需求，持续完善居家社区机构相协调、医养康养相结合的养老服务体系，健全失能老年人长期照护服务体系，强化信用为基础、质量为保障、放权与监管并重的服务管理体系，优化供给结构、提升服务质量，有效强化基本养老服务，满足多样化、多层次养老服务需求。

该规划明确要加强基本养老服务。"十四五"期间，民政部将从三个方面推进基本养老服务：

一是逐步建立养老服务分类发展、分类管理机制，形成基本养老服务与非基本养老服务互为补充、协同发展的新发展格局。

二是完善兜底性养老服务。健全城乡特困老年人供养服务制度，有集中供养意愿的特困人员全部落实集中供养。深入实施特困供养服务设施（敬老院）改造提升工程，每个县（市、区）至少建有 1 所以失能、部分失能特困人员专业照护为主的县级供养服务设施，基本形成县、乡、村三级农村养老服务兜底保障网络。

三是发展普惠性养老服务。深化普惠性养老服务改革试点，通过土地、规划、融资、财税、医养结合、人才等政策工具的综合应用，充分发挥市场在养老服务资源配置中的决定性作用，推动养老服务提质增效，为广大老年人提供价格适中、方便可及、质量可靠的养老服务。

该规划强调壮大养老服务产业。做强养老产业主体，发展银发经济，实施"养老服务+行业"行动，促进文化、旅游、餐饮、体育、家政、教育、养生、健康、金融等行业与养老服务融合发展，培育智慧养老等新业态，促进养老企业连锁化、集团化发展。大力培育养老服务行业组织，发挥行业协会的积极作用。

促进老年用品开发。加快完善老年用品标准，推动老年用品生产研发，支持新兴材料、人工智能、虚拟现实等新技术在养老服务领域的集成应用与推广。开发适老化技术和产品，重点发展适老康复辅助器具、智能穿戴设备、服务型机器人与无障碍科技产品。

培育老年消费市场。健全行业标准和市场规范，营造平等参与、公平竞争的市场环境；加大市场监管力度，营造安全、便利、诚信的消费环境。推动老年用品进家庭、社区、机构和园区，带动产品供给和产业发展。逐步推动社会力量成为发展养老服务业的主体，促进老年消费市场的繁荣与发展。

4.《中共中央 国务院关于加强新时代老龄工作的意见》 2021 年 11 月，《中共中央 国务院关于加强新时代老龄工作的意见》印发，聚焦新时代、聚焦老龄工作、聚焦老年人的"急难愁盼"问题，将满足老年人需求和解决人口老龄化问题相结合，部署推动老龄事业高质量发展，健全养老服务体系，完善老年人健康支撑体系，促进老年人社会参与，构建老年友好型社会，积极培育银发经济。

5.《"十四五"国家老龄事业发展和养老服务体系规划》 政府先后多次出台了中国老龄事业和老龄产业发展的计划和规划。2022 年 2 月，国务院印发《"十四五"国家老龄事业发展和养老服务体系规划》，围绕推动老龄事业和产业协同发展、推动养老服务体系高质量发展，明确了"十四五"时期的总体要求、主要目标和工作任务。

该规划提出了"十四五"时期的发展目标，即养老服务供给不断扩大，老年健康支撑体系更加健全，为老服务多业态创新融合发展，要素保障能力持续增强，社会环境更加适老宜居；并明确了养老服务床位总量、养老机构护理型床位占比等 9 个主要指标，推动全社会积极应对人口老龄化格局初步形成，老年人获得感、幸福感、安全感显著提升。

该规划部署了 9 个方面的具体工作任务，包括织牢社会保障和兜底性养老服务网、扩大普惠型养老服务覆盖面、强化居家社区养老服务能力、完善老年健康支撑体系、大力发展银发经济、践行积极老龄观、营造老年友好型社会环境、增强发展要素支撑体系、维护老年人合法权益。同时，该规划设置了公办养老机构提升行动、医养结合能力提升专项行动、智慧助老行动、人才队伍建设行动等专栏，推动重大战略部署落实落地落细。

6.《中国共产党第二十次全国代表大会报告》 2022 年 10 月，党的二十大报告从"增进民生福祉，提高人民生活品质"的角度阐述了养老事业和养老产业的发展方向，提出"实施积极应对人口老龄化国家战略，发展养老事业和养老产业，优化孤寡老人服务，推动实现全体老年人享有基本养老服务"。

7.《国务院办公厅关于发展银发经济增进老年人福祉的意见》 2024 年 1 月，国务院办公厅颁发《国务院办公厅关于发展银发经济增进老年人福祉的意见》，提出 4 个方面 26 项举措。《意见》是国家发布的首个支持银发经济发展的专门文件，既提出了解决老年人七方面急难愁盼需求，也着眼未来，提出培育发展七大潜力产业，更好满足老年人的多样化需求。同时，围绕银发经济高质量发展，部署安排了六大专项行动，并就优化发展环境提出六大要素支持保障。通过锚定老年人需求来优化供给，进一步夯实群众美好养老生活的物质基础。

（二）养老服务业规划的法规

中华人民共和国成立以来，国家先后颁布了多项涉及老龄事业和养老产业的法律法规，包括老年人权益保障、社会养老保险、老年人社会福利等多个方面。目前，我国对于促进养老服务业发展的法律体系已经初步形成了以《中华人民共和国宪法》为引领，以有关基本法律为依据，以相关法律、行政法规、地方性法规、行政规章和规范性文件为组成的表现形式。

1.《中华人民共和国老年人权益保障法》　1996 年《中华人民共和国老年人权益保障法》颁布后，我国将老龄事业和养老产业的发展与建设纳入法治化轨道，其后该法经过 4 次修改、修正，为养老产业发展提供了新的法律保障基础，尤其是《中华人民共和国老年人权益保障法》在 2018 年底进行了修正，即主要是取消了养老机构设立制度，将其改为养老机构登记和备案制度，加强养老机构事中事后监管。这是降低市场准入门槛的重大信号，对于全面开放养老服务市场具有积极的推动作用，有利于提升养老服务市场中的社会资本进入速度，提高养老产业的市场运作效率，实际上加快了养老产业开放和发展的速度，也是政府在老龄事业方面"放管服"改革。作为保护老年人权益的基本法，该法一直是涉老问题的主要依据，同时也是促进养老产业发展的法律依据。

2. 养老服务业行政法规　行政法规的制定主体是国务院，行政法规根据宪法和法律的授权制定、行政法规必须经过法定程序制定、行政法规具有法的效力。行政法规一般以条例、办法、实施细则、规定等形式组成。养老服务业行政法规中有《基本养老保险基金投资管理办法》《殡葬管理条例》等。

3. 地方性法规、自治条例和单行条例　根据《中华人民共和国立法法》第八十条规定：省、自治区、直辖市的人民代表大会及其常务委员会根据本行政区域的具体情况和实际需要，在不同宪法、法律、行政法规相抵触的前提下，可以制定地方性法规。养老服务业的地方性法规是指省级人民代表大会及其常务委员会，省、自治区、直辖市的人民政府所在地的市或经国务院批准的较大的市的人民代表大会及其常务委员会依法制定和批准的，可在本行政区域内发生法律效力的有关老年人服务与管理方面的规范性文件。

为积极应对老龄化社会和促进养老事业的有序发展，全国多个省份逐步探索与本区域养老服务工作相匹配的立法工作，截至 2022 年底，从省（自治区、直辖市）维度分析，已经发布地方性法规的有 26 个，分别是河北、上海、湖北、浙江、江苏、广东、湖南、云南、江西、福建、浙江、山西、内蒙古、甘肃、山东、陕西、安徽、辽宁、宁夏、新疆、北京、天津、四川、海南、河南、贵州；尚未发布地方性法规的有 7 个，分别是广西、重庆、西藏、青海、湖北、吉林、黑龙江。各个省（自治区、直辖市）养老服务条例的构成基本一致，主要由总则、规划与建设、居家社区养老服务、机构养老服务、医养康养结合服务、养老服务人才培养、老年人教育服务、扶持保障措施、监督管理、法律责任和附则构成。

许多省份的养老服务条例特别强调加强设施规划。如《江苏省养老服务条例》规定了新建住宅区和已建成住宅区社区养老服务用房的配建标准，以及侵占配建社区养老服务用房的法律责任。《福建省养老服务条例》对养老服务设施的规划、建设、验收、移交、使用等进行具体规定。其他省份针对养老服务供给不平衡不充分、医养融合发展依然存在制约、养老服务人才供给不足、养老服务新产业新业态新模式发展等问题提出对策，结合省情实际做出适度前瞻的制度设计。

4. 养老服务行业行政规章　行政规章指国务院各部委以及各省、自治区、直辖市的人民政府和省、自治区的人民政府所在地的市以及设区市的人民政府根据宪法、法律和行政法规等制定和发布的规范性文件。国务院各部委制定的称为部门行政规章，其余的称为地方行政规章。养老服务行业行政规章是由国务院民政、卫计等相关部门在其权限内发布的有关养老服务与管理工作的部门规章，如民政部门颁布的《养老机构管理办法》《养老机构设立许可办法》等。

第二节　规范养老服务方面的政策法规

【问题与思考】

1. 当前我国养老服务方面的法规；养老服务方面的政策法规制定对于我国养老服务业发展的意义。

2. 养老机构落实强制性标准与其他标准的措施。

我国养老服务业发展较快，未来我国的养老市场需求将会逐渐扩大，在满足庞大的养老需求的同时，养老服务质量是需要着重考虑的因素。然而，随着养老服务业快速发展，一些无证无照从事养老服务、以养老服务为名的非法集资以及少数养老机构欺老、虐老等侵害老年人合法权益等问题，破坏了养老服务市场秩序，阻碍了养老服务业高质量发展。

规范养老服务业对促进养老服务高质量发展而言至关重要。目前，我国已经基本形成了以《中华人民共和国老年人权益保障法》《养老机构管理办法》《养老机构服务安全基本规范》等法律规章和国家标准为骨干的有中国特色的养老服务法律体系。

一、规范养老服务方面的政策法规

（一）规范养老机构方面的政策

1.《民办养老机构消防安全达标提升工程实施方案》 2019 年 12 月，民政部、财政部、住房和城乡建设部以及应急管理部印发《民办养老机构消防安全达标提升工程实施方案》（民发〔2019〕126 号）。要求从 2020 年起，在全国范围内引导和帮助存量民办养老机构按照国家工程建设消防技术标准配置消防设施、器材，落实日常消防安全管理要求，针对经判定为重大火灾隐患的养老机构进行有效整改，力争在两年时间内，使全国存量民办养老机构消防设施设备配备符合国家工程建设消防技术标准，消防安全管理满足需要，达到安全服务要求。

2.《关于规范养老机构服务行为做好服务纠纷处理工作的意见》 2020 年 7 月，民政部会同中央政法委、最高人民法院、最高人民检察院、公安部、司法部联合印发了《关于规范养老机构服务行为做好服务纠纷处理工作的意见》（民发〔2020〕89 号）。

该意见围绕做好养老机构纠纷处理工作，主要提出八方面的指导意见。

一是加强养老机构内部管理，建立健全安全管理制度，压实安全主体责任，从源头上消除服务安全风险，最大限度预防纠纷发生。

二是规范服务纠纷处理程序。发生服务纠纷时，养老机构应当对采取的步骤做出规定，规范处理，及时救助，优先保障老年人的权益。

三是引导当事人自愿协商解决纠纷。对责任明确、当事人无重大分歧或异议的服务纠纷，鼓励当事人自愿协商解决，引导当事人文明、理性表达意见和诉求。

四是运用调解等方式化解纠纷。强调运用人民调解、行政调解、行业协会调解等方式，多元化化解养老机构服务纠纷。

五是依法裁判服务纠纷案件。坚持"调解优先、调判结合"方针，以及平等保护、权责一致原则。

六是依法打击违法犯罪行为。依法打击养老机构服务纠纷处理过程中，扰乱正常服务秩序，以及侵犯养老机构和其他老年人合法权益等涉嫌违法犯罪行为。

七是建立部门协作工作格局。明确民政部门和有关中央单位、部门的职责分工与协作。

八是营造依法解决养老机构服务纠纷的社会氛围。明确积极开展法治宣传教育，做好舆论引导工作，引导当事人依法、文明、理性表达诉求。

3.《国务院办公厅关于建立健全养老服务综合监管制度促进养老服务高质量发展的意见》 2020 年 12 月，国务院办公厅印发的《关于建立健全养老服务综合监管制度促进养老服务高质量发展的意见》（国办发〔2020〕48 号），是我国养老服务领域第一份以监管为主题促进高质量发展的文件。

该意见就建立健全养老服务综合监管制度确定了三方面政策措施。

一是明确监管重点。加强质量安全监管，加大对建筑、消防、食品、医疗卫生等重点环节的监督检查，引导养老机构落实安全责任，主动防范消除安全风险和隐患。加强从业人员监管，引导从业人员提升服务质量和水平,依法依规从严惩处养老机构欺老、虐老等侵害老年人合法权益的行为。加强资金监管,加大对使用财政资金项目的跟踪审计,加强对政府购买养老服务、养老机构医保基金使用的监督管理,依法打击养老机构以养老服务为名的非法集资活动。加强运营秩序监管,依法打击无证无照从事养老服务的行为。加强突发事件应对,建立完善工作机制,引导养老机构增强风险防范意识和应对处置能力。

二是落实监管责任。强化政府主导责任,深化养老服务领域"放管服"改革,充分发挥政府在制度建设、行业规划、行政执法等方面的主导作用。压实机构主体责任,养老机构对依法登记、备案承诺、履约服务、质量安全、应急管理、消防安全等承担主体责任,其主要负责人是第一责任人。发挥行业自律和社会监督作用,养老服务领域行业组织要积极推行行业信用承诺制度,健全行业自律规约,加大养老服务领域信息公开力度,优化养老服务投诉举报受理流程。

三是创新监管方式。加强协同监管,健全各部门协调配合机制,建立以"双随机、一公开"监管为基本手段、以重点监管为补充、以信用监管为基础的新型监管机制。加强信用监管,建立养老机构备案信用承诺制度,加大信用记录的披露和应用。加强信息共享,统筹运用养老服务领域政务数据资源和社会数据资源,推进数据统一和开放共享。发挥标准规范引领作用,建立健全养老服务标准和评价体系,实施养老机构服务质量、安全基本规范等标准,引领养老服务高质量发展。

4.《民政部 市场监管总局关于强化养老服务领域食品安全管理的意见》 为强化养老服务领域食品安全管理,更好保障老年人身体健康和生命安全,2021年9月,《民政部 市场监管总局关于强化养老服务领域食品安全管理的意见》(民发〔2021〕73号)发布,提出养老机构要严格履行食品安全管理主体责任,为养老机构提供餐饮服务的食品生产经营者要严格履行食品安全主体责任。

5.《关于加强养老机构非法集资防范化解工作的意见》 2022年11月7日,民政部、公安部、市场监管总局、中国银保监会联合印发了《关于加强养老机构非法集资防范化解工作的意见》(民发〔2022〕89号),对常态化养老机构非法集资防范化解工作做出了制度安排。

该意见聚焦《防范和处置非法集资条例》赋予民政部门在风险排查、监测预警和配合处置三方面的职责定位,加强部门监管协调,突出防范为主、综合治理、稳妥处置的工作原则。

6.《关于严禁养老机构违法违规开展医疗服务的通知》 2022年12月,国家卫生健康委办公厅会同民政部办公厅、国家中医药局综合司印发了《关于严禁养老机构违法违规开展医疗服务的通知》(国卫办老龄发〔2022〕20号)。该通知从5个方面提出要求。

一是严禁无资质机构和人员提供医疗服务,包括坚决杜绝养老机构内无执业资质的机构以相关名义提供医疗服务,坚决杜绝养老机构内无行医资质的相关人员以相关名义提供医疗服务,强化养老机构主体责任等3项措施。

二是严禁违规使用名称、超范围开展诊疗活动,包括养老机构内设医疗机构要严格按照相关文件要求规范命名医疗机构名称以及严禁使用未经核准的医疗机构名称,坚决杜绝养老机构内设医疗机构的诊疗活动超出登记或备案范围,坚决杜绝养老机构内设医疗机构使用的卫生技术人员从事本专业以外的诊疗活动等3项措施。

三是严厉打击相关违法违规行为,包括各地卫生健康和中医药部门要依法依规严厉打击养老机构内的无资质医疗机构以及无行医资质相关人员擅自提供诊疗服务违法行为,民政部门要配合当地卫生健康和中医药部门做好相关工作等2项措施。

四是严格规范开展医疗等服务,包括养老机构内设医疗机构的医师要在注册的执业范围内遵循相关规范和指南等开展医疗服务,对入住老年人负责救治或进行正常死亡调查的医疗机构要严格按照相关法律法规规定亲自诊查、调查并出具机构内死亡老年人《居民死亡医学证明(推断)书》等2项措施。

五是严格监督管理,加强宣传教育,包括各地卫生健康部门要将养老机构内设医疗机构纳入医疗卫生"双随机、一公开"监督抽查范围,各地卫生健康、民政、中医药部门要加大宣传教育力度等 2 项措施。

（二）规范养老机构方面的法规

1.《中华人民共和国老年人权益保障法》 《中华人民共和国老年人权益保障法》取消了养老机构设立制度，将其改为养老机构登记和备案制度，加强养老机构事中事后监管。养老机构及其工作人员不得以任何方式侵害老年人的权益。

2.《养老机构管理办法》 2013 年 6 月，为了配合实施当时新修订的《中华人民共和国老年人权益保障法》，规范养老机构的服务，民政部发布了《养老机构管理办法》（下称《办法》）。2020 年发布的《办法》（中华人民共和国民政部令第 66 号）是对 2013 年《办法》的全面修订。新《办法》一共 7 章 49 条，和旧的《办法》相比新增了 17 条内容，修改了 29 条内容。

第一，《办法》的总则。总则是规章的总纲。《办法》为与《中华人民共和国民法总则》《中华人民共和国民法典》《国务院办公厅关于推进养老服务发展的意见》等法律政策文件保持一致，明确把养老机构分为营利性养老机构和非营利性养老机构。《办法》增加了有关养老机构活动基本要求的内容，明确养老机构应该按照建筑、消防、食品安全、医疗卫生、特种设备等法律法规的规定和强制性的国家标准开展服务，以进一步压实责任，避免因取消许可导致安全底线被击穿的问题。《办法》强化政府投资兴办养老机构的兜底保障责任，增加要求其保障特困人员、经济困难的计划生育特殊家庭等老年人服务需求的有关内容。《办法》增加政府投资兴办养老机构经营方式改革的有关内容，明确政府投资兴办的养老机构，可以采取委托管理、租赁经营等方式，交由社会力量运营管理。

第二，关于备案的办理。2018 年 12 月 29 日第十三届全国人民代表大会常务委员会第七次会议通过的《全国人民代表大会常务委员会关于修改〈中华人民共和国劳动法〉等七部法律的决定》，对《中华人民共和国老年人权益保障法》进行了修订，取消了以前关于设立养老机构需要许可的规定，其中第四十三条规定，设立公益性养老机构，应当依法办理相应的登记。设立经营性养老机构，应当在市场监督管理部门办理登记。养老机构登记后即可开展服务活动，并向县级以上人民政府民政部门备案。这次修订按照《中华人民共和国老年人权益保障法》的规定，用"备案办理"专章五个条文细化了备案制度的相关内容。具体规定了备案机关、备案时间、备案提交材料、备案办理流程、变更备案、备案有关信息公开及共享的内容。

第三，关于服务规范。主要是明确了养老机构向老年人提供生活照料、康复护理、精神慰藉、文化娱乐等服务活动的要求。一是完善了入院评估制度，规定养老机构应当对老年人身心状况进行评估，并根据评估结果确定或者变更老年人照料护理等级。二是根据新冠病毒疫情防控实践和《中华人民共和国传染病防治法》要求，细化了养老机构发现老年人为传染病患者或者疑似传染病患者时的应对措施，明确应当及时向附近的疾病预防控制机构或者医疗机构报告，配合实施卫生处理、隔离等预防控制措施。三是增加了养老机构协助老年人家庭成员看望和问候老年人的内容。四是增加了鼓励养老机构开展延伸服务的内容，明确养老机构可以运营社区养老服务设施，或者上门为居家老年人提供助餐、助浴、助洁等服务。

第四，关于运营管理。主要对养老机构的内部工作机制进行规范。一是重视养老护理人员队伍建设，增加养老机构应当建立健全体现养老护理人员职业技能等级等因素的薪酬制度的内容。二是强调养老机构安全保障工作，增加养老机构应当在相关公共场所安装视频监控设施，妥善保管视频监控记录的内容。三是依照突发事件应对法有关规定，强化养老机构对突发事件的预防和处置，除应当制定突发事件应急预案外，还应当配备必要设施、设备并定期组织应急演练，发生突发事件后，养老机构必须采取防止危害扩大的必要处置措施。

第五，关于监督检查。养老机构设立许可取消后，事中有效的监督检查变得尤为紧要，《办法》对此进行了较大幅度的修改完善。一是贯彻综合监管要求，明确民政部门在监督检查中发现养老机构存在应当由其他部门查处的违法行为的，应当及时通报有关部门处理。二是强化民政部门监督检查职责,明确实施"双随机、一公开"的监管方式,且要求民政部门应当每年对养老机构服务安全和质量进行不少于一次的现场检查。三是针对养老服务领域非法集资问题,明确民政部门防范、监测和预警职责。四是规定未经登记以养老机构名义活动的处置办法。

第六,关于法律责任。《办法》加大了事后惩戒力度,增加了警告的处罚方式,完善了养老机构承担法律责任的行为方式,将未建立入院评估制度或者未按照规定开展评估活动、未按照协议约定提供服务、未依法预防和处置突发事件等行为增加为应当予以处罚的情形。

3.《养老机构服务质量基本规范》 《养老机构服务质量基本规范》是为了健全养老机构标准体系,进一步规范养老机构服务质量而制定的法规。2017年12月29日,国家质量监督检验检疫总局、国家标准化管理委员会发布了《养老机构服务质量基本规范》(GB/T 35796—2017,以下简称《基本规范》),自2017年12月29日起实施。《基本规范》规定了养老机构服务的基本服务项目、服务质量基本要求、管理要求等内容,是养老机构服务质量管理首个国家标准,标志着全国养老机构服务质量迈入标准化管理的新时代。

《基本规范》全文共有112条,除去规范性引用文件、术语和定义外,共对养老机构服务质量提出106条要求,主要包括基本要求、服务项目与质量要求、管理要求、服务评价与改进等内容。

一是基本要求。坚持依法营运的原则,对养老机构的服务资质作了明确要求。养老机构提供服务,应符合相关法律法规要求,依法获得相关许可;开展外包服务的,应与有资质的外包服务机构签订协议。

二是服务项目与质量要求。这部分是《基本规范》的核心内容。服务项目与质量要求一方面列出了养老机构9方面的服务项目,包括出入院服务、生活照料服务、膳食服务、清洁卫生服务、洗涤服务、医疗与护理服务、文化娱乐服务、心理/精神支持服务、安宁服务;另一方面,明确了养老机构基本服务项目的主要内容与基本质量要求。

三是管理要求。提出了养老机构服务管理、人力资源管理、环境及设施设备管理、安全管理四方面的基本要求,确保养老机构服务在安全、有序、有保障的环境中开展,为养老机构服务质量管理提供支撑。

四是服务评价与改进。为促进养老机构服务质量不断提高,《基本规范》阐述了养老机构服务质量的评价方式、评价内容和持续改进要求,为养老机构开展服务质量提升工作提供指导。

4.《养老机构行政检查办法》 为深入贯彻落实习近平总书记关于扎实推进依法行政的重要指示,促进行政检查规范透明运行,民政部于2022年11月16日印发《养老机构行政检查办法》(民发〔2022〕86号)及配套文书(以下简称《办法》及配套文书)。《办法》共分5章41条,聚焦行政检查源头、过程、结果三个关键环节,重点细化了检查类型、明确了检查各环节要求、强化了对检查行为的监督管理等,对加强和规范养老机构行政检查工作做出了专门规定。

《办法》明确了行政检查的意义、适用范围、原则、检查职责以及检查信息化等总括性要求,并根据检查对象和检查目的、任务来源不同,将行政检查分为日常检查、专项检查和个案检查,且细化了每一种检查类型的工作要求。《办法》聚焦行政检查重点环节,从检查启动、确定检查对象和检查人员、制作和发放检查通知书,到检查人员要求、检查记录,再到检查报告、检查结果、检查终结、结果告知、整改后复查、检查档案,明确了各环节规范要求。

《办法》强调,民政部门要建立行政检查档案,定期梳理通报检查反映出的问题,加快建立部门间信息共享机制,加强对检查人员的培训,明确检查人员禁止性行为规范及相应法律责任。

此外,配套文书共12个附件,覆盖了通知检查、现场记录、结果告知、问题移送、复查检查等行政检查全流程,提高了检查的规范化、标准化水平。

5. 地方性规范养老服务法规 以《浙江省社会养老服务促进条例》为例。2015年1月25日浙江省第十二届人民代表大会第三次会议通过《浙江省社会养老服务促进条例》,该条例规定了养老服务监督管理内容。

省标准化主管部门应当会同民政部门组织制定和完善机构养老服务、居家养老服务等相关地方标准，建立健全社会养老服务标准体系。

民政部门负责养老机构的指导、监督和管理，其他有关部门依据职责分工对养老机构实施监督。民政部门应当建立养老机构的养老服务质量评估制度，定期组织有关方面专家或者委托第三方专业机构，对养老机构的人员配备、设施设备条件、管理水平、服务质量、服务对象满意度、社会信誉等进行综合评估，将评估结果向社会公布，并根据评估结果对养老机构实行分类管理。

审计部门应当按照国家有关规定，对政府投资设立或者接受政府补助、补贴的养老机构的财务状况以及资金使用情况进行审计监督，依法向社会公布审计结果。

民政部门应当建立养老机构诚信档案，记录其设立与变更、日常监督检查、违法行为查处、综合评估结果等情况，并向社会公开，接受查询；对有不良信用记录的养老机构，应当增加监督检查频次，加强整改指导。

民政部门应当建立举报投诉制度，公开举报投诉的电话、电子邮箱、网络平台等，受理对社会养老服务有关问题的举报和投诉。民政部门对接到的举报、投诉，应当及时核实处理，并将结果告知举报人、投诉人。

民政、市场监督管理、消防救援等部门应当依法对养老机构举办者和服务人员进行安全教育，对养老服务场所进行安全检查，消除各类安全隐患。卫生健康主管部门应当依法加强对养老机构内设医疗机构的监督管理。

（三）规范养老服务从业人员的政策法规

1. 《养老院院长培训大纲（试行）》和《老年社会工作者培训大纲（试行）》 民政部于 2020 年 10 月印发了《养老院院长培训大纲（试行）》和《老年社会工作者培训大纲（试行）》（民办发〔2020〕32 号）。

《养老院院长培训大纲（试行）》以建设职业化、专业化、规范化养老院管理队伍为目标，聚焦养老院管理服务的特点和实践，突出针对性、实践性、规范性、指导性和时代性，明确了养老院院长等管理人员的培训目标、培训方式、培训内容、培训课时、考核方式等重点内容，为规范培训工作、保证培训质量提供了依据。

《老年社会工作者培训大纲（试行）》以老年人为中心，聚焦养老服务新需求，紧扣《老年社会工作服务指南》（MZ/T 064—2016），按照老年社会工作者的工作内容，采取基础班、提高班、高阶班三个培训层次分级编写方式，逐一细化了政策趋势、理论知识和实务技巧等内容，明确了培训目标、培训对象、培训方式、培训时间、考核要求等要素，为规范培训工作、保证培训质量提供了依据。

2. 《养老服务市场失信联合惩戒对象名单管理办法（试行）》 2019 年 11 月，民政部印发了《养老服务市场失信联合惩戒对象名单管理办法（试行）》（民发〔2019〕103 号）。该办法明确了养老服务市场失信联合惩戒对象名单（以下简称"联合惩戒对象名单"）的认定、发布、使用、移出等规定，是养老服务领域信用监管的创新性、统领性文件。

该办法共 21 条，结构上分为三个部分。第一条至第四条是该办法的总则部分，主要包括制定的目的与依据、适用范围、基本原则和民政部门职责等规定；第五条至第十六条是该办法的主体部分，主要包括列入情形、信息共享、重点关注对象名单、列入程序、信息内容、动态管理、移出情形、移出核查、特殊情形、信息公开、惩戒措施、信息更正等规定；第十七条至第二十一条是该办法的实施保障部分，主要包括行业自律、行政责任、档案管理、地方执行、施行时间等规定。

该办法主要包括以下内容。

一是建立了联合惩戒制度。该办法根据失信行为程度的不同，建立了联合惩戒对象名单和重点关注对象名单两项制度，对应采取与之失信行为相当的惩戒措施。

二是明确了联合惩戒措施。对列入联合惩戒对象名单的养老机构和从业人员，该办法本着重约束、重限制、重提高违法失信成本的原则，明确了 5 个方面的惩戒措施：一是对联合惩戒对象享受优惠政策或者获得荣誉的限制措施；二是对联合惩戒对象加大监管力度，提高其违法失信成本；三是对联合惩戒对象担任重要职务的限制措施；四是对联合惩戒对象行业准入的限制措施；五是通过向有关部门推送信息，对联合惩戒对象实施惩戒措施。

三是保障了当事人合法权益。该办法建立了申辩保障机制，充分保障了当事人的陈述、申辩权利。

二、养老服务标准

标准是指由国家标准化主管机构批准发布，对全国经济、技术发展有重大意义，且在全国范围内统一的标准，《中华人民共和国标准化法》将我国标准划分为国家标准、行业标准、地方标准和企业标准四级。国家层面的养老服务标准可以参考《养老机构服务标准体系建设指南》（2021年版）。

1. 《养老机构服务标准体系建设指南》（2021年版）　构建科学合理的养老服务标准体系，是维护老年人合法权益、推动建立全国统一的养老服务质量标准和评价体系的重要基础。2021年3月，民政部发布了《养老机构服务标准体系建设指南》（MZ/T 170—2021）。文件规定了养老机构服务标准体系建设的基本要求、构建原则、标准体系结构、标准明细表、标准号编制规则、标准统计表、标准体系构建及编制说明。文件适用于养老机构服务标准体系的建设。

2. 强制性国家标准　2019年12月，国家市场监督管理总局、国家标准化管理委员会发布了我国养老服务领域的第一个强制性国家标准——《养老机构服务安全基本规范》（GB 38600—2019）。《养老机构服务安全基本规范》是养老服务业的第一个强制性国家标准，也是第一个服务业强制性国家标准，规定了养老机构服务安全的基本要求、安全风险评估、服务防护、管理要求等内容，画出了养老机构服务的安全"红线"，养老机构必须遵照执行。

3. 强标配套标准　强标配套标准已有11个。包括《养老机构基本规范》（GB/T 29353—2012）、《养老机构等级划分与评定》（GB/T 37276—2018）、《社区老年人日间照料中心服务基本要求》（GB/T 33168—2016）、《社区老年人日间照料中心设施设备配置》（GB/T 33169—2016）、《养老服务常用图形符号及标志》（MZ/T 131—2019）、《养老机构预防压疮服务规范》（MZ/T 132—2019）、《养老机构生活照料操作规范》（MZ/T 171—2021）、《养老机构安全管理》（MZ/T 032—2012）等8项标准。加上民政部2021年12月发布的《养老机构预防老年人跌倒基本规范》（MZ/T 185—2021）、《养老机构膳食服务基本规范》（MZ/T 186—2021）、《养老机构洗涤服务规范》（MZ/T 189—2021）3个行业标准。这11个标准都是与强标高度相关的配套标准，皆从养老服务安全角度出发，对整个养老服务标准体系进行了补充，细化强标技术要求，支撑依法、依规、依标准开展事中事后监管，确保服务监管的科学性和公正性，提供了重要的基础性技术保障。

4. 服务质量提升标准　民政部于2021年12月发布了《养老机构老年人营养状况评价和监测服务规范》（MZ/T 184—2021）、《养老机构服务礼仪规范》（MZ/T 190—2021）、《养老机构岗位设置及人员配备规范》（MZ/T 187—2021）、《养老机构接待服务基本规范》（MZ/T 188—2021）和《养老机构康复辅助器具基本配置》（MZ/T 174—2021）。这5个标准是与服务质量提升相关的标准。

这些服务质量标准是对强标要求的优化和升华，与强标的要求和精神一脉相承，是一体两翼的关系，都是为了不断提高老年人的生活品质，让老年人能够在机构生活得更安心、静心和舒心。

5. 《老年人能力评估规范》　2022年12月，国家市场监督管理总局、国家标准化管理委员会发布了《老年人能力评估规范》（GB/T 42195—2022）。该标准的制定出台，意味着老年人能力评估领域的标准层级由行标上升为国标，将为科学划分老年人能力等级，推进基本养老服务体系建设，优化养老服务供给，规范养老机构运营等提供了基本依据，也为全国养老服务等相关行业提供了更加科学、统一、权威的评估工具。

标准主要内容共分6个部分，包括"评估指标与评分""组织实施""评估结果"，以及"老年人能力评估基本信息表""老年人能力评估""老年人能力评估报告"等3个规范性附录。标准中主要评估指标包括一级指标和二级指标。一级指标包括自理能力、基础运动能力、精神状态、感知觉与社会参与等4个方面；二级指标包括进食、穿脱衣物、平地行走、上下楼梯、记忆、理解能力、视力、听力、社会交往能力等26个方面。条目加和计分，得分越高，说明能力水平越高。标准将老年人能力分为能力完好、能力轻度受损（轻度失能）、能力中度受损（中度失能）、能力重度受损（重度失能）、能力完全丧失（完全失能）5个等级。

第三节　养老服务人才规划政策法规

【问题与思考】

1. 请简述我国养老服务人才队伍建设现状。
2. 请简述我国养老服务人规划的举措。
3. 请简述我国养老服务人才规划政策法规。

据调查统计，截止到2021年底，国内60岁及以上老年人达到2.67亿，患有慢性疾病中老年人超过1.9亿，失能和部分失能老年人约4000万，对养老服务体系的需求量巨大，对养老护理员的需求达600多万，但是目前国内只有50多万名从事养老护理的服务人员，远无法满足广大老年群体对生活照料、医疗护理等各方面的需求量。与持续攀升的老龄人口以及广大老年人多层次、多样化的养老服务需求相比，当前我国养老服务人才尤其是高素质的养老护理专业人才，还存在供给不足、年龄偏大、专业能力欠缺等问题，这成为制约养老服务高质量发展的重要因素。

近年来，国家不断健全完善养老服务人员的培养和扶持政策法规，建立健全养老服务从业人员的激励机制，鼓励各类养老机构招募专业服务人员，助力养老服务人才队伍的专业化、职业化发展。

一、养老服务人才规划政策法规

（一）养老服务人才规划政策

1.《关于加快发展养老服务业的若干意见》　《关于加快发展养老服务业的若干意见》是在2013年9月由国务院发布的解读文件。

文件提出完善人才培养和就业政策。教育、人力资源和社会保障、民政部门要支持高等院校和中等职业学校增设养老服务相关专业和课程，扩大人才培养规模，加快培养老年医学、康复、护理、营养、心理和社会工作等方面的专门人才，制定优惠政策，鼓励大专院校对口专业毕业生从事养老服务工作。充分发挥开放大学作用，开展继续教育和远程学历教育。依托院校和养老机构建立养老服务实训基地。加强老年护理人员专业培训，对符合条件的参加养老护理职业培训和职业技能鉴定的从业人员按规定给予相关补贴，在养老机构和社区开发公益性岗位，吸纳农村转移劳动力、城镇就业困难人员等从事养老服务。养老机构应当积极改善养老护理员工作条件，加强劳动保护和职业防护，依法缴纳养老保险费等社会保险费，提高职工工资福利待遇。养老机构应当科学设置专业技术岗位，重点培养和引进医生、护士、康复医师、康复治疗师、社会工作者等具有执业或职业资格的专业技术人员。对在养老机构就业的专业技术人员，执行与医疗机构、福利机构相同的执业资格、注册考核政策。

2.《关于加快推进养老服务业人才培养的意见》　2014年6月，教育部、民政部等九部门联合印发《关于加快推进养老服务业人才培养的意见》，进一步明确了关于加快推进养老服务业人才培养的总体思路、工作目标、任务措施和组织保障。

意见明确了加快推进养老服务相关专业教育体系建设、全面提高养老服务相关专业教育教学质量、大力加强养老服务从业人员继续教育、积极引导学生从事养老服务业等方面的举措，其中包括推行养老服务相关专业"双证书"制度。

意见提出，推动职业院校与养老服务相关职业技能鉴定机构深入合作，实行专业相关课程的考试考核与职业技能鉴定统筹进行，推动职业院校学生在取得毕业证书的同时，获得相关职业资格证书。对于已取得养老服务业相关职业资格证书，且符合条件的从业人员，可由职业院校按相关规定择优免试录取，经考核合格后可获取相应学历证书。

根据意见，加快推进养老服务业人才培养的工作目标是，力求到2020年基本建立以职业教育为主体，应用型本科和研究生教育层次相互衔接，学历教育和职业培训并重的养老服务人才培养培训体系。培养一支数量充足、结构合理、质量较好的养老服务人才队伍，以适应和满足我国养老服务业发展需求。虽然国家一直在积极推进养老服务人才培养，但该目标尚未完全实现，目前仍处于建设和完善的过程中。

3. 《关于推进养老服务发展的意见》　2019年4月，国务院办公厅印发了《国务院办公厅关于推进养老服务发展的意见》（国办发〔2019〕5号）。一直以来，养老服务行业存在着人才供需悖论：一方面，从业人员紧缺，尤其是高素质专业化人才紧缺；另一方面，从业人员反映待遇不高、社会认同度低、获得感不强。为解决这些问题，该意见针对性地列出了三项举措。

一是建立完善养老护理员职业技能等级认定和教育培训制度。2019年9月底前，制定实施养老护理员职业技能标准。加强对养老机构负责人、管理人员的岗前培训及定期培训，使其掌握养老服务法律法规、政策和标准。按规定落实养老服务从业人员培训费补贴、职业技能鉴定补贴等政策。鼓励各类院校特别是职业院校（含技工学校）设置养老服务相关专业或开设相关课程，在普通高校开设健康服务与管理、中医养生学、中医康复学等相关专业。推进职业院校（含技工学校）养老服务实训基地建设。按规定落实学生资助政策。

二是大力推进养老服务业吸纳就业。结合政府购买基层公共管理和社会服务，在基层特别是街道（乡镇）、社区（村）开发一批为老服务岗位，优先吸纳就业困难人员、建档立卡贫困人口和高校毕业生就业。对养老机构招用就业困难人员，签订劳动合同并缴纳社会保险费的，按规定给予社会保险补贴。加强从事养老服务的建档立卡贫困人口职业技能培训和就业指导服务，引导其在养老机构就业，吸纳建档立卡贫困人口就业的养老机构按规定享受创业就业税收优惠、职业培训补贴等支持政策。对符合小微企业标准的养老机构新招用毕业年度高校毕业生，签订1年以上劳动合同并缴纳社会保险费的，按规定给予社会保险补贴。落实就业见习补贴政策，对见习期满留用率达到50%以上的见习单位，适当提高就业见习补贴标准。

三是建立养老服务褒扬机制。研究设立全国养老服务工作先进集体和先进个人评比达标表彰项目。组织开展国家养老护理员技能大赛，对获奖选手按规定授予"全国技术能手"荣誉称号，并晋升相应职业技能等级。开展养老护理员关爱活动，加强对养老护理员先进事迹与奉献精神的社会宣传，让养老护理员的劳动创造和社会价值在全社会得到尊重。

4. 《国家积极应对人口老龄化中长期规划》　2019年11月，中共中央、国务院印发了《国家积极应对人口老龄化中长期规划》。在人口老龄化背景下，该规划提出了改善劳动力有效供给的具体举措。

一方面，要全面提高人力资源素质。一是实施人口均衡发展国家战略。二是加快完善国民教育体系，着力培养具有国际竞争力的创新型、复合型、应用型、技能型人才和高素质劳动者，提升新增劳动力质量。三是构建老有所学的终身学习体系，推行终身职业技能培训制度，加快终身学习立法进程，建立健全社区教育办学网络，创新发展老年教育，实施发展老年大学行动计划，到2022年全国县级以上城市至少建有1所老年大学。

另一方面，要推进人力资源开发利用。一是进一步完善统一开放、竞争有序的人力资源市场，深化户籍、社保、土地等制度改革，加大就业灵活性。二是创造老有所为的就业环境，充分调动大龄劳动者和老年人参与就业创业的积极性，推进有意愿和有能力的大龄劳动者和老年人在农村就业创业。三是构建为老服务的人力资源队伍，加快培养养老护理员队伍，加快推进老年医学等学科专业建设与发展，壮大老龄产业从业队伍，加快培养为老服务的社会工作者、志愿者队伍。四是有效运用两个市场和两种资源扩大劳动力供给，以全面开放扩大劳动力供给。

5.《关于实施康养职业技能培训计划的通知》 2020年10月，人力资源社会保障部、民政部、财政部、商务部、全国妇联决定组织实施"康养职业技能培训计划"。一是健全康养服务人员培训体系。包括建立康养服务人员培训制度、全面提升康养服务人员职业技能水平、健全康养服务培训标准体系、大力培育康养服务企业和培训机构；二是促进康养服务人员职业发展。包括开展康养服务人员职业技能评价、加强康养服务人员激励保障、广泛组织职业技能竞赛活动。

6.《"十四五"民政事业发展规划》 2021年6月，民政部、国家发展和改革委员会印发了《"十四五"民政事业发展规划》，该规划强调加强养老服务人才队伍建设。

一是健全人才教育培训体系。推进养老服务相关专业教育体系建设，鼓励养老机构为有关院校教师实践和学生实习提供岗位，参与专业建设，提高产教融合水平。支持养老服务相关专业开展职业教育校企合作，鼓励符合条件的养老机构举办养老服务类职业院校。持续实施养老服务人才培训提升行动，大规模培训养老护理员、养老院院长、老年社会工作者。推动实现每千名老年人、每百张养老机构床位均拥有1名社会工作者。

二是发展养老护理员队伍。开展养老护理员职业技能提升行动，到2022年底，培养培训200万名养老护理员。推动建立健全养老护理员职业技能等级认定制度。建设全国养老护理员信息和信用管理系统，支持有条件的地区制定入职补贴、积分落户、免费培训、定向培养和工龄补贴等优惠政策。举办养老护理员职业技能竞赛，开展养老护理员表彰活动。

7.《中共中央 国务院关于加强新时代老龄工作的意见》 2021年11月颁发《中共中央 国务院关于加强新时代老龄工作的意见》，在强化老龄工作保障中强调加强人才队伍建设。加快建设适应新时代老龄工作需要的专业技术、社会服务、经营管理、科学研究人才和志愿者队伍。用人单位要切实保障养老服务人员工资待遇，建立基于岗位价值、能力素质、业绩贡献的工资分配机制，提升养老服务岗位吸引力。大力发展相关职业教育，开展养老服务、护理人员培养培训行动。对在养老机构举办的医疗机构中工作的医务人员，可参照执行基层医务人员相关激励政策。

8.《"十四五"国家老龄事业发展和养老服务体系规划》 2022年2月国务院印发了《"十四五"国家老龄事业发展和养老服务体系规划》（国发〔2021〕35号）。

该规划提出鼓励老年人继续发挥作用。加强老年人就业服务。包括：鼓励各地建立老年人才信息库，为有劳动意愿的老年人提供职业介绍、职业技能培训和创新创业指导服务；按照单位按需聘请、个人自愿劳动原则，鼓励专业技术人才合理延长工作年限；建设高层次老年人才智库，在调查研究、咨询建言等方面发挥作用。

该规划明确加强人才队伍建设。第一，完善人才激励政策。包括：完善养老护理员薪酬待遇和社会保险政策；建立基于岗位价值、能力素质、业绩贡献的工资分配机制，科学评价技能水平和业绩贡献，强化技能价值激励导向，促进养老护理员工资合理增长；支持地方探索将行业紧缺、高技能的养老服务从业者纳入人才目录、积分落户、市民待遇等政策范围加以优待。第二，拓宽人才培养途径。包括：优化养老服务专业设置，结合行业发展新业态，动态调整增设相关专业并完善教学标准体系，引导普通高校、职业院校、开放大学、成人高校等加大养老服务人才培养力度；鼓励高校自主培养积极应对人口老龄化相关领域的高水平人才，加大新技术新应用新业态的引才用人力度，为智慧健康养老、老龄科研、适老化产品研发制造等领域培养引进和储备专业人才。

9.《关于进一步推进医养结合发展的指导意见》 2022年7月，经国务院同意，卫生健康委等11个部门联合发文《关于进一步推进医养结合发展的指导意见》（国卫老龄发〔2022〕25号），强调多渠道引才育才。

加强人才培养培训。加快推进医疗卫生与养老服务紧缺人才培养，将老年医学、护理、康复、全科等医学人才，养老护理员、养老院院长、老年社会工作者等养老服务与管理人才纳入相关培养项目。鼓励普通高校、职业院校增设健康和养老相关专业和课程，扩大招生规模，适应行业需求。大力开展医养结合领域培训，发挥有关职业技能等级证书作用，进一步拓宽院校培养与机构培训相结合的人才培养培训路径。鼓励为相关院校教师实践和学生实习提供医养结合服务岗位。

引导医务人员从事医养结合服务。基层卫生健康人才招聘、使用和培养等要向提供医养结合服务的医疗卫生机构倾斜。根据公办医疗卫生机构开展医养结合服务情况，合理核定绩效工资总量。公办医疗卫生机构在内部绩效分配时，对完成居家医疗服务、医养结合签约等服务较好的医务人员给予适当倾斜。支持医务人员特别是退休返聘且临床经验丰富的护士到提供医养结合服务的医疗卫生机构执业，以及到提供医养结合服务的养老机构开展服务。鼓励退休医务人员到提供医养结合服务的医疗卫生机构和养老机构开展志愿服务。

壮大失能照护服务队伍。通过开展应急救助和照护技能培训等方式，提高失能老年人家庭照护者的照护能力和水平。加强对以护理失能老年人为主的医疗护理员、养老护理员的培训。鼓励志愿服务人员为照护居家失能老年人的家属提供喘息服务。

10. 地方性养老服务人才规划政策　　全国各地多措并举，走出了一条培养高素质养老护理技能人才的新路径。

上海市依托各类院校和社会培训机构广泛开展养老护理职业技能培训，鼓励开展养老护理员上岗、转岗、技能提升等各类针对性培训，支持用人单位开展"企校双制、工学一体"的企业型学徒制培养。

浙江省开展医养康养联合行动，促使所有护理员都具备基本的康复和急救知识，高级护理员掌握康复和急救技能，同时，开展优秀护理员转型提升为康复护士培养计划，2025 年前培养约100 人。

青海省促进队伍年轻化、专业化、职业化发展，推进学历教育、非学历教育、继续教育、实习实训"四位一体"的养老从业人员教育体系；探索建立岗前培训、岗位培训、职业技能培训递进机制，加强养老服务专业教育与实践应用相结合。

各地围绕培养"高精尖"护理人才的同时，不断强化"工匠型"护理人才队伍建设，立足当前引进短缺人才，又着眼长远培育后备人才，搭建起了养老护理人才的成长"温床"。

（二）养老服务人才规划的法规

1.《中华人民共和国老年人权益保障法》　　《中华人民共和国老年人权益保障法》规定国家建立健全养老服务人才培养、使用、评价和激励制度，依法规范用工，促进从业人员劳动报酬合理增长，发展专职、兼职和志愿者相结合的养老服务队伍。

国家鼓励高等学校、中等职业学校和职业培训机构设置相关专业或者培训项目，培养养老服务专业人才。

2.《中华人民共和国劳动法》　　《中华人民共和国劳动法》第二条规定："在中华人民共和国境内的企业、个体经济组织（以下统称用人单位）和与之形成劳动关系的劳动者，适用本法。国家机关、事业组织、社会团体和与之建立劳动合同关系的劳动者，依照本法执行。"

3. 地方性养老服务人才规划法规　　为积极应对人口老龄化，各地方政府为了适应新的时代背景纷纷出台支持养老服务人才队伍建设的政策文件。浙江省、江苏省、河南省和其他省市纷纷出台了一些支持性的政策法规。下面以浙江省、江苏省和河南省为例。

（1）《浙江省社会养老服务促进条例》：该条例于 2015 年 1 月 25 日在浙江省第十二届人民代表大会第三次会议通过，根据 2021 年 9 月 29 日浙江省第十三届人民代表大会常务委员会第三十一次会议《关于修改〈浙江省促进科技成果转化条例〉等七件地方性法规的决定》修正。该条例规定养老服务人员内容。

县级以上人民政府应当支持和指导高等学校和职业技术学校开设老年服务与管理相关专业或者课程，培养专业的养老服务人员。

高等学校和职业技术学校毕业生，进入本省政府投资设立的养老机构、社会资本设立的非营利性养老机构和组织、社区居家养老服务照料中心工作的，按照省有关规定给予入职奖励和补贴。

社区居家养老服务照料中心、养老机构和居家养老服务专业组织应当加强对本机构工作人员的职业道德教育和业务培训，提高其职业道德素养和业务能力。人力资源和社会保障部门应当会同有关部门组织开展对养老护理人员职业技能培训。鼓励养老机构、医疗卫生机构、学校作为养老护理人员培训基地，开展养老护理人员职业技能培训活动。

养老护理人员应当参加相应的职业技能培训，提高业务能力。养老护理人员参加养老服务护理职业技能培训和职业技能鉴定的，按照省有关规定享受培训和鉴定补贴。

养老机构内设医疗机构的医师、护士、康复技师等卫生专业技术人员，在执业资格、注册考核、专业技术职务评聘等方面，执行与医疗机构同类专业技术人员相同的政策。

各级人民政府应当逐步改善和提高养老护理人员的待遇。养老护理人员的工资待遇应当与其职业技能水平相适应。县级以上人民政府人力资源和社会保障、民政部门定期发布当地养老护理人员职位工资指导价位。实行养老护理人员特殊岗位津贴制度，具体办法由设区的市、县（市）人民政府规定。

各级人民政府应当支持发展为老年人服务的志愿服务组织，建立志愿服务激励机制，对表现突出的志愿服务组织、志愿者给予表彰和奖励。志愿者可以根据其志愿服务时间储蓄优先享受社会养老服务，并享有《浙江省志愿服务条例》规定的权利。

（2）《江苏省养老服务条例》：2015年12月4日江苏省第十二届人民代表大会常务委员会第十九次会议通过《江苏省养老服务条例》，2022年9月，江苏省十三届人大常委会第三十二次会议，会议表决通过了修订的《江苏省养老服务条例》。

该条例规定民政部门会同人力资源和社会保障等部门建立健全养老服务人才培养、使用、评价和激励机制，依法规范养老服务用工，促进养老服务从业人员劳动报酬合理增长。

鼓励、支持高等学校、中等职业学校和培训机构设置养老服务相关专业或者培训项目，在养老机构设立实习基地，培养养老服务专业人才。符合条件的养老服务从业人员和从事养老服务的社区工作者参加相关技能培训，按照规定享受职业培训补贴。

养老机构和其他养老服务组织聘用的专业技术人员，应当执行与医疗卫生机构、福利机构相同的执业资格、注册考核制度，在技术职称评定、继续教育、职业技能培训等方面享受同等待遇。

对取得养老护理员职业资格并从事养老护理岗位工作的人员，按照相应等级，由设区的市、县（市、区）财政按照省有关规定给予一次性补贴。

鼓励、支持发展相关养老服务志愿组织，建立志愿服务时间储蓄等激励机制。志愿者或者其直系亲属进入老龄后根据其志愿服务时间储蓄优先、优惠享受养老服务。鼓励、支持高等学校、中等职业学校和中学学生利用课余时间参加养老服务志愿活动。鼓励用人单位在同等条件下优先录取、录用、聘用有志愿服务经历者。鼓励志愿者和老年人结对，重点为孤寡老人、空巢老人、农村留守老人提供生活救助和照料服务。民政部门等有关单位应当对养老服务志愿者进行专业培训，并提供相关便利。

（3）《河南省养老服务条例》：2022年7月30日河南省第十三届人民代表大会常务委员会第三十四次会议通过《河南省养老服务条例》。

该条例规定县级以上人民政府应当建立健全养老服务人才保障体系，完善养老服务人才培养、引进、评价、使用、激励机制，培养具有职业素质、专业知识和技能的养老服务工作者。

支持普通高等学校、职业院校开设老年医学、护理等养老服务相关专业或者课程，支持普通高等学校、职业院校和具有资格的培训机构开展养老服务有关培训，支持在养老机构、医疗卫生机构设立教学实习基地。对开设养老服务相关专业的，按照规定给予奖励补助。县级以上人民政府有关部门可以依托养老机构、职业院校和具有资格的培训机构等建立养老服务实训基地。人力资源和社会保障部门应当会同民政、卫生健康等部门组织开展免费养老服务职业技能培训。养老机构从业人员应当每年定期接受护理专业、消防安全等培训，民政、卫生健康、应急管理等部门应当给予指导。县级以上人民政府民政部门定期举办养老服务职业技能大赛。

二、《养老护理员国家职业技能标准（2019 年版）》

《养老护理员国家职业技能标准（2019 年版）》是为吸纳更多人从事养老护理工作，缓解人才短缺困境，顺应居家和社区养老需要而制定的法规。2019 年 9 月，人力资源和社会保障部、民政部联合颁布《养老护理员国家职业技能标准（2019 年版）》。

养老护理员是从事老年人生活照料、护理服务的人员，是养老服务的主要提供者，是养老服务体系的重要支撑保障，是解决家庭难题、缓解社会问题、促进社会和谐的重要力量。根据养老护理员发展的新情况、新特点，围绕增加职业技能要求、放宽入职条件、拓宽职业空间、缩短晋级时间等方面，2019 年版本较 2011 年版本，做了以下重大修改。

一是增加了对养老护理员的技能要求。为适应养老服务发展的新形势、新特点及其对养老护理工作提出的新要求、新任务，2019 年版做了如下修改：顺应居家和社区养老需要，在各职业等级中新增养老护理员在居家、社区养老服务中应具备的技能要求；强化消防知识在养老安全中的重要作用，在"基础知识"中新增"消防安全"内容；关注失智老年人照护需求，将"失智照护"分层次纳入各职业等级的工作内容和技能要求；根据地方积极探索"养老顾问"服务等实践，新增"能力评估"和"质量管理"等两项职业技能。

二是放宽了养老护理员入职条件。为吸纳更多人从事养老护理工作，缓解人才短缺困境，2019 年版做了如下修改：将从业人员的"普通受教育程度"由"初中毕业"调整为"无学历要求"；将五级/初级工申报条件由"在本职业连续见习工作 2 年以上"调整为"累计从事本职业或相关职业工作 1 年（含）以上"；明确未取得小学毕业证书的考生，理论知识考试可采用口试的方式，主要考核从业人员从事本职业应掌握的基本要求和相关知识要求。

三是拓宽了养老护理员职业发展空间。为打通养老护理员职业晋升通道，加快培养高技能人才，2019 年版做了如下修改：将养老护理员的职业技能等级由四个增至五个，新增"一级/高级技师"等级，明确了康复服务、照护评估、质量管理、培训指导等职业技能；对申报条件进行了较大调整，增加了技工学校、高级技工学校、技师学院、大专及以上毕业生的申报条件，规定中职中专毕业生可直接申报四级/中级工。

四是缩短了职业技能等级的晋升时间。为加快提升养老护理人才层次，2019 年版调整了各职业技能等级的"申报条件"，缩短了从业年限要求。申报五级/初级工的从业时间由原来的 2 年缩短为 1 年；取得五级/初级工职业资格证书（或职业技能等级证书）后，申报四级/中级的，由 5 年调整为 4 年；取得四级/中级工职业资格证书（或职业技能等级证书）后，申报三级/高级工的，由 4 年缩减为 2 年；取得三级/高级工职业资格证书（或职业技能等级证书）后，申报二级/技师的，由 5 年减少为 4 年。

该次修订对指导养老护理员培养培训、开展职业技能等级认定、提升养老护理员职业技能、缓解养老护理人才短缺矛盾、规范和发展老年人生活照料和护理服务、扩大养老服务供给、促进养老服务消费等具有重要的推动作用。

思考题与实践应用

1. 《国家积极应对人口老龄化中长期规划》的战略目标和工作任务是什么？

【参考答案】

战略目标：到 2022 年，我国积极应对人口老龄化的制度框架初步建立；到 2035 年，积极应对人口老龄化的制度安排更加科学有效；到 21 世纪中叶，与社会主义现代化强国相适应的应对人口老龄化制度安排成熟完备。

该规划从五个方面明确了具体工作任务。

一是夯实应对人口老龄化的社会财富储备。通过扩大总量、优化结构、提高效益，实现经济发展与人口老龄化相适应。通过完善国民收入分配体系，优化政府、企业、居民之间的分配格局，稳步增加养老财富储备。健全更加公平更可持续的社会保障制度，持续增进全体人民的福祉水平。

二是改善人口老龄化背景下的劳动力有效供给。通过提高出生人口素质、提升新增劳动力质量、构建老有所学的终身学习体系，提高中国人力资源整体素质。推进人力资源开发利用，实现更高质量和更加充分就业，确保积极应对人口老龄化的人力资源总量足、素质高。

三是打造高质量的为老服务和产品供给体系。积极推进健康中国建设，建立和完善包括健康教育、预防保健、疾病诊治、康复护理、长期照护、安宁疗护的综合、连续的老年健康服务体系。健全以居家为基础、社区为依托、机构充分发展、医养有机结合的多层次养老服务体系，多渠道、多领域扩大适老产品和服务供给，提升产品和服务质量。

四是强化应对人口老龄化的科技创新能力。深入实施创新驱动发展战略，把技术创新作为积极应对人口老龄化的第一动力和战略支撑，全面提升国民经济产业体系智能化水平。

五是构建养老、孝老、敬老的社会环境。强化应对人口老龄化的法治环境，保障老年人合法权益。

2. 养老服务业的第一个强制性国家标准是什么？规定的基本内容有哪些？

【参考答案】

《养老机构服务安全基本规范》是养老服务业的第一个强制性国家标准，也是第一个服务业强制性国家标准，规定了养老机构服务安全的基本要求、安全风险评估、服务防护、管理要求等内容，画出了养老机构服务的安全"红线"，养老机构必须遵照执行。

3. 当前我国养老服务人才规划政策法规哪些方面需要完善？

【参考答案】

目前我国对养老服务行业出台的法律有《中华人民共和国老年权益保障法》和《中华人民共和国劳动保障法》，还缺少专门针对养老服务人才培养标准细则的政策文件。

参 考 文 献

董少龙. 2019. 夯实养老机构等级划分基准线 着力提升养老机构服务质量——解读国家标准《养老机构等级划分与评定》[J]. 社会福利, (3): 24-25.

宋东明. 2020. 促进养老产业发展法律制度研究[D]. 沈阳: 辽宁大学.

孙文灿. 2021. 民政部门须着力推进养老服务行业综合监管——法治化规范化常态化[J]. 社会福利（实务版）, (1): 8-12.

第十二章　老年服务与管理的未来与展望

【学习目标】

1. 掌握： 我国老年服务与管理的现状、不足并思考未来发展走向。

2. 了解： 国外老年服务与管理的基本情况。

第一节　老年服务与管理的国际路径

【问题与思考】

1. 请思考第二次世界大战后"婴儿潮"对于世界人口结构的影响。

2. 请思考日本的介护保险制度对于我国养老保险制度的影响。

3. 请思考持续照料退休社区模式在我国可能存在的阻碍与可行路径。

一、国际老龄行动概况

近年来，全球人口老龄化进程加快，低位徘徊的生育率与日益延长的预期寿命使得全球老龄化形成一种不可逆转的趋势。全球 60 岁及以上人口以每年 3% 的速度递增，2021 年，全球 65 岁及以上人口为 7.61 亿，到 2050 年这一数字将增加到 16 亿。从全球来看，2021 年出生的婴儿有望平均活到 71 岁，与 1950 年出生的婴儿相比，寿命延长了近 25 年，且女性比男性长寿。从区域来看，北非、西亚和撒哈拉以南非洲地区有望在未来 30 年经历最快的老年人数量增长。

从全球人口发展的历史来看，100 万年前全球人口仅有 1 万～2 万；距今 10 万年时，也只有 2 万～3 万，千年人口增长率不足 1%。直到新石器时代，由于原始农业的出现及普及，血缘婚姻制开始向对偶制过渡，使世界人口第一次进入虽是极其缓慢但有意义的增长状态。公元前 8000 年，全球人口缓慢增长到 750 万；公元前 4000 年时达到 8500 万。公元前 3000 年，人类社会进入奴隶社会和封建社会，生产力进一步发展，人类有了较为稳定的生活资料来源，人口开始有了比较明显的增长，到 1650 年，世界人口达到 5.6 亿。人类真正的大发展是进入资本主义时代以后，从 19 世纪初至 1950 年的 150 年间，欧美等发达地区的人口增长达 2.35 倍，而其他发展中地区的人口只增长 1.31 倍。第二次世界大战之后，世界人口突出的特点是人口激增。战后初期，许多发达国家一度出现短暂的"婴儿潮"（baby boom），人口问题受到联合国和许多发达国家研究机构及学者的重视，随着研究的深入，学者们同时意识到一个问题，此时人口的急剧增长将在半个世纪之后迎来老年人口的爆发，如若后期人口出生率下降，那么整个人口结构就将改变，即人口老龄化。

20 世纪 50 年代，联合国委托法国著名人口学家皮撤组织团队研究人口老龄化问题。1956 年，皮撤完成研究，发表《人口老龄化及其社会经济后果》，定义了 65 岁人口超过总人口的 7% 即为老龄化社会，亦解释了人口老龄化与生育率以及社会经济发展之间的关系。皮撤在研究中提到，不仅发达国家，发展中国家也将在未来面临人口老龄化问题，这一论断让联合国及世界人民认识到人口老龄化将跨越国界，成为世界性问题。

1982 年，第一次老龄问题世界大会在维也纳召开，124 个国家的代表团和 162 个联合国专门机构、非政府组织等共 1000 多人参加，会议最终通过了《1982 年维也纳老龄问题行动计划》（以下简称《行动计划》），见图 12-1。

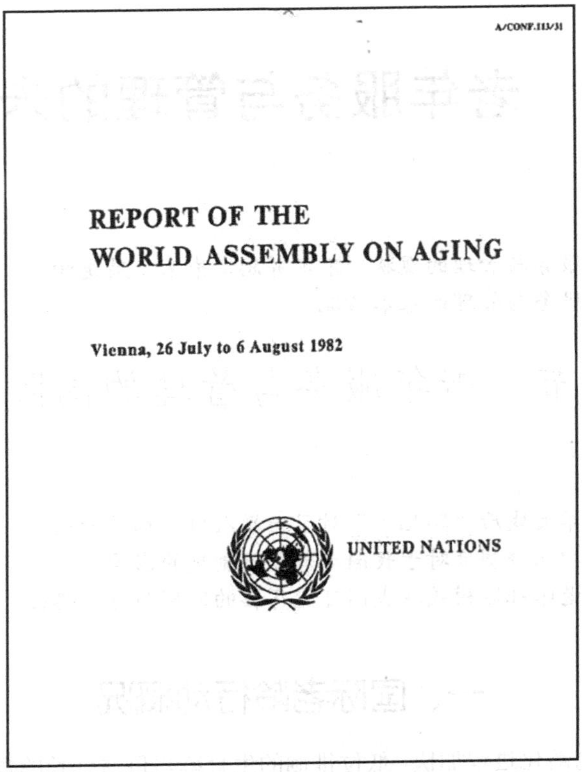
A/CONF.113/31

REPORT OF THE
WORLD ASSEMBLY ON AGING

Vienna, 26 July to 6 August 1982

UNITED NATIONS

图 12-1 《1982 年维也纳老龄问题行动计划》扉页

《行动计划》第一次明确把人口老龄化看成世界性的问题，同时认为老年人问题和人口老龄化问题（即老龄问题）有联系也有区别，包括会议命名为 World Assembly on Aging 即表达了未来关注的中心不仅是老年群体，更是人类老龄化的现状与过程、人类个体老龄化与群体老龄化的规律性、人类老龄化与人类生活的社会环境与生态环境之间的本质联系以及人类如何适应老龄化。最难能可贵的是，《行动计划》明确老龄问题包括两个方面：人道主义和发展。人道主义方面是指老年人除了有一般需要外还有特殊需要，包括保健与营养、住房与环境、家庭、社会福利、收入保障、就业与教育；发展方面提出由于老年抚养比的提高，要考虑人口老龄化对生产、消费、储蓄、投资等经济社会发展领域的影响，这些内容至今都是有指导意义的。

第一次老龄问题世界大会之后联合国于 1990 年将此后每年的 10 月 1 日定为“国际老年人日”，以广泛提高世界各国对老龄问题的重视。同时在马耳他建立国际老龄问题研究所，推动国际社会老龄问题的科学研究。1991 年通过的《联合国老年人原则》，确立了关于老年人地位 5 个方面的普遍性标准：自立、参与、照料、自我实现、尊严。

2002 年，第二次老龄问题世界大会通过《马德里老龄问题国际行动计划》，强调老年人有工作权、健康权、参与权和终身机会平等。《马德里老龄问题国际行动计划》确定的优先事项有：所有老年人享有平等就业机会；所有工作者都能获得社会保护和社会保障；所有老年人享有足够的最低收入保障；保护老年人最大限度的活动能力和加强公众对其生产力和其他贡献的认可以及平等获得保健的机会等。

《马德里老龄问题国际行动计划》指导各国、各地区老龄政策和方案的起草工作，并为开展对话提供了一个国际框架。中国和其他许多国家纷纷行动起来，积极解决人口老龄化带来的一系列问题。此后，联合国一直在积极应对全球老龄化方面做出努力，但是由于各国人口老龄化程度不同，对老龄化问题的认知与自身经济社会发展水平存在差异,对联合国老龄问题系列行动的落地也存在差异。

二、美国老年服务与管理现状

当前的美国社会正在经历一个逐步变老的过程。美国是世界上最早进入老龄化社会的国家之一,早在 20 世纪 40 年代就进入了老龄化社会,1990 年,美国 65 岁以上老龄人口占总人口的 12.3%。目前,美国 65 岁以上老龄人口占总人口的 17.4%,而联合国人居署 2012 年的预测显示,2030 年和 2050 年美国的这一数字将分别达到 25.6%和 27.0%。

现阶段美国全部人口主要分为六代人:1916～1928 年出生被称为伟大的一代,总计 175 万人;1929～1946 年出生被称为沉默的一代,总计 2363 万人;1947～1965 年出生被称为婴儿潮一代,总计 6870 万人;1966～1981 年出生被称为 X 世代,总计 6513 万人;1982～1999 年出生被称为千禧一代,总计 8222 万人;2000～2020 年出生被称为 Z 世代,总计 8440 万人。“婴儿潮”时期出生的近 7000 万人也即将在未来几年逐渐步入老年人的行列,美国要面对的老龄化形势变得更加艰巨。

回顾美国老龄行动的历史,从 1776 年 7 月 4 日美国宣布独立到 1800 年约 24 年的时间里,95%以上的美国人口都居住在偏远的乡下,依靠家庭式的中小型农场,过着自给自足的生活。老年人作为家庭的一员,也能通过缝纫、做饭等方式,为家庭的生存贡献自己的一份力,因此在这个时期,家庭是养老的基本单位。

此外,在这个阶段,政府开始建设一种叫“济贫院”的机构,用以接收那些又贫穷又没有孩子的老年人。1865 年,美国内战结束之后的 19 世纪 70 年代一直到 20 世纪 20 年代,都是美国工业化、城市化的鼎盛时期,城市建设和社区管理也逐渐步入正轨。

在解放黑奴运动和社会改良运动的推动下,慈善事业尤其是社区照顾也获得了长足的发展,许多城市陆续出现了社区服务中心,这些社区服务中心提供了部分业余性质的养老照护服务,这也基本上可以算作美国现代化养老设施的开端。

19 世纪,类似于现代社会概念的“退休社区”(Retirement Communities)开始出现,最早的“退休社区”是 1889 年建成的 William Enston Home,位于美国的南卡罗来纳州(South Carolina),约 48.56 亩[①],由 24 栋小屋组成,包含社区建筑和医务室等,居民必须是 45～75 岁的品行良好且没有精神病的老年人或者患者。19 世纪晚期,专业的护理人员开始出现;部分企业 [如 1875 年的美国运通公司(American Express)] 为了让员工长期为公司效力,开始为员工提供退休金的福利;而州政府也开始为老年人设置养老金(最早在 1883 年,加利福尼亚州颁布第一个《老人帮扶法》,为 60 岁及以上的老年人提供现金帮助,而加利福尼亚州成为美国历史上第一个发养老金福利的州;这个法律也成为美国历史上第一个有关养老金的法律)。

直至今天,美国并不存在与我们概念中完全对等的“养老院”,如果日常生活能自理的话,大部分老年人选择在养老社区中买房或租房。养老社区已经在美国形成一种相对成熟的体系,这些社区不等同于普通养老院,能提供居住生活、餐饮、医疗护理、文化娱乐、健身运动等全方位、多层次的高品质服务,还能根据客户的身体情况进行分区照管。

养老社区又叫退休社区,是以为退休老人提供全面的退休生活保障为核心来开展业务和运营的,具体包括以下类型:持续照料退休社区(Continuing Care Retirement Communities,CCRC)、老年经济适用房(Affordable Housing for Seniors,只给低收入的老年人住)、护养院(Assisted Living)、自理单元(Independent Living)、活力长者社区(Active Adult Community)、居家养老(Aging in Place)等。

---

① 1 亩≈666.67 平方米。

（一）活力长者社区

活力长者社区是指可以生活自理的成年人居住的社区,但这里的成年人都是 55 岁或者以上的。这类社区除了居民年龄限制和老龄友好设施的设计以外, 其余的与普通社区没有显著差别。其中, 美国的太阳城是全球极具盛名的活力长者社区。

（二）持续照料退休社区

持续照料退休社区,我们称为 CCRC 社区。相比于活力长者社区,CCRC 在注重娱乐功能的基础上, 更多地兼顾了老年人所需的医疗健康方面的问题。同一个社区内既有独立生活区域, 也有协助护理和完全护理的区域等, 老年人可以根据自己年龄、身体的变化和不断升级的需求, 来更换不同的区域和服务。

三、日本老年服务与管理现状

日本是世界上人口老龄化程度最为严峻的国家, 截至 2021 年 7 月 1 日, 日本总人数约为 1.26 亿人, 65 岁及以上老年人口约为 3617.50 万人, 占日本总人口的 28.8%。日本人 2021 的平均预期寿命是 84.5 岁, 其中女性要比男性更长寿。预计到 2065 年, 女性平均预期寿命将到 91.35 岁, 会真正实现"百岁人生"时代, 见图 12-2。

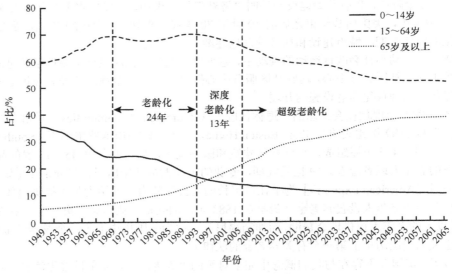

图 12-2　日本老龄化现状

日本人口老龄化的特点表现在:与其他发达国家相比,日本老龄化进程较快且程度较深。少子化和老龄化相伴而生。不仅老年人口越来越多, 同时, 由于年轻人晚婚、不婚、少生或不生导致的低生育率现象以及人口总量减少现象也已成为困扰日本经济社会发展的重要问题。此外, 独居老年人口增多以及护理人才短缺都是日本目前所面临的问题。

目前, 日本的老龄行动主要体现在:构建完善的积极老龄化制度体系, 提供多元化的养老服务, 创新老年人就业政策等。

（一）积极老龄化制度的建构

日本相关机构长年对老龄化现状、老龄化发展趋势、老年人养老意愿进行了持续的调查,因此,日本政府出台的相关政策和措施是建立在大量的统计数据和问卷调查的基础之上的。日本在应对人口老龄化的过程中，不断地出台跟老年人相关的法律，从 1982 年的《老人保健法》到 1989 年的《高龄者保健福祉推进十年战略》，到 2000 年实施的《介护保险法》，都是在探讨如何针对人口老龄化社会进行解决和改善。特别是 2000 年的《介护保险法》给老年人家庭带来了福音，极大地缓解了家庭成员的养老压力。《介护保险法》是一种强制保险，政府、社会、个人三者共同承担费用，把养老保险从社会福利制度转变成了社会保险制度，其宗旨就是让老年人在自己住惯的地区自主进行生活，这非常符合老年人自身养老意愿。

介护保险制度的个人缴纳保费占保险资金的一半，按个人收入或全国医疗保费的一个固定百分比来支付；另一半由政府补贴，国家占 25%，都道府县和市町村各负担 12.5%。护理服务费用包括居家护理服务费及居家护理服务计划和设施护理服务费。介护保险制度实施后护理的供给主体由过去的行政和社会福利法人扩大到营利法人、医疗法人、非营利法人等事业主体，从而促进了护理服务数量的大幅度增长。例如，上门护理服务供应单位增长了 22 倍、日托护理增长了 28 倍、阿尔茨海默病应对型共同生活护理增长了 17 倍。因此，介护保险保障了老年人能够享受众多的福利设施、福利用品、家庭护理等服务，提升了日益严重的老龄化社会中老年人的生活质量。

（二）多元化的养老护理服务供给

日本的养老护理模式有很多种类型，大体可分为居家养老、机构养老和社区养老，其中居家养老做得比较好，上门护理、上门洗浴等都是值得我们借鉴的。社区养老方面，嵌入社区的小规模多功能养老机构是近年来日本政府积极倡导的一种养老模式，包括对有需求的老年人进行巡回上门、预约护理等服务；白天把老年人接至机构中接受服务、晚上送回家中的日间照料服务；也面向部分老年人提供入住养老机构服务以及短期入住服务。此外，还有针对社区老年人的夜间呼叫服务以及提供健康和养老方面的咨询等。日本有专门针对认知症老年人的小型养老护理机构——"认知症老年人共同生活之家"，该机构对入住对象有一定的要求，即必须是能够适应集体生活的认知症老年人，同时需要审批流程。日本这类认知症老年人的养老机构，从高端机构到经济型，费用不等，有需求的老年人可以根据自身情况进行选择。机构内的所有设施、家具等均为无障碍设计，机构内的墙壁、地板的颜色清新、明亮，使老年人心情愉悦。同时，机构中有专业人员会对老年人进行一些康复训练，护理员会带领老年人做手工、游戏，同老年人一起种植花卉、蔬菜等，从而减缓认知症进程。嵌入社区的小规模多功能养老机构一般面积不大，日间照料人数也有限制，采取预约制。这类机构虽然规模小，但是功能齐全，能够给老年人提供安心的服务。

（三）老年人就业政策持续改进

一方面，日本通过鼓励延迟领取养老金间接促进老年人延迟退休，领取养老金年龄越晚，每月可领取养老金金额越多。60～65 岁每提前一个月领取，养老金在法定基础上减少 0.5%，65 岁以上每推迟一个月领取，则在法定基础上增加 0.7%。另一方面，直接通过立法延迟退休年龄。1986 年日本出台《老年人就业稳定法》，鼓励老年人 60 岁退休。2006 年明确法定退休年龄为 60 岁并鼓励老年人 65 岁退休。企业可废除退休年龄制度或提高退休年龄至 65 岁或对 60～64 岁员工引入继续雇佣制度。2013 年出台的《老年人就业稳定对策基本方针》规定 65 岁退休。2021 年《老年人就业稳定法》将推动退休年龄提至 70 岁。2020 年，能保障老年人工作到 65 岁的企业占比从 2006 年的 84.0%增至 99.9%（表 12-1）。

表 12-1　日本老年人就业政策一览表

时间	法律法案	退休年龄	老龄化水平
1986 年	出台《老年人就业稳定法》	鼓励 60 岁退休	10.6%
2006 年 4 月	修订《老年人就业稳定法》	规定 60 岁退休	20.8%
		鼓励企业阶段性地延迟到 65 岁	

续表

时间	法律法案	退休年龄	老龄化水平
2013 年 4 月	出台《老年人就业稳定对策基本方针》	规定 65 岁退休	25.1%
2021 年 4 月	修订《老年人就业稳定法》	鼓励企业阶段性地延迟到 70 岁	29.1%

第二节 老年服务与管理的中国特色

【问题与思考】

1. 请思考专业化为老服务人才培养对养老产业的意义。
2. 请思考如何更好保障农村老年人养老需求。
3. 请思考未来中国老龄化的趋势及应对措施。

一、我国老年产业现状

中国老年产业起步于 20 世纪 90 年代，1997 年是一个标志性的时间点。1997 年 5 月召开了中国第一次全国性的老龄产业研讨会，正式提出和界定了老龄产业的概念。2001 年、2004 年又分别召开了两次老年产业研讨会，使中国老年产业从拉开序幕开始向纵深发展。进入 21 世纪以后，随着政府、企业以及社会的介入和学界研究的拓展，中国的老年产业日渐兴起与发展，正成为国民经济中一个不容忽视的朝阳产业。

2013 年，《国务院关于加快发展养老服务业的若干意见》发布，打响了中国老年产业上升到国家战略地位的重要信号，轰轰烈烈的社会养老服务进程开启。投资者嗅到政策的利好，最先进入养老产业的包括地产商、保险行业，然而养老应该是一个有机的产业链，不只是卖房子等硬件，更需要服务，只有房子而缺配套的养老社区只会是一个"养老孤岛"。

当然，伴随着政策的具体化与老年市场的需求精细化，养老产业也开始慢慢从养老房产走向多元，规模也日渐壮大。数据显示，2019 年我国养老产业市场规模达 6.91 万亿元，同比增长 30.2%。2020 年我国养老产业市场规模将达 7.7 万亿元，同比增长 28.1%。根据中国社科院的《中国养老产业发展白皮书》，预计到 2030 年我国养老产业市场可达 13 万亿元。

总体而言，在中国养老产业近 30 年的发展过程中，形成了以下几个比较显著的特征与转变。

（一）顶层设计持续发力

中华人民共和国成立以来，国家已经先后颁布了数百项涉老法律法规和政策，涉及老龄事业的方方面面，包括老年社会保障、老年福利与服务、老年文化教育事业、老年体育、老年权益保障等各个方面。目前，中国已经初步形成了一套以《中华人民共和国宪法》和有关基本法律为依据，以法律、行政法规、地方性法规、部门规章和规范性文件为主要表现形式，以《中华人民共和国老年人权益保障法》《中共中央、国务院关于加强老龄工作的决定》《中华人民共和国国民经济和社会发展第十四个五年规划和 2035 年远景目标纲要》《国家积极应对人口老龄化中长期规划》"十四五"国家老龄事业发展和养老服务体系规划》等重要纲领性文件为基本政策的政策体系，为老年事业的持续稳定发展提供了强有力的政策保障。

（二）政府与社会资本共进

政府资本、社会资本等多元共进，尤其近年来国企、央企进驻养老产业，各类房地产商转型养老地产，总体来说，资本进入有利于产业链完善，有利于中国养老服务业向专业化、规模化发展。

（三）营利与非营利共举

计划经济时代的单一由政府出资提供养老服务并统筹管理的局面已经被打破,营利性养老机构和养老服务顺应市场需求应运而生。产品及服务的多元化在满足市场需求的过程中,也使过去过度依赖政府、对营利性养老机构和养老服务的偏见、不愿意花钱购买服务等现象得以改变,营利与非营利并举的格局初见成效。

（四）社会化养老业态日趋多元

伴随着人口老龄化进程的加快、家庭规模小型化、人口流动性增强以及老年人需求不断增加,我国的养老模式正经历着从单一走向多元的变迁,养老模式的社会化发展已成为大势所趋,养老服务体系也逐渐完善,机构养老、社区养老、居家养老、旅居养老等多元养老模式逐渐被大众接受。

（五）数字化智能养老项目起步

智能化、科技化的养老服务项目成为新的发展热点,远程医疗、电子健康等都是目前中国老年健康服务业的主要发展内容。智能化的最大吸引力在于能够扩大服务半径和构建"虚拟养老院",通过现代化科技手段提高服务效率和水平,也是中国未来老年服务的发展趋势之一。

二、我国老年产业发展中面临的问题

（一）社会保障制度不够完善

老龄制度性安排是一个国家解决老龄问题某一具体领域的老龄政策的集群,是一组成熟、稳定、规范化的老龄政策,在老龄政策体系中处于中坚层次和支柱地位,是国家层面老龄事业发展规划的具体化。老龄制度性安排涉及养老、医疗、服务、教育、文化、就业、住房、产业等多个领域,其中最重要的制度性安排有三个:养老保障制度、老年医疗保障制度和为老服务制度。这三项制度性安排既是应对人口老龄化挑战,也是保障当下老年群体福祉的三项最重要的任务。

养老保障制度以"养老保险"为核心,养老保险可以分为社会养老保险、补充性养老保险、商业养老保险和非缴费性养老保险。老年医疗保障制度包括医疗保险、医疗救助、医疗津贴和护理保险等。其中,医疗保险又包括社会医疗保险、补充性医疗保险和商业性医疗保险。为老服务制度则包括服务市场的培育管理和服务队伍建设、服务设施和网络建设、行业标准和规范以及服务监管等多方面的内容。目前国家在老龄制度建设方面还有很多缺失和不完善之处,尤其农村养老问题的制度性安排,更是令人担忧。

长期护理保险滞后,也是中国老年产业面临的一大挑战。长期护理保险,是通过合同约定,当被保险人由于疾病或衰老而生活无法自理,入住康复中心或护理中心,或在家接受他人护理时,有关费用由保险人提供。庆幸的是,国务院办公厅印发的《"十四五"全民医疗保障规划》明确提出要稳步建立长期护理保险制度,我国的社会保障制度正在日渐完善。

（二）产业发展规划不够科学

目前,中国养老政策的重心依然停留在增加服务供给上,养老服务质量监管不力,各类养老机构和设施所提供的服务质量也良莠不齐。从中央到地方,近年来出台的各种养老服务规范、规章其实很多,但主要的问题是难以有效实施。为了进一步鼓励和加快民间资本进入养老服务市场,2019年初,民政部宣布取消养老机构设立许可,民办养老机构只需向县级以上民政部门申请,社会服务机构登记之后即可开展服务活动。市场准入的门槛降低,但相应的监管机制和监管力度却没有跟上,居家和社区养老服务的规范和监管更是滞后。尽管国家已经陆续出台了一系列发展中国老龄事业的规划和计划，但是至今对中国老年产业发展还没有制定出具体可行的、可持续发展的中长期发展整体规划。尤其是在市场准入、行业规则、市场培育、市场开发、人才战略、人才培养等方面缺乏相关的总体规划和计划，缺乏产业发展指导，缺乏产业明确目标，缺乏实施细则及职责划分，使老年产业处于一种无序发展、随意介入、盲目投资的状态。同时，产业发展不均衡，导致市场上各种产品及服务的供给在数量、规模、品质、档次上都无法满足老年群体日益增长的需求。

（三）养老市场供需矛盾突出

当前城市化大潮下，人口流动、家庭小型化也大大冲击了家庭旧有的代际抚育功能。民政部及全国老龄工作委员会数据显示，城市老年人"空巢"家庭的比例已达 49.7%。这就要求社会必须加强加大对医疗服务和生活服务的提供。老年群体基数的快速攀升，必然导致老年消费需求的快速扩张。据中国老龄科学研究中心 2022 年发布的《中国老龄产业发展及指标体系研究》预测，到 2030 年，中国老年人口消费总量约为 12 万亿～15.5 万亿元，届时将约占全国 GDP 的 8.3%～10.8%。我国老龄产业市场潜力巨大，发展前景广阔，有望成为经济发展新增长点。但与此同时，老年人急需的老龄产品和服务有效供给仍显不足，供需失衡问题需重点关注，主要表现为：养老机构和护理服务严重不足，养老服务领域设施不足，服务项目和内容不全，服务人员的素质参差不齐。

另外，伴随着城市化进程，农村劳动力大量转移，传统的家庭养老面临挑战，家庭的传统功能如抚养、赡养、教育等受到很大冲击，农村家庭保障能力也逐渐降低。传统的"养儿防老"保障模式已经很难适应目前市场经济发展的需求，农村养老问题的严峻性更加凸显。到 2050 年，农村老龄人口的比例将是城镇的两倍，养老压力会更加巨大。

（四）养老事业专业人才缺乏

养老事业发展需要一大批专业人才，包括项目策划者、运营管理者、专业护理人员、康复人才、营养师、心理咨询师、社区工作者、养老护理员等方方面面的人员。目前，由于社会认知尚未改变，加之工资待遇、社会地位、职业发展等方方面面的问题，养老服务从业人员不足，尤其是各类专业人员。据估计，接受过正式或专业培训的全国一线养老服务人员只有 30 万人左右，相对于 4000 多万失能老年人的照料需求，这显然是不够的。

（五）养老行业标准化体系缺失

发展老年产业是一个系统工程，不但需要硬件设施的标准化，同时也需要服务体系、人才培养等多方面的标准化建设。标准化体系构建是关乎产业是否能够有序、稳步发展的重大瓶颈问题，也关系到产业发展的最终成败。通过标准化体系构建，建立一整套完整的评估体系，对发展过程中的各个方面进行有效监督和监管，才能使产业沿着正确的方向发展，避免失误、资源浪费和市场挫折。

三、我国老年服务与管理未来走向

如何积极应对老龄化已经成为 21 世纪的全球命题，养老政策和养老服务的不断优化是全世界人民面临的共同挑战。中国作为有担当的人口大国，理应在老年服务与管理的科学路径上不断探索。

（一）社区养老将成为养老产业的主阵地

社区将成为养老服务体系落地的主战场。社区是连接居家养老和机构养老的枢纽，表达了中国人民原居养老的意愿,社区在养老服务体系建设中的作用会越发凸显。社区居家养老服务中心、社区长者照护中心、社区服务功能、评估功能、转介功能、咨询功能、信息化网络功能的建设都将是构建养老服务体系的核心组成部分。养老机构社区化、社区服务机构化、老年服务的无缝对接将是养老服务体系的核心价值所在。

（二）智慧养老或成为养老产业的发展方向

国务院在养老服务的最新政策中提到创新居家社区养老服务模式,因为居家社区养老是偌大中国养老服务的基础,而系统、科学、精准的居家养老服务需要大数据加持,智慧养老平台、紧急呼救系统、线上问诊与健康管理、助餐助洁等日常服务的需求统计、人员调配、监督管理都需科技赋能。

（三）友好环境建设必成为顶层设计的重中之重

友好环境有软环境与硬环境之分。软环境包括制度、政策、文化等,完善的政策支持系统、老年保障体系与孝老敬老文化氛围以及社会化的为老服务培训系统,都将为老年人、家属及养老产业从业者带来最大福利。硬件环境指老年宜居环境,落实无障碍环境建设法规、标准和规范,将无障碍环境建设和适老化改造整合到城市更新、城镇老旧小区改造、农村危房改造、农村人居环境整治提升中,统一推进,让老年人参与社会活动更加安全方便。

（四）失能老人长期照护将成为养老服务体系解决的重难点

随着人口老龄化、高龄化的不断发展,失能、半失能、失智老人的照护问题将越来越被需求与关注。长期照护体系将会不断推进与发展,传统的医院护理模式将会被替代,越来越多的老年人可以从长期照护保险中受益。

（五）老年人才培养将成为养老事业可持续发展的力量之源

在任何一个时代,人才都是第一生产力,面对新时代老龄化现实,加快建设适应新时代老龄工作需要的专业技术、社会服务、经营管理、科学研究人才和志愿者队伍将成为时代所需。

用人单位要切实保障养老服务人员工资待遇,建立基于岗位价值、能力素质、业绩贡献的工资分配机制,提升养老服务岗位吸引力。大力发展相关职业教育,开展养老服务、护理人员培养培训行动,建设学分银行,促进终身教育体系建设。

（六）康养休闲或成为养老产业的新动力

伴随着健康中国战略的推行,国人对于健康的关注度不断提升,乡村旅游集休闲、康养于一体,已然成为后疫情时代旅游业的新亮点。在医养康养结合的趋势下,催生出健康医疗+养生养老+休闲度假的全新养老地产模式,在健康管理、医疗护理、居家生活三重服务体系下,建立新的养生系统,养老产业将迎来新的发展机遇。

（七）老年人人力资源开发将引领养老新风尚

随着积极老龄化观念的广泛传播,我国对老年人口价值的认识也在不断深化,老年角色发生转变,老年人力资源政策已然成为国家老龄政策的重要部分。未来,建设中国特色社会主义制度下"不分年龄,人人共享"的社会,创设完善的就业环境,把继续就业的决定权交给老年人自己,赋权老年人选择的自由,释放所有年龄阶层的潜力将成为养老行业的新风尚。

第三节 老年服务与管理教育的现状与展望

【问题与思考】

1. 请思考老龄化背景下专业人才培养面临的挑战。
2. 请思考我国养老服务人才培养的特点。
3. 请思考老年服务与管理教育未来展望。

一、老龄化社会人才需求与现状

老年人口结构决定养老人才需求。我国老龄化形势日益严峻，截至 2021 年底，全国 60 岁及以上老年人口达 2.67 亿，占总人口的 18.9%；65 岁及以上老年人口达 2 亿以上，占总人口的 14.2%。2 亿多的长者未来将由谁来照顾？这个问题对专业化为老服务人才提出了需求，而当下我国专业人才培养却面临诸多挑战。

（一）人才培养缺口大

由于我国拥有世界上最多的老年人，因而养老服务需求量也居世界首位，对具备康复护理、精神慰藉等专业能力的服务人才的需求量大，且时间紧迫。

第四次中国城乡老年人生活状况抽样调查显示，中国失能、半失能老年人已超 4000 万人。北京大学人口学研究显示，预计到 2030 年，中国失能老年人规模或超过 7700 万，每位失能老年人平均经历 7.44 年的失能期。根据《2022 中国民政统计年鉴》，2021 年，全国养老机构在院老年人为 2 254 674 人，年末专业技术技能人员仅 41 万余人，其中大学本科及以上比例只占到 10%，机构养老服务人才专业化水平有待提高，见表 12-2。

表 12-2 2021 年地方养老机构专业技术人员配比统计表

排序	地区	在院老年人数量/人	专业技术技能人员数量/人
1	北京	46 070	16 272
2	天津	24 367	5 499
3	河北	110 288	24 648
4	山西	37 140	7 971
5	内蒙古	42 596	6 267
6	辽宁	97 665	13 282
7	吉林	72 083	11 138
8	黑龙江	88 670	10 418
9	上海	85 975	25 584
10	江苏	189 616	40 056
11	浙江	115 265	27 678
12	安徽	126 971	17 012
13	福建	38 636	7 995
14	江西	97 130	11 821
15	山东	164 457	30 825
16	河南	161 191	28 298

排序	地区	在院老年人数量/人	专业技术技能人员数量/人
17	湖北	114 314	17 110
18	湖南	116 124	16 883
19	广东	94 691	26 599
20	广西	29 262	11 650
21	海南	3 520	987
22	重庆	62 442	10 684
23	四川	154 165	14 940
24	贵州	32 912	4 578
25	云南	31 622	7 137
26	西藏	4 847	673
27	陕西	59 605	9 193
28	甘肃	13 766	3 048
29	青海	3 660	526
30	宁夏	7 992	1 988
31	新疆	27 632	5 045

资料来源：《2022 中国民政统计年鉴》。

（二）人才培养尚未形成体系

大体来看，目前我国养老服务人才培养普遍具有以下特点。

一是年龄偏高，养老一线服务人员多是 40～50 岁的农村进城务工人员，普遍年龄偏大，且缺乏基本的技术素质。

二是文化程度低。民政部数据显示，养老服务业大专以上文化层次的不到 20%，接近 80% 的人员学历是高中以下。尤其是医护人员、康复师、心理咨询师、营养师等专业人才严重不足。全国社会养老机构中医护人员与其他工作人员的比例仅为 9.14%；社会工作者比例更低，仅为 3.14%。多数机构都没有实现专业护理、心理咨询、法律援助等专业服务人员的覆盖，专业化的养老机构更无从谈起。面对技术性、专业性要求都较高的养老服务，如康复训练、心理疏导等，大都难以胜任。我国虽然已经正式颁布了养老服务人员相关从业标准，但推行难度较大，养老护理员持证上岗率很低。一些中高职院校虽已开设了相应的养老服务专业，但专业范围还不够宽，报考率也不高，致使我国养老服务专业人才缺乏的现状短时间内还无法得到有效缓解。

（三）国家政策体系尚未完善

从国家政策支持的角度分析，目前涉及养老服务人才规定的中央文件主要分为规划指导和专项措施两个类别。

规划指导类文件方面，养老服务人才队伍的培养与建设的指导意见均置于政策保障板块，并未作为重要任务特别提及；专项措施类文件方面，目前教育部等部门出台的三项政策都重点关注于养老服务人才学历式教育的培养渠道，缺乏明确的职业化引导文件。

二、老年服务与管理教育现状

2013 年《国务院关于加快发展养老服务业的若干意见》发布以来，我国一线养老护理员的培养培训工作主要由两类主体来完成，一类是开设老年服务与管理等养老专业的各类中高职院校，另一类是主持开办资格认定和培训教育的民政部门、人社部门、中国社会福利协会等部门。从两者发展现状来看，合计数量十分有限，远不足以满足行业需要。

其中老年服务与管理专业（新专业目录改名为智慧健康养老服务与管理），始建于 1999 年，大连职业技术学院和长沙民政职业技术学院在全国范围内率先开办此专业，2004 年《普通高等学校高职高专教育指导性专业目录（试行）》颁布之后，开设院校逐渐增加，至 2013 年伴随着养老政策的不断出台，特别是国务院《关于加快发展养老服务业的若干意见》的颁布，开设院校数量增加迅速，2019 年国务院办公厅印发了《关于推进养老服务发展的意见》，明确提出 2019 年 9 月底前制定实施养老护理员职业技能标准、鼓励各类院校设置养老服务相关专业或开设相关课程等内容。办学层次分为普通高职、中职和成人教育，办学模式多以职业教育为主。高职招生形式多数为统一招生，少数是自主招生，中职招生对象是初中毕业生。招生难度呈现出两极分化的现状，少数单招学校、国家支持专业招生不难，多数学校则普遍面临招生困难的状况。

目前全国多数开设该专业的院校依托于自身原有的医学护理背景，伴随着老年人需求变化以及全生命周期概念的普及，智慧健康养老服务与管理专业毕业生应服务于养老照护师、健康评估员、老年社工、营养师、健康管理师、适老化产品设计师、康复训练师、老年心理咨询师等多种技术岗位，并且伴随着职业经历与阅历的提升，完全可以胜任养老院院长、养老产业职业经理人等管理岗位。故政策需对开设专业为老服务的院校给予资金与政策上的支持，同时需要对毕业后选择本行业就业的学生进行薪资与社会地位上的奖励，从而为养老产业可持续发展提供力量之源。当然，从另一个维度，院校需要细分老年人群体，追求人才能力创新。近 2.5 亿的老年人中，无论是身体状况、收入水平还是照护需求都需要细化分级，院校应根据老年人需求进行人才培养方案上的创新，例如老年人能力评估、老年康养旅游产品设计等职业能力在老年群体需求日渐多元化的当下必有用武之力。

三、老年服务与管理教育未来展望

鉴于此，亟须调整我国养老人才培养体系建设的基本方针，从中国急迫需要的实际出发，确定依托于社区以职业培训为重点加快推进专业养老人才供给体系建设的战略，尽快实现年度培训养老专业人才达到百万并在几年内基本满足养老服务的目标。

（一）促进各类中高等院校发展养老职业教育

建议充分发挥现有教育资源优势，重点依托相关职业院校、开放大学和本科院校，加大对老年护理与管理专业学科建设的政策扶持，扩大教育规模；引导一批普通本科高等学校向应用技术类型高等学校转型，重点举办本科涉老服务专业教育；健全专业设置随产业发展动态调整的机制，通过专业学位研究生的方式逐步培养产学结合的综合型养老产业管理人才。借鉴日本以及德国双元制的职业教育等国际经验，以培养学生的职业能力为导向，加强实践和实训教学环节，调整课程结构，合理确定各类课程的学时比例，规范教学。通过免除学费等方式鼓励学生报考养老服务与管理专业。

（二）加强以培训基地为重点的多元培训主体发展

建议推动以培训基地为重点的多元培训主体全面开展职业培训。在老龄化程度较高的区域性中心城市、地级城市以及经济较发达的县市，提升改造一批职业技能实训基地，面向社会提供示范性技能训练和鉴定服务。支持企业、社会组织及公民个人按照国家有关规定举办职业培训机构、职业学校、职业教育集团，组织开展就业技能培训和岗位技能提升培训。引导职业院校、企业和职业培训机构大力开展订单式培训、定向培训、定岗培训。通过政府购买服务、直接补贴、助学贷款、基金奖励、捐资激励等制度，加强对各类培训主体在招生、收费、培训等环节的支持，推动多元培训主体健康发展。

（三）推动各类养老服务组织开展经常性培训

建议推动各类养老服务组织或企业开展学徒制、集中培训等经常性培训，健全企业职工培训制度，加快提升在岗养老从业人员的技能水平。支持建立养老从业人员在职培训误工补贴制度，促进在职人员参加培训。建立技能补贴等制度，鼓励用人单位建立养老专业技术人员业务进修培训制度和技能等级考核晋升制度，建立培训和考核与使用相结合、与待遇相联系的激励机制。将养老从业人员的在职培训纳入到各类养老服务星级评定范围，鼓励各类培训机构与用人单位建立长期合作关系，大力推广订单、定向、定岗培训。

（四）加强养老人才培养的研究、评估等支撑体系建设

推动职业院校与行业企业共建研究机构，加强对养老从业人员的职业教育理论研究和政策研究。发挥行业协会的作用，通过授权委托、购买服务等方式，将养老从业人员以及教师资格标准、培训教材开发等工作交给行业协会，给予政策支持并强化服务监管。

提高养老人才培养的信息化水平，支持与专业课程配套的虚拟仿真实训系统开发与应用，通过远程培训、在线培训等方式增加养老从业人员的培训渠道。加快建立就业导向的教学质量评价检查制度。坚持以就业为导向、以能力为本位的教学质量评价观，改进考试考核方法和手段，建立和完善定期评价检查制度。以评促建，以评促改，规范教学，促进教学培训质量的提高。

（五）加大政策支持力度，建立养老服务人才发展专项资金

建议中央和地方人民政府增加养老服务人才的职业教育专项经费，继续完善养老服务从业人员的各项职业培训补贴政策，明确补贴经费。将养老人才职业技能培训项目纳入精准扶贫重要领域，设立专项资金开展养老服务人才培训，促进贫困人口尽快通过就业脱贫。各级政府应建立与办学规模和培养要求相适应的财政投入制度，完善财政贴息贷款等政策，健全民办职业院校、养老培训机构的融资机制，对职业培训教材开发、师资培训、职业技能竞赛、评选表彰等基础工作给予支持。同时，通过税费减免等优惠政策鼓励社会力量捐资、出资兴办养老从业人员的职业培训和教育机构，拓宽培训筹资渠道。

（六）落实社区养老服务的职责，使养老服务人才在社区得到有效使用

建议依托社区对有护理服务需求的老年人进行健康等级评估，建立以社区医生、老年社会工作者、康复师、养老护理员等专业人才为主的老年人护理需求等级评估队伍，对老年人的需求和健康情况进行分级分类；设立社区服务规划师岗位进行服务资源协调，根据老年人的服务需求和健康等级匹配社区服务、居家上门服务或机构服务，将社区变成养老供需衔接的平台，实现养老服务供需之间的有效对接，通过岗位需求吸引年轻力量到养老服务领域就业。

思考题与实践应用

1. 请阐述我国老年产业现状。

【参考答案】

顶层设计持续发力；政府与社会资本共进；营利与非营利共举；社会化养老业态日趋多元；数字化智能养老项目起步。

2. 我国老年产业发展中面临哪些问题？

【参考答案】

社会保障制度不够完善；产业发展规划不够科学；养老市场供需矛盾突出；养老事业专业人才缺乏；养老行业标准化体系缺失。

3. 老龄化社会人才需求与现状如何？

【参考答案】

人才培养缺口大；人才培养尚未形成体系；国家政策体系尚未完善。

参 考 文 献

李莉. 2018. 老年服务与管理概论[M]. 北京: 机械工业出版社.

乌丹星. 2015. 老年产业概论[M]. 北京: 中国纺织出版社.

邬沧萍, 姜向群. 2015. 老年学概论[M]. 3 版. 北京: 中国人民大学出版社.